GERD LUDWIG

Das große GU Praxishandbuch KATZEN

- Das Nachschlagewerk für alle Katzenhalter
- Mit den beliebtesten Rassen im Porträt
- Schnell zum Ziel: Quickfinder von A bis Z

GERD LUDWIG

Das große GU

Praxishandbuch KATZEN

Fotos von Monika Wegler

Inhalt

1 So finden Sie die richtige Katze

2 Das braucht Ihre Katze

Eine Liebe fürs Leben

3

Gesund und artgerecht ernähren

4

5 Richtig pflegen, gesund und fit erhalten

6 Richtig spielen und sinnvoll beschäftigen

Die Katze im Urlaub und auf der Reise

7

Katzenwissen von A bis Z

8

Vorwort

»Das Leben und dazu eine Katze, das ergibt eine unglaubliche Summe, ich schwör's euch!«

Rainer Maria Rilke

Liebe Leserinnen, liebe Leser,
Katzen sind eigenständige und unabhängige Wesen. Ihre Beziehung zum Menschen basiert auf gegenseitiger Wertschätzung in einer offenen Partnerschaft. Es gibt viele Gründe, eine Katze ins Haus zu nehmen: Sie ist reinlich und leise und bewegt sich so geschickt, dass in der Wohnung selten etwas zu Bruch geht; sie verpflichtet nicht zu gemeinsamen Spaziergängen und Ausflügen; sie kommt zurecht, wenn sie für einige Zeit alleine bleibt, und passt sich sogar dem Lebensrhythmus berufstätiger Singles an; ihre Haltung ist steuerfrei, die Kosten für Anschaffung, Fütterung, Pflege und medizinische Versorgung halten sich in Grenzen.
Gute Gründe und handfeste Vorzüge, die für die Katze sprechen und verständlich machen, warum sie allen anderen Heimtieren längst den Rang abgelaufen hat. Mehr als sechs Millionen Katzen leben in deutschen Haushalten, Tendenz steigend. Da Katzen nicht registriert werden, dürfte die tatsächliche Zahl deutlich höher liegen. Fragt man allerdings Katzenbesitzer, warum sie sich für die Katze entschieden haben, spielen ganz andere Gründe eine Rolle. Vom Charme und Zauber einer selbstbewussten Persönlichkeit ist da die Rede, von der verständnisvollen Partnerin, die Nähe und Wärme vermittelt, ohne sich anzubiedern, und von einer belebenden Beziehung, aus der man Energie, Mut und Zuversicht schöpft.

Katzen haben sich im Zusammenleben mit dem Menschen ihre Ungebundenheit und Ursprünglichkeit bewahrt. Und doch ist ihre Bindung an uns intensiver und unvermittelter als die der meisten anderen Heimtiere – die Nähe zum vertrauten Menschen bedeutet der Katze sogar mehr als die Beziehung zu den eigenen Artgenossen. Für Katzen kein Widerspruch, für uns macht gerade das scheinbar Unvereinbare viel von der geheimnisvollen Aura aus, die sie umgibt. Katzen sind direkt, ihre Forderungen sind unmissverständlich, sie benutzen keine Schleichwege und Hintertürchen, um zum Ziel zu kommen. Was immer sich in unserer Lebenswelt ändert, die Katze bleibt der ruhende Pol und eine verlässliche Wegbegleiterin.
Dieses Handbuch schildert Herkunft und Geschichte der Katze, beschreibt ihre Persönlichkeit, Verhaltensweisen und Bedürfnisse. Neuen Katzenfreunden wie Katzenkennern ist es ein fundierter Ratgeber für den täglichen Umgang mit Katzen, für ihre artgerechte Haltung und Ernährung und für eine umfassende Gesundheitsvorsorge. Und nicht zuletzt belegt es nachdrücklich, wie sehr die Partnerschaft mit einer Katze unser Leben reicher macht.

Gerd Ludwig 

So finden Sie die richtige Katze

Katzen haben ihren eigenen Kopf und gehen ihre eigenen Wege. Und doch ist ihnen die Nähe des Menschen wichtiger als alles andere. Ohne Liebe verkümmert die Katze, Zuwendung und Zärtlichkeit bedeuten ihr mehr als das Lieblingsfutter. Eine Katze verändert das Leben des Menschen, sie will immer Mittelpunkt sein und gibt sich mit weniger nie zufrieden. In diesem Kapitel können Sie testen, ob Sie ein Katzenmensch sind, und erfahren, worauf Sie beim Katzenkauf achten müssen und welche Rasse für Sie die richtige ist.

1

Typisch Katze

Mit Katzen verbinden wir bestimmte Merkmale und Eigenschaften. Doch beim genauen Hinsehen zeigt sich, dass das vermeintlich Typische oft gar nicht so katzentypisch ist.

EINE KATZE IST EINE KATZE. Was wie eine Binsenweisheit klingt, beschreibt doch ein verblüffendes Phänomen: Katzen scheinen unveränderlich. Im Körperbau und Verhalten unterscheiden sich die zahmen kaum von den wilden. Ob Haus- oder Wildkatze, Puma, Leopard oder Tiger, eine Katze erkennt man auf den ersten Blick. Auch die längst ausgestorbenen Vorfahren und die Rassekatzen unserer Tage machen da keine Ausnahme.

Die Katze hat uns immer Rätsel aufgegeben und sich ihre Geheimnisse bewahrt. Das ließ Raum für Vorurteile und Aberglaube. Vieles von dem, was wir für typisch Katze halten, hat mit den eigenen Fantasien und Sehnsüchten zu tun, nicht immer aber mit der Katze selbst. Es überrascht daher kaum, wenn wir auch heute noch unbekannte Seiten an einem Heimtier entdecken, mit dem uns seit Jahrtausenden eine enge Partnerschaft verbindet.

1

Die Geschichte der Hauskatze

Die Katze und der Mensch – von Beginn an eine Beziehung ohnegleichen. Katzen leben seit 7.000 Jahren, nach neuen Erkenntnissen vielleicht sogar seit fast 10.000 Jahren (→ Info, Seite 123) in der Nähe des Menschen oder mit ihm unter einem Dach. Die Beziehung hat die Jahrtausende überdauert, obwohl sich die Katzen zu keiner Zeit dieser wechselvollen und oft widersprüchlichen Partnerschaft dem Willen des Menschen beugten oder zu seinen Befehlsempfängern degradieren ließen.

Zweckbündnis aus freien Stücken

Der Mensch hat sich im Laufe der Geschichte Tiere untertan gemacht, die in Herden und Rudeln leben, sich bereitwillig unterordnen und in eine soziale Ordnung einfügen. Das gilt für den Hund als ältestem Haustier ebenso wie für Schaf, Ziege, Rind, Schwein und das Pferd. Nur nicht für die Katze. Wir wissen heute, dass Katzen untereinander eine Vielzahl individueller Kontakte pflegen und nicht die unverbesserlichen Einzelgänger sind, für die man sie lange hielt. Der Rudelgehorsam der Hunde ist ihnen allerdings fremd. Die ▶ DOMESTIKATION (Seite 262) der Katze unterscheidet sich grundlegend von der anderer Haus- und Nutztiere. Man geht davon aus, dass die frühen Katzen von sich aus die Siedlungen des Menschen aufsuchten, weil sie ihren Nahrungsbedarf mit der Jagd auf die in Scheunen und Vorratskammern allgegenwärtigen Ratten und Mäuse leichter decken konnten als in der Wildnis (→ Seite 123).

Die Hauskatze kommt aus Afrika

Die Hauskatze stammt von der Falbkatze ab (▶ ABSTAMMUNG, Seite 260). Die Falbkatze *Felis silvestris libyca* ist eine der Unterarten der afrikanischen Wildkatzen und gehört in der großen Katzenfamilie zur Gruppe der Kleinkatzen (→ Seite 17). Das Verbreitungsgebiet der Falbkatze ist Nordafrika, sie kommt aber auch im Iran, in der Osttürkei und in Israel vor. Falbkatzen sind typische Busch- und Steppenbewohner. Je nach Herkunftsort variieren Fellfarbe und Körpergröße, was die Abgrenzung der Unterarten nicht immer leicht macht. Die vorherrschende Streifenzeichnung ähnelt der getigerter Hauskatzen. Falbkatzen sind schlanke Tiere mit meist grauem bis beigefarbenem Kurzhaar, die wie die Hauskatze durchschnittlich fünf bis sechs Kilo auf die Waage bringen. Körperbau und Aussehen belegen die enge Verwandtschaft zwischen Falbkatze und Hauskatze. Auch in den Schädelmaßen stimmen die wilde und die domestizierte Form weitgehend überein. Als direkte Stammmutter unserer Hauskatze gilt die nördlich der Sahara beheimatete ägyptisch-palästinensische Wildkatze, die so genannte Nubische Falbkatze. Auf das Erbgut der Falbkatze lassen sich letztlich auch alle Züchtungen der Rassekatzen zurückführen.

▶ **INFO**

Der große Wurf der Evolution

Ob Ozelot, Puma, Serval, Gepard, Tiger oder Hauskatze: Eine Katze erkennt man auf den ersten Blick. *Felis lunensis* gehörte zu den ersten echten Katzen, die vor zwölf Millionen Jahren im Pliozän auftauchten. Die Vorläuferin unserer Kleinkatzen unterschied sich kaum von den heutigen Wildkatzen. Und auch der züchterische Eingriff des Menschen hat das „Erfolgsmodell" Katze nur in wenigen Merkmalen verändern können.

Ursprung in Afrika: Die Falbkatze ist vor allem in den Busch- und Steppenregionen Nordafrikas heimisch und gilt als Stammmutter der Hauskatze. Die kleinen Wildkatzen halten sich häufig in der Nähe der Siedlungen auf und werden relativ schnell zahm.

Afrikas Wildkatzen in Gefahr

Wildkatzen sind Überlebenskünstler, die sich von den Wüsten und Halbwüsten bis zum Steppen- und Buschland und dem tropischen Regenwald fast allen Lebensräumen angepasst haben. Wie ihre domestizierten Nachfahren ernähren sie sich von Kleinnagern, zum Teil auch von Vögeln, Amphibien und kleinen Reptilien. Ihre natürlichen Feinde sind Schlangen, Hyänenhunde und größere Greifvögel. Die größte Gefahr für die Wildkatzen geht aber von der zunehmenden Vermischung mit verwilderten Hauskatzen aus, die darüber hinaus auch Nahrungskonkurrenten sind. Das ⊙ WASHINGTONER ARTENSCHUTZABKOMMEN (Seite 275) erlaubt nur den eingeschränkten Handel mit afrikanischen Wildkatzen.

Die zahmen Falbkatzen der Njamnjam

Schon der deutsche Afrikaforscher Georg August Schweinfurth (1836-1925) berichtet von halbzahmen und gezähmten Falbkatzen, die in den Dörfern der Njamnjam lebten. Die Kinder des Stammes fingen die wilden Katzen ein, banden sie in der Nähe der Hütten an und gewöhnten sie innerhalb kurzer Zeit an die Nähe des Menschen. Die zahmen Katzen betätigten sich als gute Mäusejäger.

Fließt in Hauskatzen das Blut der europäischen Wildkatze?

Die europäische Wildkatze *Felis silvestris silvestris* ist bei uns vor allem in den Mittelgebirgen heimisch. Lange Zeit ging man davon aus, dass diese stämmigen Waldkatzen die eigentlichen Vorfahren der Hauskatze sind. Das bestätigte sich nicht, wenn sicher auch häufigere Verpaarungen einen Einfluss auf das Erbgut der Hauskatze hatten. Denn natürlich können sich die eng miteinander verwandten Unterarten der Wildkatze *Felis silvestris* fruchtbar kreuzen. Das Verbreitungsgebiet der Wildkatze mit allen ihren Unterarten ist riesig und reicht von Westeuropa bis nach Indien und Westchina und umfasst mit Ausnahme der Sahara und des Kongobeckens auch fast den gesamten afrikanischen Kontinent. Trotz einiger eigenständiger Merkmale sehen sich alle Unterarten sehr ähnlich (→ Seite 17).

Merkmale der Domestikation

Bei der Katze sind die Merkmale der Haustierwerdung (⊙ DOMESTIKATION, Seite 262) weniger deutlich ausgeprägt als bei anderen Haustieren wie etwa dem Hund. Das gilt für den Körperbau und die für alle Haustiere typische Reduktion des Hirngewichts (Katze um 23 Prozent, Hund um 31 Prozent).

Die Stammesgeschichte der Katzen

Bereits im älteren Tertiär (Beginn des Tertiärs vor 65 Mio. Jahren) gab es katzen-, hunde- und marderähnliche Urraubtiere, die mit den heutigen Raubtieren aber nur sehr entfernt verwandt waren. Sie sind zumeist noch im Alttertiär ohne Nachfahren ausgestorben. Ebenfalls im Alttertiär lebten die *Miaciden*, die z. B. schon das Brechscherengebiss (→ Seite 15) der modernen Raubtiere besaßen. Sie sind die nächsten Verwandten der Katzen (⊙ FELIDAE, Seite 263), Schleichkatzen, Hyänen, Marder, Bären und Hunde. Erst in der Eiszeit starben die Säbelzahnkatzen aus. Trotz ihrer gewaltigen Fangzähne ist nicht klar, ob sie sich nur von Aas ernährten oder selbst Beute machten.

Die Welt der wilden Katzen

Katzen gelten mit als die am höchsten entwickelten Raubtiere und präsentieren sich als sehr einheitliche Familie. Selbst der Laie erkennt eine Katze auf den ersten Blick – unabhängig davon, ob es sich um eine zierliche Siam, den Luchs oder einen 300 kg schweren Amurtiger handelt.

Unverkennbar Katze

▷ **Fleischfresser.** Katzen sind Raubtiere und leben ausschließlich von fleischlicher Nahrung.

▷ **Kurze Schnauze.** Typisch für Katzen sind ihr kurzschnauziger Schädel und die damit verbundene Reduktion des Gebisses.

▷ **Raubtiergebiss.** Die Eckzähne sind als lange Fangzähne ausgebildet, der letzte obere Vorbackenzahn und der erste untere Backenzahn bilden die so genannte ► BRECHSCHERE (Seite 262), mit der die Katze Fleischstücke aus der Beute reißt bzw. schneidet.

▷ **Auf leisen Pfoten.** Katzen sind Zehengänger. Beim Laufen haben nur die Finger- und Zehenknochen (Phalangen) Bodenkontakt. Dank der einziehbaren Krallen (siehe unten) erlauben die gut gepolsterten Zehenballen eine nahezu geräuschlose Fortbewegung.

▷ **Kurzstreckensprinter.** Katzen sind schnelle Läufer, können ein hohes Tempo aber nur über relativ kurze Distanz halten. Der Gepard ist das schnellste lebende Säugetier. Seine außerordentlich biegsame Wirbelsäule erlaubt ihm raumgreifende Galoppsprünge und eine Spitzengeschwindigkeit von mehr als 100 Stundenkilometer. Der hohe Energieaufwand führt allerdings zu rascher Ermüdung.

▷ **Krallenautomatik.** Katzen fahren die Krallen nur bei Bedarf aus, etwa beim Schlagen der Beute. In Ruhestellung werden die Krallen von elastischen Bändern gehalten, ohne dass dafür Energie notwendig ist. Nur beim Geparden ist dieser Rückziehmechanismus in Anpassung an seine schnelle Fortbewegung unvollkommen ausgebildet.

▷ **Alles im Blick.** Katzen sind Augentiere, der Gesichtssinn hat für sie die größte Bedeutung. Ihre großen, nach vorn gerichteten Augen erlauben ein räumliches Sehen und sind auch im Dämmerlicht sehr leistungsfähig.

▷ **Unisex.** Zwischen weiblichen und männlichen Katzen gibt es keine ins Auge fallenden Unterschiede. Nur beim Löwen erkennt man das Männchen an seiner Mähne.

▷ **Ein Leben als Single.** Katzen sind Einzelgänger, lediglich die in Gruppen lebenden weiblichen Löwen und die Männchengruppen der Geparden bilden Ausnahmen.

Katzen erkennt man auf den ersten Blick: Im Aussehen und Verhalten gibt es zwischen wild lebenden und domestizierten Katzen nur wenige Unterschiede (Foto: Puma und Hauskatze). ▽

Das heimliche Leben der wilden Katzen

Zur Familie der Katzen (FELIDAE, Seite 263) gehören Formen, die jeder kennt: Löwe, Tiger, Leopard, Jaguar und Luchs, aber auch die Wildkatzen, zu denen die Falbkatze als Ahnherrin der Hauskatze zählt. Die Namen vieler anderer Katzengattungen und Katzenarten sind oft nur den Spezialisten geläufig: Wie etwa die erst 1966 beschriebene Iriomote-Katze, die nur auf der kaum 300 Quadratkilometer großen japanischen Insel Iriomote heimisch ist. Kaum bekannter sind Marmor-, Pardel- und Goldkatzen oder Schlankkatze, Pampas- und Wieselkatze, obwohl einige dieser Katzen ein vergleichsweise großes Verbreitungsgebiet bewohnen. Die meisten wilden Katzen leben heimlich, darüber hinaus sind viele Arten im Bestand bedroht, so dass Begegnungen zum Glücksfall werden.

Die großen und die kleinen Katzen

Früher unterteilte man die Familie der Katzen in Brüll- und Schnurrkatzen. Zu den Brüllkatzen wurden Löwe, Tiger, Leopard, Gepard und Schneeleopard gezählt. Bei ihnen ist das Zungenbein nicht vollständig verknöchert, und diesem Umstand schrieb man irrtümlicherweise die Fähigkeit zum Brüllen zu. Bei den Schnurrkatzen, die alle übrigen Katzenarten umfassten, ist das Zungenbein hingegen verknöchert – wie bei sämtlichen anderen Säugetieren. Die Gliederung in Brüll- und Schnurrkatzen ist überholt, heute weiß man, dass Schnurren und Brüllen keine zuverlässigen Kriterien für die Einteilung der Katzen darstellen. Die moderne Untergliederung in KLEINKATZEN (*Felinae*, Seite 267), Geparden (*Acinonychinae*) und GROSSKATZEN (*Pantherinae*, Seite 264) entspricht den tatsächlichen Verwandtschaftsverhältnissen.

Katzen verfügen über eine komplexe Lautgebung, deren Analyse bei vielen Arten noch in den Kinderschuhen steckt. Der Ruf des Tigers etwa unterscheidet sich deutlich vom Gebrüll des Löwen. Dafür kann ein Tiger prusten, was sonst nur für Schneeleopard, Jaguar und Nebelparder typisch ist. Mit dem Nebelparder stimmt der Tiger darüber hinaus in so vielen Merkmalen überein, dass ihn manche Experten als Großform dieser eigentümlichen und immer noch rätselhaften Katzenart ansehen.

INFO

Der Gepard – die andere Katze

Mit seinen langen Beinen und dem schlanken Rumpf weicht der Gepard sichtbar vom generellen Katzentyp ab. Er ist ein Hetzjäger, der aus kurzer Distanz zur Jagd startet und seinen Beutetieren an Geschwindigkeit überlegen ist. Die Beute wird angesprungen oder umgerannt. Festkrallen kann sich der Gepard nicht in ihr, da seine Krallen in Anpassung an die schnelle Fortbewegung nicht einziehbar sind. Auch im Sozialverhalten unterscheidet sich der elegante Jäger deutlich von den anderen Katzen. Neuere molekularbiologische Untersuchungen lassen jedoch eine nähere Verwandtschaft mit den Großkatzen Löwe und Leopard vermuten.

Jagd nach Katzenart

Katzen können auch große und wehrhafte Beutetiere überwältigen. Während jedoch kleine Katzen meist sehr kleinen Beutetieren nachstellen, ist die Vorzugsbeute der größeren Katzen oft größer als sie selbst. Zwangsläufig muss eine Mäusejägerin mehrmals täglich auf die Pirsch gehen, um satt zu werden, während sich der Leopard von einer erbeuteten Antilope über viele Tage ernähren kann. In der Jagdtechnik gibt es kaum Unterschiede zwischen den großen und kleinen Katzen: Beim gezielten Nackenbiss dringen die langen Eckzähne tief in den Hals oder Nacken der Beute, die meist sofort bewegungsunfähig ist.

Die Wildkatzen Europas und Asiens

Die Wald- und Steppenkatzen Eurasiens und Afrikas leben in einem riesigen Verbreitungsgebiet, das Süd- und Mitteleuropa, Vorder- und Zentralasien und ganz Afrika umfasst. Alle diese kleineren Wildkatzen sind eng miteinander verwandt. Die Anpassung an die zum Teil sehr unterschiedlichen Lebensräume hat über 40 verschiedene Formen hervorgebracht. Innerhalb des Verwandtschaftskreises kann man drei Gruppierungen unterscheiden: die eurasiatischen Wild- oder Waldkatzen, die Falbkatzen Vorderasiens und Afrikas sowie die anderen Wildkatzen Afrikas und die bis Pakistan vorkommenden Steppenkatzen.

Waldkatzen

Die Waldkatze oder eurasiatische Wildkatze gilt bei uns als die eigentliche Wildkatze, und es sah lange danach aus, als würde sie völlig aus unseren Wäldern verschwinden. Waldkatzen sind typische Bewohner der Mittelgebirge und unteren Regionen der Hochgebirge, die Tiefebenen meiden sie. Ihr Verbreitungsgebiet reicht von Schottland, Portugal und Spanien im Westen bis nach Italien, Jugoslawien und Griechenland im Süden und Polen und Russland im Osten. Noch vor wenigen Jahrzehnten wurden die Wildkatzen bejagt und an den Rand der Ausrottung gebracht. Schutzbestimmungen, Wiederansiedlungsaktionen und ein Umdenken in der Bevölkerung sorgen heute dafür, dass sich die Bestände langsam erholen und die Tiere wieder in ihre ursprünglichen Wohngebiete zurückkehren. Wildkatzen leben einzelgängerisch in meist mehrere Quadratkilometer großen Revieren und gehen sich außerhalb der Paarungszeit möglichst aus dem Weg. 64 bis 68 Tage nach der Paarung im Februar oder März bringt die Katze in der Regel zwei bis vier, in seltenen Fällen sechs bis acht Jungen zur Welt, die sich schon im Spätherbst alleine durchschlagen müssen. Ihre Überlebenschancen sind schlecht, viele junge Wildkatzen überstehen den ersten Winter ihres Lebens nicht.

Auf den ersten Blick sehen sich Wild- und Hauskatze in Fellfarbe und Fellzeichnung sehr ähnlich, lediglich am weißen Kehlfleck und der hellen Färbung von Brust und Bauch erkennt man die wild lebende Katze. Wildkatzen sind stämmige Tiere, die Kater werden bis zu acht Kilogramm schwer, die Weibchen wiegen allerdings meist nur die Hälfte. Die Befürchtung, dass der reinblütige Wildkatzenbestand durch Paarungen mit streunenden Hauskatzen bedroht sei, hat sich nicht bewahrheitet. Nach neueren Untersuchungen ist der Anteil an Mischlingen sehr gering. Die Wildkatze ist ausgesprochen menschenscheu und wird selbst in Gefangenschaft nicht zahm – vielleicht ein Indiz, dass sie nicht zu den direkten Vorfahren der Hauskatze gehört.

Falbkatzen und andere afrikanische Kleinkatzen

Die Wissenschaft betrachtet die Falbkatze entweder als Unterart der europäischen Wildkatze oder als eigenständige Art. Über das Leben der Falbkatzen gibt es nur mangelhafte Informationen, vor allem über die Formen der Regenwälder West- und Zentralafrikas weiß man wenig. Falbkatzen sind anpassungsfähig und leben sowohl im wüstenähnlichen und steinigen Offenland wie im Unterholz und im geschlossenen Wald. Häufig halten sich die nachtaktiven Katzen aber auch in der Nähe menschlicher Siedlungen auf und zeigen kaum Scheu. Jungtiere, die in Menschenhand aufgezogen werden, gewöhnen sich fast so leicht an den Menschen wie Hauskatzen.

Steppenkatzen

Mehrere der Kleinkatzen sind an trockene Lebensräume, Steppen und Wüsten angepasst. Die Sandkatze, die kleiner ist als eine Falbkatze, besitzt ein außerordentlich großes Verbreitungsgebiet, das von Nordafrika über die arabische Halbinsel bis nach Kasachstan und Pakistan reicht. Die sehr kleine Schwarzfußkatze lebt in den Trockengebieten von Botswana, Südafrika und Namibia.

Porträt einer perfekten Jägerin

Die Katze ist wie der Mensch ein Säugetier und ähnelt uns in Bau und Funktion ihrer Anatomie und der inneren Organe. Typisch für Säuger sind vor allem der gleichwarme Körper, das Haarkleid und die Milchdrüsen. Als Raubtier und reine Fleischfresserin zeichnet sich die Katze darüber hinaus durch eine Reihe zusätzlicher Anpassungen aus, die sie zur perfekten Jägerin machen.

Ein superelastisches Skelett

Katzen verdanken ihre außerordentliche Beweglichkeit und die atemberaubende Körperbeherrschung ihrem extrem biegsamen Rückgrat. Die Wirbelsäule der Katze hat mehr Wirbel als die des Menschen, ein Großteil davon entfällt allerdings auf den Schwanz. Die einzelnen Wirbel sind elastischer miteinander verbunden als bei uns, was den Katzen zum Beispiel ihre charakteristische Schlafstellung mit eingerolltem Körper erlaubt und nahezu artistische Dehn- und Räkelbewegungen inklusive des bekannten Katzenbuckels möglich macht. Bei den meisten Säugetieren und auch beim Menschen sorgen die Schlüsselbeine für eine feste Verbindung zwischen Schulterblättern und Brustbein. Die Schlüsselbeine der Katze sind auf dünne Knöchelchen reduziert. Dank dieser anatomischen Besonderheit kann die Jägerin besonders raumgreifende Schritte machen und erreicht zumindest über kurze Strecken Laufgeschwindigkeiten wie sonst nur Tiere, denen die Schlüsselbeine vollständig fehlen – Hunde, Huftiere und andere Laufspezialisten. Trotzdem können Katzen aber auch mit kraftvoller Klammerbewegung zupacken – etwa beim Erklettern von Bäumen, wozu reine Läufer nicht in der Lage sind. Katzen sind schmal gebaut und schlüpfen durch engste Spalten. Auch das ist ein Vorzug ihrer speziellen Anatomie: Mit normal ausgebildeten Schlüsselbeinen wäre der Brustkorb einer Katze deutlich breiter.

Unverwechselbar Katze

Die Hauskatze hat sich in Größe und Gestalt kaum von ihren heute noch wild in Afrika lebenden Vorfahren entfernt. Und selbst ausgefallene Rassezüchtungen unterscheiden sich von diesem Grundtyp fast nur in Fellstruktur und Fellfarbe. Die Durchschnitts-Hauskatze ist bei 30 cm Schulterhöhe zwischen 40 und 45 cm lang, auf den Schwanz entfallen weitere 25 cm, ihr Körpergewicht liegt zwischen drei und fünf Kilogramm, wobei die Kater schwerer sind als die Weibchen. Die Stammmutter Falbkatze ist mit einer Körperlänge von 60 cm (Schwanz 35 cm, Gewicht 5 kg) nur wenig größer. Bei Rassekatzen reicht das Spektrum von den zart gebauten und leichtgewichtigen Katzen des Siam-Typs bis zur stämmigen und muskulösen Norwegischen Waldkatze und der Maine Coon, bei denen es manche Kater auf neun bis zehn Kilo bringen.

Schlendern spart Energie

Mit Ausnahme des Geparden sind die Katzen Schleichjäger, die sich möglichst unbemerkt und im Zeitlupentempo ihrer Beute nähern, um sie dann auf kurze Distanz zu überwältigen (▶ SCHLEICHJAGD, Seite 271). Nur hier sind Spurtvermögen und blitzschnelle Reaktionen gefragt. Während für das Lauftier Hund der Trab die typische Fortbewegungsweise darstellt, bevorzugen Katzen ansonsten eher ein gemächliches Schlendern. Das spart Energie und lässt genug Zeit, um alle Sinne auf die Kontrolle des Reviers oder die Suche nach Beutetieren zu konzentrieren. Bei Bedarf können Katzen jedoch erstaunliche Sprinterqualitäten entwickeln. Während bei Schritttempo ein Bein nach dem anderen aufgesetzt wird (Abfolge: rechtes Vorderbein, rechtes Hinterbein, linkes Vorderbein, linkes Hinterbein), heben die Beine beim Galopp in der so genannten Schwebephase zeitweise völlig ab. Die kräftige Muskulatur der Hinterbeine sorgt bei der galoppierenden Katze für Schub, von den Vorderbeinen greift eines vor. Bei hohem Tempo nimmt die Schrittfrequenz nur unwesentlich zu, die sprintende Katze streckt vielmehr Beine und Rumpf völlig aus und legt so pro Zeiteinheit eine größere Strecke zurück. Hauskatzen bringen es auf etwa 50 Stundenkilometer, ein Gepard erreicht Spitzengeschwindigkeiten von über 100 km/h. Dauerläufer sind Katzen allerdings nicht: Das Renntempo halten sie nur über eine kurze Distanz durch.

Zielsprung und Klettertechnik

Auch beim Sprung kommt die Kraft aus den Hinterbeinen: Die Katze duckt sich ab, zieht die Hinterbeine eng an den Körper und schnellt sich durch Anspannen der Muskeln nach vorne oder nach oben. Während der Luftfahrt übernimmt der Schwanz die Steuerung, bei der Landung dient er als Bremse. Katzen sind begnadete Sprungkünstler, Fehlversuche und Bauchlandungen sieht man selten. Bei ihren Weit- und Hochsprüngen

TIPP

Platz ist in der kleinsten Hütte

Dank der extrem flexiblen Konstruktion ihres Skeletts kann sich die Katze ganz klein machen. Besonders angetan haben es ihr Körbe, Kartons und Kistchen, in denen sie ihren Körper richtiggehend zusammenfalten muss, um überhaupt hineinzupassen. Wenn Sie Ihrem Stubentiger eine solche Minihütte reservieren, wissen Sie immer, wo Sie ihn im Zweifelsfall finden können.

Lautlose Jagd: Die Katze ist eine Schleichjägerin, die sich in Deckung und möglichst geräuschlos der Beute nähert, um sie dann mit einer schnellen Attacke zu überwältigen. ▽

dosiert die Katze den nötigen Schub meist sehr exakt und landet punktgenau – bei Bedarf selbst auf einem kaum pfotenbreiten Geländer. Kletterpartien beginnen in der Regel ebenfalls mit einem Sprung, zumindest beim Erklimmen von Bäumen. Die Krallen der Vorderpfoten haken sich in der Rinde fest, die Hinterbeine werden nachgezogen und liefern Schub für die nächste Kletterbewegung, während die gespreizten Vorderbeine den Stamm umfassen und möglichst weit oben Halt suchen.

Mit Mühe abwärts

Klettertechnik und die Lust am Klettern sind den Katzen angeboren, Katzenkinder testen ihre Fertigkeiten, kaum dass sie sich auf den Beinchen halten können. Wie man von ganz oben wieder wohlbehalten auf die Erde zurückkommt, muss eine Katze allerdings erst lernen – und selbst wenn sie den Bogen einigermaßen raus hat, sieht es unbeholfen und wenig überzeugend aus. Nur im Rückwärtsgang finden die nach hinten gebogenen Krallen den nötigen Halt. Wenn ein unerfahrenes Kätzchen mit dem Kopf voran abzusteigen versucht, endet die Aktion meist mit dem Einsatz der Feuerwehrleiter, weil der verängstigte Kletterer sich irgendwann nicht mehr von der Stelle rührt. Obwohl es ihnen immer wieder unterstellt wird, sind Katzen zur Jagd auf Vögel in den Bäumen nicht fähig.

Auf leisen Pfoten

Katzen sind ◘ ZEHENSPITZENGÄNGER (*Digitigrada,* Seite 275). Der Mensch rollt beim Laufen über die Fußsohle ab, eine Katze setzt nur die Zehen- und Fingerspitzen auf – ideal für Sprünge, schnelles Laufen und abrupte Richtungswechsel. Derbe Hornhaut schützt die Sohlenballen der Katzenpfote, für gute Polsterung sorgt eine dicke Schicht aus Binde- und Fettgewebe. Im Laufen und beim Aufsprung wirken die Sohlenpolster wie Stoßdämpfer und erlauben fast lautlose Fortbewegung und perfektes Manövrieren und Abbremsen.

▷ **Spitzentänzer.** Den Zehenspitzengänger sieht man einem Elefanten mit seinen plumpen Beinen und den überdimensionierten Sohlenpolstern nicht an. Dass er damit jedoch zu außerordentlich feinfühligen Bewegungen fähig ist, kann man in jedem Zirkus bewundern. Auf Zehen- bzw. Fingerspitzen laufen auch die Huftiere wie Pferde, Schweine, Rinder und Nashörner.

▷ **Fußgänger.** Beuteltiere, Großbären, Menschenaffen und auch der Mensch werden als ◘ SOHLENGÄNGER (*Plantigrada,* Seite 271) bezeichnet. Sie setzen bei der Fortbewegung die gesamte Hand- oder Fußfläche auf dem Boden auf.

Krallen können mehr als kratzen

Katzen besitzen 18 Zehen: fünf an jeder Vorderpfote und je vier an den Hinterpfoten, wo die inneren Mittelfuß- und Zehenknochen fehlen. Die nadelspitzen Hornkrallen werden nur bei Bedarf ausgefahren, im Ruhezustand sorgt ein ausgeklügelter Mechanismus aus Muskeln und Bändern dafür, dass sie in ihren Scheiden liegen und nahezu unsichtbar in der Pfote verborgen sind. Das schützt sie vor Abnutzung und sorgt für lautlose Bewegung. Beim Beutefang und zur Verteidigung kann die Katze ihre Krallen blitzschnell ausklappen, neben dem Klettern werden sie auch als Tast- und Angelhilfen und bei der Körperpflege eingesetzt. Die Multifunktionswerkzeuge müssen sorgfältig gepflegt werden: Regelmäßig schärft die Katze ihre Krallen an Bäumen und anderen geeigneten Stellen und entfernt dabei zugleich auch die abschilfernden äußeren Hornschichten. Wenn es in einer Katzenwohnung weder Kratzbaum noch Kratzbrett gibt, müssen nicht selten Teppiche, Polstermöbel oder die Tapeten zur Krallenpflege herhalten. ◘ KRALLENWETZEN (Seite 267) ist für Katzen nicht nur ein wichtiges Komfortverhalten (→ Seite 141), es hat auch bei der Verständigung durch Sicht- und Geruchssignale (Markieren, → Seite 145) und beim Imponieren (→ Seite 141) große Bedeutung.

Die Zähne eines Raubtiers

Die Katze hat das perfekte ▶ RAUBTIERGEBISS (Seite 269). Die langen Eckzähne dringen beim Nackenbiss tief in die Beute ein, brechen ihr das Genick, durchtrennen die Hauptnerven und bewirken meist den sofortigen Tod. Jungkatzen müssen die richtige Bisstechnik erst lernen, selbst manche erwachsene Katze hat damit Probleme, und bei Ratten und ähnlich wehrhaften Beutetieren geht die Attacke häufig genug daneben. Der letzte Vorbackenzahn im Oberkiefer und der einzige untere Backenzahn bilden die ▶ BRECHSCHERE (Seite 262), mit der Fleischstücke abgeschnitten werden. Das funktioniert am besten, wenn die Katze den Kopf leicht zur Seite neigt. Zähne zum Zermahlen der Nahrung fehlen. Die kleinen Schneidezähne werden vor allem zur Fellpflege eingesetzt, ähnlich wie die Hornpapillen der Zunge, die bei Großkatzen auch das Abnagen der Knochen erleichtern. Meist wandert die Nahrung jedoch in relativ großen Stücken in den widerstandsfähigen Magen. Katzen kommen zahnlos zur Welt. Nach sechs Wochen sind die Milchzähne durchgebrochen, im 3. Lebensmonat beginnt der ▶ ZAHNWECHSEL (Seite 275) zum Dauergebiss, das spätestens im 8. Monat ausgebildet ist.

Ganz Auge und Ohr

Wie der Mensch verlässt sich die Katze in erster Linie auf die Augen. Das Blickfeld überdeckt einen Bereich von 130 Grad, in dem sie räumlich sieht. ▶ STEREOSKOPISCHES SEHEN (Seite 272) ist für die Katze unerlässlich, weil sie nur so Entfernungen – etwa zur Beute – einschätzen kann. Mit einem Blickwinkel von 280 Grad (Mensch 210 Grad) ist sie ohne den Kopf zu drehen über alles im Bild, was rundherum passiert. Besonders leistungsfähig sind Katzenaugen in der Dämmerung. Das ▶ TAPETUM LUCIDUM (Seite 273) ist eine lichtempfindliche Schicht im Augenhintergrund, die wie ein Restlichtverstärker arbeitet und selbst bei sehr schlechten Lichtverhältnissen die optische Wahrnehmung ermöglicht. Die Pupille kann sich wie eine Kamerablende verändern: vom schmalen Schlitzverschluss im Hellen bis zur vollen Öffnung im Zwielicht (▶ PUPILLENREFLEX, Seite 269). Selbst der direkte Blick in die Sonne schadet einer Katze nicht. In der Dämmerung sieht sie sechsmal besser als wir, bei totaler Finsternis sind jedoch auch Katzen blind. Dass die Sehschärfe da nicht mithalten kann, ist kein gravierender Nachteil, weil die Katze vor allem auf Bewegungen reagiert. Farbenblind, wie man lange Zeit vermutete, ist sie nicht, auch wenn das ▶ FARBENSEHEN (Seite 263) in ihrer Sehwelt nur eine nachgeordnete Rolle spielt.

Katzenohren reagieren besonders sensibel auf hohe Töne, die der Mensch überhaupt nicht hört. Die Katze nimmt noch Geräusche über 70.000 Hertz wahr (▶ HÖRVERMÖGEN, Seite 265), wir bringen es nur auf 18.000. Das hohe Fiepen einer Maus entgeht ihr daher selten. Die Ohrmuscheln lassen sich unabhängig voneinander auf eine Schallquelle ausrichten, so dass die Katze beim Lauschangriff sekundenschnell ortet, woher die Musik kommt.

▶ **INFO**

Stimmungsbarometer

Die Pupille des Katzenauges passt sich der Helligkeit an, ihre Größe und Form ist aber auch von der jeweiligen Stimmung der Katze abhängig. Erweiterte Pupillen sind ein Zeichen von Erregung, typisch für wütende und ängstliche Tiere. Dass eine Katze bei der Attacke auf ihre Beute hingegen kühl und wohlüberlegt zu Werke geht, belegen die kleine Pupillen. Der Jagdstress wird später im Erleichterungsspiel (→ Seite 140) abgebaut.

Duftsignale

Katzen verlassen sich meist auf das, was sie sehen und hören. Doch sie haben auch eine feine Nase, die viele Male geruchssensibler ist als unsere. Duftbotschaften sind ein zentraler Teil der Kommunikation im Katzenland: Mit Duftstoffen und anderen Substanzen aus den Hautdrüsen an Wangen, Kinn und Schwanzwurzel markiert die Katze exponierte Stellen im Revier und signalisiert den Artgenossen ihre Besitzansprüche (→ Seite 145). Zum ▶ BEGRÜSSUNGSVERHALTEN (Seite 261) der Katze gehört die Schnupperprobe, bei der sich die Tiere Nase an Nase gegenüberstehen. Der Dufttest entscheidet darüber, ob man sich riechen kann oder lieber aus dem Weg geht.

Das sonderbare Jacobsonsche Organ

Das Jacobsonsche Organ im Gaumendach der Katzen macht Empfindungen möglich, die irgendwo zwischen Riechen und Schmecken liegen. Das sonderbare Organ, mit dem vor allem Sexuallockstoffe und ähnlich starke Düfte gleichsam geschmeckt werden, erhält seine Duftinformationen über die Zunge. Das „Duftschmecken" wird von einem typischen Gesichtsausdruck begleitet. Der Mund ist leicht geöffnet, die Oberlippe hochgezogen, die Nase wird gerümpft, die Augen blicken scheinbar ins Leere: Die Katze flehmt. Gut beobachten lässt sich das ▶ FLEHMEN (Seite 263) bei Katern, die rolligen Katzen folgen. Löwen und andere Großkatzen flehmen häufiger als Hauskatzen. Auch andere Tiere wie Pferde und Schlangen können flehmen.

Futtertester und Waschlappen

Dass Katzen wählerische und eigenwillige Kostgänger sind, weiß jeder Halter, der einmal einen Futterwechsel im Sinn hatte. Die Geschmacksknospen der Katzenzunge prüfen jeden Bissen. Kleine Hornhäkchen auf der Zungenoberfläche halten beim Trinken die Flüssigkeitstropfen fest, bei der Reinigung des Fells dienen sie als Kamm und Bürste. Die Zunge ist der geeignete Waschlappen für die Ganzkörperwäsche. Hinter den Ohren und an anderen Körperstellen, wo die Zunge nicht hinkommt, helfen die angefeuchteten Innenseiten der Pfoten aus. Da die Katze nur wenige Schweißdrüsen besitzt, verteilt sie bei großer Hitze mit der Zunge Speichel im Fell, dessen Verdunstung für Kühlung sorgt.

Ein Fell für alle Fälle

Das Katzenfell besteht aus der Unterwolle und dem Deckhaar mit Leit- und Grannenhaaren. Unbehaart sind nur der Nasenspiegel und die Pfotenballen. Mit ca. 200 Härchen pro Quadratmillimeter schützt das Fell zuverlässig vor allen Witterungseinflüssen. Beim Putzen verteilt die Katze Fett aus den Talgdrüsen der Haut im Fell, selbst Dauerregen kann ihr daher nichts anhaben. Bei großer Kälte plustert sie sich auf, das Luftpolster im gesträubten Fell sorgt für eine wirksame Isolierung.

Der Schnurrbart ist ein sensibles Tastorgan. Er informiert die Katze darüber, ob ihr Körper durch Spalten und Löcher passt und spielt beim Biss in die Beute eine Rolle. Die Tasthaare (▶ VIBRISSEN, Seite 274) der Stirn lösen bei Berührung das reflexartige Schließen der Augen aus und schützen sie so vor Verletzung.

▶ INFO

Auf dem Minze-Trip

Der Duft der Katzenminze (*Nepeta cataria*) versetzt Katzen regelrecht in Verzückung. Sie zeigen dabei alle Symptome eines rauschartigen Zustands. Ausgelöst wird der »Minze-Trip« durch ätherische Öle in den Blättern und im Stiel der Pflanze. Ähnliche Reaktionen ruft Baldrian hervor. Die Wirkung ist bei Katern stärker als bei Katzen und kastrierten Tieren. Negative Folgen hat der Rauschzustand nicht.

Die unglaublichen Sinne der Katze

Die hoch entwickelten Sinnesorgane der Katze sind zu außergewöhnlichen Leistungen fähig. Augen, die im Fastdunkeln sehen, Ohren, die das leiseste Mäusetrippeln wahrnehmen, und Tasthaare, die jedes Hindernis registrieren, sind für eine dämmerungsaktive Jägerin lebenswichtig. Doch die Sinne der Katze können noch mehr. Viele dieser Fähigkeiten entziehen sich menschlicher Wahrnehmung und bleiben uns fremd und rätselhaft.

Vollendete Körperbeherrschung

Katzen leben in der dritten Dimension. Höhe bringt Vorteile: bei der Kontrolle des Reviers, als Fluchtpunkt und bei der Verteidigung. Kätzchen können dem Drang nach Höherem frühestens mit fünf Wochen nachgeben. Erst dann funktioniert der Ausklappmechanismus ihrer Krallen, bis dahin stehen sie starr nach außen. Wer auf Mauervorsprüngen, Balkonbrüstungen und Dachfirsten balanciert, muss schwindelfrei sein und seinen Körper vollendet beherrschen. Das breite Blickfeld, in dem die Katze räumlich sieht, erleichtert ihr die Kontrolle darüber, wohin sie die Pfoten setzt. In luftiger Höhe bewegt man sich vorsichtig und wählt seine Schritte mit Bedacht – bis ein vorwitziger Vogel die Luftstraße kreuzt. Dann brennen bei manchen Katzen die Sicherungen durch. Finden die Krallen nicht in letzter Sekunde Halt in Markise oder Baumrinde, kann die Geschichte mit einem bösen Plumps enden. Ein Stellreflex sorgt dafür, dass sich die Katze im freien Fall dreht (▶ GLEICHGEWICHTSSINN, Seite 264), auf allen Vieren landet und oft mit dem Schrecken oder kleineren Blessuren davonkommt (→ siehe auch Seite 83). Der Schwanz übernimmt bei der Luftrolle die Steuerung. Das klappt jedoch nur beim Sturz aus größerer Höhe, bei niedrigen Fallhöhen reicht häufig die Zeit nicht, um das Wendemanöver zu vollenden. Bei jungen Katzen ist die Drehtechnik noch nicht ausgereift.

Die Uhr im Kopf

Viele Säugetiere besitzen einen untrüglichen Zeitsinn. Die ▶ INNERE UHR (Seite 266) der Katze tickt so genau, dass selbst die Experten das Staunen nicht verlernen. Pünktlich zur Essenszeit am Futternapf aufzutauchen, ist eine leichte Übung. Aber Katzen speichern auch andere Termine: Zum Beispiel, dass die Familie am Wochenende länger schläft, während in der Woche alle früh auf den Beinen sind. Der Zeitsinn hat auch im Katzenalltag Bedeutung: Vor allem im städtischen Lebensraum sind Vorgärten und Hinterhöfe oft so klein, dass sich die Katzenreviere überlappen. Die Wege an den Reviergrenzen werden dann von mehreren Katzen gemeinsam benutzt. Um nicht ständig auf Nachbars griesgrämigen Kater zu treffen, hält man sich bei der Wegenutzung an feste Zeiten – die eine Katze am frühen Morgen, die andere nach der Mittagssiesta und der Herr Griesgram hat in der Abenddämmerung freie Fahrt (→ Seite 138).

Optisches Gedächtnis

Katzen können sich auf ein unbestechliches optisches Gedächtnis verlassen. Jede Veränderungen im Haus und Revier wird registriert und unter die Lupe genommen. Wer Spaß am Möbelrücken hat und die Wohnung ständig umbaut, stürzt seine Katze in heftige Verwirrung. Im Freiland erleichtern Wegmarken die Orientierung. Sie sind auch Teil der audiovisuellen Landkarte, die beim Heimfinden eine wichtige Rolle spielt (→ Seite 24). Während das Nasentier Hund einen Menschen oft noch nach Jahren am Geruch erkennt, speichern Katzen vornehmlich Bewegungsbilder ab und reagieren auf Körperhaltung und Gesten vertrauter Menschen, selbst wenn sie noch mehr als hundert Meter entfernt sind. Wie die Ohren sind auch die Augen der Katze ein Stimmungsbarometer, das Auskunft über ihre seelische Verfassung gibt (→ Seite 146).

Katzenohren schlafen nie

Eine Katze kann selbst im dicksten Trubel ein Nickerchen machen, der Lärm rundherum stört sie offensichtlich nicht im Mindesten. Abschalten heißt für sie das Zauberwort. Physiologische Grundlage ist die Fähigkeit der Katze zur selektiven Geräuscherkennung: Die sorgt dafür, dass die vertrauten Umgebungsgeräusche im Ohr herausgefiltert und nicht weiterverarbeitet werden. Auf das Fiepen einer Maus, den piepsenden Vogel oder das drohende Knurren eines Hundes reagiert allerdings auch die vermeintlich tief und fest schlafende Katze (SCHLÜSSELREIZ, Seite 271). Und wenn Frauchen die Trockenfutterpackung schüttelt, steht jeder Stubentiger sowieso nach drei Sekunden auf der Matte.

Die Ohrmuscheln sind Hochleistungsschalltrichter. Über 20 Muskeln sorgen dafür, das jede Ohrmuschel unabhängig von der anderen auf eine Schallquelle ausgerichtet werden kann. Die zeitversetzte und unterschiedlich starke Wahrnehmung der Signale erlaubt ein punktgenaues Lokalisieren jedes Geräuschs. Das klappt so gut, dass Katzen auch ohne optische Rückmeldung zum Jagderfolg kommen. Selbst blinde Tiere fangen – allein mit Hilfe von Gehör und Tastsinn – Mäuse und sogar Kleintiere wie Spinnen und Fliegen. Die Bedeutung des Gehörs für die Orientierung und speziell für das Heimfindevermögen der Katze (→ siehe rechts) haben die Forscher erst in den letzten Jahrzehnten entdeckt.

Das Pfoten-Frühwarnsystem

Mit ausgefahrenen Krallen wird die Katzenpfote zur wehrhaften Waffe; im Spiel, beim Schmusen und behutsamen Anstupsen von Mensch und Mitkatze ist sie zärtlich und sanft. Die Pfote kann aber noch mehr: Die Pacinischen Körperchen, winzige Druckempfänger in den Sohlenballen, reagieren selbst auf feinste Erschütterungen – auf tanzende Mäuse ebenso wie auf für den Menschen nicht wahrnehmbare Anzeichen eines bevorstehenden Erdbebens.

Sicher nach Hause

Der elektronische Travelmaster im Auto, der uns ans gewünschte Ziel bringt, ist für Katzen ein alter Hut. Sie haben die Landkarte im Kopf. Basis dafür ist ihr AUDIO-VISUELLES GEDÄCHTNIS (Seite 261), das neben optischen Wegmarken auch Hörbilder abspeichert. Das kann der Verkehrslärm einer Straße sein, die Kirchturmglocke oder die Säge eines holzverarbeitenden Betriebs. Stärke und Richtung der Geräusche spielen beim Orientieren ebenso eine Rolle wie die Lagekorrelation der akustischen Signale zueinander. Katzen, die in einer bestimmten Entfernung von ihrem Zuhause ausgesetzt wurden, bestanden die Prüfung mit Bravour: Die Mehrheit ging sofort auf Heimatkurs (HEIMFINDEVERMÖGEN, Seite 265). Viele wählten dabei die direkte Verbindung zwischen Aussetzpunkt und Heimathafen – obwohl sie zuvor nicht auf geradem Weg verfrachtet worden waren. Katzen mit Auslauf erwiesen sich den reinen Stubentigern deutlich überlegen. Bei Distanzen von über fünf Kilometern sank die Erfolgsquote der Heimkehrer allerdings rapide.

Katzen auf Fernreisen

Es gibt zahllose Erzählungen über Katzen, die nach langen Wanderungen und oft erst nach vielen Monaten wieder nach Hause gefunden haben. Die meisten dieser Reiseberichte halten genaueren Untersuchungen nicht stand, doch einige lassen sich nicht leichtfertig ins Reich der Fabel verbannen. Vertraute Hör- und Wegmarken spielen auf diesen Fernreisen sicher keine Rolle. Viele Erklärungsversuche gehen von Kraft- und Strahlungsfeldern aus, für die Katzen besonders empfänglich sein sollen. Wie etwa das Magnetfeld der Erde oder die elektrischen Ladungsunterschiede in der Atmosphäre. Diskutiert wird auch die Verrechnung der für alle Säugetiere angenommenen „inneren Uhr" mit dem Sonnenstand – ähnlich dem Orientierungsmechanismus, mit dem Brieftauben selbst über große Entfernungen Kurs halten.

Unerklärliche Phänomene

Rupert Sheldrake, englischer Naturwissenschaftler und Spezialist für rätselhafte Phänomene bei Tieren, ist davon überzeugt, dass Katzen und mit ihnen auch andere Heimtiere über Fähigkeiten verfügen, die weit jenseits unserer Vorstellungskraft liegen. In seinem Buch „Der siebte Sinn der Tiere“ (→ Bücher, Seite 284) beschreibt er eine Vielzahl von Fällen, in denen vor allem Katzen und Hunde unerklärliche Reaktionen zeigten. Und zum Beispiel genau zu der Zeit in Panik gerieten, wenn ein vertrauter Mensch einen Unfall hatte oder starb, obwohl der Ort des Geschehens nicht selten viele tausend Kilometer entfernt lag. Oder ihren menschlichen Partner durch auffälliges Verhalten vor einem epileptischen Anfall warnten, so dass sich der Kranke noch rechtzeitig schützen oder Hilfe holen konnte (→ Seite 113). Manche Experten gehen davon aus, dass Tiere die Aura des Menschen wahrnehmen können, die ihn wie ein Kraftfeld umgibt, und entsprechend reagieren, wenn sich die Aura durch Krankheit oder einen bevorstehenden Anfall verändert.

Das machen Katzen mit links

Linkshändige Menschen gelten als gefühlvoll, fantasiebegabt und besonders empfänglich für Vorahnungen und Stimmungen. Eine Einschätzung, die man nicht einfach von der Hand weisen kann, ist doch die rechte Hirnhälfte, über die unsere linke Körperseite gesteuert wird, für die schöpferische Leistung und Kreativität verantwortlich. Bei der Katze haben die Physiologen eine eindeutige Bevorzugung der linken Pfote festgestellt. Vielleicht kommen wir hier ja einer Verbindung zu den unerklärlichen und scheinbar übersinnlichen Fähigkeiten unserer Hauskatze auf die Spur.

WAS TUN, WENN...

... die Sinne meiner Katze nachlassen?

Sie schläft mehr als früher, bewegt sich bedächtiger und verzichtet auch schon einmal auf die Inspektionstour durchs Revier. Am Futternapf wird sie zunehmend heikler, und manchmal registriert sie erst im letzten Moment, dass man hinter ihr steht.

Ursache: Katzen altern erst spät, über viele Jahre ihres Lebens sind sie leistungsfähig und fit. Dass die Katze älter wird, erkennt man nicht nur an körperlichen Symptomen wie eingeschränkter Beweglichkeit und höherem Ruhebedürfnis, sondern auch am Nachlassen ihrer Sinne. Sie hört nicht mehr so gut wie früher, und häufig muss man sie zweimal rufen, bis sie reagiert. Und am Futter schnuppert sie jetzt länger, bevor sie zu fressen anfängt.

Lösung: In ihrer vertrauten Umgebung kommt die ältere Katze gut zurecht. Mit etwas Geduld und Rücksicht lassen sich Missverständnisse vermeiden: Machen Sie sich rechtzeitig bemerkbar, wenn Sie sich ihr nähern, und gehen Sie von vorne auf sie zu, um sie nicht zu erschrecken. Verzichten Sie auf Spiele, die schnelles Reagieren und viel Beweglichkeit verlangen. Achten Sie darauf, dass sie ungestört schlafen kann – auch zu Zeiten, wo sie früher putzmunter war. Servieren Sie das Futter immer zimmerwarm und nie zu kühl, damit sie trotz des nachlassenden Geruchsvermögens seinen Duft wahrnehmen kann.

Eine Katze verändert das Leben

Katzen haben ihren eigenen Kopf und feste Vorstellungen von dem, was ihnen zusteht. Und sie kennen alle Schleichwege, um ihre Ansprüche durchzusetzen.

AUFREGEND UND ANSPRUCHSVOLL. Sich auf eine Katze einzulassen ist immer auch eine Reise ins Abenteuerland. Wer die Grundbedürfnisse des Hundes erfüllt und ihm seinen Platz in der Gemeinschaft zuweist, hat einen treuen Begleiter für alle Zeiten. Um die Zuneigung und Freundschaft einer Katze muss man sich stets aufs Neue bemühen. Die Katze fordert Nähe und Freiraum gleichermaßen, sie ist liebenswert, anhänglich und verschmust und kann doch in der nächsten Minute aus Eifersucht zur Furie werden. Lau und flau ist die Beziehung nie, ein bisschen knistert es immer und manchmal brennt es auch.

1

Hallo Partner!

Dass immer mehr Menschen ihr Leben mit Katzen teilen, kommt nicht von ungefähr. Katzen beugen sich nicht und verbiegen sich nicht. Sie stellen ihre Forderungen unmissverständlich und unverblümt und zeigen ihre Sympathie und Liebe genauso offen wie ihre Ablehnung. Katzen sind echt und unverfälscht, man muss um sie werben, aber auf der Hut sein muss man vor ihnen nie. Eine Katze hat Ansprüche und Rechte, die jeder Halter vom ersten Tag der Partnerschaft an erfüllen und berücksichtigen sollte.

Sweet home

Für Katzen hat ihr Zuhause große Bedeutung. Die Wohnung ist der eigentliche Heimatbereich, bei Katzen mit Auslauf gehört auch das Revier dazu. In der katzengerechten Wohnung (→ Seite 91) gibt es einen zentralen Schlafplatz, mehrere Ruhe- und Aussichtspunkte, Futter- und Wassernapf, Katzentoilette, den Kratzbaum und Kratzbretter sowie diverse Kletter-, Spiel- und Beschäftigungsangebote. Katzen sind neugierige Wesen. Darauf müssen Sie achten, damit sie sich in der Wohnung nicht in Gefahr bringen: Kamin und andere offene Feuerstellen mit Gittern schützen, die für Katzen giftige Pflanzen schon vor dem Einzug entfernen, Türen von Waschmaschine, Backofen, Kühl- und Gefrierschrank geschlossen halten, Kochfelder und Herdplatten sichern, am Balkon Schutznetze und an den Fenstern Kippsicherungen anbringen.

Richtig füttern

Das Angebot an Katzenfertignahrung ist vielfältig und macht es dem Katzenhalter leicht, sein Tier gesund, ausgewogen und abwechslungsreich zu ernähren. Für die Katze zählt dabei vor allem Frische und Sauberkeit. Selbst wenn der Magen heftig knurrt, wird sie einen verschmutzten Napf mit verkrusteten Futterresten vom Vortag nicht anrühren.

Pflege und Gesundheit

Katzen sind außerordentlich reinliche Tiere, die sich gewissenhaft und mit Ausdauer der Körperpflege widmen. Kurzhaarkatzen brauchen dabei nur selten Assistenz, langhaarige Rassen sind jedoch mit der Pflege des voluminösen Fells überfordert und auf regelmäßige Unterstützung angewiesen. Zur Pflege gehört auch die tägliche Gesundheitsinspektion mit der Kontrolle von Fell, Augen, Ohren, Zähnen, Pfoten, Krallen und After.
Schon junge Katzen müssen vor den gefährlichsten Infektionskrankheiten (→ Seite 210) geschützt werden, jährliche Auffrischungsimpfungen halten den Impfschutz aufrecht. Wurmkuren verhindern zuverlässig den Befall durch die Schmarotzer, und auch Flöhe und Zecken lassen sich heute wirksam bekämpfen. So wie auch wir regelmäßig zur Vorsorgeuntersuchung zum Hausarzt gehen, sollte der Tierarzt mindestens einmal jährlich den Gesundheitszustand der Katze kontrollieren.

Der Mensch macht die Katze glücklich

Zu den Menschen in ihrem Umfeld baut die Katze ein besonderes Vertrauensverhältnis auf, verlangt aber auch von ihnen Hingabe, Zuneigung und Verlässlichkeit. Katzen passen sich unserem Lebensrhythmus bis zu einem gewissen Grad an, bestehen aber auch mit Nachdruck darauf, dass wir einmal getroffene Absprachen einhalten. Wer wiederholt den Fütterungstermin überzieht, häufig verspätet nach Hause kommt oder die Schmuse- und Spielstunden immer wieder ausfallen lässt, riskiert Protest und Beziehungskrisen.

Brauchen Katzen Auslauf?

In katzengerechter Umgebung und als Partner eines Katzenmenschen (→ Test, Seite 29) fehlt der Wohnungskatze nichts. Hat sie allerdings einmal freie Natur geschnuppert, kann sie dem Ruf der Wildnis kaum mehr widerstehen.

Das sollten Sie über Katzen wissen

Die Katze organisiert ihren Tag selbst. Es gibt Zeiten, in denen sie solo und ungestört sein möchte: während der Siesta am Vormittag und der Inspektionstour durchs Revier, bei der Katzenwäsche und bei ihren Mahlzeiten. Aber es gibt auch Zeiten, wo ihr der Mensch wichtiger ist als alles andere. Nicht nur, wenn sie in Schmuse- oder Spiellaune ist, sondern ganz einfach, weil sie unsere Nähe spüren und neben uns sitzen möchte, während wir am Schreibtisch arbeiten, in der Küche hantieren oder fernsehen. Der Hund hängt ständig an unserem Rockzipfel, eine Katze ist sich meist selbst genug. Niedriger sind ihre Ansprüche an die Beziehung zum Menschen aber nicht.

Keine Hektik und kein Lärm

Die Katze ist ein leises und bedächtiges Tier. Wer in freier Natur das Anschleichen zu seiner Jagdtechnik gemacht hat, muss sich vorsichtig und möglichst lautlos bewegen, um die hellhörige Beute nicht vorzeitig zu warnen. In lauter und hektischer Umgebung fühlt sich eine Katze nicht wohl, sie reagiert irritiert oder genervt. Nur im vertrauten Wohnbereich nimmt sie lärmende Betriebsamkeit meist mit viel Gleichmut hin und schläft hier dank der katzentypischen Fähigkeit zur selektiven Geräuscherkennung (→ Seite 24) unbeschwert ein. Trotzdem nimmt der verständnisvolle Katzenmensch Rücksicht auf seinen sensiblen Liebling und bietet ihm zumindest eine Ruheinsel an, wenn es in der Wohnung tatsächlich einmal zu laut werden sollte.

Essen mit Genuss

Übergewichtige Katzen sind die Ausnahme. Katzen essen mit Bedacht und prüfen jeden Bissen. Das Futter muss frisch und sollte zimmerwarm sein – die Katzennase isst mit. Nur bei großem Hunger wird alles sofort vertilgt, sonst genießt man seine Mahlzeit und stattet dem Fressnapf mehrfach einen Besuch ab.

Die Siesta ist heilig

Im Schlaf erholt sich der Körper und regeneriert verbrauchte Energien. Mit fast 16 Stunden täglich sorgt die Katze dafür, dass ihre »Akkus« immer volle Leistung liefern. Schlaf ist nicht gleich Schlaf: Im Schlaf der Katze wechseln sich Leicht- und Tiefschlafphasen ab (▶ SCHLAFPHASEN, Seite 271). Eine dösende Katze ist sofort hellwach, wenn sie etwas Ungewöhnliches hört. In den Tiefschlaf fällt sie nur dort, wo sie sich sicher und geborgen weiß. Die Verhaltensforscher sind sich einig, dass Katzen träumen. Verhaltenes Miauen und zuckende Beine lassen vermuten, dass so manche Traumtänzerin auf Mäusejagd geht. Kätzchen brauchen mehr Ruhe als erwachsene Tiere und schlafen innerhalb von Sekundenbruchteilen tief und fest.

Immer wie geleckt: Die Katze gehört zu den saubersten Tieren der Welt und investiert täglich durchschnittlich drei Stunden und 40 Minuten in die Körperpflege. ▽

Spiel- und Schmusezeiten

Der Mensch ist der Katze wichtiger als die eigenen Artgenossen – selbst dann, wenn das Wurfgeschwister sind, mit denen man Schlafkiste und Futternapf teilt. Auch beim Spielen kommt der Besitzer an erster Stelle: Die Spielangebote machen Sie, Ihre Katze entscheidet, ob sie mit von der Partie ist. Dabei spielen Tagesform und Tageszeit, aber auch persönliche Vorlieben eine Rolle. Die eine jagt am liebsten Tischtennisbälle, die andere apportiert alles, was sich tragen lässt. Eine Katze, die nicht in Spiellaune ist, lässt sich weder durch gute Worte noch Leckerbissen animieren. Das gilt auch für Zärtlichkeitsbeweise: Am liebsten holen sich Katzen ihre Schmuseeinheiten selbst ab. Wer sie gegen ihren Willen auf den Arm nimmt und streichelt, riskiert je nach Naturell beleidigte Abwehr, böse Blicke und angelegte Ohren oder einen herzhaften Krallenhieb.

Wie man mit einer Individualistin lebt

Eine Katze ist eine Katze. Aber keine Katze ist wie die andere Katze, jede hat feste Gewohnheiten und Vorlieben, die auch das tägliche Miteinander bestimmen. Ererbte Anlagen und gute wie schlechte Erfahrungen spielen dabei gleichermaßen eine Rolle. Vor allem Erlebnisse im Kätzchenalter – zum Beispiel im Umgang mit Kindern – sitzen tief und prägen das Verhalten auf Dauer. Einige individuelle Eigenheiten muss man einfach akzeptieren: Manche Katzen werden böse, wenn man sie am Bauch streichelt, andere fahren beim Spielen die Krallen aus, legen jeden Futterbrocken neben den Napf, plappern ohne Pause oder machen nie den Mund auf. Wenn jedoch Hausfrieden und Partnerschaft unter dem Verhalten der Katze leiden, muss man ihr die Grenzen zeigen. Etwa beim Krallenwetzen an Möbeln, beim Pflanzenknabbern, bei Diebstahl oder lärmenden nächtlichen Treibjagden in der Wohnung. Böse Worte stoßen bei einer Katzen oft auf taube Ohren, weiter kommt man mit verlockenden Alternativangeboten und Verleitaktionen (→ Seite 164).

TEST

Sind Sie ein Katzenmensch?

Testen Sie vor dem Kauf einer Katze, ob Sie zum Leben mit ihr bereit sind und ihre Ansprüche erfüllen können und wollen.

	ja	nein
1. Eine Katze verändert Ihr Leben und Ihren Alltag. Sind Sie zu Kompromissen bereit?	○	○
2. Verzichten Sie evtl. auf lieb gewordene Gewohnheiten?	○	○
3. Stornieren Sie Ihren Urlaub, wenn sich zu Hause niemand um die Katze kümmern kann?	○	○
4. Können Sie mit Kratzspuren auf Möbeln, Sofa oder an der Tapete leben?	○	○
5. Katzen sind reinlich, aber sie verlieren Haare. Stört das Ihr Sauberkeitsempfinden?	○	○
6. Katzen brauchen Zuwendung und Pflege. Bringen Sie die Zeit und Energie dafür auf?	○	○
7. Haben Sie Verständnis, wenn die Katze einmal ihren Kopf durchsetzen will?	○	○
8. Katzen kosten Geld. Können Sie sich auch Extraausgaben z. B. für den Tierarzt leisten?	○	○

Auflösung: Wer auf alle acht Fragen ohne Einschränkung mit Ja antworten kann, ist ein wahrer Katzenmensch. Ihre kleine Partnerin hat mit Ihnen das große Los gezogen.
Bei jedem Nein sollten Sie sorgfältig prüfen, wie wichtig es Ihnen ist – und sich darüber im Klaren sein, was ein Wenn und Aber im täglichen Zusammenleben mit einer Katze bedeuten kann.

Was Katzen alles machen

Der Katzentag wird bestimmt durch lange Ruhephasen und Zeiten mit hoher Aktivität, in denen die Katze auf die Jagd geht, ihr Revier kontrolliert, soziale Kontakte knüpft und sich ausgiebig der Körperpflege widmet.

▷ **Termine einhalten.** Katzen führen ein Leben nach Plan und achten auf feste Zeiten für Siesta, Essen, Spielen und Schmusen. Auch im Revier läuft alles nach Termin: Um unliebsame Begegnungen zu vermeiden, patrouilliert die Katze nur zu bestimmten Tageszeiten auf Wegen, die von Artgenossen mitbenutzt werden. Obwohl von Haus aus dämmerungs- und nachtaktiv, passen sich die meisten Katzen dem Lebensrhythmus ihrer Menschen an und schlafen bis zum Morgen. Unter den Katzen mit Auslauf gibt es allerdings auch Nachtschwärmer, die erst spät am Abend auf Tour gehen und dann um 5 Uhr morgens lautstark Einlass begehren. Mit einiger Überredungskunst lassen sich die Ruhestörer aber zu mehr Kooperation bewegen (→ Seite 168).

▷ **Sich pflegen.** Für ihre Körperpflege investiert eine Katze viel Zeit und lässt sich dabei auch nur ungern stören. Die Katzenwäsche ist ein Gradmesser für das Wohlbefinden: Eine Katze, die sich nicht ausreichend pflegt, ist körperlich oder seelisch nicht auf der Höhe.

▷ **Kratzen.** Katzenkrallen sind Mehrzweckwerkzeuge, die regelmäßige Pflege brauchen. Beim Wetzen werden sie geschärft und von abschilfernden Hornteilen befreit. Krallenwetzen dient aber auch dem Markieren und – wenn Artgenossen in der Nähe sind – als Imponiergeste. Bei der Wahl ihrer Kratzplätze ist die Katze sehr eigen, manchmal lässt sie selbst einen (in den Augen ihres Besitzers) attraktiven Kratzbaum völlig unbeachtet.

▷ **Geschenke machen.** Viele Katzen bringen erlegte Beutetiere ins Haus und deponieren sie vor den Füßen ihres Besitzers, meist begleitet von stolzem Miauen. Tadeln sollte man seine Katze für diesen Zuneigungsbeweis nicht. Am besten Mäuschen oder Vogel in einem unbeobachteten Moment entsorgen.

CHECKLISTE

Grundbedürfnisse

Mit der Anschaffung einer Katze übernimmt der Halter Verantwortung und Verpflichtungen. Ganz oben steht dabei die Erfüllung der arttypischen Ansprüche und Grundbedürfnisse:

- ○ katzengerechte Unterbringung und Ausstattung
- ○ gesunde Ernährung
- ○ regelmäßige Pflege
- ○ Gesundheitskontrolle und lückenloser Impfschutz
- ○ Zuwendung und Zärtlichkeit
- ○ Beschäftigung und Spiel
- ○ geregelter Tagesablauf
- ○ gefahrloser Auslauf

▷ **Lieblingsplätze besetzen.** Weich, warm, ruhig, zugfrei. Nach diesen Kriterien wählen Katzen ihre Liege- und Beobachtungsplätze aus. Aber nicht immer: Manchmal können es auch Kisten, Koffer, Kartons oder die harten Rippen des Heizkörpers sein, während das teure und edle Katzensofa verschmäht wird. Zu den Favoriten zählen die oberen Etagen im Bücherregal, weil man von hier alles im Blick hat, was in der Wohnung passiert.

▷ **Höhlen erforschen.** Höhlen, Löcher und dunkle Spalten ziehen Katzen magisch an. Abstellkammern, Verschläge, Körbe, Kartons, offene Schränke und Schubladen werden eingehend inspiziert. Das gilt leider auch für die Waschmaschinen und den Wäschetrockner, was böse enden kann, wenn die Maschinen ohne Kontrolle in Gang gesetzt werden.

▷ **In der Erde buddeln.** Wenn es ums Geschäft geht, ist ihr weiche Erde am liebsten. Solange die Katze dabei frische Gartenbeete im Sinn hat, kann man eventuell noch ein Auge zudrücken. Bei den Topfpflanzen in der Wohnung hört der Spaß auf. Verewigt sie sich hier, obwohl die Katzentoilette daneben steht, ist das fast immer ein Protestsignal. Ursachenforschung und Therapie → Seite 164.

▷ **Knabbern.** Katzen knabbern gerne an Grünpflanzen. Was letztlich die Lust auf die grüne Kost auslöst, ist noch nicht hundertprozentig geklärt (→ Info, Seite 181). Frisches Katzengras in der Wohnung sorgt dafür, dass die Blumen und Pflanzen verschont bleiben. Zumindest während der Wintermonate muss es auch Katzen mit Auslauf zur Verfügung stehen. Nicht wenige Zimmerpflanzen sind für die Katze giftig (▶ GIFTPFLANZEN, Seite 264). Sie sind für die Katzenwohnung tabu.

▷ **Auf Liebespfaden wandeln.** In Zeiten der Liebe verändert sich das Verhalten der Katze dramatisch: Sie wird aufdringlich, jammert und schreit und setzt alles daran, um sich in der heißen Phase mit Katern zu treffen. Ein Kater, dem der verführerische Duft einer rolligen Dame in die Nase steigt, lässt sich kaum mehr im Haus halten. Allein die Kastration (→ Info, Seite 219) macht Schluss mit dem Sturm der Hormone und erspart Katze und Besitzer stressige Tage.

▷ **Protestieren.** Katzen lassen keine Zweifel aufkommen, wenn etwas ihr Missfallen erregt oder nicht ihren Erwartungen entspricht. Verspätete Fütterung, fehlende Zuwendung, Eifersucht auf andere tierische Hausgenossen, häufiges Alleinsein, unsaubere Katzentoilette, ständige Hektik im Haus – es gibt viele gute Gründe, um zu protestieren. Je nach Naturell spielt man zuerst die beleidigte Leberwurst, fordert lautstark Besserung, wehrt Zärtlichkeiten ab, verkriecht sich oder verweigert das Futter. Bleibt das Problem bestehen, greift die Katze zu drastischeren Mitteln, kommt für längere Zeit nicht mehr nach Hause oder verrichtet ihr Geschäft mitten auf dem Teppich.

▷ **Auf Entdeckungsreise gehen.** Katzen wissen sich zu beschäftigen, auch wenn sie alleine im Haus sind. Auf Erkundungstour wird alles inspiziert und manches ausprobiert, was eigentlich tabu sein sollte. Die katzensichere Wohnung (→ Seite 95) verhindert allzu riskante Abenteuer.

▷ **Streunen.** Katzen haben ein kleineres Revier und sind standorttreuer als die Herren Kater. Die wandern häufiger über die Grenzen ihres Eigenbereichs hinaus und erkunden auch fremde Territorien. Das kann zur Folge haben, dass der Kater sich nur sporadisch zu Hause blicken lässt und manchmal tagelang unterwegs ist. Angesichts der Gefahren, die draußen drohen, sollten Streuner zu mehr Häuslichkeit animiert werden – auch wenn das nicht immer leicht fällt (→ Seite 171).

▷ **Klettern.** Schon Katzenkinder wollen hoch hinaus und nutzen jede Möglichkeit, ihre Kletterkünste zu erproben. Im Freien haben Katzen überall Aufstiegschancen, aber auch in der Wohnung sollten ihnen Kratzbaum, Treppchen, Kletterseile und Kletterstege das Leben in der dritten Dimension möglich machen.

▷ **Stehlen.** Nur selten ist es der Hunger, der eine Katze zum Diebstahl verführt. Spieltrieb, Neugier und die Lust am Stöbern und Entdecken lassen sich auch durch Verbote kaum stoppen. Ist die Katze alleine, sollte alles Essbare außer Reichweite sein. Das gilt auch für Nadeln, Scheren, Messer und andere spitze und scharfe Gegenstände, an denen sie sich verletzen kann.

▷ **Den wilden Max spielen.** Katzenfreunde kennen das: Plötzlich und ohne erkennbaren Anlass rast ihre sonst eher bedächtige Katze im wilden Galopp durch die Wohnung, springt auf Schränke und Tische, krallt sich in die Gardine und schlägt Haken wie ein Hase. Der Übermut und die Lust an der Bewegung steht ihr dabei ins Gesicht geschrieben. Selbst Oldies, die schon das Zipperlein plagt, werden dann und wann vom Teufel geritten. Nach fünf Minuten ist der Spuk vorbei und alles läuft wieder geruhsamer.

Welche Katze passt zu mir?

Rassehunde haben typische Eigenschaften und Charaktermerkmale. Bei Katzen spielen individuelle Wesenszüge oft eine wichtigere Rolle als die Rassenzugehörigkeit. Zwar sind Perserkatzen meist ruhig und zurückhaltend, es gibt aber auch aktive und laute Vertreter. Und nicht jede Siam entpuppt sich als lärmendes Plappermaul. Der Start in die Partnerschaft ist daher immer ein Test, bei dem Mensch und Katze prüfen, ob die Chemie stimmt und sie miteinander klarkommen.

Schmusebärchen

Für Streicheleinheiten sind alle Katzen empfänglich, auch wenn manche sich zieren und ganz eigene Vorstellungen von Zuwendung und Zärtlichkeit haben. Diese Katzen gehen eine enge Beziehung zum Menschen ein:

- **Ägyptische Mau.** Sensibel, verspielt und aufmerksam, fordert Nähe und Zuwendung.
- **Balinese.** Anspruchsvoll, lebhaft, neugierig und sehr stark auf ihren Menschen fixiert.
- **Birma.** Leise, dezent und geduldig, für Katzenmenschen mit viel Einfühlungsvermögen.
- **Javanese.** Aufmerksam, anhänglich und sanft, verlangt viel Zuwendung.
- **Rex.** Verschmust und verspielt, aber auch sehr temperamentvoll und fordernd.
- **Russisch Blau.** Sensibel und anschmiegsam.
- **Singapura.** Empfindsam, zärtlich, zum Teil auch scheu, für verständnisvolle Halter.
- **Tonkinese.** Fordert viel Zeit und Nähe.

Turnkünstler und Outdoor-Freaks

Sie sind selbstständig, temperamentvoll und nicht immer leicht zu bändigen. Mit einer großen Wohnung und Auslauf im Garten macht man diese Rassen glücklich:

- **Abessinier.** Temperamentvoll, sportlich und kletterfreudig, bleibt nur ungern alleine.
- **Amerikanisch Kurzhaar.** Freundlich, unkompliziert und eine robuste Outdoor-Katze.
- **Bengal.** Quirlig und immer auf Achse.
- **Maine Coon.** Beansprucht Freiraum und Auslauf. Akzeptiert oft auch die Katzenleine.
- **Norwegische Waldkatze.** Balkon oder Garten sind Pflicht. Tolerant zu anderen Tieren.
- **Sibirische Katze.** Eigenständig und zurückhaltend, aber auch hellwach und neugierig.
- **Somali.** Sportlich-aktiv und ständig auf Entdeckungstour. Klettert für ihr Leben gern.
- **Türkisch Van.** Bewegungsfreudig, impulsiv, eigenwillig. Braucht Auslauf, mag Wasser.

Sofatiger

Ihr Bewegungsbedarf ist relativ gering, sie nehmen alles etwas gelassener und schätzen das wohnliche Zuhause mehr als die hektische Welt draußen vor der Tür. Das macht die Haltung auch in kleineren Wohnungen möglich.

- **Exotisch Kurzhaar.** Unaufdringlich, spielfreudig, aber nicht allzu temperamentvoll.
- **Perser.** Gelassen, bedächtig und sanft. Obwohl sie nicht ständige Nähe fordern, sind Perser sehr auf ihren Menschen fixiert.

Hart im Nehmen

Wer mit einer Familie lebt und von den Kindern nicht immer sanft behandelt wird, braucht ein dickes Fell. Diese Katzen lassen sich nicht so leicht aus der Ruhe bringen:

- **Britisch Kurzhaar.** Liebenswürdig, unkompliziert, robust. Geringer Bewegungsbedarf.
- **Europäisch Kurzhaar.** Selbstbewusst, verspielt und anpassungsfähig.
- **Kartäuser.** Ausgeglichen und anhänglich. Gebremstes Temperament und nicht allzu hoher Bewegungsanspruch. Mag Kinder und hat keine Probleme mit anderen Heimtieren.
- **Ocicat.** Freundliche und sanfte Katze, die sich gut mit anderen Katzen und Hunden versteht. Fordert Zuwendung und Beschäftigung.
- **Ragdoll.** Leise, zurückhaltend und auch gegenüber Kindern geduldig.
- **Türkisch Angora.** Interessiert sich für alles und jeden und will immer dabei sein.

Lautstark und leidenschaftlich

Für manchen sind es die Traumkatzen schlechthin. Sie verlangen ständige Nähe und Beschäftigung, sind redefreudig und immer aktiv. Langweilig wird es mit ihnen nie.

▷ **Orientalisch Kurzhaar.** Kapriziös bis eigenwillig, charmant und anspruchsvoll. Braucht viel Ansprache und ist ungern alleine.

▷ **Siam.** Quirlig und fordernd, dabei anhänglich wie ein Hund. Bindet sich oft an einen Menschen, schenkt ihm ihre ganze Liebe, erwartet aber auch ungeteilte Zuwendung.

Schönheit kostet Zeit

Langhaar- und Halblanghaarrassen müssen regelmäßig gebürstet und gekämmt werden, um das Fell in Form zu halten und vor dem Verfilzen zu schützen. Weniger pflegeintensiv sind Maine Coon, Norwegische Waldkatze und Sibirische Katze, alle Perser hingegen brauchen tägliche Fellpflege. Starker Haarverlust ist typisch für die Exotisch Kurzhaar, die Türkisch Van haart besonders während des Fellwechsels im Frühjahr.

Ungeeignet für Berufstätige

Katzen, die sich eng an ihren Menschen binden, bleiben nur sehr ungern alleine. Für berufstätige Singles sind Abessinier, Javanese, Korat, Orientalisch Kurzhaar, Rex, Siam, Singapura oder Tonkinese nicht die erste Wahl.

Das Zeug zum Champion

Wer mit Katzen züchten und sie auf Ausstellungen zeigen will, muss viel Zeit und Energie investieren. Die Katzen müssen dem Rassetyp entsprechen, der im ▶ RASSESTANDARD (Seite 269) festgelegt ist. Für Standard und Anerkennung sind die Zuchtvereine zuständig, wie etwa der Deutsche Edelkatzenzüchterverband oder die Fédération Féline Helvetique (→ Adressen, Seite 284). Hier erhält man auch Adressen von Züchtern der Rasse seiner Wahl. Ausführliche Porträts der schönsten Rassen und die besten Rassekatzen für Familie, Singles und Senioren → Seite 50 ff.

1 *Sanfte Schönheit: Ihr Tüpfelfell mit den markanten Rosetten erinnert an eine Wildkatze. Doch wild ist die Bengal nicht. Die freundliche und pflegeleichte Rassekatze versteht sich gut mit Artgenossen und anderen Heimtieren.*
2 *Very british: Zurückhaltend, ausgeglichen und leise – die Britisch Kurzhaar ist genau richtig für Menschen, die sich eine unkomplizierte und robuste Katze wünschen.*
3 *Unverkennbar Perser: ein stämmiger Körper auf kurzen Beinen, üppiges Langhaar und bedächtiges Wesen.*

Das müssen Sie beim Kauf beachten

Die Katze bereichert unser Leben, aber sie krempelt es auch um. Der Kauf einer Katze ist Herzenssache, doch ohne kühlen Kopf tun wir uns und ihr keinen Gefallen.

MITTEN DRIN STATT NUR DABEI. Zur Mitläuferin taugt eine Katze nicht. Sie ist immer Hauptperson und fordert Zuspruch und ungeteilte Zuwendung – ob in der Familie oder einer Single-Beziehung. Konkurrenz um die Nähe des Menschen wird bestenfalls toleriert, nicht selten aber mit Liebesentzug bestraft.

Katzen kann man kaufen, aber nicht besitzen. Mit der Entscheidung für die neue Lebensgemeinschaft entscheiden wir uns auch für eine neue Sicht der Dinge: nicht nur sich selbst in den Mittelpunkt zu stellen, Zugeständnisse zu machen, Rücksicht zu nehmen. Und erhalten dafür Verständnis, Vertrauen und Liebe.

1

Wichtige Entscheidungen vor dem Kauf

Jede Katze braucht ein Zuhause, in dem sie sich wohl fühlt. Wo der richtige Platz ist für den Familienzuwachs, sollten Sie schon vor dem Kauf klären. Vor allem in den ersten Wochen muss man sich intensiv um die neue Katze kümmern, ganz besonders um ein Kätzchen. Und die Verpflichtung zur Fürsorge bleibt bestehen – für 15, 20 oder mehr Jahre.

Was Sie vorher klären sollten

Die ganze Familie muss dem Kauf zustimmen, und sicherlich erklärt sich jeder bereit, seinen Part an der Betreuung der Katze zu leisten. Werden die Aufgaben schon jetzt verteilt, gibt es später keine Missverständnisse. Als Single oder Senior sollten Sie auch für Notfälle gewappnet sein: Wer springt ein, wenn Sie für einige Zeit oder gar auf Dauer ausfallen und sich nicht mehr um die Katze kümmern können? Erlaubt der Mietvertrag die Haltung eines Heimtiers? Sind Sie finanziell in der Lage, eine Katze über viele Jahre hinweg zu versorgen (→ Checkliste, Seite 38)?

Allergie-Test

Die Symptome einer ▶ KATZENALLERGIE (Seite 266) reichen beim Menschen von leichtem Juckreiz bis zu ernsten Asthmaanfällen. Hervorgerufen wird die allergische Reaktion durch Eiweißstoffe im Speichel, den die Katze beim Putzen im Fell verteilt. Diese Allergene sind hartnäckig und halten sich mehrere Monate in einem Raum, auch wenn dort keine Katze mehr lebt. Bei Allergieverdacht schafft ein Test beim Allergologen Klarheit.

Kätzchen oder erwachsene Katze?

Die Betreuung eines zwölf Wochen alten Kätzchens verlangt viel Einsatz: In den ersten Tagen muss vier- bis fünfmal täglich gefüttert werden und längere Zeit alleine lassen sollte man das Katzenkind während der ersten vier bis sechs Wochen nicht.

Eine erwachsene Katze ist stubenrein und macht am Fressnapf selten Probleme. Es verlangt allerdings Erfahrung und Geduld, bis sie Umgebung und Besitzer akzeptiert. Je nach Vorgeschichte und Charakter reagiert sie auf Kinder und andere Heimtiere positiv, manchmal aber auch abweisend und aggressiv.

Katze oder Kater?

Die meisten Kater sind friedliche Kerle, die vieles noch gleichmütig hinnehmen, was eine Katze auf die Palme bringt. Doch sie können auch stur und phlegmatisch sein, während die Katze sich für alles begeistert und gerne ein Schwätzchen mit ihrem Menschen hält. Doch Katzen sind eigenständige Persönlichkeiten und es gibt bei den Katern solche und solche und bei den Katzen auch. Wie gut man miteinander kann, hängt in erster Linie davon ab, ob sich die Katze bei Ihnen wohl fühlt und wie viel Katzenmensch in Ihnen steckt (→ Test, Seite 29). Paarungswillige Katzen sind laut und aufdringlich, liebeskranke Kater markieren und wollen aus dem Haus. Die Kastration stoppt das Liebesleid (→ Info, Seite 219).

TIPP

Mit wie viel Wochen ins Haus?

Mit zwölf Wochen ist die junge Katze genau im richtigen Alter, um die Welt zu entdecken und sich feste Freunde fürs Leben zu suchen. Die Bindung an die Mutter und die Wurfgeschwister hat sich gelöst, die Katze kann jetzt auf eigenen Beinen stehen. Und spätestens nach vier Wochen gehört sie ganz zur Familie.

TEST

Der Kätzchen-Charaktertest

Sie sind noch tapsig und brauchen die Mutter. Trotzdem kann man Katzenkindern schon mit sechs Wochen ansehen, was einmal aus ihnen wird.

	ja	nein
1. Beteiligt sich das Kätzchen an den wilden Spielen seiner Wurfgeschwister?	○	○
2. Zeigt es Interesse an allem, was sich rund um die Wurfkiste abspielt?	○	○
3. Kommt es neugierig und ohne Angst herbei, wenn Sie sich ihm nähern?	○	○
4. Geht es schon auf eigene Faust auf Entdeckungstour?	○	○
5. Kann es sich behaupten, wenn ihm seine Geschwister etwas streitig machen?	○	○

Auflösung: Fünfmal Ja steht für ein Katzenkind, das sich als erwachsene Katze nicht unterkriegen lassen wird, das sich mit den Artgenossen gut verträgt und auch gerne mit Menschen zusammen ist.

Warum nicht gleich zwei?

Mit zwei Katzen läuft vieles leichter. Ein Herz und eine Seele sind Wurfgeschwister, die miteinander aufwachsen, aber auch Mutter und Sohn verstehen sich gut. Kommt ein Kätzchen zum Kater ins Haus, kümmert der sich oft schon bald liebevoll um das Katzenkind, eine Katze begegnet dem unverhofften Nachwuchs anfangs eher abweisend. Erwachsene Katzen machen mehr Probleme: Besonders die Damen sind sich nicht grün und reagieren giftig, während Kater sich nach anfänglichen Big-Boss-Allüren meist schnell tolerieren. Ob Katze, Kater oder Kätzchen: Gar nicht so selten entwickelt sich aus dem ersten spröden Beschnuppern eine Freundschaft fürs Leben. Und keine Angst: Auch wenn die beiden sich sehr mögen, der vertraute Mensch bleibt für sie immer die Nummer eins.

Was spricht für Rassekatzen?

Wer auf ein bestimmtes Aussehen Wert legt, kommt an Rassekatzen nicht vorbei. Rassetyp und Struktur, Farbe und Zeichnung des Fells sind in der Rassebeschreibung, dem Standard, festgelegt. Anschaffungskosten und Pflegeaufwand – speziell der Langhaarrassen – liegen höher als bei rasselosen Hauskatzen, einige Rassen sind reine Wohnungskatzen.

Woher kommt meine Katze?

Mit Informationen und Tipps zur Haltung der Katze helfen Ihnen Züchter, Tierärzte und Katzenvereine gerne weiter. Auch auf Ausstellungen, in Praxisratgebern, Katzenmagazinen und auf Service-Seiten im Internet erhalten Sie wertvolle Anregungen. Das sind die wichtigsten Adressen für den Katzenkauf:

▷ **Vom Züchter.** Wer sich für eine Rassekatze interessiert, für den ist der anerkannte Rassezüchter die richtige Anlaufstelle. Jungtiere werden mit ca. zwölf Wochen abgegeben, sie sind geimpft und entwurmt. Der Kauf wird durch einen Vertrag bestätigt. Kontakte zu den Züchtern vermitteln die Katzenvereine.

▷ **Aus privater Haltung.** Hier werden sowohl normale Hauskatzen wie Rassekatzen angeboten. Ob von Freunden oder über eine Anzeige: Entscheiden Sie sich nie spontan oder aus Mitleid zum Kauf. Machen Sie sich ein Bild von Unterbringung und Haltung und beobachten Sie die Katze in ihrer Umgebung.

▷ **Aus dem Tierheim.** Tierheimleiter und Pfleger informieren Sie über Ansprüche und Eigenheiten der Tiere. Nehmen Sie sich Zeit, um die Katze Ihrer Wahl kennen zu lernen. Der Kaufvertrag enthält ein Rückgaberecht.

Sieben Punkte für den guten Züchter

Wer Rassekatzen züchtet, weiß über Wesen und die rassetypischen Eigenschaften seiner Zuchttiere Bescheid und kennt die Gesetze der ▶ GENETIK (Seite 264), nach denen bestimmte Merkmale vererbt werden. Er gehört einem anerkannten Zuchtverein an (→ Adressen, Seite 283) und steht mit anderen Katzenzüchtern in Kontakt. Rassezucht kostet Zeit und Geld, sie verlangt viel Erfahrung, vor allem aber Liebe und Leidenschaft.

▷ **Familienanschluss.** Die Katzen leben in der Familie des Züchters. Er hat sich auf eine oder zwei Rassen spezialisiert und hält nur eine begrenzte Anzahl von Zuchttieren.

▷ **Sauber und gepflegt.** Alle Katzen machen einen gesunden und aufgeweckten Eindruck. Die Schlafplätze sind sauber, Futter- und Wassernäpfe werden regelmäßig gereinigt.

▷ **Schnupperbesuch.** Der Züchter legt Wert darauf, dass Sie die Kätzchen schon vor dem Abholtermin kennen lernen (ab ca. 6. Woche).

▷ **Zwölf Wochen bei Mama.** Katzenkinder dürfen frühestens mit zwölf Wochen von der Mutter getrennt werden.

▷ **Geimpft und entwurmt.** Der Tierarzt hat die Katze entwurmt und die Erstimpfungen vorgenommen (→ Impfkalender, Seite 209).

▷ **Kaufvertrag.** Rassekatzen werden nur mit Vertrag abgegeben. Der Züchter informiert sich darüber, wie die Katze bei Ihnen leben wird und wie viel Zeit Sie mit ihr verbringen.

▷ **Sorgentelefon.** Ein guter Züchter hat stets ein offenes Ohr für Ihre Fragen und Sorgen. Im Notfall nimmt er Ihre Katze meist auch für einige Zeit in Pension, zum Beispiel wenn Sie wegen Krankheit ausfallen.

Auf den Geschmack gekommen: Schon in früher Jugend entwickeln Katzen bestimmte Futtervorlieben. Eine abwechslungsreiche Ernährung schützt vor Problemessern. ▽

Kennen und lieben lernen

In Katzenzeitschriften und Fachbüchern, im Internet und in Gesprächen mit Freunden und Bekannten erhält der neue Katzenfreund wertvolle Informationen und Praxistipps. Nun ist es an der Zeit, Katzen näher kennen zu lernen und ihr Wesen und ihre typischen Verhaltensweisen zu studieren.

Besuch einer Katzenausstellung

Auf Ausstellungen können Sie verschiedene Katzenrassen kennen lernen. Verantwortlich für die Durchführung sind die Zuchtverbände, die über Art der Ausstellung und die Termine in ihren Verbands- und Vereinszeitschriften informieren. Nähere Angaben erhalten Sie aber auch bei den jeweiligen Zuchtvereinen. Neben Veranstaltungen mit nur wenigen Rassen und Rassengruppen gibt es nationale und internationale Ausstellungen, auf denen eine Vielzahl von Katzenrassen präsentiert und von Richtern bewertet wird, darüber hinaus spezielle Kitten Shows für Jungtiere im Alter von drei bis zehn Monaten.

Beim Züchter

Sie interessieren sich für eine bestimmte Rasse und haben sie auf einer Ausstellung gesehen. Dann sollten Sie jetzt mindestens zwei oder drei Züchter besuchen (Kontakte über die Zuchtvereine → Adressen, Seite 283), bevor Sie eine endgültige Entscheidung treffen. Hier können Sie die Katzen in vertrauter Umgebung kennen lernen und die Züchter machen Sie mit den rassespezifischen Merkmalen und Ansprüchen vertraut. Ein guter Züchter (→ Seite 37) nimmt Sie auf den Prüfstand und informiert sich darüber, ob Ihre Lebens- und Wohnverhältnisse die Haltung einer Katze erlauben. Bei anspruchsvollen Rassen setzt er entsprechende Vorkenntnisse voraus und wird im Zweifelsfall den Verkauf sogar ablehnen. Der Kaufvertrag bestätigt die Abgabe (→ Rechte und Pflichten, Seite 43).

Geburtstag

Der Züchter sagt Ihnen, wann der nächste Wurf erwartet wird. Gibt es bereits mehrere Interessenten für den Nachwuchs, müssen Sie eventuell bis zum nächsten Wurf warten. Das gilt auch, wenn Sie auf eine besondere Fellfarbe oder -zeichnung Wert legen oder Ihr Traumkaterchen nicht dabei ist, weil nur Katzenmädchen zur Welt kamen. Wer später selbst mit seiner Rassekatze züchten will, muss bestimmte Anforderungen beachten (→ Seite 81). Etwa ab der 6. Lebenswoche der Kätzchen dürfen Sie zu Besuch kommen und sich mit ihnen langsam vertraut machen. Die Abgabe erfolgt frühestens mit zwölf Wochen.

CHECKLISTE

Was kostet mich meine Katze?

Zu den laufenden Haltungskosten (Futter, Streu, Krankenversicherung) kommen zusätzliche Ausgaben für Tierarzt, Catsitter oder Katzenpension.

- Katzenfutter: 30-40 € pro Monat
- Katzenstreu: 20-25 € pro Monat
- Tierarzt: ca. 40-50 € jährlich für Kontrolluntersuchungen und die Schutzimpfungen
- Katzenpension: 6-8 € pro Tag
- Catsitter: ca. 4-21 € pro Besuch
- Krankenversicherung: 5-20 € monatl., abhängig von Rasse, Alter, Vertragsdauer, Selbstbeteiligung
- Ausstattung → Seite 100

Gesund auf einen Blick

So gehen Sie auf Nummer Sicher, dass das Kätzchen Ihrer Wahl gesund ist:

▷ **Fit und aktiv.** Es ist munter und neugierig, zeigt keine auffällige Scheu und ist immer mit von der Partie, wenn seine Geschwister spielen oder sich balgen. Seine Bewegungen sind fließend, es lahmt und humpelt nicht.

▷ **Bäuchlein muss sein.** Das Kätzchen ist nicht übergewichtig, vor allem aber nicht zu mager. Ein kleines Bäuchlein ist typisch.

▷ **Guter Appetit.** Es lässt sich bei den Mahlzeiten nicht lange bitten, weder am Futternapf noch an Mamas Milchbar.

▷ **Darm aktiv.** Die Verdauung ist gut und regelmäßig, der Stuhl ist geformt und fest.

▷ **Schönes Fell.** Das Fell glänzt, es ist weich, ohne Knoten und Verfilzungen und frei von Schorf und Kahlstellen.

▷ **Alles sauber.** Die Augen sind klar, ohne Ausfluss und Ablagerungen, das dritte Augenlid ist nicht zu sehen. Die Ohren sind frei von Schmutz und Geruch, die Nase ist kühl und leicht feucht. Der Analbereich ist sauber.

▷ **Gesunde Zähne.** Die Zähne sind weiß, das Zahnfleisch ist rosa und frei von Entzündungen. Die Katze riecht nicht aus dem Mund.

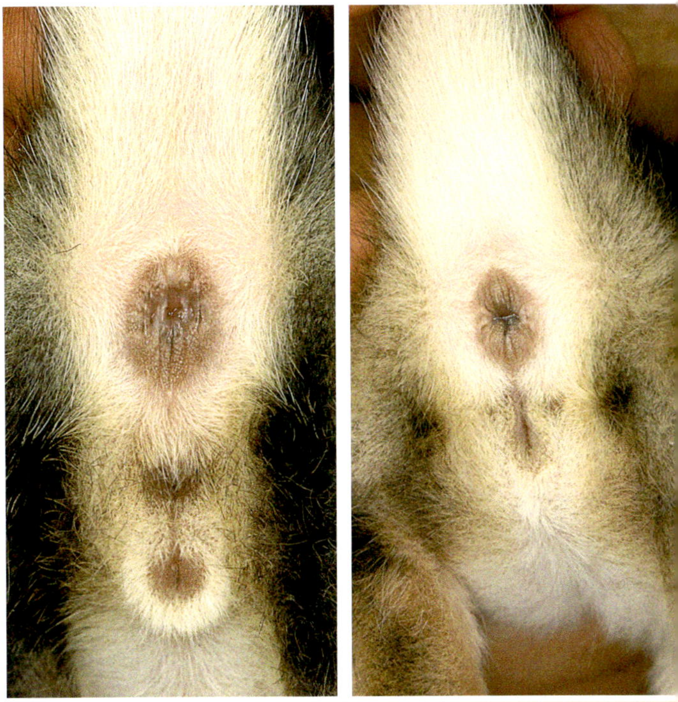

△ *Kater und Katze: Den Kater (links) erkennt man an den zwischen After und Penis liegenden Hoden. Bei einer Katze (rechts) sitzt die Geschlechtsöffnung direkt unterhalb des Afters.*

So erkennen Sie das Geschlecht

Natürlich weiß der Züchter, wer von seiner Rasselbande Mädchen oder Junge ist. So können Sie es selbst überprüfen: Der After sitzt direkt unter dem Schwanzansatz. Bei der Katze liegt die Geschlechtsöffnung unmittelbar darunter, beim Kater kommen erst die Hoden und weiter unten der Penis. Bei Kätzchen ist die GESCHLECHTSBESTIMMUNG (Seite 264) schwerer als bei erwachsenen Tieren.

Eine Frage der Persönlichkeit

Eine erwachsene Katze hat Gewohnheiten und Ansprüche, die sie auch in ihrem neuen Zuhause nicht ohne weiteres aufgibt. Ihr bisheriger Besitzer erklärt ihnen, worauf Sie im täglichen Umgang achten müssen, entscheidend ist aber, dass Sie Schritt für Schritt das Vertrauen der Katze gewinnen. Wenn man die ersten Annäherungsversuche schon in der vertrauten Umgebung startet, lässt sich das Eis meist schneller brechen. Die Zeit dazu sollten Sie sich sowohl bei Tieren aus privater Haltung wie bei Tierheimkatzen nehmen. Katzen, die im Tierheim landen, haben nicht selten eine wechselvolle Geschichte und mehrere Besitzer hinter sich. Vor allem die ersten Wochen sind daher nicht immer einfach. Wenn alle Stricke reißen und die neue Partnerschaft partout nicht funktioniert, nimmt das Tierheim die Katze wieder zurück. Jeder Abgabevertrag enthält eine entsprechende Rücknahmeklausel.

Die Katze im Recht

Wer eine Katze kauft oder verkauft, muss bestimmte Auflagen beachten. Im Alltag mit der Katze hingegen sind gutnachbarliche Beziehungen wichtiger als Verordnungen.

KOEXISTENZ STATT KADI. Katzen sind leise und unauffällige Tiere. Sie beißen nicht und stören unsere Nachtruhe nicht – von den Ständchen verliebter Kater einmal abgesehen. Die Haltung einer Wohnungskatze wird daher grundsätzlich auch als zulässig erachtet. Unmut und Streit gibt es meist nur, wenn sich die frei laufende Katze nicht um Privatbesitz und Grundstücksgrenzen kümmert. Im Allgemeinen billigt die Rechtsprechung freien Auslauf jeweils für eine Katze zu, in ländlichen Regionen auch für zwei Tiere. Richtet eine Katze Schäden auf Nachbargrundstücken an, muss dafür immer der Halter aufkommen. Wer auf sein Recht pocht, schafft sich den Ärger mit seinen Nachbarn noch lange nicht vom Hals. Ein freundschaftliches Gespräch am Gartenzaun und etwas Rücksicht auf die Ansprüche der Anwohner glätten die Wogen schneller als jedes juristische Scharmützel.

Die Rechte und Pflichten des Katzenhalters

Das Halten von Hunden, Katzen, Vögeln und kleinen Heimtieren ist Teil unseres Rechts auf ungestörte Persönlichkeitsentfaltung. Es darf nur dann eingeschränkt werden, wenn die Tierhaltung andere unzumutbar belästigt oder gefährdet. Die Rechtsprechung misst diesem Grundrecht besonderes Gewicht bei. Da allerdings die Frage der Zumutbarkeit uneinheitlich ausgelegt wird, kann es auch bei ähnlich gelagerten Streitfällen zu unterschiedlichen Urteilen kommen.

Katzen in Mietwohnungen

Auch wenn der Vermieter sich die Erlaubnis zur Tierhaltung vorbehält, wird er ihr bei einer Katze häufig eher zustimmen als beim Hund. Die Genehmigung kann widerrufen werden, wenn es durch die Katze zur Beeinträchtigung anderer Hausbewohner kommt, zum Beispiel durch Geruchsbelästigung oder die Verschmutzung von Hausfluren, Treppen und anderen gemeinschaftlich genutzten Bereichen. Ein im Mietvertrag festgelegtes generelles Haltungsverbot wird bei Rechtsstreitigkeiten von manchen Gerichten als ungültig bewertet, weil nach Meinung der Richter die Haltung einer Katze zum allgemeinen Wohngebrauch zählt und damit vom Vermieter nicht verweigert werden kann. Als unzulässig gilt allerdings die Haltung mehrerer Katzen, die aktuelle Rechtsprechung stuft hier häufig bereits die Haltung von zwei Tieren als kritisch ein. Hält ein Mieter seit Jahren eine Katze ohne die Einwilligung des Vermieters, kann er hieraus nur dann ein Recht auf die Haltung seines Tieres ableiten, wenn der Vermieter nachweislich von der Katze gewusst hat und die Haltung stillschweigend duldete. Im Streitfall rund um die Haltung von Heimtieren ist das Amtsgericht zuständig. Da der Streitwert 600 Euro in der Regel nicht übersteigt, wird ein Berufungsverfahren nur selten zugelassen.

Katzen in Eigentumswohnungen

Die Gemeinschaftsordnung einer Wohnungseigentümergemeinschaft kann die Begrenzung oder ein Verbot der Tierhaltung vorsehen. Ein Verbot muss im Regelfall einstimmig gefasst sein, Auflagen können mit einfacher oder Zweidrittel-Mehrheit getroffen werden, je nach den Statuten der Gemeinschaftsordnung. Besteht kein Haltungsverbot, ist ein Eigentümer zumeist berechtigt, bis zu zwei Katzen zu halten. Der Erwerber einer Eigentumswohnung sollte sich vor dem Kauf vergewissern, dass die Gemeinschaftsordnung kein Tierhaltungsverbot vorsieht. Andernfalls wäre er möglicherweise gezwungen, seine Tiere abzugeben. Die Rechtsprechung geht vom ordnungsgemäßen Gebrauch des Sondereigentums aus. Der ist zum Beispiel dann nicht mehr gegeben, wenn fünf Katzen in einem 40 m^2 kleinen Appartement untergebracht werden oder ein Halter die Veranda völlig umgestaltet, um dort ein Gehege für seine Lieblinge zu bauen.

Unterwegs in Nachbars Garten

Eine frei laufende Katze ist kein Hund, dem man befehlen kann, wo er sich aufhalten darf. Diese Tatsache kommt auch in den meisten Gerichtsurteilen zum Ausdruck, wenn Katzen für Nachbarschaftsprobleme sorgen. Grund-

◁ *Auslauf mit Auflagen: Auch in der Stadt darf man eine Katze frei laufen lassen. Einspruch erheben kann der Nachbar, wenn sich regelmäßig zwei oder mehr Katzen auf seinem Grundstück aufhalten.*

sätzlich ist die Haltung einer Katze (in ländlichen Gegenden von zwei Katzen) im freien Auslauf erlaubt. Gewährt man allerdings einer zweiten (bzw. auf dem Land einer dritten) oder mehreren Katzen Auslauf, kann sich ein Nachbar mit einer Unterlassungsklage gegen diese weiteren Katzen wehren, wenn die Tiere auf seinem Grundstück Schäden anrichten (→ Was tun, wenn …?, Seite 43).

Haftung für frei laufende Katzen

Katzen sind vorsichtige und reaktionsschnelle Tiere, aber auf fahrende Autos ist ihr Verhalten nicht programmiert. Bei Unfällen mit Katzen im Straßenverkehr sieht sich der um sein geliebtes Tier trauernde Besitzer häufig auch erheblichen finanziellen Forderungen gegenüber. Als Halter muss er für alle Sach- und Personenschäden aufkommen, die seine Katze verursacht (HAFTPFLICHT, Seite 265). Die Haftung ist im Bürgerlichen Gesetzbuch (§ 833) geregelt. Katzen und andere Haustiere sind über die Privathaftpflichtversicherung mitversichert. Nicht von der Privathaftpflicht abgedeckt ist die Haltung von Hunden und Pferden. Für sie muss eine Tierhalterhaftpflichtversicherung abgeschlossen werden.
Die Rechtsprechung bewertet das Verhalten der Verkehrsteilnehmer gegenüber Tieren auf der Fahrbahn uneinheitlich. Überquert eine Katze die Straße, darf man nur dann stark abbremsen, wenn dadurch keine anderen Verkehrsteilnehmer gefährdet werden, vor allem die im rückwärtigen Verkehr. Die Rechtsprechung legt abbremsenden Fahrzeugführern regelmäßig eine Drittel-Haftung auf. Förster und Jagdaufseher sind berechtigt, streunende Katzen zu erschießen, die sich mehr als 300 Meter vom bewohnten Bereich entfernt haben und eine Gefahr für das Wild darstellen. Speziell in tollwutgefährdeten Gebieten sollte jede frei laufende Katze gegen Tollwut geimpft sein, um sich nicht selbst zu infizieren und eine Übertragung auf andere Tiere und den Menschen zu verhindern und so auch eventuelle finanzielle Ansprüche zu vermeiden.

Wenn Katzen kratzen

Wer eine fremde Katze streichelt, setzt sich freiwillig der Gefahr aus, von ihr gekratzt oder gebissen zu werden. Wird er verletzt und fordert ein Schmerzensgeld ein, muss er sich regelmäßig ein Mitverschulden anrechnen lassen. Kommt die Katze selbst zu Schaden – etwa durch Hundebisse –, muss der Hundehalter die Heilungskosten übernehmen. Vor Gericht werden zum Teil Aufwendungen anerkannt, die den Kaufpreis der Katze übersteigen. Das gilt auch für rasselose Katzen, für die kein Marktwert angegeben werden kann.

Katzen-Krankenversicherung

Fast alle Versicherer bieten eine Krankenversicherung für die Katze an. Sie umfasst den Vorsorgeschutz mit Impfung, Wurmkuren, Checkup, Floh- und Zeckenbehandlung, den Kranken- und Unfallschutz mit Tierarzt-, Arzneimittel- und Diagnostikkosten sowie die ambulante oder stationäre Versorgung und den Verkehrsunfallschutz. Nicht erstattet werden Diätfutter, Pflegezubehör, Gutachten, Tätowierung und Kastration. Bei der Vorsorge werden jährlich bis ca. 65 Euro, für Krankenschutz bis 300 Euro erstattet. Bei Versicherung mit Leistungszuwachs steigt der Höchstbetrag für Krankenschutz um 100 Euro im Jahr, wenn keine Leistung beansprucht wird. Versichert werden können gesunde Tiere im Alter von zwei Monaten bis neun Jahren. Die Beitragshöhe berücksichtigt das Alter der Katze bei Vertragsabschluss, die Lebensweise (Freigänger oder Wohnungskatze) und bei Wohnungshaltung auch Rasse oder Mischling.

Versicherungsschutz für Operationen

Die Operation einer Katze kann teuer kommen: Beinbruch 1.200 Euro, Geschwulst 900 Euro, Augen-OP nach Katerkampf 600 Euro. Eine Operationskostenversicherung trägt die OP-Kosten mit Nebenkosten und Nachsorge. Bei älteren Katzen (meist ab 6. Lebensjahr) ist die Erstattung vermindert. Durch Selbstbeteiligung kann die Beitragshöhe gesenkt werden.

Dürfen Tiere erben?

Erbfähig sind nur natürliche oder juristische Personen. Obwohl Tiere keine Sache sind, werden sie rechtlich so behandelt und können im Testament nicht als Erben eingesetzt werden. Wer für seine Katze vorsorgen will, hat folgende Möglichkeiten:

- **Testamentarische Verfügung.** Im Testament kann man seinen Erben die Pflege eines Tieres zur Auflage machen oder ihnen die Erbschaft sogar verweigern, wenn sie der Bedingung nicht nachkommen. In beiden Fällen kann ein Testamentsvollstrecker mit der Wahrung der Interessen beauftragt werden.
- **Stiftung.** Wer eine Stiftung einrichtet, kann Geld- oder Sachmittel für einen bestimmten Zweck zur Verfügung stellen, zum Beispiel zur Einrichtung eines Katzenheims oder eines Katzenschutzvereins, der dann auch die Pflege der eigenen Katze übernimmt.

Das neue Recht beim Tierkauf

Für Verkauf und Kauf von Tieren gelten auch nach Modernisierung des Schuldrechts die gleichen gesetzlichen Bestimmungen wie für Sachen. Der Käufer hat Anspruch auf ein gesundes Tier. Bei Mängeln kann er auf Nacherfüllung bestehen, indem er vom Verkäufer die Behebung der Mängel oder ein anderes Tier verlangt. Gibt es die Möglichkeiten nicht, darf er Minderung geltend machen, vom Kaufvertrag zurücktreten oder Schadenersatz fordern. Mängel bei Katzen sind zum Beispiel Zahnfehler, Gelenkerkrankungen oder Floh- und Wurmbefall. Als Mangel gilt auch, wenn ein Züchter ein Kätzchen als zuchttauglich anpreist und sich das später als unrichtig erweist. Im Zuge der Nacherfüllung muss der Verkäufer dem Käufer Auslagen und Aufwendungen erstatten. Die Kosten dürfen nicht unverhältnismäßig sein, können aber den Wert des Tieres übersteigen. Gewährleistungsansprüche an gewerbliche Züchter verjähren nach zwei Jahren, Hobbyzüchter können vertraglich eine auf zwölf Monate verkürzte Verjährungsfrist vereinbaren.

WAS TUN, WENN ...

... es Ärger mit den Nachbarn gibt?

Die Katze wühlt in Nachbars Blumenbeet, hinterlässt ihr Geschäft auf seinem gepflegten Rasen und lauert den Vögeln am Futterhäuschen auf.

Ursache: Größe und Ausrichtung des Katzenreviers hängen von der Dichte der Katzenpopulation der Umgebung ab, auf Zäune und Eigentumsverhältnisse nimmt die Revierinhaberin keine Rücksicht. In ihrem Revier geht sie zur Jagd, markiert den Besitz oder verrichtet ihr Geschäft.

Lösung: Vom unerwünschten Tun lassen sich Katzen höchstens abbringen, wenn man sie dabei erwischt und zum Beispiel mit einer Wasserpistole bespritzt. Mehr Erfolg garantieren attraktive Alternativangebote im eigenen Garten: ein Buddelbeet mit frischer Erde, erhöhte Aussichtspunkte (großer Stein, Holzpfosten mit Plattform), Kratzbretter, Versteck- und Ruheplätze. Ein Metallkragen um den Baumstamm schützt die Vögel im Nest und am Futterhäuschen vor Nachstellungen.

10 Fragen zu Kauf und Recht

Wir wohnen mitten in der Stadt. Freigang wäre für eine Katze viel zu gefährlich. Kann man die Anschaffung mit dem Gewissen vereinbaren, wenn sie nur in der Wohnung leben darf?
Anders als Hunde brauchen Katzen nicht den täglichen Auslauf. Sie müssen sich aber in der Wohnung ausreichend bewegen und beschäftigen können. Dazu gehören Spielangebote (am liebsten natürlich mit dem Menschen) und Klettermöglichkeiten. Mit Kratzbaum, Klettertau, Leitern und Treppen kann man auch in kleineren Wohnungen zusätzliche Aktionsflächen schaffen. Sehr viel Zuspruch und Zuwendung braucht es jedoch, wenn man eine ehemalige Freigängerin zum reinen Wohnungsdasein bekehren will.

Für wilde Spiele mit meinem Kater bin ich zu alt. Alles spricht für eine zweite Katze. Lassen die beiden mich dann aber nicht links liegen?
Das Gegenteil ist der Fall. Die Formel lautet: zwei Katzen – doppeltes Katzenglück. So erstaunlich es klingt: Obwohl Katzen sehr auf ihre Unabhängigkeit und Eigenständigkeit bedacht sind, binden sie sich doch sehr eng an den Menschen. Und noch verblüffender: Die Beziehung zu uns ist immer intensiver als die zu den eigenen Artgenossen. Die zweite Katze ist ein prima Spielgefährte, man leckt sich gegenseitig das Fell und kuschelt sich beim Nickerchen aneinander, aber für seinen Menschen lässt man alles stehen und liegen.

Logensitz mit Aussicht: Für eine Wohnungskatze ist der Platz am Fenster die beste Therapie gegen Langeweile. Dank Schutznetz darf sie auch den Duft der großen weiten Welt schnuppern.

Ich möchte mir eine Maine Coon kaufen. Wie teuer sind Rassekatzen? Gibt es Richtwerte, an denen sich ein Käufer orientieren kann?
Die Preisspanne reicht von etwa 250 bis 800 Euro, seltene Rassen können auch darüber liegen. Die Preisvorstellungen der Züchter einer Rasse weichen meist nicht allzu sehr voneinander ab. Die höchsten Preise werden für Jungtiere verlangt, deren Eltern oder Großeltern es auf Ausstellungen zu Siegerehren gebracht haben. Katzen, die nicht den Rasseanforderungen (→ Seite 80) entsprechen und keine Zuchtzulassung erhalten, werden günstiger abgegeben. Auch Katzen aus dem Tierheim gibt es nicht umsonst. Sie werden häufig mit einem so genannten Schutzvertrag gegen Entgelt abgegeben. Rechtlich bleibt bei dieser Regelung das Tierheim Eigentümer der Katze.

Meine beiden Katzen sind ständig auf Achse. Kann man Katzen mit Auslauf versichern, um vor finanziellen Forderungen geschützt zu sein, wenn sie irgendwo Schaden anrichten?
Ein absolutes Muss für jeden Katzenhalter ist der Abschluss einer privaten Haftpflichtversicherung, da der Versicherungsschutz der Haftpflicht sich auch auf die Katze erstreckt (→ Seite 42). Sinnvoll kann darüber hinaus eine Krankenversicherung für die Katze sein, die den Vorsorgeschutz mit Impfungen und Wurmkuren sowie den Kranken- und Unfallschutz übernimmt und die Kosten für Tierarzt, Diagnostik und Arzneimittel erstattet.

△

Echt orientalisch und eine faszinierende Persönlichkeit: Die quirlige und anspruchsvolle Siam ist der Prototyp einer Schlankrasse.

In meiner Wohnung fühle ich mich nur wohl, wenn es sauber ist. Kann ich dann überhaupt mit einer Katze zusammenleben?
Katzen sind sehr saubere Tiere. Aber selbst sie hinterlassen Spuren, verlieren Haare, schärfen manchmal die Krallen am falschen Platz, schleudern Streu aus der Toilette oder schleppen Mäuse ins Haus. Nichts im Vergleich zur Nähe und Wärme, die sie Ihnen schenken. Aber entscheiden muss das jeder für sich.

Es gibt so viele herrenlose Katzen. Wir würden gerne eine Tierheimkatze zu uns nehmen. Wie groß ist das Risiko, dass es schief geht?
Die Tierheimbetreuer kennen ihre Schützlinge und deren Vorgeschichte meist sehr gut und beraten Sie ausführlich. Achten Sie darauf, dass der Vertrag eine Rücknahmeklausel enthält oder eine »Probezeit« vereinbart wird.

Ich habe erst nach dem Kauf bemerkt, dass meine Siam fast taub ist. Was kann ich tun?
Wenn Sie Ihre Siam bei einem gewerblichen Züchter gekauft haben, geht das Gesetz von der Vermutung aus, dass alle Mängel (Krankheiten), die innerhalb der ersten sechs Monate auftreten, bereits von Anfang an vorhanden waren. Hier muss also der Züchter beweisen, dass die Katze bei der Übergabe gesund war (→ siehe auch Seite 43).

Unsere Katze ist zwölf Jahre alt und lässt es etwas geruhsamer angehen. Wir überlegen, ob wir ein Kätzchen anschaffen sollen. Wäre das für die alte Katzendame zu aufregend?
In den ersten Tagen ist die Katze garantiert völlig aus dem Häuschen. In dieser Phase braucht sie Ihre ungeteilte Aufmerksamkeit und Zuwendung. Beim Kätzchen müssen Sie sich keine Sorgen machen, es holt sich seine Streicheleinheiten selbst. Nach und nach legt sich die Aufregung und aus manchen Streithähnen werden die dicksten Freunde.

1

Ich wohne zur Miete. Ab und zu kommt meine Tochter für einige Tage zu mir und bringt ihre Katze mit. Muss ich den Vermieter darüber informieren?
Das sollten Sie tun, um möglichem Gerede im Haus zuvorzukommen. Da die Katze in der fremden Umgebung sicher nicht vor die Tür darf, sind Konflikte mit den anderen Mietern ausgeschlossen. Kein Grund also für den Vermieter, den Besuch der Katze zu verbieten.

◁

Ein Türchen nur für die Katze: Die Katzenklappe erlaubt Freigängern Auslauf ganz nach eigenem Belieben.

Wir hatten immer Katzen. Jetzt bin ich 79 und allein stehend. Kann ich es wagen, noch einmal ein Kätzchen ins Haus zu holen?
Die Katze wird Ihr Leben bereichern und bei Ihnen glücklich sein, weil Sie ihr viel Zeit schenken. Ruhige und zärtliche Charaktere gibt es sowohl unter normalen Hauskatzen wie Rassekatzen (→ Porträts ab Seite 50). Und testamentarisch können Sie schon jetzt Vorsorge treffen, dass es Ihrer Katze auch später einmal gut gehen wird (→ Seite 43).

Die schönsten Katzenrassen

Farbe, Länge und Struktur des Fells, aber auch Körper- und Wesensmerkmale definieren die Rassekatze. Sorgfältige Zucht garantiert ein unverwechselbares Erscheinungsbild.

EINE SO SCHÖN WIE DIE ANDERE. Für Katzenfreunde sind alle Katzen charmant und attraktiv, ob Wald-und-Wiesen-Tiger oder Rassekatzen. Doch zwischen Edelkatzen und Normalos gibt es einen gewichtigen Unterschied: Eine rasselose Hauskatze gleicht einer Wundertüte, man weiß vorher nie, wie ihr Nachwuchs aussieht und sich benimmt. Die Rassekatze hingegen bewahrt ihren Charakter und ihr Erscheinungsbild über viele Zuchtgenerationen hinweg. Im Porträtteil (→ ab Seite 50) finden Sie die schönsten Rassen und die empfehlenswertesten Katzen für die Familie, für Singles und Senioren.

Die Welt der Rassekatzen

Unter den Rassehunden gibt es Zwerge und Riesen, schlanke und bullige, kurz- und langbeinige. Katzen widersetzen sich züchterischen Ambitionen. Die Züchter können ihre Vorstellungen fast nur an Ohren, Nase und Schwanz dokumentieren – manchmal jedoch auf Kosten der Gesundheit der Tiere (→ Seite 48). So werden ▶ RASSEKATZEN (Seite 269) in erster Linie immer noch auf Fellfarbe und Fellstruktur gezüchtet, auch wenn Verhalten und Persönlichkeit heute eine zunehmend größere Rolle spielen.

Die Anfänge der Katzenzucht

1871 wurden im Londoner Crystal Palace erstmals Rassekatzen der Öffentlichkeit vorgestellt. Es entstanden Clubs mit dem Ziel, Katzen reinerbig zu züchten, Rassebeschreibungen wurden erstellt und die Katzen in verschiedenen Kategorien auf Shows präsentiert, wo sie von Richtern bewertet wurden. Ein nationales Zuchtbuch führte alle Würfe auf, die von den einzelnen Vereinen gemeldet wurden. Die englischen und schottischen Clubs schlossen sich 1910 zum ersten Dachverband in der Rassekatzenzucht zusammen. Der »Governing Council of the Cat Fancy« (GCCF) existiert noch heute.

Rassekatzenvereine heute

Ältester Katzenzuchtverein in Deutschland ist der Erste Deutsche Edelkatzenzüchter-Verband. Bei den Treffen der Ortsgruppen des DEKZV werden Rassen vorgestellt und Fachvorträge gehalten. Nichtmitglieder sind als Gäste immer willkommen. Informationen zu einzelnen Rassen erhält man auch von den Interessengemeinschaften des Verbandes. Der 1. DEKZV richtet nationale und internationale Rassekatzenausstellungen aus und ist das einzige deutsche Mitglied der Fédération Internationale Féline (FIFe), der Dachorganisation der Katzenverbände (→ Adressen, Seite 283).

Die wichtigsten Rassekennzeichen

Die typischen Kennzeichen einer Katzenrasse sind im ▶ RASSESTANDARD (Seite 269) festgelegt. Neben den Gestaltmerkmalen gehören dazu Länge, Farbe und Zeichnung des Fells.

▷ **Haarlänge.** Die Länge des Haarkleids ist das auffälligste Merkmal, an dem man Rassekatzen unterscheiden kann.

▶ KURZHAARKATZEN (Seite 267) können verschiedene Haarstrukturen aufweisen.

Normales Kurzhaar: feste Leithaare, kürzere Grannenhaare und weiche, kurze Unterwolle. Typisch für die Europäisch Kurzhaar.

Seidenhaar: Das Deckhaar liegt dicht an, die Unterwolle ist ausgedünnt oder fehlt. Typisch für eine Orientalisch Kurzhaar.

Plüschfell: Deckhaare und Unterwolle sind gleich lang und stehen plüschartig vom Körper ab. Typisch für die Russisch Blau.

Lockenfell: besteht hauptsächlich aus feiner Unterwolle, das Deckhaar ist zurückgebildet oder fehlt ganz. Typisch für Rexkatzen.

▶ LANGHAARKATZEN (Seite 267) besitzen dichte und gleich lange Woll- und Deckhaare. Haarlänge bis 15 cm. Typisch für Perser.

▶ HALBLANGHAARKATZEN (Seite 265) mit Deckhaaren bis 5 cm Länge, Unterwolle kurz oder fehlend. Typisch für Maine Coon (mit Unterwolle) und Balinese (ohne Unterwolle).

◁ *Perser auf Tour: Auch die bedächtigen Perserkatzen kommen draußen gut zurecht. Die tägliche Pflege des dichten Langhaarfells verlangt allerdings bei Katzen mit Auslauf noch mehr Einsatz und Zeit.*

△
Selbstständig und unternehmungslustig: Mit ihrem derben und halblangen Fell trotzt die Norwegische Waldkatze jedem Wetter. Der stattlichen und robusten Katze sollte man täglich Auslauf gönnen.

▷ **Haarfarbe.** Die Färbung des Fells wird durch Farbstoffe (Pigmente) in den Haaren hervorgerufen. Sind die Haare von der Spitze bis zur Wurzel gleichmäßig gefärbt, entsteht ein einheitlicher Farbton, der bei geringerer Pigmentstärke abgeschwächt ist. So wird Rot durch Verdünnung zu Creme. Häufig sitzen die Farbpigmente in bestimmten Abschnitten des Haares. Beim ▶ TIPPING (Seite 273) sind allein die Spitzen gefärbt, das restliche Haar ist meist reinweiß. Beschränkt sich das Tipping auf die äußerste Haarspitze, ergibt das einen sehr hellen Farbschlag, reicht die Pigmentierung weiter nach unten, wirkt das Fell schattiert. Bei Smoke als dunkelster Tipping-Variante ist der größte Teil des Haares gefärbt. Als ▶ TICKING (Seite 273) wird die Bänderung des Haares in pigmentierte und helle Abschnitte bezeichnet, die meist sehr variabel ausfällt. Ein wunderschönes und unverwechselbares Ticking besitzt die Abessinier.

▷ **Fellzeichnung.** Ein getigertes, gestromtes oder getupftes Fell wird als ▶ TABBY (Seite 273) bezeichnet und ist sowohl bei Haus- wie Rassekatzen verbreitet. Kommt Weiß zusammen mit einer zweiten Farbe vor (▶ BICOLOR, Seite 262), ist es oft vorherrschend, kann aber auch auf Blesse oder Pfoten beschränkt sein. Bei Rot und Schwarz (▶ SCHILDPATT, Seite 270) und Blaucreme ist die gleichmäßige Vermischung der Farben erwünscht. Schildpattkatzen sind immer weiblich. Das gilt auch für dreifarbige Schildpatt mit Weiß als dritter Farbe. Katzen mit Abzeichen oder ▶ POINTS (Seite 269) sind im Gesicht, an Ohren, Beinen und Pfoten dunkel gefärbt. Bekannteste Point-Katze ist die Siam. Die Colourpoint ist der Persertyp einer Point.

▷ **Körperbau.** Zu einem kompakten Körper gehört ein großer und massiger Kopf mit kleinen, weit auseinander stehenden Ohren, einem runden Gesicht und breiter Nase. Bei Kurzhaarkatzen ist das zum Beispiel typisch für die Britisch Kurzhaar, bei Langhaarrassen für die Perser, deren Nase durch den markanten ▶ STOP (Seite 272) von der Stirn abgesetzt ist. Der schlanke und grazile Körper der Siam und Balinesen korrespondiert mit einem keilförmigen Kopf, großen, spitzen Ohren und einem schmalen Gesicht mit langer, gerader Nase. Zwischen dem runden Schädel und der Keilform gibt es viele Übergangsformen.

▷ **Wesen und Temperament.** Schlankkatzen vom Typus der Siam oder Orientalisch Kurzhaar sind kommunikationsfreudig, auf den Menschen fixiert, sehr aktiv und nicht immer leise. Eine Russisch Blau oder Perser sieht alles viel gelassener. Sie ist zurückhaltend, freundlich, leise und von eher bedächtigem Temperament. Ihre Menschen liebt sie aber nicht weniger als die Siam.

DIE BESTEN KATZENRASSEN FÜR DIE FAMILIE

Familienkatzen haben zwei Möglichkeiten: Alles locker sehen und sich nicht aus der Ruhe bringen lassen oder immer und überall begeistert mitmachen. In dieser Tabelle finden Sie beide Charaktertypen.

Rasse	Porträt auf Seite	reine Wohnungshaltung	Bewegungsbedarf	für Anfänger geeignet	Fellpflege	Steckbrief
Abessinier	→ 50	••	•••	••	gering	sportliche und kletterfreudige Katze; freundlich, intelligent und verspielt
Amerikanisch Kurzhaar	→ 51	•	••	•••	gering	robust, kräftig und ausgeglichen; fühlt sich bei regelmäßigem Auslauf besonders wohl
Birma	→ 52	•••	••	••	mittel	liebenswert, sanft und sehr umgänglich wunderschönes Fell mit weißen »Handschuhen«
Britisch Kurzhaar	→ 53	•••	••	•••	gering	zurückhaltend, sanft und nie hektisch vor allem die Kater können sehr groß werden
Burmilla	→ 54	•••	•••	••	gering	neugierig, lebendig und gesellig, aber nicht so fordernd wie die verwandte Burma
Europäisch Kurzhaar	→ 55	••	••	•	gering	entspricht der normalen Hauskatze; anhänglich und robust, geht gerne nach draußen
Exotisch Kurzhaar	→ 56	•••	••	•••	mittel	Kreuzung zwischen Amerikanisch Kurzhaar und Perser; bedächtiges Temperament, anhänglich
Kartäuser	→ 57	••	••	•	gering	unverwechselbar mit blauem Plüschpelz; sehr ruhig, ausgeglichen und anschmiegsam
Maine Coon	→ 58	••	••	••	mittel	große und kräftige Halblanghaarkatze mit üppiger Halskrause; zurückhaltend und zärtlich
Norwegische Waldkatze	→ 58	••	••	••	mittel	eindrucksvolle Katze mit voluminösem Haarkleid widerstandsfähig, anhänglich und liebenswert
Ragdoll	→ 63	••	••	•	mittel	sehr umgängliche, sanfte und liebenswerte Rasse, die auch Kindern gegenüber geduldig bleibt
Russisch Blau	→ 64	•••	••	••	gering	elegante, schlanke Katze im dicken Plüschfell; leise, sanftmütig und unaufdringlich
Somali	→ 68	••	•••	••	mittel	Halblanghaar-Variante der Abessinier; aktiv, spielfreudig und liebenswürdig
Tonkinese	→ 69	•••	••	••	gering	attraktive Kurzhaarkatze; geduldig gegenüber Kindern; verträgt sich gut mit anderen Heimtieren.
Türkisch Angora	→ 70	•••	••	••	mittel	eine der ältesten Rassen; elegant und mit einem wunderschönen langen Fell; lebhaft und verspielt

REINE WOHNUNGSHALTUNG:	• weniger gut	•• möglich	••• problemlos
BEWEGUNGSBEDARF:	• gering	•• groß	••• sehr groß
FÜR ANFÄNGER GEEIGNET:	• weniger gut	•• gut	••• ideal

ABESSINIER

Eine der ältesten Katzenrassen. Intelligent, liebenswert und anpassungsfähig, eleganter, muskulöser Körper, seidiges Fell.

- **Aussehen:** mittelgroßer, geschmeidiger Körper auf schlanken Beinen. Kopf mit leichter Keilform, große, mandelförmige Augen, Ohren weit auseinander stehend, an der Basis breit, mit Haarbüscheln an der Spitze. Langer, spitz zulaufender Schwanz.
- **Fell:** kurz, fein und eng anliegend mit dunklem Ticking (Bänderung).
- **Farbe:** Wildfarben (Braun mit schwarzem Ticking), Chocolate, Sorrel (Rotbraun), Rot, Lilac, Blau, Beige, Silber, Creme.
- **Charakter:** hellwach und temperamentvoll, dabei aber umgänglich und anpassungsfähig. Verspielt und kletterfreudig.
- **Haltung:** braucht bei reiner Wohnungshaltung viel Bewegungsraum und Beschäftigung. Bleibt nur ungern alleine.
- **Besonderheiten:** nur kleine Würfe mit drei bis vier Jungen. Die Somali (→ Seite 68) ist die Langhaarvariante der Abessinier.
- **Geeignet für:** Halter, die das Temperament und die Intelligenz der Abessinier in gemeinsamen Spielstunden fordern.
- **Weniger geeignet für:** Berufstätige.

ÄGYPTISCHE MAU

Trotz des Namens eine europäische Züchtung. Das ungewöhnliche Tüpfelfell ähnelt Katzen auf altägyptischen Darstellungen.

- **Aussehen:** erinnert an den orientalischen Schlanktyp, ist aber muskulöser und stabiler gebaut. Kopf mit nur angedeuteter Keilform, breite Stirn und große Ohren. Bei allen Farbschlägen grüne Augen. Langer Schwanz.
- **Fell:** kurz und dicht mit dunklen Tupfen auf hellerem Grund. Streifen an den Wangen und auf dem Rücken, typische M-Markierung auf der Stirn, geringelter Schwanz.
- **Farbe:** anerkannt sind Schwarz, Smoke Bronze, Silber und Zinnfarben (Pewter).
- **Charakter:** aktiv, aufgeschlossen und sehr neugierig. Liebenswert und gesellig.
- **Haltung:** braucht Nähe und Zuwendung und sollte nicht über längere Zeit alleine gelassen werden. Das seidige Fell der Mau (ägyptisch für Katze) ist pflegeleicht.
- **Besonderheiten:** Die Jungen kommen mit einer noch nicht vollständig ausgeprägten Fellzeichnung zur Welt. Die Tüpfelung kann während des Fellwechsels verblassen.
- **Geeignet für:** Menschen, die eine aufmerksame und lebendige Katze schätzen.
- **Weniger geeignet für:** hektische Familien.

1

AMERIKAN. KURZHAAR

Kräftige und große Rasse mit dichtem und kurzem Fell. Liebenswert und ausgeglichen vom Wesen, bedächtig vom Temperament.

▷ **Aussehen:** stämmiger, athletischer Körper auf kräftigen und kurzen Beinen. Großer, rundlicher Kopf, bei den Katern mit breiten Wangen (»Katerbacken«). Die Nase zeigt einen leichten Stop. Runde Augen, seitlich sitzende, abgerundete Ohren, breiter Schwanz.
▷ **Fell:** dickes und derbes Fell, das einen perfekten Wetterschutz darstellt. Am häufigsten gezüchtet wird mit Tabby-Katzen.
▷ **Farbe:** viele Farbschläge, von einfarbig Schwarz und Weiß bis zu Blaucreme, Braungefleckt, Silberschattiert und Rotgestromt.
▷ **Charakter:** ruhig, zurückhaltend und anhänglich, aber nie aufdringlich. Zarte Stimme, die nicht ganz zum kräftigen Körper passt.
▷ **Haltung:** reine Wohnungshaltung möglich, Auslauf im Garten aber wünschenswert.
▷ **Besonderheiten:** Die Katzen bleiben deutlich kleiner als die Kater. Die Rasse ist etwas größer als die Britisch Kurzhaar (→ Seite 53).
▷ **Geeignet für:** familientauglich, am besten in einem Haus mit Garten.
▷ **Weniger geeignet für:** Liebhaber quirliger und sehr kommunikationsfreudiger Katzen.

BALINESE

Lebhafte und elegante Katze, die das langhaarige Pendant zur Siam darstellt, aber deutlich weniger laut und fordernd ist.

▷ **Aussehen:** schlanker Körper mit langem und keilförmigem Siamkopf. Lebhafte, schräg stehende Augen in leuchtendem Blau, große Ohren, langer, dünn auslaufender Schwanz.
▷ **Fell:** mittellang, seidig, ohne Unterwolle. Buschiger Schwanz. Abzeichen (Points) im Gesicht (Maske), an den Ohren, Beinen und Pfoten, auf dem Rücken und am Schwanz.
▷ **Farbe:** alle Farbschläge und Muster der Siam. Helle Körperfärbung, Points deutlich abgesetzt (Braun, Blau, Orange, Rot).
▷ **Charakter:** freundlich, aufgeweckt und lebhaft, aber nicht so hyperaktiv, fordernd und gesprächig wie die Siam.
▷ **Haltung:** pflegeleicht, da das Fell wegen der fehlenden Unterwolle nicht verfilzt.
▷ **Besonderheiten:** Die ersten Balinesen stammten aus einem Siamwurf, in dem neben den normalen kurzhaarigen Siamkätzchen auch langhaarige Katzenkinder lagen.
▷ **Geeignet für:** Singles und Senioren, die Katzen viel Zeit und Zuneigung schenken.
▷ **Weniger geeignet für:** Menschen, die beruflich und privat ausgelastet sind.

BENGAL

Die Bengal ist eine amerikanische Züchtung. Mit ihrem schönen Tüpfelfell findet sie bei uns zunehmend mehr Freunde.

▷ **Aussehen:** große Katze mit lang gestrecktem und muskulösem Körper, einem breiten, rundlichen Kopf mit markanten Schnurrhaarkissen, abgerundeten Ohren und langem, kräftigem Schwanz.

▷ **Fell:** dicht und weich, das Tüpfelmuster mit seinen großen Rosetten erinnert an die Fellzeichnung einer Wildkatze.

▷ **Farbe:** Bei allen Farbschlägen ist der deutliche Kontrast zwischen Grundfarbe und Zeichnung erwünscht. Sorrel: braune Tupfen auf rötlichem Grund, Mink: schwarze Zeichnung auf Braun. Bei den Jungtieren ist das Fellmuster noch nicht ausgeprägt.

▷ **Charakter:** freundlich und umgänglich, auch gegenüber Artgenossen und anderen Heimtieren.

▷ **Haltung:** auch reine Wohnungshaltung auf nicht zu kleiner Fläche. Pflegeleicht.

▷ **Besonderheiten:** Die Bengal ist das Ergebnis eines gezielten Zuchtprogramms.

▷ **Geeignet für:** Kenner, die eine besondere und noch seltene Rasse schätzen und sie möglichst auch zur Zucht einsetzen.

BIRMA

Außergewöhnliche Rasse mit seidigem Fell und markanten Points. Liebenswert und verspielt. Verträgt sich gut mit Kindern.

▷ **Aussehen:** mittelgroßer Körper auf stämmigen Beinen. Breiter, rundlicher Kopf, weit auseinander stehende, abgerundete Ohren, Augen in leuchtendem Blau als einzig anerkannter Farbe, buschiger Schwanz.

▷ **Fell:** halblang und seidig. Points (Abzeichen) im Gesicht, an Ohren, Schwanz und Beinen, rassetypische Weißfärbung der Pfoten (vorne »Handschuhe«, hinten »Söckchen«).

▷ **Farbe:** ursprüngliche Seal-Point in hellem Braun mit dunkelbraunen Abzeichen sowie viele andere Farben (Blau, Rot, Chocolate, Lilac, Creme), auch als Tabby und Schildpatt.

▷ **Charakter:** sanft, leise und sehr verträglich.

▷ **Haltung:** Auch reine Wohnungshaltung. Tägliche Fellpflege, speziell im Haarwechsel.

▷ **Besonderheiten:** wird auch Heilige Birma genannt, weil ihre Vorfahren angeblich Tempelkatzen in Burma waren. Birma kommen mit einem kurzen und weißen Fell zur Welt.

▷ **Geeignet für:** Familien. Mag Kinder und verträgt sich gut mit anderen Heimtieren.

▷ **Weniger geeignet für:** Menschen ohne Zeit für intensive Beschäftigung und Pflege.

BOMBAY

Selbstbewusste Katze mit ausschließlich schwarzem Fell. Ähnelt in Körperbau und Charakter ihren Burma-Vorfahren.

▷ **Aussehen:** ein schwarzer Panther im Kleinformat. Mittelgroßer und geschmeidiger Körper, relativ kurzer Kopf mit großen, gold- oder kupferfarben leuchtenden Augen, schmaler, sich verjüngender Schwanz.
▷ **Fell:** glattes, glänzendes Kurzhaar. Bei Jungtieren zum Teil noch mit Tabbymuster, bei erwachsenen Katzen ohne Zeichnung.
▷ **Farbe:** tiefes Schwarz als einzige Farbe.
▷ **Charakter:** Katzenrasse mit ausgeprägter Persönlichkeit, der die Nähe des menschlichen Partners wichtig ist. Intelligent, aufmerksam und bewegungsfreudig.
▷ **Haltung:** zeigt sich auch gegenüber anderen Heimtieren tolerant. Pflegeleicht.
▷ **Besonderheiten:** entstammt der Kreuzung einer schwarzen Amerikanisch Kurzhaar mit einer braunen Burma. Die Bombay wird zur Gruppe der Asian-Katzen gerechnet, zu der unter anderem auch die Burmilla (→ Seite 54) und die Tiffanie (→ Seite 69) gehören.
▷ **Geeignet für:** Familien, die eine selbstbewusste Katze als vollwertiges Mitglied achten. Auch zu Kindern freundlich und geduldig.

BRITISCH KURZHAAR

Kräftige und kompakt gebaute Katze mit ruhigem und sanftem Wesen und einem nicht allzu großen Bewegungsbedarf.

▷ **Aussehen:** massiger Körper mit breiter Brust auf kurzen und stämmigen Beinen. Rundlicher Kopf, beim erwachsenen Kater mit ausgeprägten Kinnbacken. Große und runde Augen, kurze Nase mit leichtem Stop, kleine und weit auseinander stehende Ohren, kräftiger Schwanz. Entspricht vom Typus der Amerikanisch Kurzhaar (→ Seite 51), die aber meist größer ist.
▷ **Fell:** kurz und dicht. Tabby- und Schildpattmuster, Colourpoints und einfarbig (self).
▷ **Farbe:** Schwarz, Weiß, Blau, Creme, Lilac und Chocolate. Für die einzelnen Farbschläge sind nur bestimmte Augenfarben zulässig.
▷ **Charakter:** bedächtig und zurückhaltend, dabei anhänglich und liebenswert.
▷ **Haltung:** geringerer Bewegungsbedarf. Für kleinere Gartenspaziergänge ist eine Britisch Kurzhaar aber immer zu haben.
▷ **Besonderheiten:** Erwachsene Kater sind deutlich größer als die Katzen.
▷ **Geeignet für:** Halter, die eine anhängliche und ruhige Katze suchen. Ideale Partnerin für Familien mit (größeren) Kindern.

BURMA

Attraktive und temperamentvolle Katze, die ihren Menschen ins Herz schließt, aber auch viel Nähe und Beschäftigung fordert.

▷ **Aussehen:** muskulöser Körper, rundlicher Kopf, Nase mit deutlichem Stop, bernsteinfarbene Augen. Ihre elegante Erscheinung, die wunderschönen Fellfarben und der liebenswerte Charakter haben die Burma zu einer der beliebtesten Rassekatzen werden lassen.

▷ **Fell:** Kurz, eng anliegend. Bauchseite heller als Rücken. Mit z. T. nur wenig ausgeprägten Points, mehrere Schildpatt-Kombinationen.

▷ **Farbe:** dunkles Braun ist die ursprüngliche Burmafarbe, mit der auch die Reinzucht in den USA begann. Weitere Farbschläge: Rot, Creme, Chocolate, Lilac, Blau.

▷ **Charakter:** abenteuerlustig, spielfreudig, anhänglich, manchmal auch fordernd.

▷ **Haltung:** will immer in Gesellschaft sein, schließt schnell Freundschaft mit Artgenossen und anderen Heimtieren.

▷ **Besonderheiten:** apportiert häufig aus freien Stücken. Die Burma ist nicht mit der langhaarigen Birma verwandt.

▷ **Geeignet für:** erfahrene Halter, die eine aktive und anspruchsvolle Katze akzeptieren.

▷ **Weniger geeignet für:** Anfänger.

BURMILLA

Die noch junge Rasse geht auf die Zufallspaarung eines Chinchilla-Persers mit einer Burmakatze zurück. Lebhaft und gesellig.

▷ **Aussehen:** schlanker, eleganter Körper. Kurzer Kopf, ziegelrote Nase mit einem gut erkennbaren Stop und weit auseinander stehende Ohren. Große grünliche Augen mit eindrucksvoller schwarzer Umrandung. Der nicht zu starke Schwanz soll sich verjüngen.

▷ **Fell:** kurz, fein und dicht. Tabbymuster sind laut Standard nur an den Beinen und am Schwanz erwünscht.

▷ **Farbe:** Tipping (Spitzenfärbung) in Hell- oder Dunkelbraun auf silbernem Grund, bei den schattierten Farbschlägen ist der Rücken deutlich dunkler als die Unterseite. Markante Stirnmarkierung in Form eines M.

▷ **Charakter:** lebendig und verspielt.

▷ **Haltung:** sucht die Nähe ihres Menschen, ist aber leiser und insgesamt weniger anspruchsvoll als eine Burma.

▷ **Besonderheiten:** Bei älteren Burmilla wird das Fell zunehmend dunkler. Die in England gezüchtete Rasse wird noch nicht von allen Zuchtvereinen anerkannt.

▷ **Geeignet für:** Katzenfreunde, die eine lebhafte und kommunikative Katze suchen.

COLOURPOINT

Die Colourpoint ist eine Perserkatze im Siamkleid, die sich auch durch ihr aktiveres Wesen von anderen Persern unterscheidet.

▷ **Aussehen:** typischer, gedrungener Perserkörper, stämmige Beine, runder Kopf mit kurzer Nase und Stop. Strahlend blaue Augen, kleine, runde Ohren, kurzer Schwanz.
▷ **Fell:** lang, dicht und seidig. Points im Gesicht, an den Ohren, Beinen, Pfoten und am Schwanz, die sich deutlich von der Grundfärbung abheben sollen. Dichte Haarkrause an Schultern und Brust, buschiger Schwanz.
▷ **Farbe:** über 20 Farbschläge, zum Beispiel Seal-point, Chocolate-point, Blue-point, Redpoint und Cream-Point.
▷ **Charakter:** ruhig und freundlich, aber unternehmungslustiger und neugieriger als die meisten anderen Perser.
▷ **Haltung:** anhänglich und auf den Besitzer fixiert, versteht sich gut mit Kindern, anderen Katzen und Hunden. Regelmäßiges Bürsten.
▷ **Besonderheiten:** Bei Jungtieren sind die Points noch blass, ihre endgültige Färbung erreichen sie mit ca. 18 Monaten.
▷ **Geeignet für:** ideal für ältere Menschen, die ihrer Katze viel Liebe und Zeit widmen und Spaß an der täglichen Pflege haben.

EUROPÄISCH KURZHAAR

Sie sieht wie eine ganz normale Hauskatze aus und entspricht ihr auch mit ihrem ausgeglichenen und liebenswerten Wesen.

▷ **Aussehen:** mittelgroßer, muskulöser Körper, kräftige Beine, großer, runder Kopf, leicht abgerundete Ohren, gerade und relativ kurze Nase und große Augen. Mittellanger Schwanz.
▷ **Fell:** kurz, dicht. Ähnlich wie die Britisch Kurzhaar in vielen Tabbymustern (getigert, getupft und gestromt) sowie mit Bicolor-, Harlekin- und Van-Zeichnung.
▷ **Farbe:** Farbschläge in Weiß, Schwarz, Rot, Blau, Creme, auch mit Tipping (Smoke und schattiert), verschiedene Schildpattvarianten. Besonders typisch für die EKH ist die schwarze Tigerzeichnung auf silbernem Grund.
▷ **Charakter:** liebenswert und intelligent.
▷ **Haltung:** umgänglich, tolerant gegenüber anderen Heimtieren. Robust, geht auch bei Kälte gerne nach draußen. Pflegeleicht.
▷ **Besonderheiten:** im Erscheinungsbild weniger massig als die Britisch Kurzhaar.
▷ **Geeignet für:** Familien und Singles, die von einem Leben mit einer aufmerksamen und anpassungsfähigen Katze träumen.
▷ **Weniger geeignet für:** Menschen, die eine unverwechselbare Rassekatze suchen.

EXOTISCH KURZHAAR

Trotz ihres kurzen Fells ist die Exotisch Kurzhaar eine echte Perserkatze: ruhig, liebenswert und ideal für die Wohnung.

▷ **Aussehen:** Ihre Vorfahren sind Perser und Amerikanisch Kurzhaar. Im Körperbau hat sich bei der Exotisch Kurzhaar aber allein das Perser-Erbe durchgesetzt: kompakt, kurze und kräftige Beine, ein großer runder Kopf, kleine Ohren, kurzer, kräftiger Schwanz.

▷ **Fell:** kurz bis mittellang, weich, sehr dicht und vom Körper abstehend. Ein- und zweifarbig, mit Points und in vielen verschiedenen Tabby- und Schildpattmustern.

▷ **Farbe:** große Farbvielfalt, entspricht den Farbschlägen der Perser.

▷ **Charakter:** von typischem Perser-Naturell. Bedächtig und zurückhaltend, braucht aber die enge Bindung an ihren Menschen.

▷ **Haltung:** fühlt sich bei Wohnungshaltung wohl, ist Kindern ein geduldiger Partner und bleibt ohne Probleme auch einmal alleine.

▷ **Besonderheiten:** Das Fell muss täglich gepflegt werden. Die Exotic haart relativ stark.

▷ **Geeignet für:** passt sich Familien mit Kindern ebenso gut an wie Singles und Senioren. Genügend Zeit für tägliche Fellpflege und Spiel und Beschäftigung sind wichtig.

JAVANESE

Anmutige Orientalin mit halblangem Fell, die im Aussehen und Wesen an die ursprüngliche Türkisch Angora erinnert.

▷ **Aussehen:** mittelgroßer, schlanker Körper mit einem eher kleinen und keilförmigen Kopf. Große, abgerundete Ohren, gerade Nase ohne Stop, leicht schräg stehende, große und mandelförmige Augen. Langer Schwanz.

▷ **Fell:** halblang, von feiner und seidiger Struktur, ohne Unterwolle. Lang behaarter Schwanz. Einfarbig, mit Tabbyzeichnungen, als Schildpatt, Smoke und schattiert.

▷ **Farbe:** Obwohl die Rasse noch jung ist, gibt es bereits viele verschiedene Farben.

▷ **Charakter:** bewegungsfreudig, freundlich und sehr anhänglich.

▷ **Haltung:** Nähe und Zuwendung sind wichtig. Ihrem Menschen sehr zugetan, gegenüber Fremden eher zurückhaltend.

▷ **Besonderheiten:** von der FIFe unter dem Namen Javanese anerkannt, wird von anderen Zuchtverbänden als Angora geführt.

▷ **Geeignet für:** Katzenliebhaber, die auch von der ständigen Präsenz der Javanese nicht überfordert werden.

▷ **Weniger geeignet für:** Menschen ohne Geduld und Gespür für eine sensible Katze.

1

KARTÄUSER

Eindrucksvolle Katzenpersönlichkeit im dichten blaugrauen Pelz. Würdevoll, verträglich und von bedächtigem Naturell.

▷ **Aussehen:** großer, muskulöser Körper auf stämmigen Beinen. Breiter Kopf mit dicken Backen, gerader Nase und hoch angesetzten Ohren. Augen leuchtend orange- bis kupferfarben. Mittellanger Schwanz.
▷ **Fell:** kurz, sehr dicht und glänzend, vom Körper abstehend und mit viel Unterwolle. Einfarbig ohne Fellzeichnung.
▷ **Farbe:** einheitliches Blaugrau und verwandte, vor allem hellere Blautöne (z. B. Schiefergrau). Andere Farben sind nicht zugelassen.
▷ **Charakter:** freundlich, still, zurückhaltend und außerordentlich verträglich.
▷ **Haltung:** Ihr liebenswürdiges und ruhiges Wesen und der nicht übermäßige Bewegungsdrang machen die Kartäuser zu einer guten Wohnungskatze. Das Fell braucht wegen der wolligen Unterhaare regelmäßige Pflege.
▷ **Besonderheiten:** Kater meist sehr kräftig und deutlich größer als die Katzen.
▷ **Geeignet für:** Katzenkenner, die eine eigenständige Partnerin schätzen, sich aber auch intensiv mit ihr beschäftigen und die Zeit für tägliche Spielstunden reservieren.

KORAT

Zierliche Katze, deren Vorfahren aus der thailändischen Provinz Korat stammen, wo sie noch heute als Glücksbringerin gilt.

▷ **Aussehen:** kleiner bis mittelgroßer, geschmeidiger und gut proportionierter Körper. Der Kopf soll herzförmig erscheinen. Nase mit leichtem Stop, leuchtend grüne Augen, große Ohren mit abgerundeten Spitzen, mittellanger, dünn auslaufender Schwanz.
▷ **Fell:** eng anliegendes, glänzendes Kurzhaar ohne Muster und Schattierungen.
▷ **Farbe:** Blau mit silbernem Tipping.
▷ **Charakter:** liebenswert und zutraulich. Meist sanft und still, kann sich aber auch für wilde Spiele begeistern.
▷ **Haltung:** Die Zuwendung des Menschen ist der Korat wichtiger als alles andere. Auf die Gesellschaft anderer Katzen und Heimtiere legt sie keinen Wert. Einige Katzenverbände fordern reine Wohnungshaltung, um die Blutlinie nicht zu vermischen.
▷ **Besonderheiten:** Die grünen Augen sind erst im Alter von ca. zwei Jahren ausgeprägt.
▷ **Geeignet für:** Katzenliebhaber, die der Korat ihr ganzes Herz und viel Zeit schenken.
▷ **Weniger geeignet für:** hektische Zeitgenossen und Familien mit lärmenden Kindern.

MAINE COON

Imposante Katze mit üppiger halblanger Behaarung. Selbstständig und robust, hält sich gerne im Freien auf.

▷ **Aussehen:** großer, kräftiger Körper mit breiter Brust und langem Rücken. Kantiger Kopf mit kräftigem Kinn, großen Augen und sehr großen, weit auseinander stehenden, an der Basis breiten Ohren. Der Schwanz erreicht mindestens Körperlänge.
▷ **Fell:** halblang, dicht und zottig wirkend, auf dem Rücken und an den Seiten länger als an Kopf und Beinen. Voluminöse Halskrause, buschiger, lang behaarter Schwanz. Tabbyzeichnungen in vielen Farbkombinationen neben ein- und mehrfarbigen Farbschlägen.
▷ **Farbe:** nahezu alle Farben erlaubt.
▷ **Charakter:** eigenständige Rasse, die auf frei im US-Bundesstaat Maine lebende Katzen zurückgeht. Unternehmungslustig, aber nicht übermäßig temperamentvoll.
▷ **Haltung:** Die widerstandsfähige Katze fühlt sich bei jedem Wetter im Freien wohl und sollte Auslauf haben.
▷ **Besonderheiten:** Mit bis zu neun Kilo zählen die Kater zu den schwersten Rassekatzen.
▷ **Geeignet für:** Halter, die ihrer Katze Auslauf bieten können, bevorzugt auf dem Land.

NORWEGISCHE WALDKATZE

Große und unternehmungslustige Katze, die sich nicht zur Stubenhockerin eignet. Wetterfestes halblanges Haar.

▷ **Aussehen:** stattlich, kräftig und robust. Hinterbeine möglichst länger als Vorderbeine. Dreieckiger Kopf, im Profil ohne Stop. Große Augen und weit oben sitzende Ohren mit luchsartigen Haarbüscheln. Langer Schwanz.
▷ **Fell:** halblanges, glänzendes und Wasser abstoßendes Deckhaar, dichte Unterwolle. Halskrause, Backenbart und von langen Haaren an den Hinterbeinen gebildete »Knickerbocker«. Lang behaarter, buschiger Schwanz.
▷ **Farbe:** Erlaubt sind fast alle Farben und Zeichnungen. Fell und Typ sind bei der Norwegischen Waldkatze wichtiger als die Farbe.
▷ **Charakter:** sucht die Nähe des Menschen, will aber auch ihrer eigenen Wege gehen.
▷ **Haltung:** Auslauf sollte man jeder Norwegerin gönnen. Pflege brauchen vor allem die langen Fellpartien und die dichte Unterwolle.
▷ **Besonderheiten:** früher außerhalb Norwegens kaum bekannt, heute immer beliebter.
▷ **Geeignet für:** Menschen, die eine unabhängige und freiheitsliebende Katze schätzen.
▷ **Weniger geeignet für:** Liebhaber reiner Schmuse- und Wohnungskatzen.

DIE BESTEN KATZENRASSEN FÜR SINGLES

Single und Katze – oft eine besondere und besonders innige Beziehung. Jeder weiß, was der andere braucht und womit man ihn glücklich macht. Im Idealfall finden sich Menschenkatze und Katzenmensch.

Rasse	Porträt auf Seite	reine Wohnungshaltung	Bewegungsbedarf	für Anfänger geeignet	Pflegebedarf	Steckbrief
Abessinier	→ 50	●●	●●●	●●	gering	sportliche und kletterfreudige Katze; freundlich, intelligent und verspielt
Balinese	→ 51	●●●	●●	●●	mittel	Langhaar-Variante der Siam; freundlich und aufgeweckt, weniger anspruchsvoll als die Siam
Burma	→ 54	●●	●●●	●	gering	anspruchsvoll, hellwach und temperamentvoll; ungern alleine, akzeptiert auch andere Tiere
Europäisch Kurzhaar	→ 55	●●	●●	●	gering	entspricht der normalen Hauskatze; anhänglich und robust, geht gerne nach draußen
Exotisch Kurzhaar	→ 56	●●●	●●	●●●	gering	Kreuzung zwischen Amerikanisch Kurzhaar und Perser; bedächtiges Temperament, anhänglich.
Javanese	→ 56	●●●	●●	●●	mittel	aktiv und zutraulich. Braucht die Nähe ihres Besitzers. Attraktives, halblanges Seidenfell
Kartäuser	→ 57	●●	●●	●	gering	unverwechselbar im blauen Plüschpelz; sehr ruhig, ausgeglichen und anschmiegsam
Maine Coon	→ 58	●●	●●	●●●	mittel	große und kräftige Halblanghaarkatze mit üppiger Halskrause; zurückhaltend und zärtlich
Orientalisch Kurzhaar	→ 60	●●●	●●●	●	gering	eine typische Orientalin: sehr lebendig und anspruchsvoll; fordert viel Zuwendung
Perser	→ 61/62	●●●	●	●●	hoch	voluminöses Langhaar, das intensive tägliche Pflege braucht; bedächtig und sehr ruhig
Ragdoll	→ 63	●●	●●	●	mittel	sehr umgängliche, sanfte und liebenswerte Rasse, dabei leise und zurückhaltend
Russisch Blau	→ 64	●●●	●●	●●	gering	elegante, schlanke Katze im dicken Plüschfell; leise, sanftmütig und unaufdringlich
Siam	→ 65	●●●	●●●	●	gering	schlank und grazil; sehr anspruchsvoll und kommunikativ, nicht selten eigenwillig
Sibirische Katze	→ 66	●●	●●	●●	mittel	selbstständige und sensible Katze mit halblangem Fell; geht auch bei Kälte und Regen ins Freie
Somali	→ 68	●●	●●●	●●	mittel	Halblanghaar-Variante der Abessinier; aktiv, spielfreudig und liebenswürdig
Türkisch Van	→ 70	●●	●●	●●●	mittel	kräftige Halblanghaarkatze; bleibt ungern alleine in der Wohnung; liebt das Spiel mit Wasser

REINE WOHNUNGSHALTUNG:	● weniger gut	●● möglich	●●● problemlos
BEWEGUNGSBEDARF:	● gering	●● groß	●●● sehr groß
FÜR ANFÄNGER GEEIGNET:	● weniger gut	●● gut	●●● ideal

OCICAT

Ihr wunderschönes Tupfenfell erinnert an eine Wildkatze, doch vom Wesen ist die Ocicat liebenswert, zärtlich und verspielt.

▷ **Aussehen:** muskulöser, mittelgroßer bis großer und gut proportionierter Körper mit einem keilförmigen Kopf ohne Stop. Große, mandelförmige Augen und weit auseinander stehende Ohren. Langer Schwanz, der sich leicht verjüngt.
▷ **Fell:** weiches, glattes und glänzendes Kurzhaar. Außer an der Schwanzspitze sind alle Haare gebändert (Ticking). Die Zeichnung besteht aus deutlich begrenzten Tupfen.
▷ **Farbe:** Silber, Chocolate, Wildfarben, Zimt und weitere Farbschläge. Wichtig ist der Kontrast zwischen Muster und Grundfarbe.
▷ **Charakter:** hellwache und neugierige Katze, dabei immer freundlich und verspielt.
▷ **Haltung:** Anpassungsfähige, lebhafte und pflegeleichte Wohnungskatze.
▷ **Besonderheiten:** Die Rasse geht auf Kreuzungen von Siamesen mit Abessiniern zurück. Im Fellwechsel verblasst das Tüpfelmuster.
▷ **Geeignet für:** Menschen mit Sinn für eine außergewöhnliche Schönheit. Mit ihrem umgänglichen Wesen eignet sich die Ocicat auch für Familien mit (größeren) Kindern.

ORIENTALISCH KURZHAAR

Körperbau und Wesen entsprechen der Siam, nur die siamtypischen Points darf eine Orientalisch Kurzhaar nicht haben.

▷ **Aussehen:** schlanker, eleganter und muskulöser Körper auf langen, schmalen Beinen. Keilförmiger Kopf mit einer gerader Nase und großen, an der Basis breiten Ohren. Typisch für Orientalen sind ihre grünen Augen. Langer und dünner Schwanz.
▷ **Fell:** kurz, eng anliegend, glänzend. Ein- und mehrfarbig und in vielen Tabbymustern.
▷ **Farbe:** reine Farben von Schwarz und Blau bis Rot, Lilac, Creme, Caramel und Rehbraun. Die OKH wird in einer großen Vielfalt von Schildpatt- und Tipped-Farbschlägen (Smoke und schattiert) gezüchtet.
▷ **Charakter:** intelligent, sehr aktiv, verspielt und außerordentlich anhänglich, meist aber etwas leiser als eine Siam.
▷ **Haltung:** anspruchsvoll, erwartet viel Zuwendung und bleibt nicht gerne alleine.
▷ **Besonderheiten:** wird von den einzelnen Katzenverbänden unterschiedlich klassifiziert.
▷ **Geeignet für:** Katzenkenner, die den Ansprüchen einer OKH gewachsen sind.
▷ **Weniger geeignet für:** Neulinge in der Katzenhaltung.

PERSER CHINCHILLA

Langhaarige Perser zählen zu den ältesten Katzenrassen. Die Chinchilla gehört weltweit zu den beliebtesten Farbschlägen.

▷ **Aussehen:** mittelgroßer, kompakter und massig wirkender Körper mit breiter Brust und dickem Hals auf kurzen und stämmigen Beinen. Persertypisch ist der große und breite Kopf mit runder Stirn und markantem Kinn. Kennzeichnend auch die kleine, kurze Nase mit dem ausgeprägten Stop. Die kleinen, leicht gerundeten Ohren stehen weit auseinander, die großen Augen sollen in der Farbe zum Fell passen. Bei den weißen Persern, die zu den frühesten Zuchtformen zählen, gibt es neben Blau und Kupfer als Augenfarbe auch Tiere mit verschiedenfarbigen Augen (ODD-EYED, Seite 268), bei denen ein Auge blau, das andere orange oder kupferfarben ist. Weiße Perser mit blauen Augen sind oft taub. Da alle weißen Perser mit blauen Augen zur Welt kommen, kann man die spätere Augenfarbe bei ihnen noch nicht erkennen.
Perserkatzen werden seit über hundert Jahren gezüchtet. Die frühen Perser unterschieden sich allerdings durch ihr weit weniger üppiges Fell und die längere Gesichtsform erheblich von ihren heutigen Nachfahren.

PERSER ROT

Die Zucht roter Perser hat lange Tradition, war und ist aber schwierig, weil nicht selten unerwünschte Tabbymuster auftreten.

▷ **Fell:** üppig, vom Körper abstehend, Deckhaare bis zu 15 cm lang. Mit voller Mähne (Halskrause), die von der Schulter bis zur Brust reicht, Haarbüscheln an den Pfoten und einem stark behaarten, buschigen Schwanz. Ein- und mehrfarbig, wobei Bicolor (zweifarbig) zu den traditionellen Fellmustern der Perser gehört, Tabby-Zeichnungen (getigert und gestromt) in vielen Farben sowie Cameo-Farbschläge mit unterschiedlichem Tipping (Spitzenfärbung).
▷ **Farbe:** In der jüngeren Zuchtgeschichte der Perserkatze hat die Zahl ihrer VARIETÄTEN (Seite 274) erheblich zugenommen, allerdings werden nicht alle von den einzelnen Katzenverbänden anerkannt. Zu den klassischen Varietäten gehören die einfarbig weißen, roten, cremefarbenen, schwarzen und blauen Perser, aber auch die Smoke und die Braun-Tabby. Nach wie vor zu den beliebtesten Langhaarkatzen überhaupt zählt die Perser Chinchilla (→ Foto oben), deren weißes Fell durch eine leichte Spitzenfärbung (Tipping) besondere Eleganz erhält.

PERSER BICOLOR

Bei der Perser Bicolor ist Weiß mit einer zweiten Farbe kombiniert, z. B. mit Blau, Schwarz oder Rot (Foto: Lilac und Weiß).

▷ **Charakter:** Perser sind ruhige und gesetzte Tiere mit geringerem Bewegungsbedarf. Die Zuwendung des Besitzers ist ihnen wichtig, sie erwarten aber nicht, dass er ständig in ihrer Nähe ist. Die typische Perserkatze ist eher wortkarg, auch wenn es durchaus gesprächige Rassevertreter gibt. Beim Spielen zeigen viele Perser eine Beweglichkeit, die man ihnen auf den ersten Blick nicht zutraut.

▷ **Haltung:** problemlos als reine Stubenkatze, obwohl viele Perser auch gerne nach draußen gehen und mit ihrem dicken Pelz bei jeder Witterung zurechtkommen. Bei Perserkatzen, die regelmäßig Auslauf haben, wird das Fell allerdings noch dichter und verlangt dementsprechend zusätzlichen Pflegeaufwand. Das tägliche Kämmen und Bürsten ist bei allen Persern unverzichtbar, weil nur so Verfilzungen verhindert werden, für die vor allem die Halskrause, der Bauch und der Schwanz anfällig sind. An die Pflegeprozedur sollte bereits die junge Katze gewöhnt werden. Mindestens 20 bis 30 Minuten muss man für die tägliche Pflege einer Perserkatze einplanen.

PERSER TABBY

Das Zeichnungsmuster einer Perser Tabby ist wegen des dichten Fells nicht immer leicht zu erkennen (Foto: Braun Tabby).

▷ **Besonderheiten:** Einfarbige Farbschläge gelten innerhalb der großen Perserfamilie als besonders ruhig, Tabby-Perser hingegen als vergleichsweise temperamentvoll. Dass Perser richtige Katzen sind, lässt sich unschwer an Freigängern beobachten, die sich genauso geschickt und sicher bewegen wie alle ihre Artgenossen. Extreme Zuchtformen wie die Peke-face Perser leiden wegen ihrer eingedrückten und verkürzten Nase häufig unter Atemproblemen und ständig tränenden Augen (→ Seite 82).

▷ **Geeignet für:** einfühlsame Katzenfreunde, die das ruhige und anhängliche Naturell einer Perser schätzen. Wer die Zeit für die Fellpflege nicht aufbringen kann oder will, sollte sich auch von einem entzückenden Perserkätzchen nicht in Versuchung bringen lassen. Gerade als reine Wohnungskatze braucht die Perser tägliche Beschäftigung und Spielangebote.

▷ **Weniger geeignet für:** Menschen, die eine Perserkatze für phlegmatisch halten und in ihr vor allem ein dekoratives Accessoire für ihre Wohnung sehen.

1

RAGDOLL

Liebenswerte und sehr geduldige Katze mit einem attraktiven halblangen Seidenfell und strahlend blauen Augen.

▷ **Aussehen:** stattlicher, langer Körper mit breiter Brust, kurzem Hals und stämmigen Beinen. Relativ breiter Kopf mit nur angedeutetem Stop, große und leicht ovale Augen in klarem Blau als einzig anerkannter Farbe, mitelgroße, weit auseinander stehende Ohren.
▷ **Fell:** halblang, dicht und seidig. Die kurze Gesichtsbehaarung wird von längeren Haaren eingerahmt. Das Fell ist an Brust, Bauch und am buschigen Schwanz am längsten. Im Standard festgelegt sind die Haarbüschel zwischen den Zehen. Fellmuster: Bicolor, Colourpoint und Mitted (mit weißen Füßen).
▷ **Farbe:** Seal (Braun), Blau, Lilac, Chocolate.
▷ **Charakter:** Außerordentlich umgänglich und friedlich, anhänglich und verspielt.
▷ **Haltung:** angenehm, leise und unaufdringlich. Eignet sich zur Wohnungskatze, geht aber auch gerne ins Freie. Mittlerer Pflegeaufwand.
▷ **Besonderheiten:** Ragdoll (engl. Stoffpuppe) weist auf die entspannte Haltung der Katze hin, wenn man sie auf den Arm nimmt.
▷ **Geeignet für:** liebenswerte und geduldige Partnerin für Familie und Single. Kinderlieb.

REX CORNISH

Ungewöhnliche Katze mit gelocktem oder gewelltem Haarkleid. Wird wegen des kurzen Fells fast nur in der Wohnung gehalten.

▷ **Aussehen:** mittelgroßer, schlanker und muskulöser Körper auf langen Beinen. Keilförmiger Kopf mit großen, am Ansatz sehr breiten Ohren, gerader Nase und großen Augen. Langer und dünner Schwanz.
▷ **Fell:** kurzes, gewelltes oder gelocktes Fell. Beine und Schwanz ebenfalls gewellt, die Leithaare fehlen. Zu lang oder zu kurz behaarte Körperstellen gelten als fehlerhaft. Der Standard schreibt auch gekräuselte Schnurr- und Brauenhaare vor. Fast alle Fellmuster erlaubt.
▷ **Farbe:** wird in vielen Farben gezüchtet.
▷ **Charakter:** lebhaft, intelligent, anhänglich und sehr verspielt, aber auch eigenwillig.
▷ **Haltung:** überwiegend als Stubenkatze, obwohl sie sich an die Leine gewöhnen lässt. Neigt zur Fettleibigkeit. Pflegeleicht.
▷ **Besonderheiten:** Die Deutsche Rex besitzt das gleiche Lockenhaar-Erbgut wie die Cornish, hat aber ein dichteres Fell.
▷ **Geeignet für:** Katzenfreunde mit einem Faible für eine außergewöhnliche Rasse. Rexkatzen verlieren keine Haare und sind daher auch für Allergiker geeignet.

REX DEVON

Auffallende Katzenrasse mit sehr kurzem Lockenhaar, einem kleinen Kopf, großen Augen und riesigen Ohren.

▷ **Aussehen:** mittellanger, schlanker und muskulöser Körper mit schlankem Hals und einem kleinen, keilförmigen Kopf mit deutlichem Stop und ausgeprägten Wangen. Übergroße, sehr breite und tief ansetzende Ohren, große und weit auseinander stehende Augen.
▷ **Fell:** sehr kurz und weich, gewellt oder gelockt. Die Bauchseite ist besonders kurz behaart, der Schwanz üppiger. Unbehaarte Stellen am Körper gelten als Fehler.
▷ **Farbe:** alle Muster und Farbschläge.
▷ **Charakter:** hellwach und neugierig, sehr verspielt und schmusebedürftig.
▷ **Haltung:** anspruchsvoll, verlangt viel Zuwendung. Die Devon ist eine Wohnungskatze, ihr Haarkleid ist dünner als das der Cornish. Pflegeleicht, lediglich die Ohren müssen regelmäßig gesäubert werden.
▷ **Besonderheiten:** Wegen des dünnen Fells sollten die Katzen in gut temperierter Umgebung gehalten werden. Rex Devon und Rex Cornish sind eigenständige Rassen mit unterschiedlichem Erbgut.
▷ **Geeignet für:** Liebhaber besonderer Katzen.

RUSSISCH BLAU

Eine elegante, geschmeidige und sehr sanfte Katze mit einem Plüschfell von unverwechselbarer Farbe und Struktur.

▷ **Aussehen:** muskulöser und lang gestreckter Körper von mittlerer Größe auf schlanken Beinen. Keilförmiger Kopf mit gerader Nase, großen, leicht zugespitzten Ohren und leuchtend grünen Augen. Der lange Schwanz läuft dünn aus.
▷ **Fell:** sehr dichtes, plüschartig vom Körper abstehendes Kurzhaar, das sich in seiner Struktur von dem anderer Kurzhaarkatzen deutlich unterscheidet (Doppelfell).
▷ **Farbe:** einzig anerkannte Farbe ist Blau, das durch silbern gefärbte Spitzen der Leithaare leichten Glanz erhält. Zuchtversuche mit weißen und schwarzen Farbschlägen konnten sich nicht durchsetzen.
▷ **Charakter:** sehr still und zurückhaltend, mit enger Bindung an ihren Besitzer.
▷ **Haltung:** eignet sich als reine Stubenkatze, braucht aber viel Zuwendung und ist nur sehr ungern alleine. Verträgt sich gut mit anderen Tieren im Haus. Pflegeleicht.
▷ **Besonderheiten:** seltene Rasse.
▷ **Geeignet für:** Menschen mit einer liebevollen Hand und viel Katzenverständnis.

SIAM SEAL POINT

Die Siam gilt als die Orientalin schlechthin: eine extrovertierte Persönlichkeit mit grazilem Körper und anmutigen Bewegungen.

▷ **Aussehen:** mittelgroßer, lang gestreckter und graziler Körper auf langen, schlanken Beinen. Die Hinterbeine sind länger als die Vorderbeine. Deutlich keilförmiger Kopf mit langer und gerader Nase. Große, an der Basis sehr breite Ohren, die die Keillinie des Kopfes aufnehmen. Mittelgroße, mandelförmige und schräg gestellte Augen, die unabhängig von der Fellfarbe immer saphirblau sind. Langer, auch am Ansatz dünner Schwanz, der spitz ausläuft und keinen Knick aufweisen darf.
▷ **Fell:** Sehr kurz, eng anliegend und seidig glänzend. Points (Abzeichen) als vollständige Gesichtsmaske sowie an Ohren, Beinen und am Schwanz. Der Kontrast zwischen Points und Körperfell ist wichtig. Bei den Tabby-Points sind die Abzeichen gemustert, zum Beispiel in Form eines »M« auf der Stirn oder Streifen und Ringen an Beinen und Schwanz.
▷ **Farbe:** Seal, Blau, Chocolate, Rot, Creme, Lilac. Das dunkle Braun der Seal-Point ist die klassische Siamfärbung. Seal-Point Siamesen waren die ersten, die in der zweiten Hälfte des 19. Jahrhunderts nach Europa kamen.

SIAM SEAL TABBY POINT

Eine Katze, die keinen kalt lässt: Für ihre Verehrer ist die Siam die einzig wahre Rasse, für andere ein lautes Nervenbündel.

▷ **Charakter:** temperamentvoll, intelligent und sehr kommunikativ. Dabei liebenswert, verspielt und extrem anhänglich. Häufig nur auf eine Person fixiert. Eine Siam nimmt ihren Besitzer rund um die Uhr in Anspruch.
▷ **Haltung:** verlangt nach ständiger Zuwendung und Beschäftigung und reagiert meist eigensinnig, wenn sie nicht beachtet wird. Ihren Forderungen verleiht sie mit Charme und Liebenswürdigkeit, aber auch mit lauter Stimme Nachdruck. Arrangiert sich gut mit anderen Orientalen, weniger mit ruhigeren Rassen. Akzeptiert die Katzenleine.
▷ **Besonderheiten:** Siam kommen fast weiß zur Welt, die Points sind erst mit ca. zwölf Monaten ausgefärbt. Geschlechtsreif sind Siam oft schon mit sechs Monaten. Die ursprünglichen Siamkatzen waren nicht so überschlank wie heutige Züchtungen und hatten ein runderes Gesicht (→ siehe Seite 82).
▷ **Geeignet für:** erfahrene Katzenhalter, die wissen, wie man mit einer anspruchsvollen und kapriziösen Persönlichkeit umgeht, ohne sich völlig ihren Forderungen zu beugen.

SIBIRISCHE KATZE

Seltene Rasse mit einem wunderschönen und wetterfesten Haarkleid, deren Herkunft immer noch ein Geheimnis umgibt.

▷ **Aussehen:** mittelgroßer, muskulöser und gestreckter Körper mit relativ breitem Kopf und kräftigen Beinen. Mittelgroße Ohren und eindrucksvolle, runde Augen.

▷ **Fell:** halblang, glänzend und wetterfest mit dicker Unterwolle. Eindrucksvolle Halskrause. Das Gesicht wird von langen Haaren eingerahmt, das Fell ist im hinteren Körperbereich und besonders am Schwanz länger. Überwiegend mit Tabby-Muster.

▷ **Farbe:** mehrere Farbschläge, von denen die goldene Tupfenzeichnung am häufigsten ist. Weiße Fellpartien an Brust und Pfoten.

▷ **Charakter:** selbstständig und zurückhaltend, dabei aber sehr aufmerksam und freundlich.

▷ **Haltung:** braucht Zuwendung und Fürsorge, verlangt aber nicht nach ständiger Nähe. Ist gerne im Freien. Mittlerer Pflegebedarf.

▷ **Besonderheiten:** Langhaarige Katzen, die dem Typus der Rasse ähneln, kennt man aus dem Norden Russlands.

▷ **Geeignet für:** Katzenkenner mit viel Einfühlungsvermögen und Verständnis für eine sensible und unabhängige Rassekatze.

SINGAPURA

Kleine grazile Katze, die erst seit wenigen Jahrzehnten gezüchtet wird und von den Stadtkatzen in Singapur abstammt.

▷ **Aussehen:** kleiner, gut proportionierter Körper mit rundlichem Kopf und kurzer Nase mit leichtem Stop. Große, zugespitzte und an der Basis relativ breite Ohren, mandelförmige Augen in Braun, Grün oder Gelb mit dunkler Umrandung, mittellanger Schwanz mit abgerundeter Spitze.

▷ **Fell:** kurz, fein und glatt. Das Haar ist zwei- oder mehrfach gebändert (Ticking), Streifenmuster innen an den Vorderbeinen.

▷ **Farbe:** dunkelbraunes Ticking auf elfenbeinfarbigem Grund. Bauchseite, Kinn und Brust sind heller als Rücken und Flanken. Dunkelbraune bis schwarze Schwanzspitze.

▷ **Charakter:** liebenswert und sanft, aktiv, neugierig und anhänglich, gegenüber Fremden jedoch eher zurückhaltend.

▷ **Haltung:** wegen der geringen Körpergröße eine ideale Wohnungskatze. Pflegeleicht.

▷ **Besonderheiten:** Zuchtbestrebungen gibt es vor allem in den USA, bei uns werden nur sehr wenige Singapura gehalten.

▷ **Geeignet für:** Menschen, die einer kleinen Katze viel Liebe und Zeit schenken.

DIE BESTEN KATZENRASSEN FÜR SENIOREN

Ältere Menschen schätzen vor allem sanfte und verschmuste Katzen. Und scheuen meist nicht den Pflegeaufwand bei langhaarigen Rassen. Weil auch das Ausdruck von Zuneigung und Zärtlichkeit ist.

Rasse	Porträt auf Seite	reine Wohnungshaltung	Bewegungsbedarf	für Anfänger geeignet	Pflegebedarf	Steckbrief
Amerikanisch Kurzhaar	→ 51	●	●●	●●●	gering	kräftige Katze mit ausgeglichenem und ruhigem Temperament, die gerne auch Auslauf hat
Balinese	→ 51	●●●	●●	●●	mittel	Langhaar-Variante der Siam; aktiv und neugierig, aber weniger anspruchsvoll als die Siam
Birma	→ 52	●●●	●●	●●	mittel	liebenswert, sanft und sehr umgänglich; wunderschönes Fell mit weißen »Handschuhen«.
Britisch Kurzhaar	→ 53	●●●	●●	●●●	gering	zurückhaltend, sanft und nie hektisch, vor allem die Kater erreichen eine stattliche Größe
Colourpoint	→ 55	●●●	●	●●	hoch	Perserkatze im Siamkleid; ruhig, leise und ohne großen Bewegungsbedarf; ideale Wohnungskatze
Exotisch Kurzhaar	→ 56	●●●	●●	●●●	mittel	Kreuzung zwischen Amerikanisch Kurzhaar und Perser; bedächtiges Temperament, anhänglich
Javanese	→ 56	●●●	●●	●●	mittel	aktiv und zutraulich; braucht die Nähe ihres Besitzers; attraktives, halblanges Seidenfell
Kartäuser	→ 57	●●	●●	●	gering	unverwechselbar im blauen Plüschpelz; sehr ruhig, ausgeglichen und anschmiegsam
Ocicat	→ 60	●●●	●●	●●	gering	anhänglich und aktiv; für Senioren, die sich einer lebhaften Katze gewachsen fühlen
Perser	→ 61/62	●●●	●	●●	hoch	anhängliche und leise Katze mit ausgeglichenem Temperament; das voluminöse Langhaar mit der dichten Unterwolle verlangt tägliche Pflege
Ragdoll	→ 63	●●	●●	●	mittel	sehr umgängliche, sanfte und liebenswerte Rasse, dabei leise und zurückhaltend
Rex	→ 63/64	●●●	●●	●	gering	temperamentvoll und verspielt; verlangt nach Nähe und Zuwendung, stellt aber auch Ansprüche
Russisch Blau	→ 64	●●●	●●	●●	gering	elegante, schlanke Katze im dicken Plüschfell; leise, sanftmütig und unaufdringlich
Singapura	→ 66	●●●	●●	●●	gering	kleine Rasse mit seidigem Kurzhaar; anhänglich, lebhaft und neugierig, oft aber auch scheu

REINE WOHNUNGSHALTUNG: ● weniger gut ●● möglich ●●● problemlos
BEWEGUNGSBEDARF: ● gering ●● groß ●●● sehr groß
FÜR ANFÄNGER GEEIGNET: ● weniger gut ●● gut ●●● ideal

SNOWSHOE

Relativ junge, große und kräftige Rasse. Geht auf Kreuzungen von Amerikanisch Kurzhaar mit Siamesen zurück.

▷ **Aussehen:** stämmiger, muskulöser Körper mit mittelgroßem, dreieckigem Kopf. Große, an der Basis breite Ohren, mandelförmige Augen mit Blau als einzig zulässiger Farbe. Mittellanger, sich verjüngender Schwanz.
▷ **Fell:** eng anliegendes, glänzendes Kurzhaar.
▷ **Farbe:** alle Point-Farben wie sie auch bei der Siam anerkannt sind. Namensgebende »weiße Schuhe« (englisch »snowshoe« für Schneeschuh), an den Vorderbeinen bis zum Fußgelenk, hinten fast bis zum Sprunggelenk.
▷ **Charakter:** Bei der Snowshoe mischen sich Wesenszüge ihrer Stammeltern: die Neugier und das Temperament der Siam mit der Gelassenheit einer Amerikanisch Kurzhaar.
▷ **Haltung:** Die aktive und sehr auf ihren Menschen geprägte Katze will beschäftigt werden und verlangt viel Zuwendung.
▷ **Besonderheiten:** Trotz der auffälligen weißen Pfoten ist die Snowshoe nicht mit der Birma verwandt. Selbst in ihrer Zuchtheimat USA noch selten.
▷ **Geeignet für:** Liebhaber. Die wenigen Tiere sind fast ausschließlich in Züchterhand.

SOMALI

Liebenswerte und intelligente Katze mit halblangem Fell, die von Wesen, Körperbau und Farben der Abessinier entspricht.

▷ **Aussehen:** mittelgroßer, eleganter und kräftiger Körper. Keilförmiger Kopf mit leicht abgerundeten Konturen. Große, spitze und weit auseinander stehende Ohren, mittellange Nase, ovale Augen mit dunklen Rändern. Breit ansetzender und sich verjüngender Schwanz.
▷ **Fell:** weich, dicht und von mittlerer Länge. Mit Halskrause, längerer Behaarung an den Hinterbeinen (»Höschen«), Haarbüscheln zwischen den Zehen und buschigem Schwanz. Die einzelnen Haare sind dreifach, häufig sogar vierfach gebändert (Ticking).
▷ **Farbe:** Farbschläge wie Abessinier. Silber, Wildfarben, Lilac, Rot, Chocolate, Blau, Sorrel (Rotbraun), Beige, Creme.
▷ **Charakter:** lebhaft, verspielt, friedfertig und sehr umgänglich.
▷ **Haltung:** braucht Ansprache, Bewegungsraum und Beschäftigung. Ungern alleine.
▷ **Besonderheiten:** Das Tickingmuster ist oft erst nach 18 Monaten voll ausgeprägt.
▷ **Geeignet für:** Katzenfreunde, die viel Zeit reservieren, um in langen Spielstunden Köpfchen und Körper ihrer Somali fit zu halten.

TIFFANIE

Noch junge und seltene langhaarige Züchtung, bei der die nahe Verwandtschaft zu Burma und Burmilla ins Auge fällt.

▷ **Aussehen:** mittelgroße, ziemlich kräftig gebaute Katze mit rundlichem Kopf, weit auseinander stehenden, abgerundeten Ohren, goldgelben Augen und einer kurzen Nase mit Stop. Mittellanger Schwanz.

▷ **Fell:** seidig und halblang mit Halskrause und stark buschigem Schwanz. Muster ähnlich wie bei der Burmilla (unter anderem mit M-Zeichnung auf der Stirn).

▷ **Farbe:** Farbschläge wie Burma. Wie bei der Burma ist das klassische Dunkelbraun die beliebteste Fellfarbe. Auch Varietäten mit Spitzenfärbung (Tipping).

▷ **Charakter:** aktiv und verspielt, anhänglich, manchmal fordernd. Mittlerer Plegeaufwand.

▷ **Haltung:** Bei ausreichendem Platzangebot und regelmäßiger Beschäftigung ist die Tiffanie eine sehr angenehme Hausgenossin.

▷ **Besonderheiten:** erste Zuchttiere aus den USA (amerikanische Schreibweise: Tiffany), europäische Züchtungen auf Burmilla-Basis mit einem leicht abweichenden Rassetyp.

▷ **Geeignet für:** Liebhaber anspruchsvoller und bewegungsfreudiger Katzen.

TONKINESE

Von Erscheinungsbild und Wesen liegt die intelligente Kurzhaarrasse zwischen ihren Stammeltern Siam und Burma.

▷ **Aussehen:** mittelgroße, muskulöse und relativ schwere Katze. Keilförmiger Kopf mit stumpfer Schnauze, hohen Wangenknochen und leichtem Stop. Breite, weit auseinander stehende Ohren mit ovaler Spitze, mandelförmige, leicht schräg gestellte Augen in Türkis oder Aquamarin. Langer Schwanz, der relativ spitz ausläuft.

▷ **Fell:** eng anliegendes, dichtes, glänzendes Kurzhaar. Points mit zum Teil fließenden Übergängen zur Körperfarbe.

▷ **Farbe:** Rot, Creme, Blau, Braun, Chocolate, Lilac. Auch als Schildpatt-Farbschläge.

▷ **Charakter:** kommunikativ, intelligent und verspielt. Verträgt sich mit Artgenossen und anderen Heimtieren. Freundlich und geduldig gegenüber Kindern.

▷ **Haltung:** deutlich weniger anspruchsvoll und redefreudig als die Siam. Pflegeleicht.

▷ **Besonderheiten:** Die Rasse wird noch nicht von allen Zuchtverbänden anerkannt. Andere Bezeichnung: Tonkanese.

▷ **Geeignet für:** fügt sich gut in eine Familie ein, will aber beachtet und beschäftigt werden.

TÜRKISCH ANGORA

Die Angora zählt zu den ältesten Katzenrassen. Ein Zuchtprogamm in der Türkei rettete die Rasse vor dem Verschwinden.

▷ **Aussehen:** mittelgroßer, lang gestreckter Körper mit relativ kleinem, leicht keilförmigem Kopf. Mittelgroße, an der Basis breite Ohren, Nase ohne Stop. Große und mandelförmige Augen, meist bernsteinfarben, auch blaugrün und odd-eyed (verschiedenfarbig). Langer und sich verjüngender Schwanz.
▷ **Fell:** seidiges Halblanghaar ohne Unterwolle. Halskrause und buschiger Schwanz. Einfarbig, Tabby, Schildpatt und Smoke.
▷ **Farbe:** klassische Angora-Farbe ist Weiß (mit verschiedenfarbigen Augen). Daneben Schwarz, Rot, Chocolate, Creme, Caramel, Cinnamon (Zimt), Beige, Blau, Blaucreme.
▷ **Charakter:** lebhaft und neugierg, verspielt und ihrem Menschen sehr zugetan.
▷ **Haltung:** will immer wissen, was um sie herum passiert, und hält sich gerne im Freien auf. Tägliche Fellpflege.
▷ **Besonderheiten:** haart stark während des Fellwechsels im Frühsommer.
▷ **Geeignet für:** Familien, die sich regelmäßig mit der Türkisch Angora beschäftigen und ihr genügend Bewegungsmöglichkeit bieten.

TÜRKISCH VAN

Gesellige, lebhafte und kräftige Katze mit einem halblangen, überwiegend weißen Fell, die keinerlei Scheu vor Wasser zeigt.

▷ **Aussehen:** mittelgroß und kräftig gebaut. Der Körper wirkt gedrungen und steht auf stämmigen und mittellangen Beinen. Relativ kurzer, dreieckiger Kopf mit gerader Nase und großen Ohren. Mittellanger Schwanz.
▷ **Fell:** halblang und ohne Unterwolle. Mit farbigen Flecken an Kopf, Ohren und am buschigen Schwanz.
▷ **Farbe:** Die Kombination von Weiß mit kastanienroten Flecken an Kopf, Ohren und Schwanz ist die typische Färbung der Van. Daneben gibt es einen Farbschlag mit cremefarbenen Markierungen. Eine weiße Blesse trennt die Farbfläche auf dem Kopf. Augen: bernstein, blau oder verschiedenfarbig.
▷ **Charakter:** freundlich, aktiv und gesellig. Leise und angenehme Stimme.
▷ **Haltung:** fühlt sich durchaus in der Wohnung wohl, bleibt aber ungern länger alleine. Regelmäßige, aber relativ einfache Fellpflege.
▷ **Besonderheiten:** liebt das Spiel mit Wasser (auch Badewanne) und schwimmt gerne.
▷ **Geeignet für:** Menschen, die der lebhaften und intelligenten Katze viel Zeit widmen.

SELTENE UND NEUE RASSEN

Born in the USA: Körperbau und Eleganz der York Chocolate erinnern an die Siam. Das halblange Fell verliert kaum Haare.

▷ **York Chocolate:** mittelgroße, freundliche und temperamentvolle Katze (→ Foto).
▷ **Sokoke:** Kurzhaarkatze mit gestromtem Fell aus dem Sokoke-Arabuke-Regenwald Kenias. Seit 1993 von der FIFe anerkannt.
▷ **Havana:** lebhaft, anhänglich, kastanienbraunes Kurzhaar. Geht zurück auf eine Siam Seal-Point und eine schwarze Kurzhaarkatze.
▷ **Australische Schleierkatze:** liebenswerte und verspielte Familienkatze mit getupftem oder marmoriertem Fell.
▷ **Neva Masquarade:** attraktive Halblanghaarkatze aus der Region des Neva-Flusses in Sibirien. Masquarade bezieht sich auf die auffällige maskenartige Gesichtszeichnung.
▷ **Amerikanisch Drahthaar:** US-Züchtung mit einem derben, gekräuselten Fell, ähnelt im Rassetyp der Amerikanisch Kurzhaar.
▷ **California Spangled:** kurzhaarige Rasse im Leopardenlook.
▷ **Ragamuffin:** sanfte Katze mit Teddyfell.
▷ **Seychellois:** schlanke Rasse mit farbigen Tupfen im weißen Fell, Lang- und Kurzhaar.
▷ **Anatoli:** Kurzhaarkatze aus der Türkei.

PROBLEMRASSEN

Bis auf wenige Flaumhaare ist die Sphinx völlig nackt. Zu Problemrassen siehe auch Verbot von Qualzuchten, Seite 82.

▷ **Sphinx:** fast unbehaarte Katze (→ Foto). Anfällig für Hautverbrennungen, keine Kälteresistenz, Haut trocknet aus.
▷ **Peke face:** Perserkatzen mit einem extrem flachen Gesichtsschädel und sehr kurzer Nase. Gesundheitsprobleme: Unterbiss, erschwerte Atmung, verstopfte Tränenkanäle.
▷ **Schottische Faltohrkatze (Scottish Fold):** mit am Kopf anliegenden Falt- oder Kippohren. Eingeschränktes Hörvermögen, Ohren ohne mimische Funktion, Reinigung unmöglich.
▷ **Cymric:** Halblanghaarvariante der Scottish Fold mit den gleichen Problemen.
▷ **Munchkin:** mittelgroße Rasse mit sehr kurzen Beinen, wobei die Hinterbeine länger als die Vorderbeine sind. Die Bewegungsfähigkeit ist eingeschränkt (u. a. im Sprungvermögen).
▷ **Siam:** Die vom Standard erwünschten extremen Schlankzuchten sind hypernervös.
▷ **Manx:** sehr kurzer oder fehlender Schwanz. Rumpy Manx mit Vertiefung an der Stelle, wo sonst der Schwanz ansetzt. Rassetypisch hoppelnde Fortbewegung, Totgeburten, anfällig für Wirbelspalten und Verstopfung.

Nachwuchs und Zucht

Es kostet viel Zeit und Geduld und verlangt Fürsorge, Verständnis und Verantwortung, wenn Sie Ihrer Hauskatze Mutterfreuden gönnen oder mit Rassekatzen züchten wollen.

DEN KINDERN EINE ZUKUNFT GEBEN. Junge Katzen sind unwiderstehlich. Dem Charme der tapsigen Wollknäuel kann sich niemand entziehen und die ersten Wochen mit den unbeholfenen Katzenkindern sind eine unvergessliche und aufregende Zeit. Doch vor der Realität sollte kein Katzenbesitzer seine Augen verschließen, der sich Nachwuchs für seine Katze wünscht. Eine Hauskatze bringt in der Regel drei bis sechs, manchmal aber auch acht oder zehn Junge zur Welt. Wenn die Kätzchen kein neues Zuhause finden, erwartet sie ein trauriges Schicksal. Alljährlich werden tausende unerwünschter Katzen ausgesetzt, die übervollen Gehege der Tierheime sprechen eine deutliche Sprache. Die Zukunft der Katzenkinder muss für den verantwortungsvollen Halter absolute Priorität haben. Nur wenn sie gesichert ist, sollte er seiner Katze die Mutterfreuden gönnen.

Partnerwahl, Paarung und Geburt

Eine Katzengeburt läuft fast immer ohne Komplikationen ab. Selbst Erstgebärende machen alles richtig, auch wenn es länger dauert als bei erfahrenen Müttern. Die meisten Katzen sind gute Mütter, die ihre Kinder gewissenhaft versorgen und mit Liebe und Geduld erziehen. Die tatkräftige Unterstützung des Halters ist nur selten nötig, seine Nähe und Zuwendung schätzen viele Katzenmütter gerade in dieser Zeit allerdings sehr.

Frühstarter und Spätentwickler

Weibliche Katzen werden meist zwischen dem 7. und 9. Monat geschlechtsreif und damit auch zum ersten Mal rollig (ROLLIGKEIT, Seite 270). Kater erreichen die Geschlechtsreife im Alter von sieben bis elf Monaten, zum Teil aber auch erst mit 14 oder 15 Monaten. Ausgesprochen frühreif sind die Weibchen einiger orientalischer Schlankrassen. Sie können schon mit fünf Monaten sexuell aktiv sein, in Ausnahmefällen sogar mit vier.

Geschlechtsmerkmale

Beim noch nicht geschlechtsreifen Weibchen liegt die senkrechte Scheidenöffnung direkt unter dem After, bei der erwachsenen Katze gibt es zwischen After und Scheide einen Abstand von etwa einem Zentimeter. Bei einem Jungkater liegt die kleine runde Öffnung des Penis ca. einen Zentimeter unter dem After. Die Hoden kann man erst beim erwachsenen Kater erkennen. Sie liegen zwischen After und Penis, der Abstand vom After zum Penis beträgt etwa drei Zentimeter.

Wann dürfen Katzen Kinder kriegen?

Auch bei Rassen, die sich schnell entwickeln, dauert es 12 bis 15 Monate, bis ihr Körper völlig ausgereift ist. Große Katzen wie etwa die Ragdoll brauchen bis zu drei Jahre, um die endgültige Gestalt und Färbung zu erhalten. Bei sehr jungen Katzenmüttern, die körperlich noch Kinder sind, ist das Risiko groß, dass sie und die Jungen bei der Geburt Schaden nehmen. Darüber hinaus vernachlässigen die Kindmütter häufig ihren Nachwuchs, weil die Mutterrolle sie überfordert. Grundsätzlich sollte eine Katze frühestens mit einem Jahr Kinder bekommen dürfen.

In den Zeiten der Liebe

Eine Katze kann alle zwei bis drei Wochen rollig werden, wenn sie nicht gedeckt wird. Die Rolligkeit ist von der Jahreszeit abhängig: Besonders häufig rollig sind Katzen in unseren Breiten zwischen März und April und Juni bis September, nur selten hingegen während der abnehmenden Tage von Oktober bis Dezember. Bei reinen Wohnungskatzen spielen Klima und Tageslänge kaum mehr eine Rolle, sie können theoretisch zu jeder Jahreszeit rollig werden. Bei den Edelkatzen haben einige Rassen ihren eigenen Rolligkeitsrhythmus. Ein Kater ist immer paarungsbereit. Sobald er den Geruch einer rolligen Katze wahrnimmt, setzt er alles daran, um möglichst schnell in ihre Nähe zu kommen.

> **TIPP**
>
> **Tür zu!**
>
> Wenn die Liebe ruft, zwängt sich ein Kater durchs schmalste Schlupfloch. Mit der rolligen Katze ist es nicht anders. Bei liebeskranken Katzen dürfen Fenster und Türen nie offen stehen, vor allem die Kippfenster müssen geschlossen bleiben. Türgriffe vorübergehend senkrecht stellen, wenn die Katze Türen öffnen kann.

Symptome der Rolligkeit

Die meisten Katzen sind zwei- bis viermal im Jahr rollig. Wird die Katze nicht gedeckt, dauert die Rolligkeit bis zu drei Wochen. In dieser Zeit ist sie auffallend schmusebedürftig, streicht uns ständig um die Beine und wird zunehmend unruhiger. Etwa ab dem 5. Tag ist sie empfängnisbereit, wälzt sich am Boden, streift ruhelos durch die Wohnung und will nach draußen, um einen Geschlechtspartner zu suchen. Streichelt man die Katze, nimmt sie die Paarungs- oder Begattungsstellung ein: Der Körper ist abgeduckt, sie macht ein Hohlkreuz (Lordose), legt den Schwanz zur Seite und präsentiert ihr Hinterteil. Diese »heiße Phase« (Östrus) dauert ca. sieben Tage und wird begleitet von anhaltendem Jaulen und Klagen, das sich bei Siamesen und verwandten Rassen zu lautem Schreien verstärkt. Lebt die Katze mit einem Sohn zusammen, kommt es nicht selten zur ungeplanten und unerwünschten Trächtigkeit. Das gilt häufig auch für Bruder und Schwester, von denen man geglaubt hat, dass sie noch Kinder sind.

Raufbolde und Sangesbrüder

Die rollige Katze ruft im Handumdrehen alle unkastrierten Kater des Viertels auf den Plan, Streuner wie Wohnungskater. Wenn die Liebe ruft, entpuppen die sich nämlich als geniale Ausbrecherkönige, die jede Chance nutzen, um auszubüxen. Während sich die Herren ansonsten aus dem Weg gehen, lässt man sich jetzt auf heftige Händel ein, um die Rivalen aus dem Feld zu schlagen. Bei den wilden Raufereien liebestoller Kater fliegt nicht nur die Wolle, oft genug kommt es zu ernsten Verletzungen mit tiefen Kratz- und Bisswunden und lädierten Augen. Wer sich nicht gerade mit den Nebenbuhlern prügelt, setzt sich – vorzugsweise mitten in der Nacht – mit lautstarkem Gesang in Szene, was für unsere Ohren alles andere als melodisch klingt.

Schmusestündchen mit einer werdenden Mutter: Vor allem in den letzten Wochen der Trächtigkeit suchen viele Katzen die Nähe des vertrauten Menschen.
▽

Frauenpower

Die Kater geben sich alle Mühe, um der Dame ihres Herzens zu imponieren. Manchmal beobachtet die rollige Katze die balzenden Männer aus einiger Entfernung, gibt sich dabei aber völlig unbeteiligt. Solange sie ihre Paarungsbereitschaft nicht eindeutig signalisiert, halten die Kater respektvollen Abstand. Und es ist immer die Katze selbst, die ihren Freier wählt. Das muss keineswegs der Größte oder Stärkste sein, oft genug entscheidet sie sich für ein unscheinbares, körperlich eher mickeriges Katerchen.

Von Zärtlichkeit keine Spur

Mit Lockrufen macht die Katze dem Kater ihrer Wahl Avancen, wehrt seine ersten Annäherungsversuche aber noch mit Fauchen und Pfotenhieben ab. Das Spiel wiederholt sich mehrmals, bis sie ihm durch die unmissverständliche ▶ PAARUNGSSTELLUNG (Seite 269) ihre Bereitschaft anzeigt. Der Kater besteigt sie, beißt in ihr Nackenfell und dringt in sie ein. Die Paarung selbst dauert nur Sekunden. Die Katze stößt einen lauten Schrei aus, dreht sich nicht selten zum Kater um und schlägt nach ihm, falls er nicht schon vorher das Weite sucht. Danach wälzt sie sich minutenlang am Boden, während ihr Partner sie aus sicherer Distanz beobachtet. In der Regel kommt es kurz darauf zur nächsten Paarung und in der Folge zu weiteren. Akzeptiert die Katze auch andere Kater, können ihre Kinder mehrere Väter haben, was sich unschwer an den unterschiedlichen Farben und Fellstrukturen der Wurfgeschwister ablesen lässt.

◁ *Liebe im Schnellgang: Der Kater muss viel Ausdauer investieren, bis die Katze seinem Werben nachgibt. Die Paarung selbst dauert nur ein paar Sekunden. Danach geht der Freier sofort auf Distanz, um sich keine Pfotenhiebe einzufangen.*

Ist meine Katze trächtig?

In den ersten drei Wochen nach der Paarung lassen sich weder körperlich noch im Verhalten Veränderungen feststellen. Erst dann färben sich die Zitzen der trächtigen Katze rosa und werden fester. Ab der 5. Woche rundet sich ihr Bauch sichtbar, je nach Jungenzahl legt sie jetzt pro Woche um ca. 300 Gramm an Gewicht zu, bis zur Geburt können es fast zwei Kilo sein. Gleichzeitig verändert sich das Wesen der werdenden Mutter: Sie wird ausgeglichener und ruhiger, klettert und springt weniger, putzt sich öfter und ausdauernder, ihr Appetit steigt und sie knabbert germe an Gräsern und Grünzeug. Ihrem Besitzer begegnet sie zutraulicher und verschmuster, verhält sich gegenüber Fremden aber sehr distanziert. Katzen mit Auslauf werden häuslicher und verzichten oft auf den Ausflug ins Freie.

Fürsorge für die werdende Mutter

In den Wochen vor der Geburt sucht die Katze in Schränken, Schubladen und Kisten nach einem passenden Wurflager. Bieten Sie ihr in einer abgedunkelten, ruhigen und zugfreien Ecke eine Holzkiste oder einen festen Karton als Wochenbett an. Liegefläche ca. 50 x 70 cm, Höhe des Seitenrands 20-30 cm. Auf den Boden der Kiste kommt ein festes, wärmeisolierendes und waschbares Kissen, darüber eine Decke, mehrere Lagen Zeitungspapier und saubere Tücher. Wählt die Katze einen anderen Platz, stellt man die Wurfkiste dort auf. Die trächtige Katze braucht ein ausgewogenes und hochwertiges Futter (→ Seite 185). In den letzten Tagen vor der Geburt sollte sie nicht mehr aus dem Haus gelassen werden.

△
Menü für die werdende Katzenmutter: Der Energiebedarf verändert sich während der Trächtigkeit kaum. Die Tagesration wird auf drei oder vier Fütterungen aufgeteilt.

Eine ganz normale Geburt

Die Hauskatze trägt durchschnittlich 63 Tage, manchmal kommen die Kätzchen ein bis zwei Tage früher oder später zur Welt, bei einigen Rassen zum Teil schon nach 58 Tagen. Nur in Ausnahmefällen hat eine Katze ein einziges Junges, in der Regel sind es drei bis sechs, selten mehr als acht. Der Organismus der Katze ist auf den Kindersegen eingerichtet und auch unerfahrene Mütter machen meist alles richtig. Trotzdem sollte der Halter während der Geburt in der Nähe sein, um im Notfall Hilfe zu leisten oder bei ernsten Komplikationen rechtzeitig den Tierarzt zu informieren.

▷ **Verstärkte Unruhe.** Mehrere Stunden bis zu einem Tag vor der Geburt wird die Katze zunehmend unruhiger und wandert umher. Sie nimmt jetzt keine Nahrung mehr an. Wasser muss ihr aber zur Verfügung stehen.

▷ **Einsetzen der Wehen.** Wenn die Wehen einsetzen, sucht die Katze das Wurflager auf. Begleitet von Presswehen wird unmittelbar vor der Geburt die Fruchtblase ausgestoßen.

▷ **Geburtsvorgang.** Wenn ein Junges austritt, befreit die Mutter es mit der Zunge oder den Zähnen von der Fruchthülle und beißt die Nabelschnur durch. Meist frisst sie die Nachgeburt (Plazenta), die am Neugeborenen hängt, manchmal aber auch erst später erscheint.

▷ **Dauer der Geburt.** Die Kätzchen kommen im Abstand von fünf Minuten bis zwei Stunden zur Welt. Je nach Anzahl der Jungen kann die Geburt nach einer Stunde beendet sein, aber auch sechs bis sieben Stunden dauern.

Geburtshilfe

Wenn ein Neugeborenes scheinbar verkehrt herum zur Welt kommen will, müssen Sie nicht eingreifen: Katzenkinder werden sowohl mit dem Kopf als auch mit dem Schwanz voran geboren. Hier aber ist Ihre Hilfe nötig:

▷ **Fruchthülle entfernen.** Leckt die Mutter das Junge nicht gründlich ab, bleiben Reste der Fruchthülle am Kopf kleben, die man vorsichtig mit den Fingern entfernen muss.

▷ **Nabelschnur abtrennen.** Bei erstgebärenden Müttern passiert es hin und wieder, dass sie die Nabelschnur nicht abbeißen. Trennen Sie die Nabelschnur mit der Schere ab. Achten Sie darauf, dass drei Zentimeter am Nabel verbleiben. Danach Schnittstelle anhaltend zusammendrücken, um die Blutung zu stoppen.

▷ **Atmung aktivieren.** Wenn ein gerade geborenes Katzenkind nicht atmet, ist meist Fruchtwasser in seinen Lungen. Nehmen Sie das Junge so in die Hand, dass sein Kopf nach außen zeigt und drehen Sie es mit schnellen Armbewegungen durch die Luft, um das Wasser zu entfernen.

▷ **Lebensgeister wecken.** Ein Junges, das leblos wirkt und sich kühl anfühlt, für drei bis vier Minuten in warmes Wasser halten (der Kopf bleibt über Wasser) und vorsichtig den Körper massieren. Danach gut abtrocknen.

▷ **Verdauung anregen.** Neugeborene Kätzchen können sich nur dann entleeren, wenn die Mutter ihre Afterregion ableckt. Sollte sie dies vernachlässigen, muss man die Darm- und Blasentätigkeit durch leichtes Massieren des Unterbauchs anregen.

▷ **Laken wechseln.** Blut und andere Flüssigkeiten machen die Geburt zu einer feuchten Angelegenheit. Wechseln Sie möglichst bald die durchweichten Zeitungen und nassen Tücher aus. Die Feuchtigkeit entzieht den Jungen lebensnotwendige Wärme und setzt sie einer gefährlichen Unterkühlung aus.

▷ **Hilfe für den Notfall.** Informieren Sie vor der Geburt Tierarzt oder Züchter und stellen Sie sicher, dass bei Problemen schnell kompetente Hilfe zur Hand ist (→ Tipp rechts).

Scheinträchtigkeit

Manchmal spielen bei der Katze die Hormone verrückt: Dann entwickelt sie ungefähr acht Wochen nach der letzten Rolligkeit typisch mütterliche Verhaltensweisen, obwohl sie keine Kinder bekommt. Sie sucht ein Wurflager und behandelt bestimmte Gegenstände – etwa ihre Spielsachen – wie Neugeborene, beschützt und putzt sie und versteckt sie bei Störungen an anderen Orten. Ihr Bauch wird rundlicher und oft werden sogar die Brustdrüsen zur Milchproduktion angeregt. Die ▶ SCHEINTRÄCHTIGKEIT (Seite 270) kann bis zu sechs Wochen dauern. Wiederholt sie sich mehrmals, sollte die Katze kastriert werden, um gesundheitliche Probleme zu verhindern.

▶ **TIPP**

Hier muss der Tierarzt helfen

Rufen Sie bei diesen Geburtssymptomen den Tierarzt: auch nach zwei Stunden Presswehen kommt kein Junges; die Wehen setzen über eine Stunde aus, obwohl nicht alle Kätzchen geboren sind; die völlig erschöpfte Mutter kann nicht mehr pressen; ein Junges liegt quer oder bleibt im Geburtskanal stecken.

Alles im grünen Bereich

Die Geburt verlangt der Katzenmutter alles ab, vor allem zart gebaute Tiere brauchen jetzt viel Ruhe. Aber selbst eine erschöpfte Katze nimmt ihre Aufgaben ernst: Nachdem sie sich gesäubert hat, legt sie sich auf die Seite, um ihre Jungen zu säugen. Die Winzlinge sind blind und taub, finden aber dank ihres guten Geruchssinns schnell die Zitzen der Mutter. Danach wird jedes der Neugeborenen ausgiebig geputzt, wobei die Mutter zugleich die Darmtätigkeit anregt.

Der anstrengende Job der Katzenmutter

In den ersten Lebenstagen der Jungen verlässt die Katzenmutter nur selten die Wurfkiste. Die Kleinen müssen gesäubert, gewaschen und gewärmt werden und entwickeln einen erstaunlichen Appetit – eine anstrengende Zeit für ihre Mutter. Katzen sind fürsorgliche und gewissenhafte Mütter, ein gesundes und kräftiges Tier, das alle Welpen ausreichend versorgen kann, braucht nur selten Hilfe.

Milch, die vor Krankheit schützt

Vor der Geburt und noch einige Tage danach produziert die Katzenmutter die so genannte ▶ KOLOSTRALMILCH (Seite 267), die ihre Jungen für mehrere Wochen vor Infektionen schützt. Anfangs hilft sie mit der Pfote nach, wenn sich die Kleinen auf den mühsamen Weg zur Milchquelle machen. Die besetzen schnell ihre Lieblingszitze. Deren individueller Geruch sorgt dafür, dass sie wieder zu ihr zurückfinden. Ein Wurfkollege, der den Vorzugsplatz blockiert, räumt das Feld, wenn der »rechtmäßige« Zitzenbenutzer auftaucht. Die ergiebigsten Zitzen liegen hinten und werden von den kräftigsten Kätzchen mit Beschlag belegt. Das ▶ SCHWANGERSCHAFTSHORMON Progesteron (Seite 271), das u. a. während der Trächtigkeit das Wachstum der Brustdrüsen beeinflusst, spielt nach der Geburt keine Rolle mehr. Für Brutverhalten und Milchbildung ist das Hormon Prolactin verantwortlich. Der Milchfluss wird von den Jungen durch rhythmisches Bearbeiten der Zitzen mit den Pfoten (▶ MILCHTRITT, Seite 268) und durch das Saugen zusätzlich aktiviert.

Notfallalarm

Die blinden und tauben Neugeborenen sind völlig auf ihre Mutter angewiesen. Sie wäscht und putzt sie und holt jedes zurück, das sich zu weit von seinen Wurfgeschwistern entfernt. Für Notfälle sind die Kleinen dabei bestens gerüstet: Ein Kätzchen, das friert oder sich allein gelassen fühlt, ruft mit hoher, piepsender Stimme um Hilfe, und Mutter ist sofort zur Stelle. Auf solche Klagelaute reagieren Katzen auch bei anderen Tierbabys und häufig sogar bei weinenden Menschenkindern.

Aktion saubere Wurfkiste

Mit drei Wochen sind die Kätzchen von der feuchten Ganzkörperwäsche durch Mutters Zunge nicht mehr begeistert und setzen sich strampelnd zur Wehr. Die Mutterkatze stört das wenig, sie hält die Widerspenstigen mit den Pfoten fest, schnurrt aber während der ganzen Zeit. Hier wie beim Säugen hat das Schnurren eine beruhigende Wirkung auf die Kleinen. Die können auch schon schnurren und signalisieren ihrer Mutter damit, dass alles in Ordnung ist. Solange der Nachwuchs das Wurflager noch nicht verlässt, muss sich die Katze um die Hinterlassenschaften kümmern. Es ist kein Fehlverhalten, wenn sie den Kot der Kleinen aufnimmt: Ihr ererbter Wildtierinstinkt sorgt dafür, dass alle Spuren beseitigt werden, die Feinde anlocken könnten.

Im Eiltempo durch die Kinderstube

Aus den hilflosen Neugeborenen werden innerhalb weniger Wochen aktive und selbstständige Jungkatzen (→ siehe auch Seite 133). Nach acht bis zehn Tagen öffnen sich die Augen, bei Kindern junger Katzenmütter manchmal sogar schon am 6. Tag. Ab dem 10. Tag entwickelt sich auch das Hörvermögen. Mit 14 Tagen können die Kleinen krabbeln, zwei Wochen später erkunden sie die Umgebung. Entwöhnt sein sollten sie mit sechs Wochen. Von der 3. Woche an kümmert sich die Mutter weniger intensiv um ihren Nachwuchs. Ab der 6. Woche weist sie die Jungen dann zunehmend ab, einen größeren Wurf deutlich früher als ein Einzelkind. Ebenfalls relativ früh versiegt die Milchquelle, wenn die Mutter bereits erneut trächtig ist.

Bitte nicht stören!

Viele Katzen akzeptieren bei Geburt und Aufzucht der Jungen die Nähe ihres Besitzers, reagieren aber auf Fremde abweisend. Eine Katzenmutter, die ihren Nachwuchs bedroht glaubt, greift jeden ohne zu zögern an. Bei häufigen Störungen an der Wurfkiste zieht sie mit den Kinder an einen ruhigeren Platz um. Dazu packt sie jedes Kätzchen mit den Zähnen am Nackenfell. Beim Hochheben sorgt ein Reflex dafür, dass es in eine ▶ TRAGSTARRE (Seite 274) fällt und die Fötushaltung einnimmt, bei der Hinterbeine und Schwanz am Körper anliegen. Die Starre erleichtert den Transport und verhindert, dass sich das Junge durch Strampelbewegungen verletzt.

Ist der Kater eine Gefahr für die Jungen?

Fremden Katern macht die Katze Beine, auf einen Kampf mit der wütenden Mutter lässt sich keiner ein. Lebt die Katze mit einem befreundeten Kater zusammen, duldet sie ihn meist in der Nähe, und oft kümmert er sich liebevoll um die Kleinen, wenn sie nicht da ist. Belegt sind Fälle, in denen Jungtiere von fremden Katern getötet wurden (→ Seite 83).

Problematisches Mutterverhalten

Erstgebärende Mütter kümmern sich manchmal nicht um ihre Jungen, weil sie nicht wissen, was sie mit ihnen anfangen sollen. In sehr seltenen Fällen richten sich Aggressionen, die eigentlich der Abwehr von Feinden dienen, gegen die eigenen Kinder. Neben gesundheitlichen Gründen (→ siehe Kasten rechts) sind auch Unruhe und Stress mögliche Auslöser, wenn die Mutter ihre Kinder nicht annimmt.

Nahrungsbedarf der Katzenmutter

Der Nahrungsbedarf der trächtigen Katze ist nur wenig erhöht. Eine säugende Mutterkatze jedoch braucht die drei- bis vierfache Menge der üblichen Futterration und stellt besondere Ansprüche an eine hochwertige Nahrung, die reich an Vitaminen und Mineralstoffen sein muss (→ Seite 184).

▶ WAS TUN, WENN ...

... die Katzenmutter ihre Jungen nicht richtig versorgen kann?

Obwohl sie ständig an den Zitzen der Mutter hängen, sind die Kätzchen untergewichtig. Anderen Jungen geht es noch schlimmer, weil sie von ihrer Mutter gar nicht versorgt werden.

Ursache: Normalerweise hat die Katzenmutter so viel Milch, dass die Kinder satt werden. Bei großen Würfen passiert es manchmal aber doch, dass sie nicht für alle reicht. Nach einem Kaiserschnitt kann sie völlig ausbleiben und bei einer Mastitis (→ Gesäugeentzündung, Seite 219) darf die Mutter ihre Jungen nicht säugen.

Lösung: Eine Amme gibt den Kleinen alles, was sie brauchen. Die Katzenamme hat selbst Nachwuchs und akzeptiert die Säuglinge bereitwillig. Findet sich keine Amme oder kann sie keine weiteren Jungen ernähren, müssen die Kätzchen per Hand mit Ersatzmilch aufgezogen werden. Das ist schwierig und bei Fütterungsintervallen von zwei Stunden sehr zeitaufwändig.

Die Zucht mit Rassekatzen

Liebe, Leidenschaft und Katzenverstand sind Voraussetzung. Doch die Rassekatzenzucht ist mehr als eine Passion. Sie kostet Zeit, Geld, Geduld und Energie, setzt genaue Kenntnisse von Verhalten und Vererbung voraus und führt nicht immer zum erhofften Ziel. Und trotzdem, wer einmal erfolgreich gezüchtet hat und mit seinen Katzen Anerkennung auf Ausstellungen fand, ist dem Virus des Züchtens verfallen – nicht selten ein Leben lang.

Woran erkennt man eine Rassekatze?

Bei Hunden fällt es leicht, Rasse von Mischling zu unterscheiden. Auch der Laie erkennt einen Boxer oder Bobtail auf den ersten Blick. Bei Rassekatzen muss selbst ein Kenner oft zweimal hinschauen, um sicher zu sein. Die eine ein bisschen schlanker, die andere eher stämmig und gedrungen – ansonsten aber hat züchterisches Bemühen den Katzenkörper nur wenig verändert. Rassekatzenzucht setzt vor allem auf Fell und Farbe: Haarlänge, Haarstruktur und Farbschläge sind die wichtigsten Merkmale (→ Seite 47). Speziell die Muster- und Farbenlehre ist zur Wissenschaft geworden: Es gibt gebänderte, gestromte, getigerte, gefleckte und getupfte Tabbymuster in allen Farbvarianten, Felle mit unterschiedlich gefärbten Haarspitzen, auffällige (Siam) und weniger auffällige (Tonkinesen) Points sowie eine Vielzahl ein- und mehrfarbiger Fellfärbungen. Auch rasselose Katzen zeigen solche Farben und Zeichnungen, doch anders als bei ihnen müssen Farbtyp und Muster bei der Rassekatze möglichst fehlerfrei und unverändert sein und so auch vererbt werden.

Der Standard definiert die Rasse

Über die Anerkennung einer Katzenrasse entscheidet der Katzenzuchtverband. Grundlage ist der ◉ RASSESTANDARD (Seite 269). Er beschreibt den Idealtyp der Rasse und macht genaue Angaben zu Körperbau, Färbung und Zeichnung. Die Verbände legen in ihren Standards zum Teil voneinander abweichende Bewertungskriterien fest. Das sind die führenden Katzenverbände (→ Adressen, Seite 283):

▹ **FIFe** (Fédération Internationale Féline), die weltweit größte Katzenvereinigung. Bei ihr sind Katzenorganisationen aus fast allen Ländern Europas und darüber hinaus Mitglied, aus Deutschland der 1. DEKZV.

▹ **GCCF** (Governing Council of the Cat Fancy), 1910 gegründeter britischer Verband.

▹ **CFA** (Cat Fanciers' Assocation), die größte Züchtervereinigung der USA.

Wer darf zu Ausstellungen?

Um Katzen auf Ausstellungen zeigen zu können, muss man Mitglied eines anerkannten Zuchtvereins sein. Mit wenigen Ausnahmen (z. B. der Novizenklasse) müssen die teilnehmenden Rassekatzen in ein ◉ ZUCHTBUCH (Seite 275) eingetragen sein. Die Zuchtbücher werden von den Zuchtvereinen geführt. Rassekatzen aus anerkannter Zucht haben einen ◉ STAMMBAUM (Seite 272), der ihre Rassezugehörigkeit bescheinigt, ihren Namen und den der Zuchtstätte nennt sowie die Vorfahren über mehrere Generationen aufführt.

Best in Show

Auf Ausstellungen konkurrieren die Katzen getrennt nach Rasse, Farbe und Geschlecht in mehreren Klassen um die Titel. Die Auszeichnung CAC (Certificat d'Aptitude au Championat) sichert die Anwartschaft auf den Titel eines Champions, der nach drei errungenen CAC erteilt wird. Der Champion bewirbt sich um das CACIB (Certificat d'Aptitude au Championat International de Beauté) und ist mit drei CACIB Internationaler Champion, der es dann zum Rassesieger, Best in Show und schließlich zum Grand Champion International (Supreme Champion) bringen kann. In der Jugendklasse ist das Alter auf zehn

Monate begrenzt, darüber gibt es Offene Klassen, Championklassen und Internationale Championklassen. Katzen, die noch nicht in ein Zuchtbuch eingetragen sind, treten in der Novizenklasse an und auch die Kastraten kämpfen in eigenen Klassen um Titelehren. Ausstellungskatzen werden von Richtern nach einem Punktsystem bewertet, das von den Rassestandards vorgegeben wird. Bei vielen Shows dürfen auch rasselose Katzen an den Start gehen. Mangels Standard stehen bei der Bewertung in der Hauskatzenklasse vor allem Charaktereigenschaften im Mittelpunkt.

Die Vererbung von Merkmalen

Bei der Rassezucht spielen die Gesetzmäßigkeiten der Vererbungslehre (GENETIK, Seite 264) eine wichtige Rolle. Jede Körperzelle besitzt eine paarige Anzahl von Chromosomen, bei der Katze sind es 38 Chromosomen in 19 Paaren (beim Menschen 23 Paare). Auf den Chromosomen sitzen die Gene als Träger der Erbinformation, die von den Eltern an die Folgegenerationen weitergegeben wird und die Ausprägung der Merkmale bestimmt. Die Anlagen für die Merkmalsausbildung können dominant (DOMINANZ, Seite 262) oder rezessiv (REZESSIVITÄT, Seite 270) vererbt werden. Dominante Merkmale treten immer in Erscheinung, rezessive werden verdeckt vererbt und prägen nur dann das Erscheinungsbild (PHÄNOTYP, Seite 269), wenn sie nicht von dominanten Merkmalen überlagert werden. Bei Katzen wird zum Beispiel Kurzhaarigkeit dominant vererbt, die Anlage für langhaariges Fell hingegen rezessiv. Zwischen vollständiger Dominanz und Rezessivität gibt es viele Übergangsformen.

Geschlechtsgebundene Vererbung

Weibliche Geschlechtschromosomen bestehen aus zwei identischen Chromosomen (xx), männliche aus einem ungleichen Paar (xy). Einige Merkmale (z. B. die Farbe Rot) werden geschlechtsgebunden vererbt, da sie auf dem x-Chromosom liegen (GESCHLECHTSGEBUNDENE VERERBUNG, Seite 264). Der Kater trägt die Anlage für Rot nur auf einem Chromosom. Mit selektiver Zuchtwahl kann so die Färbung der Nachkommen gesteuert werden, wobei Schildpattkatzen immer weiblich sind.

Wie entsteht eine neue Rasse?

Als MUTATION (Seite 268) bezeichnet man eine spontane Veränderung im Erbgut, die das Erscheinungsbild beeinflussen kann. Zu den Anomalien, die bei Katzen naürlich auftreten, gehören Faltohren und Haarlosigkeit. Wenn mit Tieren gezüchtet wird, die diese Merkmale zeigen, prägt sich das veränderte Aussehen oft dauerhaft aus. Auf diese Weise entstanden die Schottische Faltohrkatze und die haarlose Sphinx. Nicht wenige solcher Züchtungen haben allerdings Verhaltensdefizite und körperliche Probleme zur Folge (→ Seite 82).

Aus der Art geschlagen? Speziell bei der Vererbung von Fellfarben und -zeichnungen ist man in der Katzenzucht nie ganz vor Überraschungen sicher. ▽

Der lange Weg zur Anerkennung

Zur Anerkennung einer neuen Rasse durch einen Zuchtverband müssen die Antragsteller nachweisen, dass sie die Katzen über vier Generationen reinzüchten konnten. Zusätzlich wird den Richtern des Verbandes eine bestimmte Anzahl (50 bei der FIFe) der neuen Rassekatzen zur Beurteilung vorgeführt.

Züchter-Einmaleins für Einsteiger

Diese Punkte sollten Sie beachten, wenn Sie mit der Rassekatzenzucht beginnen wollen:

▷ **Zuchtverein.** Ihre ersten Zuchtkatzen kaufen Sie bei anerkannten Züchtern und werden dann selbst Mitglied eines Zuchtvereins. Hier werden Ihre Katzen registriert und dürfen später auch an Ausstellungen teilnehmen.

▷ **Grundwissen.** Körper- und Wesensmerkmale der Katze werden nach den Gesetzen der Genetik (Vererbungslehre) an die nachfolgenden Generation weitergegeben. Die wichtigsten Regeln und Begriffe sollten Sie kennen.

▷ **Zeitaufwand.** Betreuung der Zuchttiere und Jungenaufzucht sind sehr zeitaufwändig und kein Feierabendhobby für Berufstätige.

▷ **Finanzen.** Geld verdient man mit der Zucht von Katzen nicht. Diese Ausgaben fallen an: Kauf der Zuchttiere, Pflege und Versorgung (speziell der trächtigen und säugenden Katzen, Aufzuchtfutter Jungtiere), Impfung, Gesundheitschecks, Zuchtgebühren für Deckkater, Teilnahmegebühren für Ausstellungen, Fahrtkosten, Mitgliedsbeiträge des Vereins, Registrierung, Dokumente (beispielsweise für Stammbäume), Verkaufsanzeigen.

▷ **Haltungsbedingungen.** Bei regelmäßiger Zucht empfiehlt sich ein Kätzchenkäfig für Geburt und Aufzucht. Eine Wärmelampe schützt die Neugeborenen vor Unterkühlung. Trächtige Katzen, stillende Mütter und Jungtiere brauchen besonders nahrhaftes Futter.

▷ **Zuchtziele.** Züchtertraum ist die Katze, die dem im Standard festgelegten Ideal nahe kommt. Geduld gehört zum Züchten: Ehrgeizige Zuchtziele brauchen Zeit und lassen sich nicht innerhalb einer Generation erreichen.

Eine Sache für Profis

Zuchtkater leben meist in einem abgetrennten Teil der Wohnung oder einem Gehege, da sie ihr Revier mit unangenehm riechendem Harn markieren. Zum Decken wird stets die Katze zum Kater gebracht. Im eigenen Zuhause würde sie den Kater als Eindringling betrachten und sich abweisend verhalten. Ob es zur Paarung kommt, hängt letztlich immer davon ab, wie wohlgesonnen sich die beiden sind. Viele Zuchtkater sind prämierte Ausstellungssieger. Der Besitzer der Katze muss eine Zuchtgebühr entrichten.

Verbot von Qualzuchten

Das Tierschutzgesetz (§ 11 b) untersagt die Zucht mit Tieren, bei deren Nachkommen mit Erbschäden zu rechnen ist. Für folgende Katzenrassen (→ siehe auch Seite 71) besteht ein Zuchtverbot, wenn die genannten Defektmerkmale auftreten:

▷ **Schottische Faltohrkatzen** mit Anomalien des äußeren Ohres.

▷ **Manx** mit kurzem oder ohne Schwanz (Erscheinungsformen: rumpy, stumpy, tailed).

▷ **Cymric** siehe Manx. Die Cymric ist die Langhaarvariante der Manx.

▷ **Rexkatzen** ohne Tasthaare. Gilt für Devon, Cornish und German Rex (Deutsche Rex).

▷ **Sphinx** ohne Tasthaare.

▷ **Maine Coon** mit überzähligen Zehen.

▷ **Perser** mit extrem kurzer Nase und Anomalien des Gesichtsschädels (verengter Tränennasengang, verkürzter Oberkiefer und verkürzte obere Atemwege) als Folge einer Kurzköpfigkeit (Brachyzephalie), die Atemprobleme (Röcheln) und tränende Augen verursacht, sowie bei Geburtsstörungen.

▷ **Exotisch Kurzhaar** siehe Perser

▷ **Rassen** mit einwärts gedrehtem Augenlid (häufig bei kurzköpfigen Rassen wie Perser).

▷ **Rassen** mit weißem Fell, bei denen die Weißfärbung durch ein bestimmtes Gen (Gen W) vererbt wird und deren Hör- und Sehvermögen gestört ist (bei Orientalisch Kurzhaar, Türkisch Angora, Perser u. a.).

Forschung & Praxis

Verhalten und Sinnesleistungen

Im freien Fall (GLEICHGEWICHTSSINN, Seite 264) sorgt ein Stellreflex dafür, dass sich die Katze dreht und in der Regel mit den Beinen voraus landet. Während des Falls schlägt das nur locker am Körper sitzende Fell Falten und kann die Fallgeschwindigkeit fast wie ein Fallschirm erheblich abbremsen. Dank dieser Bremswirkung haben manche Katzen sogar den Absturz aus den oberen Stockwerken von Hochhäusern überlebt.
Schafft es die Katze während des Falls nicht, die Körperdrehung zu vollenden, landet sie auf der Seite oder dem Rücken und trägt neben Brüchen meist schwere innere Verletzungen davon. Um das Risiko eines Absturzes zu vermeiden, muss daher jeder Balkon und jedes offene Fenster in einer Katzenwohnung mit Schutznetzen gesichert werden.

Es wird berichtet, dass bei wild lebenden Katzenarten wie auch bei Hauskatzen gelegentlich Kater neugeborene Kätzchen töten. Selbst die Väter sollen hierfür infrage kommen.
Mit gutem Grund reagiert die Katzenmutter aggressiv auf unerwünschte Besucher an der Wurfkiste – dazu zählen auch fremde Kater. Nicht so bei befreundeten Tieren: Hier duldet sie meist die Nähe eines vertrauten Katers, und er kümmert sich liebevoll um den Nachwuchs, wenn die Mutter einmal nicht da ist.

Um die Breite von Schlupflöchern zu ermitteln, müssen die VIBRISSEN (Seite 274) offensichtlich keinen direkten Kontakt haben, sondern können Gegenstände bereits anhand der Luftdruckänderungen und Luftwirbel registrieren, wie sie rund um feste Körper auftreten.
Selbst blinde Katzen machen Jagd auf Nager und Insekten. Für die Ortung ist das Gehör zuständig, beim Fang ermitteln die Schnurrhaare die Position der Beute und ermöglichen den richtigen Tötungsbiss. Kinder geraten manchmal in Versuchung, einer Katze den Schnurrbart und die anderen Vibrissen zu kürzen. Erklären Sie ihnen, wie wichtig gerade diese Haare für die Katze sind.

◁ *Am liebsten mit Volldampf: Für die junge Katze ist das ganze Leben ein Spiel. Sie begeistert sich für alles, was schnelle Reaktion, totalen Einsatz und perfekte Körperbeherrschung erfordert – auch wenn die manchmal doch noch etwas zu wünschen übrig lässt.*

Lernen bei Tieren basiert meist auf dem Prinzip Versuch und Irrtum: Was Vorteile bringt, wird beibehalten, die unangenehmen Erfahrungen wiederholt man nicht. Bei Katzen spielt auch Lernen am Vorbild eine wichtige Rolle: Wenn die Jungen mit der Mutter auf Erkundungstour gehen, folgen sie aufmerksam jeder ihrer Handlungen, ob sie bei Tisch bettelt oder durch die Katzenklappe nach draußen schlüpft.
Je mehr die Mutter mit ihren Kindern unternimmt, desto besser finden sich die Kätzchen in ihrer Umgebung zurecht. Die Lehrzeit bleibt auch dann noch bestehen, wenn sie nicht mehr von Mama versorgt werden. Vor ihrer 12. Lebenswoche sollten Katzenkinder daher nicht von der Mutter getrennt werden.

10 Fragen zu Nachwuchs und Zucht

Meine Somali erwartet zum ersten Mal Nachwuchs. Wahrscheinlich bin ich nervöser als die Katzenmutter. Woran erkenne ich, ob sie genug Milch für ihre Jungen hat?
Bei einer gesunden und kräftigen Katze und einem normal großen Wurf mit vier bis sechs Jungen müssen Sie sich keine Sorgen machen. Ob die Kätzchen ausreichend versorgt werden, sehen Sie auf einen Blick: Verhalten sie sich ruhig und ihr Körper ist warm, sind sie satt und zufrieden. Ein Junges, das zu kurz kommt, liegt meist abseits, fühlt sich kalt an und jammert. Zuverlässiger Gradmesser für das Wohlergehen der Kleinen ist ihre Gewichtszunahme: Von ca. 100 Gramm bei der Geburt steigt das Gewicht innerhalb der ersten drei Wochen auf das Vierfache.

Ab wann darf man eine Katzenmutter und ihre Jungen besuchen?
Vor allem in den ersten drei Wochen reagiert die Mutter abweisend auf Fremde und quartiert die Jungen bei wiederholten Störungen in ein ruhigeres Lager um. Ab der 5. oder 6. Woche kann man die Kätzchen kennen lernen und sich für ein Jungtier entscheiden. Bis zur Abgabe in der 12. Woche bleibt genug Zeit, um sein Vertrauen zu gewinnen. Da die Grundimmunisierung der Jungen noch nicht abgeschlossen ist, bitte vor jedem Kontakt Hände reinigen und möglichst desinfizieren.

Eine Kindheit im Spiel: Von der 7. oder 8. Lebenswoche an begeistern sich Kätzchen für Fangspiele mit Gegenständen. Schon vorher testen sie Fitness und Mut im sozialen Spiel mit den Wurfgeschwistern.

Sind normale Hauskatzen widerstandsfähiger und unkomplizierter als Rassekatzen?
Auch wenn man diese Ansicht noch häufig hört, stimmt sie nicht. In der körperlichen und geistigen Fitness gibt es keine grundsätzlichen Unterschiede zwischen Hauskatzen und Rassekatzen. Einschränkungen gelten lediglich für Rassen, die mit bestimmten Anomalien gezüchtet werden, wie etwa kurznasige Perser, schwanzlose Manx oder die haarlose Sphinx (→ siehe auch Seite 82).

Ich habe von einer Katzenrasse gehört, die der wild lebenden Falbkatze sehr ähnlich sehen soll. Wie heißt sie?
Gemeint ist sicherlich die Kanaani. Der Name weist auf ihre Herkunft hin: Die Kanaani stammt aus Palästina (alter Name Kanaan), ist eine große und kräftige Kurzhaarkatze und erinnert von ihrer Gestalt und dem beigen, schwarzbraun oder schwarz getupften Fell tatsächlich an die Stammmutter der Hauskatze.

Wann sollte eine Katze nicht Mutter werden?
Einige frühreife Rassen wie die Siam sind oft schon sexuell aktiv, wenn sie körperlich noch Kinder sind. Trächtig werden sollten sie aber frühestens mit zwölf Monaten, Rassen mit langsamer Entwicklung später. Für chronisch kranke (z. B. zuckerkranke) Katzen ist die Belastung durch Schwangerschaft, Geburt und Jungenaufzucht zu groß. Eine Hormonbehandlung kann die Fortpflanzungsfähigkeit unterdrücken, ist aber keine Dauerlösung.

△
Tragfähig: Bei Störungen am Nest zieht die Mutter um. Zum Transport wird das Junge im Nacken gepackt und fällt in eine Tragstarre.

Was muss ich beachten, wenn ich meine Katze auf einer Ausstellung zeigen will?
Ihre Nennung (Anmeldeformular) und die Nenngebühr müssen innerhalb der Anmeldefrist beim Veranstalter eingehen. Achten Sie darauf, dass Sie die Katze für die richtige Klasse melden. Im Impfpass müssen die gültigen Impfungen gegen Tollwut, Katzenseuche und Katzenschnupfen eingetragen sein. Alle teilnehmenden Katzen werden vor Beginn der Ausstellung vom Tierarzt untersucht.

Beim letzten Wurf hat unsere Katze alle Nachgeburten gefressen. Ist das gut für sie?
Im Mutterleib haben die Nachgeburten die Jungen versorgt. Auch nach dem Ausscheiden ist eine Plazenta noch reich an Nährstoffen und für die Mutter eine gute Energiequelle. Zusätzlich regt sie die Milchproduktion an.

Ab wann darf man Kätzchen ins Freie lassen?
Sobald sie laufen können, werden die Kätzchen von ihrer Mutter dazu ermuntert, auf Entdeckungsreise zu gehen. Zum Zeitpunkt der Abgabe sind die Jungen daher schon sehr selbstständig. Bevor eine kleine Katze in ihrem neuen Zuhause zum ersten Mal die Umgebung erkunden darf, sollte sie sich aber drei bis vier Wochen eingewöhnt haben und den vollständigen Impfschutz besitzen.

Siamesen sind überschlank und auch der keilförmige Kopf gefällt mir nicht. Gibt es denn keine Siam des alten Schlags mehr?
Die Wende zum extremen Schlanktyp der Siam mit dem langen keilförmigen Kopf und den riesigen Ohren kam vor etwa 25 Jahren. Nicht alle Züchter waren davon begeistert. Vor allem in den USA hielten einige an den ursprünglichen und deutlich robusteren Siamkatzen fest. Aber erst heute kann man den alten Schlag wieder häufiger auf Ausstellungen sehen. Wesentlich zum Erhalt dieser Katzen hat die »Traditional Cat Association« (TCA) beigetragen. Die tradtionellen Siam werden als Thaikatzen bezeichnet oder – wegen ihrer unverkennbar rundlichen Kopfform – auch als Apfelköpfe (Appleheads). Von ihrem Temperament und dem menschenbezogenen Wesen sind sie typische Siam, dabei aber athletischer gebaut und weniger nervös als ihre stromlinienförmigen Nachfahren. Auch in Europa hat die Thai längst wieder Freunde gefunden.

1

◁
Angeborenes Mutterverhalten: Nach der Geburt beißt die Katze die Nabelschnur durch und frisst meist auch die Nachgeburt.

Warum weist die Katzenmutter ältere Kinder meist ab, obwohl sie noch Milch hat?
Das ist Teil der Erziehung zur Selbstständigkeit, da ihre Kinder zu dieser Zeit bereits feste Nahrung zu sich nehmen können. Darüber hinaus empfindet die Mutter das Säugen als zunehmend schmerzhafter. Dabei sind es wahrscheinlich weniger die Zähne, die ihr wehtun, sondern in erster Linie die scharfen Krallen der Jungen, die sich beim Milchtritt in ihre empfindlichen Zitzen bohren.

Das braucht Ihre Katze

Die Nähe des vertrauten Menschen suchen und sich doch alle Freiheiten bewahren – für Katzen der ganz normale Alltag, für uns ein ewiges Rätsel. Die Katze lebt in zwei Welten und sie stellt Ansprüche an beide. An die Partnerschaft mit uns, in der Vertrauen, Nähe und Zuverlässigkeit zählen. An das Lebensumfeld, das ihr Eigenständigkeit und Freiraum sichert und ihren Entdeckerdrang und die Jagdleidenschaft befriedigt. Katzen machen nur selten Kompromisse: Sie brauchen Katzenmenschen und Katzenwohlfühlwelten.

2

Das neue Zuhause

Für Katzen hat ihr Zuhause eine besondere Bedeutung. Nur wenn sie sich hier geborgen fühlen, sind sie selbstsicher und ausgeglichen und schenken uns ihr Vertrauen.

HEIMAT IST NICHT IRGENDWO. Der Hund ist glücklich, wenn er da ist, wo sein Herr ist. Die Katze ist glücklich, wenn sie zu Hause ist und ihr Mensch auch. Katzen wollen nicht auf Reisen gehen und Katzen wollen nicht umziehen. Heimat ist für sie ganz konkret und nicht austauschbar: das Kuschelsofa im Hausflur, der Beobachtungsposten unter der Treppe, die Sonnenecke auf der Veranda, das Jagdrevier auf der Wiese gleich hinter dem Gartenzaun. Die neue Heimat braucht Zeit. Wenn eine Katze bei uns einzieht, wird sie sich mit dem unbekannten Umfeld nur zögernd und sehr vorsichtig vertraut machen – jederzeit für unliebsame Überraschungen gewappnet. In einer Katzenwohnung, die von Ausstattung und Zubehör alles bietet, was das Katzenherz begehrt, läuft die Eingewöhnung leichter und Vertrauen und Zuneigung zum neuen Besitzer kommen fast von selbst.

2

Katzenverhalten und Katzenhaltung

Nicht wenige Menschen halten Katzen für unbequeme Heimtiere und eher unverträgliche Einzelgänger, die frei in den Tag hineinleben, im Menschen den Versorger sehen und sich nur selten kooperationsbereit und lernwillig zeigen. Das zurückhaltende, manchmal eigenwillige Wesen der Katze mag ein fruchtbarer Nährboden für solche Ansichten sein, die sich in der Partnerschaft mit dem Menschen jedoch sehr schnell als falsch erweisen.

Solisten mit sozialer Ader

Mit Ausnahme des Löwen leben Katzen solo. Je näher sich die Verhaltensforscher jedoch mit den einzelnen Arten beschäftigten, desto mehr Löcher entdeckten sie im vermeintlich solitären Verhalten. Katzen knüpfen untereinander eine Vielzahl sozialer Bande, bei den Hauskatzen reicht das von heimlichen nächtlichen Treffen und den Bruderschaften der Kater bis zur gemeinsamen Jungenaufzucht der Weibchen und zu lebenslanger Freundschaft. Belegt wird die soziale Ader der Katze durch ihr komplexes Kommunikationssystem mit einer facettenreichen Körper- und Lautsprache (→ Seite 142).

Eine Beziehung wie keine andere

Der Mensch ist der Katze weit mehr als ihr Dosenöffner. An ihn bindet sie sich enger als an die eigenen Artgenossen. Denen gegenüber bleibt sie stets die selbstbewusste Katze mit allen ihren Ansprüchen und Rechten, in der Beziehung zum Menschen übernimmt sie die Rolle des unselbstständigen Kindes, das von seiner Ersatzmutter alles erwartet, was zu den Mutterpflichten gehört. Auch wenn zwei oder mehr Katzen bei Ihnen im Haus leben, sind Sie daher nie abgemeldet. Ganz im Gegenteil: Häufig kommen Ihnen die Katzen körperlich und seelisch noch näher, weil jede einzelne eifersüchtig darüber wacht, dass sie bei ihrem Lieblingsmenschen an erster Stelle kommt.

Wohnen nach Katzenart

Fühlen sich Katzen auf 50 oder 100 m² Wohnfläche wohl? Oder sollten es gar 200 sein? Eine müßige Frage, denn die Katze denkt anders: nicht zwei-, sondern dreidimensional. Selbst ein Appartement kann zum Katzenparadies werden, wenn es nach Katzenart strukturiert ist und Lebensraum auf mehreren Ebenen bietet: Katzenleiter und Laufsteg, Kratzbaum und Kletterseil, Aussichts- und Ruheplätze, Verstecke und Höhlen (→ Seite 90).

Zum Mitmachen verführen

Katzen gelten als kaum erziehbar und wenig lernwillig. Das stimmt, wenn man dabei Erziehungsmethoden einsetzt, die beim Hund Sinn machen. Er will seinem Rudelchef jeden Wunsch erfüllen, das ist Motivation genug. Die Lernbereitschaft der Katze basiert auf egoistischeren Antrieben: Sie macht nur mit, wenn ihr danach ist, wenn sie die Vorteile der Aktion erkennt, Spaß an Bewegung und Beschäftigung hat. Zum Mitmachen verführen muss sie ihr menschlicher Partner. Das fällt nicht immer leicht, lässt sich nicht in Schulstunden pressen und manchmal geht trotz aller Verführungskunst gar nichts. Aber das gehört auch zu dem, was uns an Katzen so fasziniert. Sonst hätte man ja einen Hund.

◁ *Hoch hinaus: Mit Kratzbaum, Kletterseil, Treppen und Hochsitzen kann der Aktivitätsraum der Katze erweitert werden. Selbst eine kleinere Wohnung bietet so ausreichende Bewegungsmöglichkeiten.*

Die Wohlfühl-Wohnwelt der Katze

Katzen haben Vorlieben und Gewohnheiten, die tief verwurzelt sind und an die Verhaltensmuster ihrer wild lebenden Verwandten erinnern. Die regelmäßige Pirsch durchs Revier gehört dazu, der erhöhte Aussichtsplatz, die Vorliebe für Höhlen und Verstecke, der feste Tagesrhythmus. Die Wohnwelt einer Katze ist mehr als nur Katzenkorb und Futternapf. Zu einer Wohlfühl-Wohnwelt wird sie erst, wenn wir die Lebensweise unserer Katze und ihre arttypischen Ansprüche berücksichtigen.

12 Glückspunkte für Ihre Katze

Auch bei Katzenmenschen kann sich nicht immer alles um die Katze drehen. Die meisten der folgenden Punkte lassen sich leicht erfüllen, andere erfordern Verständnis und oft auch Kompromisse. Jeder Punkt mehr macht Ihre Katze glücklicher.

▷ **Alles am Platz.** Wenn es nach der Katze geht, bleibt alles wie es ist: kein Möbelrücken in der Wohnung, keine Veränderungen im Revier, kein Umzug von Kratzbaum, Katzenkorb und Toilette. Nur in ihrer gewohnten Umgebung fühlen sich Katzen sicher.

▷ **Terminkalender.** Ein Katzentag hat seinen festen Rhythmus und exakte Termine: Pirsch durchs Revier gegen 9 Uhr, Siesta um 11, Mahlzeit am Mittag, Spielstunde nach dem Verdauungsschläfchen ... und vieles mehr. Von ihren Menschen erwartet die Katze, dass sie sich ebenfalls an feste Zeiten halten. Wer normalerweise um 6 Uhr abends nach Hause kommt, sollte nicht mehrfach überziehen. Sonst hängt bald der Haussegen schief.

▷ **Feste Beziehungen.** Zu den Menschen in ihrem Umfeld baut die Katze individuelle Beziehungen auf. Ändert sich die Familienstruktur, reagieren viele Katzen beleidigt oder aufsässig, je nach Naturell auch mit Verweigerung oder Apathie. Ähnlich verhalten sie sich, wenn ein langjähriger tierischer Partner oder Freund plötzlich nicht mehr da ist.

▷ **Sauber und blitzblank.** Reinlichkeit ist die zweite Natur einer Katze. Das betrifft ihren eigenen Körper und ihr Fell, aber auch Futternapf und Toilette. Verkrustete Nahrungsreste vom Vortag führen zur Futterverweigerung, die unsaubere Katzentoilette zum Protest.

▷ **Leise, schummrig und geruchsfrei.** Radau und Hektik stehen bei Katzen ebenso auf der schwarzen Liste wie penetrante Gerüche und grelles Licht. Wenn es lautstark wird (Party, Bauarbeiten), sollte man für seine Katze einen ruhigen Raum reservieren.

▷ **Zärtlich und verschmust.** Katzen brauchen Körperkontakt. Streicheleinheiten und liebevolle Berührungen sind Balsam für ihre Seele – und für die ihres Menschen auch.

▷ **Bitte nicht stören!** Am Futternapf und im Schlaf sollte eine Katze nie gestört werden.

▷ **Voll auf der Höhe.** Katzen lieben erhöhte Aussichts- und Liegeplätze (Regal, Schrank, Kratzbaum) und beziehen oft stundenlang Beobachtungsposten am Fenster.

▷ **Tarnen und verstecken.** Höhlen und Verstecke ziehen eine Katze magisch an. Der Umzugskarton mit Guckloch kann für lange Zeit zur Zweitwohnung werden. Eine gefährliche Anziehungskraft geht von Waschmaschine, Wäschetrockner und Plastiktüten aus.

▷ **Spielen und beschäftigen.** Spielen ist ein zentraler Teil des Katzenlebens und anders als die meisten Tiere spielen Katzen auch als Erwachsene und selbst im hohen Alter noch. Die Spielstunden mit ihrem Besitzer haben für die Katze eine ganz besondere Bedeutung.

▷ **Weich und gemütlich.** Ob Katzenkorb, Katzenkiste oder Katzensofa: Weich muss es sein und wohlig warm. Trotz des Pelzmantels kann es einer Katze nicht warm genug sein.

▷ **Frisch und handwarm.** Wenn es um die Ernährung geht, sind Katzen heikel. Futterwechsel wird selten akzeptiert und Reste vom Vortag führen zu Verweigerung und Protest. Kühlschrankkalte Kost nicht selten auch.

2

Die richtige Ausstattung

Katzenkorb oder Katzensofa, Toilette, Futter- und Wassernapf, Pflegezubehör, Kratzbaum oder Kratzbrett, Spielzeug, Katzengras und Transportbox gehören in jedes Katzenhaus. Die Grundausstattung ist schon da, wenn die Katze bei Ihnen einzieht. So findet sie sich leichter in der fremden Umgebung zurecht, gewinnt schnell an Selbstsicherheit und legt die anfängliche Zurückhaltung bald ab. Es kommt nicht nur auf die Auswahl der geeigneten Ausstattung (→ Seite 100) an. Damit sich die Katze von Anfang an wohl fühlt, muss alles am richtigen Platz stehen. Wie Katzenkinder wohnen wollen, lesen Sie auf Seite 98.

Ruhe- und Schlafplatz

Katzen sind standorttreue Tiere mit einem festen Revier. Zentrum ihres Heimatbereichs ist der Katzenkorb oder ein ähnlich geeigneter Ruhe- und Schlafplatz. Von Schlafsofas und Liegematten in allen Größen und Materialien bis zum vertrauten Weidenkorb gibt es im Fachhandel eine Vielzahl unterschiedlicher Modelle. Katzen haben oft eigene Vorstellungen von ihren Lieblingsliegeplätzen. Manche bevorzugen Umzugskartons, andere simple Obstkisten. Wichtig ist der Standort: frei von Zugluft und möglichst ruhig, aber doch dort, wo die Katze alles im Blick hat, was um sie herum passiert. Achten Sie auf diese Punkte:

▷ Liegefläche. Sie sollte so groß sein, dass sich die Katze vollständig ausstrecken kann.

▷ Kälteschutz. Die Einlage (Kissen, Decken, Matratze) muss zuverlässig die Bodenkälte abhalten, speziell auf Steinböden oder Fliesen.

▷ Innenreinigung. Kissen- und Matratzenbezüge sollten abnehmbar und möglichst bei 95 Grad waschbar sein. Regelmäßiges Reinigen mit dem Staubsauger beugt dem Befall durch Flöhe und andere Parasiten vor.

▷ Außenreinigung. Geschlossene Modelle aus glatten Materialien sind leichter sauber zu halten als ein geflochtener Weidenkorb.

Futter- und Wasserschüssel

Futter- und Wassernapf sollten aus Edelstahl, festem Plastikmaterial oder glasiertem Ton bestehen. Sie müssen standfest und unter heißem Wasser leicht zu reinigen sein. Gummiunterlage oder Antirutschmatte verhindern, dass die Katze ihr Geschirr durch die Küche schiebt. Der richtige Standort: pflegeleichter Boden (Küche, Flur) und eine ruhige Ecke, in der die Katze bei der Mahlzeit ungestört ist. Leben mehrere Katzen unter einem Dach, hat jede eigene Näpfe, auch wenn befreundete Katzen manchmal aus einer Schüssel fressen.

TIPP

Bettgeschichten

Wer die Katze im Bett duldet, darf keinen Rückzieher machen, sonst handelt er sich Ärger ein. Hygienische Bedenken gibt es kaum, Katzenhaare im Bett lassen sich aber nicht vermeiden. Wer einen leichten Schlaf hat, sollte nicht vergessen, dass die Katze nie mehrere Stunden am Stück schläft und ab und zu aufsteht.

Kratzbaum und Kratzbrett

Krallenwetzen gehört zum Verhaltensinventar der Katze (→ Seite 30). Der Kratzbaum verhindert, dass Türen und Möbel leiden. Er muss dort stehen, wo die Katze häufig vorbeiläuft – etwa auf dem Weg zum Futter. Ein Kratzbaum in der Zimmerecke wird selten beachtet. Derbe Sisalumwickelung widersteht den Krallen am besten, Liegeplätze und Kuschelhöhlen erhöhen die Attraktivität. Für kleine Wohnungen ist das strategisch günstig positionierte Kratzbrett eine gute Alternative.

DIE BASICS DER KATZENHALTUNG

Zur artgerechten Katzenhaltung gehört die richtige Grundausstattung (→ siehe auch Seite 100). Fachhandel und Internetshops bieten ein umfassendes Produktsortiment.

SCHLAFPLATZ UND RUHELAGER

Beschreibung	Schlaf- und Wohnhöhle oder Liegefläche
Produkte	Katzenkorb, Katzenbett, Schlafsofa oder -matratze
Empfehlung	richtige Größe wählen: Die Katze muss sich ausstrecken können.

FUTTER- UND WASSERNAPF

Beschreibung	schwere, standfeste und leicht zu reinigende Schüsseln
Produkte	aus Edelstahl, Keramik oder festem Kunststoffmaterial
Empfehlung	Gummirand oder Antirutschmatte verhindert das Verrutschen.

KATZENTOILETTE

Beschreibung	Toilettenschale oder Haubentoilette mit saugfähiger Einstreu
Produkte	Ecktoilette, Toilettenschale für Jungtiere, Haubenmodelle mit Schwingtür und Filtersystem, Klump-, Silikat- oder Biostreu
Empfehlung	Die Schale muss so groß sein, dass sich die Katze drehen kann.

KRATZBAUM UND KRATZBRETT

Beschreibung	zur Pflege der Krallen und zum Klettern
Produkte	Kratzbaum mit Liegeflächen, Deckenspanner, Kratzbretter
Empfehlung	zusätzlich zum Kratzbaum auch Kratzbretter anbringen

PFLEGEZUBEHÖR

Beschreibung	Bürsten, Kämme und Shampoo zur Fell- und Körperpflege
Produkte	Noppenbürste oder Gummihandschuh, eng- und weitzahnige Metallkämme, weiche Bürste, Spezialshampoo, Krallenzange
Empfehlung	Natur- u. Perlonborsten verhindern elektrische Aufladung des Fells.

KATZENAPOTHEKE

Beschreibung	zur Gesunderhaltung und zum Schutz vor Parasiten
Produkte	Ohrenreiniger, Augentropfen, Katzengras, Flohhalsband, Vaseline
Empfehlung	bei medizinischen Produkten auf Verfallsdatum achten

TRANSPORTBOX

Beschreibung	zur Unterbringung auf Reisen und beim Transport zum Tierarzt
Produkte	Transportbox aus Kunststoff, Weidenkorb, Tragetasche
Empfehlung	Besonders praxisgerecht ist eine Transportbox mit Dachöffnung.

Stilles Örtchen

In Geschäftsfragen sind Katzen heikel. Ob alles in ihrem Sinne ist, hängt von Bauart und Größe der Katzentoilette ab, von der Einstreu, vom Standort und vor allem von der geruchsfreien Sauberkeit. Die Schalengröße muss so bemessen sein, dass sich die Katze drehen und wenden kann. Falls sie eine zu kleine Toilette überhaupt akzeptiert, geht manches daneben oder die Einstreu wird im Raum verteilt. Ein hochgezogener Schalenrand verhindert Streu-Verluste. Katzen verrichten ihr Geschäft ungern in der Öffentlichkeit. Das spricht für Toiletten mit Haubenaufsatz, die von außen nicht einsehbar sind. Nachteil: Wird die Toilette nicht gründlich gesäubert, stauen sich im Inneren die Gerüche. Im harmlosesten Fall rümpft die Katze nur die Nase ... Tägliches Entfernen verschmutzter Einstreu ist Pflicht, wöchentliche Grundreinigung der Toilette natürlich auch. Bei der Wahl der Einstreu entscheidet Ihre Katze, welches Granulat ihr am sympathischsten ist. Zum Glück gibt es auch weniger sensible Samtpfoten, die sich bereits mit der Erstausstattung anfreunden.

Das wichtigste Pflegezubehör

(→ siehe auch Seite 198)

▷ **Noppenbürste.** Mit Noppenbürste, Gummihandschuh oder Fensterleder entfernt man tote Haare aus dem Fell von Kurzhaarkatzen.

▷ **Metallkamm.** Langhaar und Halblanghaar: Kämme mit eng und weit stehenden Zinken für die tägliche Pflege. Kurzhaar: engzahniger Metall- oder Flohkamm zum Entfernen abgestorbener Haare aus tieferen Fellpartien.

▷ **Spezialpuder.** Zur Pflege des Langhaarfells.

▷ **Weiche Bürste.** Sorgt für glänzendes Haar und regt die Hautdurchblutung an. Bei Langhaar verhindern Natur- oder Perlonborsten, dass sich das Fell elektrisch auflädt.

▷ **Krallenzange.** Zum Kürzen der Krallen.

▷ **Shampoo.** Baden nur mit Tiershampoo.

▷ **Vaseline.** Schützt die Pfoten im Winter.

▷ **Papiertaschentücher.** Zur Reinigung von Auge (Tränenfluss) und äußerem Ohr.

△ *Magenhilfe: Jede Katze muss die Möglichkeit haben, an geeigneten Grünpflanzen zu knabbern, z. B. an Zypergras (Foto), Salbei, Thymian oder Katzengras.*

Katzengras

Katzen knabbern gerne und oft an Pflanzen. Was das Grünzeug bewirkt, ist noch nicht ganz klar (→ Info, Seite 181). Ein Schälchen mit Katzengras (Fachhandel) sollte jeder Katze zur Verfügung stehen. Es verhindert auch, dass sie den Zimmerpflanzen zu Leibe rückt.

Aussichtsplätze

Katzen bevorzugen erhöhte Aussichtspunkte. Im Revier erleichtern Warten die Kontrolle und bieten strategische Vorteile. Auch in der Wohnung gehen Katzen gerne in die Höhe. Der Logenplatz im Bücherregal findet begeisterte Zustimmung. Den Aufstieg ermöglicht ein Kletterseil. Wer es exklusiver mag, bastelt seiner Katze kleine Treppen, Leitern und Laufstege, die als Höhenwanderweg durch die Wohnung führen. Den Ausguck auf der (bei Bedarf verbreiterten) Fensterbank lieben viele Katzen heiß und innig.

△
Sperrzone: Kuschelwäsche in der offenen Waschmaschine zieht eine Katze magisch an. Um Betriebsunfälle zu vermeiden, bleibt der Waschraum immer geschlossen.

Mini-Revier auf Balkon und Veranda

Ein bisschen Frischluft tanken und sich die Sonne auf den Pelz scheinen lassen: Vor allem für Stadtkatzen ohne Freigang sind Veranda und Balkon heiß geliebte Zweitwohnsitze. Das gehört dazu: ein wettergeschützter Liegeplatz, Katzennetze zur Sicherung des Balkons gegen Abstürze bzw. ein Verandagitter, um das Weglaufen zu verhindern. Vor Anbringen eines Katzennetzes sollten Sie die Zustimmung des Vermieters oder der Miteigentümer einholen. Frischluft-Alternative für Wohnungen ohne Balkon: Mit einem in den Rahmen eingesetzten Gazegitter kann das Fenster ohne Risiko für die Katze offen bleiben.

Eine Tür für die Katze

Nicht immer halten sich Katzen mit Auslauf an die vereinbarten Zeiten. Nachtschwärmer, die morgens um 4 Uhr ins Haus wollen, stoßen kaum auf Gegenliebe. Eine eigene Tür für die Katze macht der Ruhestörung ein Ende. Katzenklappen gibt es in unterschiedlichen Größen und Ausführungen, zum Einsetzen in die Tür oder ins Mauerwerk (→ Seite 101). Meist begreift die Katze sofort, wie es geht, wenn man ihr die Funktionsweise einmal demonstriert (von der anderen Seite beim Namen rufen, evtl. mit Leckerbissen zur Belohnung). Bei Ausgehverbot wird die Klappe arretiert. Katzenklappen mit elektronischem Schloss öffnen sich nur über einen Sender, den die Katze am Halsband trägt. Zudringliche Artgenossen bleiben draußen vor der Tür.

Leine und Brustgeschirr

Folgsam wie ein Hund marschiert keine Katze an der Leine. Einige Rassen – Siam, Maine Coon, manche Perser – haben aber gegen einen Spaziergang nichts einzuwenden. Ein Brustgeschirr (→ Seite 101) eignet sich besser als das Halsband, aus dem vor allem Katzen mit dichtem Pelz leicht herausschlüpfen.

Katzenspielzeug

Wenn Katzen nicht spielen dürfen, sind sie unglücklich. Spiel und Beschäftigung fördern die seelische Balance, bauen überschüssige Energien und aufgestaute Jagdgelüste ab, schützen vor Langeweile und stärken die Mensch-Tier-Beziehung. Gutes Katzenspielzeug schärft das Reaktionsvermögen, verbessert die Fitness und macht der Katze einfach tierisch viel Spaß. Mehr als zwei oder drei Spielsachen müssen es nicht sein und manche sollte man seiner Katze nur zu bestimmten Zeiten geben – zum Beispiel, wenn sie alleine bleiben muss. Auf edles Finish legt eine Katze keinen Wert, oft genug ist ihr Lieblingsspielzeug ein simpler Ball oder die schon heftig ramponierte Quietschmaus (→ Das schönste Katzenspielzeug, Seite 243).

2

Ist meine Wohnung katzensicher?

Katzen gehen gerne auf Entdeckungsreise und stecken ihr Näschen auch in Dinge, die ihnen gefährlich werden können. Mit geringem Aufwand machen Sie die Wohnung katzensicher:

▷ **Kippfenster.** Gekippt geöffnete Fenster sind für die Katze lebensgefährlich. Bleibt sie darin hängen, kann sie sich meist nicht mehr selbst befreien. Spezielle Schutzgitter beseitigen die Gefahr. Grundsätzlich vor Verlassen der Wohnung alle Fenster schließen.

▷ **Zimmerpflanzen.** Alle für Katzen giftige Pflanzen bereits vor dem Einzug aus der Wohnung entfernen (▶ GIFTPFLANZEN, Seite 264). Erde der größeren Topfpflanzen abdecken, damit die Katze nicht darin wühlt oder ihr Geschäft verrichtet.

▷ **Waschmaschine.** Das offene Bullauge einer Waschmaschine zieht Katzen magisch an. Ladeöffnung immer geschlossen halten, ebenso die des Wäschetrocknern.

▷ **Plastiktüten.** Kätzische Neugier lässt sich nicht bremsen. Bei der Inspektion des Innenlebens von Plastiktüten verheddert sich die Katze schnell und kann ersticken.

▷ **Küche.** In der Küche sollten Sie Ihre Katze nur unter Aufsicht dulden. Akute Verbrennungsgefahr besteht an heißen Töpfen, auf Kochfeldern, Herdplatten und am Toaster.

▷ **Offenes Feuer.** Offenen Kamin erst in Betrieb nehmen, wenn davor ein Schutzgitter angebracht ist. Kerzen (z. B. am Weihnachtsbaum) nur unter Aufsicht brennen lassen.

▷ **Medikamente.** Was für uns gut ist, kann für Katzen schädlich sein. Aspirin zum Beispiel ist für sie hochgiftig. Arzneimittel immer unter Verschluss halten.

▷ **Haushaltsreiniger.** Putzmittel, Verdünner, Farben und andere Chemieprodukte gut verschließen und unzugänglich aufbewahren.

▷ **Scharfe und spitze Gegenstände.** Nadeln, Reißzwecken, Scheren und ähnliche Objekte verleiten Katzen zum Spielen. Unbedingt außerhalb ihrer Reichweite ablegen.

▷ **Hausmüll.** Abfallbehälter mit Deckel verschließen oder spezielle Müllbox benutzen.

Was Katzenkinder alles anstellen

Kätzchen erkunden die Welt und testen alles. Aus den Augen lassen darf man sie nie.

▷ **Badewanne.** Fällt eine kleine Katze in die volle Badewanne, kommt sie aus eigener Kraft nicht mehr heraus.

▷ **Gardinen.** Ältere Katzen wissen: Gardinen sind tabu! Kletternde Youngster zerfleddern den Gardinenstoff und können tief fallen. Gardine in den ersten Wochen hochziehen, damit die Kleinen nicht herankommen.

▷ **Treppen.** Schutzgitter an den Treppen und vor Podesten verhindern Stürze.

▶ INFO

Alles doppelt für zwei?

Bei zwei Katzen im Haus hat jede Anspruch auf ihren persönlichen Besitz. Dazu gehören ein eigener Schlaf- und Ruheplatz und der Futternapf. Wenn die eine von ihrer dominanten Kollegin unterdrückt wird, vermeidet man mit zwei getrennt platzierten Toiletten Sauberkeitsprobleme. Der Kratzbaum ist neutrale Zone, sollte aber mehrere Liegeflächen aufweisen. Das Lieblingsspielzeug in doppelter Ausführung verhindert Diebstahl und Eifersucht.

▷ **Türen.** Junge Katzen wuseln ständig irgendwo herum. Beim Türschließen stets mit einem Blick kontrollieren, dass sie nicht zwischen Tür und Rahmen eingeklemmt werden.

▷ **Elektrokabel.** Besonders im Zahnwechsel knabbern Katzen alles an. Achten Sie darauf, dass die stromführenden Leitungen im Haus nicht frei zugänglich sind.

▷ **Kleinteile.** Kätzchen verschlucken nicht selten Knöpfe, Heftklammern und andere Kleinteile, mit leider oft ernsten Folgen.

Praxis-Tipps für den Katzenalltag

Langjährigen Haltern sind die wichtigsten Verhaltensweisen für den täglichen Umgang mit Katzen in Fleisch und Blut übergegangen. Aber auch von neuen Katzenfreunden verlangt es nur ein bisschen Aufmerksamkeit, Geduld und Zeit, um sich mit den Regeln für eine glückliche Partnerschaft vertraut zu machen.

Fütterung, Pflege und Spiel

Achten Sie auf feste Essens- und Spielzeiten, tägliche Gesundheitskontrolle und die sorgfältige Körper- und Fellpflege Ihrer Katze.

▷ **Richtig füttern** (→ Seite 176). Katzen gewöhnen sich schnell an feste Futterzeiten. Die sollten dann möglichst zuverlässig eingehalten werden, sonst gibt es Protest. Katzen mit Auslauf erst nach Rückkehr aus dem Revier füttern. Angebrochene Fertigfutterdose kühl stellen und mit speziellem Plastikdeckel (Fachhandel) frisch halten. Mindestens eine Stunde vor Fütterung aus dem Kühlschrank nehmen, Tiefkühlkost schon einen Tag vorher. Futternapf und Servierlöffel nach der Mahlzeit mit heißem Wasser reinigen.

▷ **Perfekt pflegen** (→ Seite 196). Jede Katze sollte von klein auf mit der Fellpflege vertraut sein. Das gilt vor allem für Langhaarkatzen. Widersetzt sich eine erwachsene Katze Kamm und Bürste, wird die Pflegeprozedur für Katze und Mensch zur Stressaktion.

▷ **Gesundheitskontrolle** (→ Seite 206). Der tägliche Kurzcheck von Fell, Augen, Ohren, Zähnen, After und Pfoten dauert nicht mehr als drei Minuten und ist die beste Gesundheitsvorsorge für die Katze. Fell von Freigängern von Frühjahr bis Herbst nach Schmarotzern absuchen, im Winter Pfoten auf Wunden und Risse kontrollieren.

▷ **Spieltermine einhalten.** Die Spielstunde mit dem Menschen ist der Katze heilig. Reservieren Sie täglich mindestens 30 Minuten. Mit zwei Katzen muss man eventuell getrennt spielen, um Eifersüchteleien zu vermeiden.

Vorbeugen und Schützen

Führen Sie die Katze nicht in Versuchung und beugen Sie Unfällen und Verletzungen vor.

▷ **Sicherheitstest.** Das sollten Sie prüfen, wenn die Katze alleine im Haus bleibt: Sind Fenster, Balkon- und Verandatür geschlossen? Falls die Tür zur Küche offen bleibt: Ist der Herd ausgeschaltet und alles Essbare weggeräumt? Sind Futter- und Wasserschüssel und die Katzentoilette zugänglich? Sperren Sie die Katzenklappe, wenn die Katze während Ihrer Abwesenheit keinen Ausgang haben darf.

▷ **Doppelpack.** Bei zwei Katzen im Haus hat jede ihren privaten Futterbereich und ihr persönliches Essgeschirr. Unsauberkeit lässt sich häufig vermeiden, wenn beide ihre eigene Toilette besitzen.

▷ **Klau-Schutz.** Zuverlässig vor Essensdieben ist nur geschützt, wer alles wegräumt, was die Neugier einer Katze wecken kann.

Abenteuerspielplatz: Spielgeräte, die zum Klettern und Verstecken einladen, stärken die Fitness und sorgen dafür, dass die Möbel verschont bleiben. ▽

Sperrgebiete und Tabus

Ziehen Sie von Beginn der Partnerschaft an Grenzen und stellen Sie sicher, dass die Katze nicht dorthin kommt, wo sie sie nicht hin soll.

▷ **Sperrgebiet.** Darf die Katze ins Bett? Eine Frage, die jeder für sich beantworten muss (→ Tipp, Seite 91). Wo sie draußen bleiben soll, muss ihr der Zugang konsequent verwehrt bleiben. Etwa zur Abstellkammer (Putzmittel) und zum Wintergarten (Grünpflanzen). Türklinken senkrecht stellen, wenn die Katze den Trick des Türöffnens beherrscht.

▷ **Getrennt füttern.** Aus fremden Näpfen schmeckt es besser als aus dem eigenen. Getrennte Fütterung vermeidet Streit am Napf. Dabei kann man auch kontrollieren, wer was und wie viel vertilgt. Ein Hund im Haus wird immer solo gefüttert. Und auch wenn Ihre Katze Hundefutter mag: Die Fertignahrung ist auf die Bedürfnisse des Hundes abgestimmt und für Katzen ungeeignet.

▷ **Schränke und Schubladen.** Wäsche- und Kleiderschränke immer verschlossen halten.

Was noch wichtig ist

▷ **Katzenschrank.** Reservieren Sie für Ihre Katze ein eigenes Schränkchen oder Regal. Hier haben Pflegezubehör, Katzenapotheke, Spielzeug und Transportbox ihren festen Platz.

▷ **Katzenapotheke.** Inhalt der Katzenapotheke (→ Seite 211) regelmäßig kontrollieren, verbrauchtes Material umgehend ersetzen, überlagerte Produkte austauschen (Verfallsangaben beachten). Reiseapotheke (→ Seite 257) bei Bedarf zusammenstellen.

▷ **Katzen-Kennel.** Die Transportbox (→ Seite 254) sollte immer sauber und griffbereit sein.

▷ **Katzengarten.** Im Garten verhindert ein eigenes Buddelbeet, dass die Katze zwischen den Blumen oder im Gemüse wühlt oder dort ihr Geschäft verrichtet.

▷ **Katzenland.** Achten Sie beim Zubehörkauf darauf, dass Polster und Bezüge abnehmbar und waschbar sind und sich Liegeplätze und Spielgeräte (Höhlen, Tunnels) leicht mit dem Staubsauger reinigen lassen.

TEST

Wie viel Wohnrecht hat Ihre Katze?

Eine Katze stellt Ansprüche: an Ihre Zeit, an Ihre Geduld und an die Wohnwelt, die jetzt ihr Zuhause ist. Was darf sie und was nicht?

	ja	nein
1. Unterbrechen Sie Ihre Tätigkeit (z. B. am Schreibtisch), wenn die Katze Sie besucht?	○	○
2. Katzen verlieren Haare. Können Sie damit leben?	○	○
3. Nehmen Sie sich täglich Zeit zum Schmusen und für gemeinsame Spiele?	○	○
4. Auf eine kranke Katze muss man viel Rücksicht nehmen. Trauen Sie sich das zu?	○	○
5. Nicht immer kratzen Katzen nur am Kratzbaum. Haben Sie dafür Verständnis?	○	○
6. Manchmal wirft die Katze eine Vase um oder rumort nachts in der Wohnung. Sehen Sie das gelassen?	○	○
7. Auch bei einem stubenreinen Tier kann es einmal danebengehen. Akzeptieren Sie das?	○	○
8. Frische Erde im Gartenbeet verführt zum Buddeln. Nehmen Sie es mit Humor?	○	○

Auflösung: Je mehr Fragen Sie mit Ja beantworten können, desto konfliktfreier wird die Partnerschaft mit der Katze verlaufen. Bei jedem Nein sollten Sie prüfen, wie wichtig es Ihnen ist und wo Sie kleine Zugeständnisse machen können. Prüfen Sie sich aber auch, ob Sie einer hartnäckigen Wiederholungssünderin gewachsen sind und ihr sanft, aber bestimmt die Grenzen aufzeigen können.

Wie Kätzchen wohnen wollen

Nur bei der Mäusejagd oder wenn es einmal Zoff gibt, reagieren erwachsene Katzen blitzschnell, meist aber lassen sie es gemächlich angehen. Katzenkinder sind da ganz anders: entweder volle Pulle oder gar nicht. Wilde Spiele und aufregende Entdeckungsreisen sind ihre Welt. Und kaum eine Minute später schlafen sie tief und fest.

Kuschelmuschel

Wer ausgelassen durch die Wohnung tobt, braucht viel Schlaf, um neue Energien zu tanken. Der Luxus-Katzenkorb muss es für das Kätzchen noch nicht sein, der kann warten, bis es erwachsen ist. Ob Matratze, Kiste oder Pappkarton, Hauptsache kuschelig und warm. Der Körper der jungen Katze hat noch keine Reserven, ihr Fell ist dünn, viel Wärme ist daher besonders wichtig, ein Schlafplatz in Heizungsnähe die beste Empfehlung. In den ersten Lebenswochen konnten sich die Wurfgeschwister aneinander kuscheln, jetzt muss die Kleine mit der flauschigen Schmusedecke vorlieb nehmen. Wie jeder Katzenschlafplatz steht auch das Kinderbett in einer ruhigen Zimmerecke und ist vor Zugluft und Bodenkälte geschützt.

Sauberkeit wird vererbt

Die Katzenmutter macht es vor und die Kids lernen schnell: Viele Kätzchen sind bereits stubenrein, wenn sie zu uns ins Haus kommen. Sollte es mit der Sauberkeit ab und zu noch hapern, ist die kleine Blase Schuld: Ehe die kurzen Beinchen es bis zur Toilette geschafft haben, ist es manchmal schon passiert. Speziell für Katzenkinder ist eine penibel gesäuberte und geruchsfreie Toilette wichtig. Katzen, die jetzt Probleme mit dem Löseplatz haben, bleiben oft zeit ihres Lebens heikle Wackelkandidaten. In frischer Einstreu kratzt jede Katze gern, das gehört zu ihrem ererbten Reinlichkeitsempfinden.

Tischmanieren

Mit der Etikette am Fressnapf stehen Katzen nur selten auf Kriegsfuß. Als wählerische und bedächtige Kostgänger genießen sie jedes Futterhäppchen. Trotzdem gilt schon für kleine Katzen: Essen gibt es ausschließlich im Napf, auch den Leckerbissen zwischendurch. Jede hat ihre eigene Schüssel, Störungen während der Mahlzeit sind sowieso tabu und bei Futterneid wird getrennt gefüttert.

Kinderspielplatz

Eine kleine Katze braucht kleine Spielsachen, mit dem dicken und schweren Ball kann sie nichts anfangen. Gefährlich ist allerdings auch Spielzeug im Miniformat: Kätzchen testen alles auf Bissfestigkeit … und schon ist das Kügelchen im Rachen verschwunden. Tabu sind Objekte, in denen man sich verheddern kann, wie etwa Wollknäuel, die leider immer noch als typisches Katzenspielzeug gelten. Für Klettertouren ist der Kratzbaum das Nonplusultra. Er sorgt dafür, dass sich die Youngster nicht an Gardinen und Regalen versuchen und macht Lust aufs Krallenwetzen.

Pflege-Training

Körperkontakt ist für Katzenkinder lebenswichtig. Früher hatte man dafür seine Mutter und die Wurfgeschwister, jetzt muss der Mensch als Schmusepartner herhalten. Von Anfang an lassen sich so Streicheleinheiten und Fellpflege miteinander verbinden. Die Katze empfindet den behutsamen Einsatz von Kamm, Striegel und Bürste als zärtliche Zuwendung und wird auch als erwachsenes Tier die Pflege noch genauso genießen.

▷ *Komfort, der jeder Katze zusteht: Der Kratzbaum gehört zur Grundausstattung der Katzenwohnung. Wichtig ist die Wahl des Standorts. Er entscheidet darüber, ob der Kratzbaum akzeptiert wird.*

Ausstattung und Zubehör

Die sorgfältig ausgewählte Grundausstattung und das sinnvolle Zubehör bieten die Gewähr dafür, dass sich die Katze bei Ihnen wohl fühlt. Diese Übersicht stellt nur eine kleine Auswahl des Produktsortiments dar, das Sie im Zoofachhandel finden.

Schlafen

Betten 16-50 Euro, Fensterauflagen 13-23, Decken 8-46, Schlafhäuser und -höhlen 22-48

▷ Thermokissen mit wärmespeichernden Styroporkügelchen, waschbar, 40 x 60 cm
▷ Luxusliege mit kochfester Spezialfüllung, für Wäschetrockner geeignet, 55 x 55 cm
▷ Schlummertüte aus weichem Teddy, 60 cm lang, Durchmesser 27 cm
▷ Wendebett mit Sommer- und Winterbezug, Durchmesser 45 cm
▷ Webpelz-Bett, Baumwollbezug, 44 x 35 cm
▷ Kissen aus echtem Schaffell, 45 x 45 cm
▷ Fensterbrettauflage, Steppdecke, 70 x 26 cm
▷ Hängematte zur Befestigung an Standardheizkörpern, Liegefläche 46 x 34 cm
▷ Stoffdecke zum Schutz von Sofa, Sessel und Autositz, 70 x 100 cm
▷ Korbhaus mit Kissen, 50 x 36 x 40 cm
▷ Katzenwohnturm aus Naturweide, 42 cm hoch, Durchmesser 50 cm

Essen und Trinken

Näpfe 1,50-10 Euro, Futterautomaten 8-60, Wasserautomaten 3-15, Wasserspender 45-50

▷ Katzennapf aus Edelstahl mit Gummiring, rutschfest, Füllmenge 0,25 Liter
▷ Doppelnapf, Keramik, 0,12 und 0,2 Liter
▷ Kunststoffnapf in verschiedenen Farben, mit Gummistoppern, 0,25 Liter
▷ Futterautomat mit zwei Schaltuhren für zeitversetztes Öffnen der Näpfe
▷ Wasserautomat mit transparentem Behälter zur besseren Kontrolle, 3,5 oder 6,5 Liter
▷ Wasserspender mit konstantem Wasserfluss, der zum Trinken animiert, Füllmenge 1,5 Liter

Katzentoilette und Einstreu

Toilettenschalen 4-20 Euro, mit Haube 18-50

▷ Eck-Toilettenschale, Platz sparend
▷ Toilettenschale für Jungtiere, 35 x 25 x 6 cm
▷ Katzenhaus-Toilette mit Schwingtür, Filtersystem und Tragegriff, 56 x 40 x 40 cm
▷ Haubentoilette, selbst reinigend
▷ Toilettenvorlage, 50 x 38 cm
▷ Entsorgungseimer für verschmutzte Streu
▷ Streulöffel zur Toilettenreinigung
▷ Klumpstreu aus saugfähigem Tonmaterial, einfache Entnahme und Reinigung
▷ Silikatstreu, Granulat absorbiert Gerüche und große Flüssigkeitsmengen
▷ Katzenstreu auf rein pflanzlicher Basis, vollständig biologisch abbaubar

Pflege und Gesundheit

Bürsten 3-5 Euro, Kämme 3-10, Scheren 4-10, Ungezieferhalsbänder 2-10, Flohmittel 6-18

▷ Softbürste mit weichen Metallborsten und Bürstenreiniger, 13 x 6 oder 13 x 9 cm
▷ Bürste, mit Zinken auf einer und Borsten auf der anderen Seite, 22 x 5 cm
▷ Pflegehandschuh zur sanften Fellreinigung
▷ Floh- und Staubkamm aus Metall, 6,5 cm
▷ Entfilzungsspray, hält das Fell knotenfrei und erleichtert die Fellpflege
▷ Augenpflegelotion, entfernt Verkrustungen und Tränenstein, 100 ml oder 200 ml
▷ Ohrenreiniger zur sanften Reinigung des äußeren Gehörgangs, 50 ml
▷ Pfotenschutz-Spray, 150 ml
▷ Zahnpflege-Set mit Massagebürsten für die Zähne und das Zahnfleisch
▷ Katzengras, Pflanzschale zum Selbstziehen
▷ Katzengras aus der Tube als Gelee mit den wichtigsten Katzengras-Vitaminen
▷ Zeckenzange aus Kunststoff
▷ Umgebungsspray, für Liegeplatz und Käfig, gegen Flöhe und andere Parasiten, giftfrei
▷ Shampoo-Konzentrat für Katze und Hund, hautverträglich, beugt Parasiten vor

1

Lädt zum Faulenzen und Träumen ein: Relax-Katzenbett mit extra hohen Seitenwänden, Schmutz abweisendem Textilbezug, Reißverschlusssystem und Seitentasche. Sommerliege aus Stoff, Winterbett mit Plüschbezug.

2

Sicher und bequem: Transportbox mit abnehmbarer Fronttür, Reißverschlusssystem, Netzgitterfenster, Top-Öffnung für leichten Zugriff, verstellbarem Schultergurt und Dokumententasche. 46 x 33 x 34 cm (Länge/Breite/Höhe)

3

Ein Muss für Höhlenforscher: Katzen-Spieltunnel aus Schmutz abweisender Mikrofaser, auch als Kuschelhöhle geeignet. Kordelzugsystem, Höhleneingang mit Plüschbezug. 140 x 43 x 24 cm (Länge/Breite/Höhe)

▷ Ungezieferhalsband, wasserfest und reflektierend, gegen Zecken und Flöhe
▷ Duft- und Pflegeband mit natürlichen ätherischen Ölen, gegen Parasiten

Auslauf und Reise

Halsbänder, Geschirre 2-6 Euro, Körbe 20-30, Transportboxen 15-150, Katzenklappen 14-80
▷ Katzenhalsband, filzgefüttert, reflektierend
▷ Adressanhänger aus Kunststoff
▷ Katzengeschirr mit Leine aus Veloursleder
▷ Katzenklappe, 2- oder 4-Wege-Einbautüren in verschiedenen Größen, mit und ohne kürzbarem Tunnel, auch für Glastüren geeignet
▷ Katzenklappe mit Automatikverschluss, der Schließmechanismus wird über den Sender am Halsband der Katze gesteuert
▷ Tragetasche aus Nylon, mit Tragegurten und Schulterriemen, Tragkraft bis 10 kg
▷ Transportbox aus Kunststoff mit Metalltür und Dachöffnung, in mehreren Größen
▷ Weidenkorb mit Gittertür, Durchmesser der Bodenfläche 50 oder 60 cm

Sicherheit

Balkonnetze 15-60 Euro, Schutzgitter 10-60
▷ Katzenschutznetz, wetterfest, Maschenweite 3 x 3 cm, in Größen bis 8 x 3 m
▷ Spannstangen zum Absichern des Balkons
▷ Schutzgitter für Kippfenster
▷ Schutzgitter für Balkon- und Terrassentür

Kratzbrett und Kratzbaum

Kratzbretter 9-15 Euro, Kratzbäume 15-650
▷ Kratzbrett für Zimmerecken, 50 x 23 cm
▷ Kratzmatte aus Sisal, rutschfest, 56 x 40 cm
▷ Kratzstamm, Platz sparend
▷ Kratzbaum mit Liegeflächen und Höhlen, Massivholz teppichbezogen, 52 x 51 x 112 cm
▷ Kratzbaum in Luxusausführung mit Liegeflächen und Höhlen, 140 x 70 x 210 cm, für mehrere Katzen geeignet
▷ Kratzbaum als Deckenspanner mit Plüschbezug, von 245-275 cm verstellbar

Den Preisangaben liegen Angebote verschiedener Hersteller zugrunde.

Kennenlernen und Eingewöhnen

In der neuen Umgebung fühlt sich die Katze verlassen und vergessen. Geben Sie ihr vom ersten Tag an das Gefühl, dass sie dazugehört, und nehmen Sie ihre Ansprüche ernst.

VERTRAUEN BRAUCHT ZEIT, LIEBE NOCH MEHR. Die vertrauten Menschen und die vertraute Umgebung sind für Katzen untrennbar miteinander verbunden. Geht beides verloren, sitzt der Schmerz tief und die Katzenseele ist verletzt. Und doch: Verständnis und Geduld besiegen Trauer, Trotz und Verwirrung. Bei Kätzchen schneller, weil sie in der aufregend fremden Welt jeden Tag tausend Abenteuer bestehen, bei erwachsenen Katzen langsamer, weil sie die neuen Regeln und Abläufe erst akzeptieren müssen. Katzen mögen Menschen. Und wer ihnen mit Verständnis und Liebe begegnet, dem schenken sie schon bald ihr Herz.

2

Start in ein neues Leben

Ein Kätzchen wird mit zwölf Wochen abgegeben. Nur eine Hand voll Katze, aber doch schon ganz schön selbstständig. Von ihrer Mutter hat die kleine Katze viel von dem gelernt, was im Katzenleben wichtig ist. Trotzdem braucht sie gerade jetzt besonders viel Nähe und Anleitung. Erwachsene Katzen wissen meist genau, was sie wollen und was nicht. In den ersten Tagen kann das zu Missverständnissen und Trotzreaktionen führen. Es gibt nur eine Devise: am Ball bleiben und immer wieder zum Mitmachen animieren.

Die letzten Tagen mit Mama

Ab der 5. oder 6. Lebenswoche erteilt die Katzenmutter ihrem Nachwuchs anschaulichen Jagdunterricht – vorausgesetzt, sie hat Auslauf und kann Mäuse mit nach Hause bringen. Anfangs ist das nur ein spielerisches Training mit toten Tieren, später üben die Jungen an lebender Beute Fangtechnik und Tötungsbiss. In wilden Spielen miteinander verbessern die Wurfgeschwister ihre Fitness und Körperbeherrschung. In dieser Phase setzt auch die Entwöhnung von der Muttermilch ein, immer unwilliger und seltener reagiert die Mama auf das Betteln ihrer Kinder, die schon längst an feste Nahrung gewöhnt sind. Spätestens jetzt nehmen es die Kätzchen auch mit der Pflege ernst, selbst wenn die große Wäsche noch ein bisschen unbeholfen ausfällt.

Was eine junge Katze alles kann

Mit zehn bis zwölf Wochen steht eine kleine Katze auf eigenen Füßen: Ihre Sinnesorgane sind vollständig entwickelt, und sie beherrscht alle Verhaltensweisen, die fürs Katzenleben wichtig sind. Von Tag zu Tag verbessern und verfeinern sich ihre körperlichen Fähigkeiten und Fertigkeiten, sie macht neue Erfahrungen und Entdeckungen und lernt sich auch in fremder Umgebung zu behaupten. Genau der richtige Zeitpunkt zum Umzug.

- Persönliche Beziehung: Sie unterscheidet zwischen vertrauten und fremden Menschen. Fremden gegenüber ist sie zurückhaltend.
- Kommunikation: Sie kann sich mit Laut- und Körpersprache den Menschen und den Tieren im Haus verständlich machen.
- Etikette am Fressnapf: Sie hat gute Tischmanieren und ist bereits mit Fertignahrung (spezieller Kost für Jungkatzen) vertraut.
- Geschäftssache: Sie ist möglicherweise schon stubenrein oder braucht nicht mehr lange, um die Toilette zu akzeptieren.

TIPP

Erziehung von Anfang an

Im Spiel setzt es die Krallen ein, zerrt an Hosen und Strümpfen, will ständig ins Bett klettern und wühlt mit Begeisterung in der Blumenerde. Ein Kätzchen weiß noch nicht, was richtig und falsch ist. Aber es lernt schnell. Zeigen Sie ihm von Anfang an, was es darf, was nicht und wo es gefährlich werden kann.

Die Ansprüche der älteren Katze

Ganz sicher vor Überraschungen ist man nie, wenn eine ältere Katze ins Haus kommt. Doch das Risiko lässt sich verringern: Je genauer Sie ihre Vorgeschichte, Gewohnheiten und Eigenarten kennen, desto besser verstehen Sie ihre Verhaltensweisen und Ansprüche. Über die wichtigsten Punkte ihrer Vergangenheit sollten Sie sich schon vor dem Kauf informieren: So ist zum Beispiel eine Katze, die bisher in trauter Zweisamkeit mit einem älteren Menschen gelebt hat, sicherlich nicht die ideale Partnerin für eine hektische Großfamilie.

▷ Gepflegtes Outfit: Die ältere Katze hält ihr Fell perfekt in Schuss und braucht nur wenig Pflegeassistenz (Langhaar- und Halblanghaarrassen ausgenommen).

▷ Zuverlässig sauber: Nachhilfe in Stubenreinheit hat die erwachsene Katze nicht nötig. Wenn es tatsächlich Probleme mit der Toilette gibt, ist das fast immer ein Protestsignal.

▷ Privatsphäre: Jede ältere Katze beansprucht einen Eigenbereich, in dem sie möglichst selten gestört wird. Das ist in der für sie noch fremden Umgebung besonders wichtig.

▷ Freundliche Distanz: Erwachsene Katzen begegnen allem Neuen vorsichtig und zurückhaltend. Liebeserklärungen darf man in den ersten Tagen der Partnerschaft nicht erwarten.

▷ Gewohnte Kost: In Nahrungsfragen sind Katzen konservativ. Der plötzliche Wechsel der Futtersorte stößt auf Ablehnung.

▷ Freiheitsdrang: Katzen, die bisher Auslauf hatten, kommen als reine Wohnungskatzen nicht immer zurecht.

▷ Lebensrhythmus: Es dauert einige Zeit, bis die Katze den neuen Tagesablauf akzeptiert.

Verantwortung und Kompromisse

Allein lassen darf man ein Kätzchen in den ersten Wochen nicht. Für Singles kann das heißen: Jahresurlaub für die Katze. Mit sanften Berührungen knüpfen Sie ein persönliches Band zwischen sich und der Jungkatze. Bei älteren Tieren zählt die Balance zwischen Beharren, Akzeptieren und Kompromissen:

▷ Privatbereich. Unbedingt respektieren, weil er der neuen Katze Sicherheit gibt und so die Integration leichter fällt.

▷ Ernährung. Möglichst Futtersorte des Vorbesitzers oder Züchters beibehalten.

▷ Streichelnähe. Abwarten und die Katze entscheiden lassen, wann sie mehr Zuwendung und Zärtlichkeit gestatten will.

▷ Auslauf. So lange verweigern, bis sich Ihre neue Partnerin bei Ihnen heimisch fühlt.

Eine Frage des Vertrauens: Lässt sich die kleine Katze bereitwillig streicheln, ist das Eis gebrochen und sie akzeptiert das neue Zuhause und ihre neue Familie. ▽

Die Katze kommt ins Haus

Abschied und Neubeginn: Ob Kätzchen vom Züchter, die ältere Katze aus privater Haltung oder eine Tierheimkatze, keiner Katze fällt die Trennung von den vertrauten Menschen und ihrer gewohnten Umgebung leicht. Nur wenige Katzen besitzen so viel Selbstbewusstsein, dass sie vom Start weg Chef im Revier sind. Die meisten reagieren zurückhaltend auf ihr neues Zuhause, oft auch ängstlich, abweisend oder trotzig. Wie lange diese Gewöhnungsphase dauert, hängt von der Persönlichkeit der Katze, vor allem aber vom Verständnis und Feingefühl des neuen Besitzers und einer katzengerechten Wohnwelt ab.

Wer ist für die Katze verantwortlich?

Der Abholtermin steht fest. Denken Sie bitte daran, dass Sie Ihr neues Familienmitglied in den ersten Tagen (junge Katze: vier bis sechs Wochen) nicht oder nur für kurze Zeit alleine lassen können. Als berufstätiger Single sollten Sie rechtzeitig Urlaub einplanen. Im Notfall kann ein Betreuer mit Katzenerfahrung einspringen, doch dann wird es sehr viel länger dauern, bis die Katze Sie als Bezugsperson anerkennt und zu Ihnen Vertrauen fasst. In der Familie steht schon vor dem Einzug fest, wer für die Neue verantwortlich ist. Die Kinder sind natürlich Feuer und Flamme und übernehmen mit Begeisterung bestimmte Aufgaben wie etwa das Füttern, die alleinige Betreuung einer Katze darf man ihnen aber frühestens mit zwölf Jahren überlassen.

Tipps fürs Abholen

Falls der Abholtermin wegen Erkrankung der Katze oder aus anderen Gründen verschoben werden muss, wird Sie der Verkäufer oder das Tierheim natürlich rechtzeitig informieren. Auf jeden Fall sollten Sie sich aber zwei oder drei Tage vor dem Besuch noch einmal kurz bestätigen lassen, dass es beim vereinbarten Termin bleibt.

▷ **Junge Katze.** Bis zum Tag der Trennung war die Katzenwelt mit Mutter und Wurfgeschwistern in Ordnung. Schon die Autofahrt wird für das Kätzchen zum dramatischen Erlebnis: fremde Menschen, fremde Geräusche und Gerüche und niemand, bei dem man Schutz findet. Nähe und Zuspruch helfen gegen die Angst. Eine Begleitperson nimmt das Kätzchen auf den Schoß und spricht ihm leise Mut zu. Eine Decke, in die es sich verkriechen kann, spendet Wärme und gibt Geborgenheit, besonders wenn sie nach der alten Heimat riecht. Aufregung und Fahrtbewegung schlagen Katzenkindern oft auf den Magen. Zeitungspapier schützt die Sitze, Papiertaschentücher beseitigen zumindest oberflächliche Verschmutzung. Achten Sie auch darauf: Wagenfenster geschlossen halten und Gebläse ausschalten (Zugluft), abruptes Bremsen und hohe Kurvengeschwindigkeiten vermeiden, Katze nicht unmittelbar vor Fahrtbeginn füttern und ihr in den Reisepausen nur Wasser anbieten.

▷ **Ältere Katze.** Eine erwachsene Katze reist in der Transportbox oder im verschlossenen Katzenkorb. Auch bei Pausen nicht herauslassen, Wasser in die Box stellen. Bei schwierigen und ständig jammernden Tieren Reise häufiger unterbrechen. Im Extremfall hilft ein Beruhigungsmittel vom Tierarzt.

Allein in einer fremden Welt

In der Wohnung steht alles bereit: ein kuscheliger Schlafplatz, Futter- und Wasserschüssel, die Katzentoilette. Das Wichtigste, was die Katze nach stressiger Reise und Ankunft in der fremden Welt jetzt braucht, ist Ruhe.

▷ **Junge Katze.** Mitsamt ihrer Reisedecke aufs Ruhelager verfrachten. Empfehlenswert ist eine Schlafhöhle, in der sich das Kätzchen geborgen fühlt, zum Beispiel ein Pappkarton mit Einstiegsluke. Futter und Wasser in Reichweite stellen. Bleiben Sie in der Nähe, damit sie nicht alleine ist, wenn sie aufwacht.

1 *In kleinen Schritten zur großen Freundschaft: Überlassen Sie der neuen Katze die Entscheidung, ob und wann sie Ihre Nähe sucht.*

2 *Auch beim Austausch von Zärtlichkeiten sind Katzen Individualisten: Über Kopf und Rücken streicheln ist okay, am Bauch mögen es die meisten nicht.*

3 *Ein Herz und eine Seele: Auf den Arm nehmen sollte man die Katze nur, wenn sie dazu in Stimmung ist. Halten Sie sie nicht gegen ihren Willen fest.*

▷ **Ältere Katze.** Reservieren Sie ihr für die ersten Stunden ein eigenes Zimmer und öffnen Sie die Transportbox erst hier. Wahrscheinlich verschwindet sie sofort unter einem Schrank, Lockversuche stoßen dabei auf taube Ohren. Platzieren Sie Futter und Wasser neben der Box und gehen Sie aus dem Raum. Irgendwann wird sie ihr Versteck verlassen, ein Häppchen essen und völlig übermüdet einschlafen.

Die ersten Nächte

Die ersten Nächte sind für alle nicht einfach und manchmal auch ziemlich kurz.

▷ **Junge Katze.** Die Trennung von Mutter und Geschwistern muss das Kätzchen erst verkraften. Alleine sein sollte es in den ersten Nächten nicht. Schlafkiste so neben das Bett stellen, dass Sie die Katze streicheln und trösten können, wenn sie unruhig wird (→ Tipp, nächste Seite). Die Toilettenschale muss zugänglich sein.

▷ **Ältere Katze.** In der ersten Nacht sollten ihr noch nicht alle Wohnungstüren offen stehen. Am besten geeignet ist ein Raum neben dem Schlafzimmer, damit Sie hören können, wenn die Katze klagt oder an einer Tür kratzt. Über freien Eintritt ins Schlafzimmer müssen Sie sich ganz alleine klar werden: Bekommt Ihre Katze die Erlaubnis nur für die ersten Tage, wird sie den Entzug des Vorrechts akzeptieren, bei längerer Gewöhnung gibt es Probleme. Durfte die Katze beim Vorbesitzer im Bett schlafen, bringt sie kein Verständnis auf, wenn man sie jetzt aussperrt.

Auf Schnuppertour

Am nächsten Tag sieht alles freundlicher aus und die Katze wird auf Schnuppertour durch die Wohnung gehen. Bei Katzenkindern siegt schnell die Neugier, sie stecken ihr Näschen in jeden Schrank. Ältere Tiere inspizieren das Terrain sehr viel misstrauischer und vorsichtiger und erweitern ihren Aktionsradius nur langsam. Am einfachsten läuft es, wenn zwei Katzen aus einem Wurf ins Haus kommen: Die beiden machen sich gegenseitig Mut und kennen bald jeden Winkel ihrer neuen Welt.

2

Die Grundregeln des Kennenlernens

Die ersten Tage in der neuen Heimat sind für die Katze eine schwere Zeit, in der sie mit verwirrenden Situationen, fremden Gesichtern und Stimmen, unbekannten Geräuschen und Gerüchen konfrontiert wird.

Acht Punkte für Sympathie und Vertrauen

Das Band des Vertrauens zwischen Katze und Mensch wird nicht von heute auf morgen geknüpft. Wer diese Punkte beachtet, erleichtert beiden Seiten das Kennenlernen:

TIPP

Die Ticktack-Therapie

In den ersten Nächten beruhigt ein vernehmlich tickender Wecker unter der Kuscheldecke im Katzenkörbchen das verängstigte Kätzchen. Das gleichmäßige Ticktack erinnert es an den Herzschlag seiner Mutter. Und wenn es wach wird, ist die streichelnde Hand des Menschen ganz in der Nähe.

▷ **Hellwach muss sie sein.** Katzen sind Weltmeister im Dösen und Schlafen. 16 Stunden am Tag sind guter Durchschnitt, es dürfen aber auch 20 sein, besonders bei Jungtieren. Ob Sie mit ihr schmusen wollen, die Kinder eine Partnerin zum Spielen suchen oder Besuch kommt, der sie kennen lernen möchte: Keine Katze ist begeistert, wenn sie aus dem Schlaf gerissen wird. Manche reagieren relativ gelassen, andere machen aus ihrem Missfallen keinen Hehl. Vor allem bei Jungkatzen kann häufige Ruhestörung zu Nervosität und Entwicklungsproblemen führen.

▷ **Klein machen und abwarten.** Ein echter Katzenmensch überfällt seine Katze nicht, weder mit Beschäftigungsangeboten noch mit Streichelattacken. Überlassen Sie der Katze die Entscheidung, ob und wann sie für gemeinsame Aktionen bereit ist. Und bauen Sie sich nicht in voller Größe vor ihr auf, sondern gehen Sie auf Augenhöhe. Das nimmt die Angst und erhöht die Gesprächsbereitschaft.

▷ **Sanft und leise.** Katzen sind leise Tiere und bewegen sich elegant und fast unhörbar. Auf laute Töne, dröhnende und schrille Stimmen und hektische Gesten reagieren sie abweisend oder erschreckt.

▷ **Kätzisch für Anfänger.** Katzen sind ohne Falsch und lassen uns immer wissen, was sie wollen und wie sie sich fühlen. Wenn Sie die Grundbegriffe der Katzensprache (→ Seite 142) kennen, bleiben Ihnen Missverständnisse und Fehler erspart.

▷ **Parfumfreie Zone.** Wie der Mensch verlässt sich die Katze vor allem auf ihre Augen. Im Nahbereich spielt aber auch die Nase eine wichtige Rolle. Bei Begegnungen mit Artgenossen entscheidet die Schnupperprobe, ob man sich riechen kann oder nicht. Am unverwechselbaren Körpergeruch erkennt die Katze auch die vertrauten Menschen. Besonders in der Anfangsphase des Kennenlernens sollten Sie auf intensiv duftende Parfums und Deos verzichten, um Ihre neue Partnerin nicht zu verunsichern.

▷ **Wohltuende Wärme.** Dank ihres dichten Pelzmantels frösteln Katzen selbst bei klirrender Kälte nicht. Trotzdem ist Wärme ihr erklärtes Lebenselixier. Die Fensterbank über dem Heizkörper, ein Wärme spendender Kachelofen oder die sonnige Veranda gehören zu den Vorzugsplätzen jeder Katze. Wegen ihres spärlichen Haarkleids sind Kätzchen besonders wärmebedürftig. Wärme vermittelt das Gefühl von Zuhause und Heimat und ist gerade für die neue Katze wichtig.

△
Sauberes Örtchen: Spätestens nach vier Wochen sollte ein Kätzchen stubenrein sein. Jede Katze hat Anspruch auf die eigene Toilette. Für die Kleinen reicht eine einfache Schale.

▷ **Der Stoff zum Schmusen.** Ein weicher und „pfotensympathischer“ Kleiderstoff verführt die Katze eher zum Schmusestündchen auf Ihrem Schoß als spröde Kunstfaser. In weitmaschigen Stricksachen verhaken sich die Krallen beim Treteln allerdings schnell.

▷ **Die Liebe und der Magen.** Katzen sind nicht bestechlich, aber für einen besonders schmackhaften Leckerbissen gibt man seine Zurückhaltung gegenüber dem noch fremden Menschen leichter auf. Handfütterung bleibt allerdings als vertrauensbildende Maßnahme die Ausnahme, sonst haben Sie zwar bald eine zutrauliche, aber auch verwöhnte Katze.

Sieben Tage – sieben Nächte

In der ersten Woche mit der Katze legen Sie den Grundstein für eine glückliche Beziehung und sorgen dafür, dass kleine Sünden nicht zu großen werden (→ siehe auch Seite 161).

▷ **Schlafen.** Der Schlafkorb kommt an seinen endgültigen Standort, wo die Katze ungestört ist. Wichtig: Schutz vor Zugluft und Bodenkälte. Richten Sie ihr zwei oder drei weitere Liegeplätze ein, erhöht oder am Fenster.

▷ **Essen.** Die ältere Katze wird ein- oder zweimal täglich gefüttert, am besten mit ihrer gewohnten Kost. Futterwechsel frühestens, nachdem sie sich eingelebt hat. Probleme am Napf in der Eingewöhnungsphase sind häufig Protestsignale (→ Therapie, Seite 168). Junge Katzen erhalten eine spezielle und besonders nährstoffreiche Juniorkost (→ Seite 184), je nach Lebensmonat vier-, drei- oder zweimal täglich (→ Fütterungsregeln, Seite 186).

▷ **Pflegen.** Die frühe Gewöhnung an Kamm und Bürste erleichtert Katze und Mensch das Leben. Besonders wichtig bei Langhaar, aber auch Kurzhaarkatzen sollten mit den Pflegehandgriffen vertraut sein. Nicht zuletzt, weil dabei auch Körper und Fell nach Krankheitssymptomen und Wunden abgetastet werden.
▷ **Spielen.** Kätzchen brauchen wilde Spiele, sie trainieren dabei Koordination und Fitness. Trotzdem sollten Sie schon früh darauf achten, dass es bei körpernahen Spielen sanft zugeht (→ Seite 238). Ältere Katzen, die mit ausgefahrenen Krallen spielen, lassen sich nur selten zu rücksichtsvoller Aktion anleiten.
▷ **Stubenreinheit.** Ein noch nicht zuverlässig sauberes Katzenkind wird vom ersten Tag an mit der Toilette vertraut gemacht und sollte nach spätestens sechs Wochen stubenrein sein. Unsauberkeit bei erwachsenen und bisher reinlichen Katzen ist oft ein Zeichen dafür, dass die neuen Lebensbedingungen nicht akzeptiert werden (→ Therapie, Seite 172).
▷ **Tabuzone.** Wenn einzelne Räume im Haus von Anfang an zur Sperrzone erklärt werden, gibt es selten Ärger. Darf die Katze die ersten Nächte im Schlafzimmer verbringen, sollte sie nach etwa einer Woche wieder ausquartiert werden, will man bei späterem Entzug des Privilegs keinen Ärger riskieren.
▷ **Alleine bleiben.** Eine Katze muss lernen, für einige Zeit alleine zu sein. Mit dem Training (→ Seite 154) sollten Sie aber frühestens nach vier bis sechs Wochen beginnen, wenn sie ihr neues Zuhause akzeptiert hat.
▷ **Auslauf.** Die Tür ins Freie bleibt in den ersten Wochen ebenfalls verschlossen, das gilt auch für Katzen, die zuvor Auslauf hatten.

Termin beim Tierarzt

Planen Sie den Besuch beim Tierarzt möglichst schon für die erste Woche nach Einzug der Katze ein. Er lernt sie kennen, kontrolliert ihren Gesundheitszustand, legt die Termine für die Entwurmungen und Impfungen fest und kann Ihnen wertvolle Tipps für die richtige Pflege und Ernährung geben.

WAS TUN, WENN ...

... die Katze nicht mitmacht?

Sie lässt sich nicht streicheln, rührt ihr Futter nur widerwillig an, läuft nachts ruhelos durch die Wohnung und zeigt kaum Interesse an ihrer Umgebung.

Ursache: Wenn eine erwachsene Katze ins Haus kommt, ist für sie alles neu und verwirrend: fremde Menschen in fremder Umgebung, unbekannte Geräusche und Gerüche, ungewohntes Futter, eine neue Toilette. Die Katze ist eingeschüchtert und unglücklich und findet sich nicht zurecht.

Lösung: Vertraute Gegenstände geben der Katze in ihrer neuen Heimat Sicherheit. Am besten funktioniert das mit ihrem gewohnten Schlafplatz (Kuscheldecke und Katzenkorb) und dem Lieblingsspielzeug. Zumindest in den ersten Wochen sollte man das vertraute Futter beibehalten, und mit der Toilette gibt es weniger Probleme, wenn die bisherige Einstreusorte weiter benutzt wird. Nach und nach akzeptiert die Katze das Zuhause und freundet sich mit ihrer neuen Familie an.

Kinder und Katzen

Katzen können auf Kinder einen prägenden Einfluss haben, der weit über die Jugendzeit hinausreicht. Im Umgang mit einer Katze erwirbt das Kind soziale Verhaltensweisen, es lernt Verantwortung zu übernehmen, Verpflichtungen einzuhalten und die Ansprüche anderer zu berücksichtigen.

Warum Kinder Tiere brauchen

Der Sozialpsychologe Prof. Reinhold Bergler hat sich viele Jahre mit der psychologischen Bedeutung von Heimtieren für den Menschen beschäftigt. In seinem Buch »Warum Kinder Tiere brauchen« (→ Bücher, Seite 285) beschreibt er, wie Lehrer Schüler beurteilen, die Heimtiere besitzen: Sie sind aufgeschlossen, einfühlsam und weniger aggressiv als ihre Altersgenossen ohne Tiere, entwickeln Verantwortungsbewusstsein und erweisen sich als hilfsbereit und fürsorglich.

Benimmregeln

Katzen sind sensibel, manchmal auch eigenwillig. Mit diesen Verhaltensregeln beugt man Missverständnissen vor und schützt Kinder vor unerwarteten Reaktionen der Katze:

- ▷ Niemals beim Fressen und Schlafen stören.
- ▷ Auf laute und hektische Kinder reagiert die Katze nervös und gereizt. Das gilt besonders, wenn mehrere Kinder mit ihr spielen.
- ▷ An Schwanz, Beinen oder Ohren ziehen ist ebenso verboten wie der Griff ins Gesicht.
- ▷ Nicht gegen den Fellstrich streicheln.
- ▷ Schmuse- und Knuddelspiele abbrechen, wenn die Katze ihren Unwillen signalisiert (→ Katzen-Sprachatlas, Seite 146).
- ▷ Katze nicht in Decke oder Tuch einwickeln.
- ▷ Hochheben ist für kleine Kinder tabu.
- ▷ Keine Kampfspiele zulassen. Hohes Verletzungsrisiko durch Bisse und Krallenhiebe.
- ▷ Nicht schreiend der Katze hinterherlaufen.
- ▷ Mit dem Gesicht außerhalb der Reichweite von Pfoten und Krallen bleiben.

Verständnis und Verantwortung

Zwischen Kindern und Katzen entwickelt sich oft eine enge Freundschaft. Als Spielgefährtin für Kinder unter sechs Jahren eignet sich eine Katze allerdings nicht, da die Kleinen noch nicht in der Lage sind, Reaktionen und Verhalten der Katze richtig einzuschätzen und sie mit ihren unbeholfenen Bewegungen schnell in Abwehrbereitschaft versetzen. Mit sechs Jahren darf man dann die Katze aber schon ab und zu füttern, kämmen und bürsten. Eigenverantwortlich für sie sorgen sollten Kinder jedoch frühestens mit zwölf Jahren.

TIPP

Katze und Baby

Wenn das Baby da ist, darf es die Katze in Ihrer Gegenwart »besichtigen« und beschnuppern. Sperren Sie die Katze nicht weg, wenn Sie sich mit dem Säugling beschäftigen, um sie nicht eifersüchtig zu machen. Meist ist ihr das Kind sowieso zu laut und sie verzieht sich. Unbeaufsichtigt ins Kinderzimmer darf sie nicht.

Darauf müssen Eltern achten

Kinder müssen lernen, dass eine Katze kein Spielzeug ist und dass es zwischen Mensch und Tier Grenzen gibt.

- ▷ Küsschen für die Katze sind verboten und sich von ihr ablecken zu lassen auch.
- ▷ Nach jeder Spielstunde Hände waschen.
- ▷ Kleine Kinder naschen gerne einmal Katzenfutter. Das ist genauso tabu wie ihr eigener Teller für die Katze.
- ▷ Ob die Katze mit ins Kinderbett darf, entscheiden die Eltern.

Die richtige Katze für Ihr Kind

Eine Katze bringt alle Eigenschaften mit, um mit Kindern Freundschaft zu schließen. Das gilt für Haus- wie Rassekatzen gleichermaßen. Generell erweisen sich Kater als umgänglicher und friedfertiger als die manchmal etwas eigenwilligen Katzendamen. Besondere Rücksicht verlangen Jungtiere und ältere Katzen. Wie gut sich Kind und Katze verstehen, hängt jedoch fast immer vom aufmerksamen und rücksichtsvollen Verhalten des Kindes ab. Die folgende Rassenübersicht ist daher nur eine Orientierungshilfe.

- ▷ Verschmust und verspielt: Ägyptische Mau, Amerikanisch Kurzhaar, Bengal, Ocicat und Russisch Blau, Tonkinese.
- ▷ Ausgeglichen und geduldig: Exotisch Kurzhaar, Kartäuser, Maine Coon, Perser, Ragdoll.
- ▷ Sanft und sensibel: Balinese und Birma.
- ▷ Robust: Britisch und Europäisch Kurzhaar.
- ▷ Aktiv und sportlich: Abessinier, Burma, Rex, Somali, Türkisch Angora. Für jüngere Kinder sind diese Rassen nicht geeignet.

Was Sie noch wissen sollten

▷ **Gesundheitsrisiko Katze?** Zu den Krankheiten, die von der Katze auf den Menschen übertragen werden können (ZOONOSEN, Seite 275), gehören Hautpilze (→ Seite 217) und Würmer (→ Seite 220). Selbst bei engem Kontakt ist die Ansteckungsgefahr jedoch gering. Sauberkeit ist der beste Schutz: Achten Sie darauf, dass sich Ihr Kind nicht ablecken lässt und sich nach der Spielstunde die Hände wäscht. Dass die Termine für das Impfen und Entwurmen der Katze gewissenhaft eingehalten werden, versteht sich von selbst.

▷ **Abschied von einer Freundin.** Wenn die Katze alt wird und stirbt, sollten Eltern ihren Kindern erklären, was Altern und Tod bedeuten. Und sie sollten ihnen die Möglichkeit geben, sich von ihrer langjährigen Begleiterin und Spielgefährtin zu verabschieden. Die Trauer und der Schmerz über den Verlust des vertrauten Tieres sind auch für kleine Kinder eine wichtige und prägende Erfahrung.

△ *Jugendfreunde: Kleine Kinder und kleine Katzen haben sich viel zu sagen und entdecken gemeinsam die Welt. Die Eltern achten darauf, dass die Ansprüche des Kätzchens nicht zu kurz kommen.*

Nur ein kleiner Kratzer

Und dann passiert es doch: Die Krallen haben Spuren hinterlassen, es fließen Tränen und ein bisschen Blut, aber der Schreck ist größer als der Schmerz. Manche Kinder schimpfen mit der »bösen Katze« oder schlagen gar nach ihr, andere bekommen es mit der Angst. Erklären Sie den Kindern, warum sich eine Katze wehrt und warum sie ihre Krallen und Zähne einsetzt. Beschreiben Sie ihnen die Warnsignale, mit denen Katzen ihren Unmut ausdrücken (→ Seite 146), damit sich solche Situationen künftig vermeiden lassen. Bleiben Sie bei den nächsten Kontakten in der Nähe, um im Notfall eingreifen zu können.

Sozialarbeiter und Co-Therapeuten

Die Nähe eines Heimtieres beruhigt und entspannt. Katzen und Hunde sind besonders für Kinder und ältere Menschen wichtige Wegbegleiter und Ansprechpartner. Sie machen Mut und geben Selbstvertrauen, fördern Heilungsprozesse und werden erfolgreich bei der Behandlung psychisch Kranker eingesetzt.

Katzen helfen Kranken

Bereits die bloße Gegenwart einer Katze wirkt auf uns ausgleichend und beruhigend. Eindeutiger noch im direkten Kontakt, wenn man sie auf den Schoß nimmt oder streichelt: Blutdruck und Pulsschlag sinken, Atmung und Kreislauf stabilisieren sich, die Bewegungen werden bedächtiger, wir fühlen uns insgesamt besser und zufriedener. Auf körperlich und psychisch kranke Menschen ist die positive Ausstrahlung einer Katze noch größer. Ihre Nähe stärkt nachweislich die Selbstheilungskräfte und unterstützt und beschleunigt die Genesung. Langzeitkranke fallen seltener in Stimmungstiefs, ihr seelisches Gleichgewicht stabilisiert sich sichtbar. Die Statistiken über Herzinfarktpatienten belegen, dass die Überlebenschance nach dem Infarkt für Halter von Heimtieren signifikant größer ist als die von Patienten ohne Tier. In Australien und den USA wird die heilungsfördernde Kraft von Hunden und Katzen schon seit Jahren gezielt in Therapie und Rehabilitation eingesetzt, bei uns sind Besuchstiere im Krankenhaus noch die Ausnahme. Der Psychologe Prof. Reinhold Bergler (→ Bücher, Seite 284) misst der Haltung von Heimtieren darüber hinaus auch eine entscheidende Präventivwirkung bei: »Wer ein Haustier hat, lebt zufriedener, wird weniger krank und braucht sogar weniger Medikamente.«

▷ *Nähe und Zärtlichkeit: Für ältere Menschen ist die Katze eine ideale Partnerin. Sie bringt Leben ins Haus, fordert Zuwendung und Verantwortung und ist für viele Alleinstehende die richtige »Medizin«, um wieder Mut zu fassen und sich anderen Menschen zu öffnen.*

Katzen als Co-Therapeuten

Therapeuten und Psychologen binden Katzen und Hunde immer häufiger in die ambulante und stationäre Behandlung psychisch Kranker ein (▶ TIERGESTÜTZTE THERAPIE, Seite 273). Gerade Katzen erweisen sich als ausgezeichnete »Co-Therapeuten«, weil bereits ihre bloße Präsenz Verspannung und Stress abbauen hilft und weil sie unvermittelt und offen Kontakte knüpfen und zur Kommunikation auffordern. Auf geistig Behinderte und Patienten, die sich von ihrer Außenwelt abgeschottet haben, wirkt die Gegenwart von Katze oder Hund oft Wunder. Nicht selten ist das zaghafte Lächeln oder die vorsichtige Berührung des Fells die erste Reaktion nach vielen Monaten.

Katzen machen Lust auf Leben

Aus hygienischen Gründen war Tierhaltung in Alten- und Pflegeheimen früher untersagt. Heute sind Vögel, Hunde und Katzen in einigen Heimen unter bestimmten Auflagen erlaubt. Das Kuratorium Deutsche Altershilfe sieht allerdings einen großen Nachholbedarf und appelliert an die Einrichtungen, das Halten von Tieren in größerem Umfang zu gestatten und mehr Besuchstiere zuzulassen. Gründe für diese Initiative gibt es genug:

△ *Ein bisschen Verwöhnen ist durchaus erlaubt: Bei einem gesunden Leckerbissen nach der gemeinsamen Spielstunde sagt keine Katze Nein.*

- Der ältere Mensch erlebt die Nähe und Zuwendung des Tieres wie eine lange entbehrte Liebkosung.
- Er kümmert sich um seinen Schützling, übernimmt Verpflichtung und Verantwortung.
- In der Beziehung zum Tier nimmt er auch seine Umgebung wieder bewusster wahr und knüpft neue Kontakte zu Mitbewohnern.
- Tiere bieten Gesprächsstoff, wo es bisher wenig zu sagen gab. Das gilt auch für Besuche von Verwandten und Freunden, die bei einem älteren Menschen mit Tier nachweislich häufiger vorbeischauen.

Heimtiere für Senioren sollten besonders umgänglich und sanftmütig sein und nicht aufbegehren, wenn der ältere Mensch sie versehentlich zu derb anfasst. Mit Patenschaften kann man gewährleisten, dass ein Tier auch im Krankheits- oder Todesfall des Halters weiter versorgt wird. Der Psychologe Prof. Erhard Olbrich bringt die Bedeutung von Heimtieren für Senioren auf den Punkt: »Tiere binden den alten Menschen ans Leben.«

Katzen warnen vor Anfällen

Nicht nur Rupert Sheldrake, Spezialist für rätselhafte Tierphänomene (→ Seite 25), ist davon überzeugt, dass Hunde und Katzen zu außergewöhnlichen Wahrnehmungen fähig sind. Dokumentiert ist eine Vielzahl von Fällen, in denen Heimtiere ihre Besitzer vor drohender Krankheit und vor Anfällen warnten. Auffallend häufig treten diese Vorahnungen bei Hunden und Katzen auf, die mit Epileptikern und Diabetikern zusammenleben. Das legt die Vermutung nahe, dass Heimtiere selbst kleinste Veränderungen im Verhalten des Menschen registrieren, wie sie bei einem bevorstehenden Anfall speziell für diese Krankheitsbilder typisch sind.

Katzen und andere Heimtiere

Am Anfang begegnet man sich zurückhaltend und ein bisschen misstrauisch. Doch lange dauert es selten, bis sich Tiere, die unter einem Dach leben, arrangieren. Und bald will keiner mehr ohne den anderen sein. Das gilt für Katzen untereinander, aber auch für Katze und Hund. Wo mancher von Erbfeindschaft spricht, finden sich Freunde fürs Leben.

Ein Kätzchen zieht ein

Wenn ein Kätzchen ins Haus kommt, hat es fast immer leichtes Spiel. Solange es noch nicht geschlechtsreif ist, steht es gleichsam unter Jugendschutz und genießt bei fast allen anderen Heimtieren Sonderrechte.

▷ **Katzenkinder unter sich.** Der gleichaltrige Spielgefährte ist ein Traum: Mit dem Kumpel geht man auf Entdeckungsreise, jagt durch die Wohnung oder kuschelt im Katzenkorb. Völlig problemlos mit Wurfgeschwistern, aber auch mit bisher fremden Kätzchen. Ganz toll sind ein paar Monate ältere, halbwüchsige Katzen, weil man von denen so viel lernen kann.

▷ **Kätzchen und erwachsener Kater.** In so manchem Kater erwachen plötzlich Muttergefühle, wenn eine kleine Katze in sein Leben tapst. Es dauert einige Zeit, bis sich sein Staunen über den frechen Zwerg gelegt hat, dann nimmt er ihn unter seine Fittiche und wacht darüber, dass der Kleine nicht zu Schaden kommt. Einige Kater können mit Kätzchen wenig anfangen und lassen sie links liegen. Probleme machen aber auch sie nicht.

▷ **Kätzchen und erwachsene Katze.** Katzen überwachen ihr Revier eifersüchtiger als Kater. Eindringlinge sind nicht willkommen. Das gilt auch für junge Katzen. In den ersten Tagen dürfen sich die beiden nur durch geschlossene Türen beriechen. Hat sich die Aufregung etwas gelegt, lernen sie sich unter Aufsicht kennen. Schlafplatz und Futternapf der älteren Katze sind für die Kleine vorerst tabu. Um Proteste zu vermeiden, braucht die Revierinhaberin jetzt besonders viel Zuwendung.

▷ **Junge Katze und junger Hund.** Tierkinder verstehen sich meist auf Anhieb und schließen häufig Freundschaften fürs ganze Leben. Ist der Hundewelpe viel größer als die Jungkatze, sollte man ein Auge darauf haben, dass sie im wilden Spiel keine Blessuren davonträgt.

▷ **Junge Katze und erwachsener Hund.** Der Hund muss von Anfang an akzeptieren, dass die Katze jetzt zur Familie gehört. Er darf sie beschnuppern (im Zweifelsfall angeleint) und beobachten, wie sich seine Besitzer um sie kümmern. Ein Hund, der noch nie mit Katzen unter einem Dach gelebt hat, kommt mit ihr in der ersten Zeit nur unter Aufsicht zusammen. Bei einigen Hunderassen lässt sich der Hetz- und Jagdtrieb selbst mit gewissenhafter Erziehung nicht unterdrücken. Dazu zählen Rhodesian Ridgeback, Irish Setter, Podenco Ibicenco, Jack Russell Terrier und die meisten anderen Terrier. Sie eignen sich nicht zur gemeinsamen Haltung mit Katzen und anderen Heimtieren, die sie als Beute betrachten.

INFO

Strategie des Kennenlernens

Höhe macht selbstbewusst. Bei der Katzenbegegnung spielt das Terrain eine wichtige Rolle: Von einem hoch gelegenen Platz aus kann sich selbst eine schmächtige Katze gegenüber stärkeren Artgenossen behaupten. Ein Liegeplatz auf Schrank oder Regal bietet der neuen Katze, die zu einer dominanten Revierinhaberin ins Haus kommt, vor allem in den schwierigen ersten Tagen Sicherheit und Rückzugsmöglichkeiten.

Erwachsene Katzen brauchen Zeit

Für Überraschungen und Veränderungen hat eine erwachsene Katze wenig übrig. Wer neu ins Haus kommt, stößt häufig auf Ablehnung. Fremde im eigenen Revier sind bei ihr ebenso unerwünscht wie Konkurrenz um die Zuneigung ihres Besitzers.

▷ **Der zweite Kater.** Männer machen mobil: Der Platzhirsch weist den Ankömmling in die Schranken. Ist der Neue selbstbewusst und gibt nicht klein bei, setzt man auf schlagende Argumente. Oft aber akzeptiert er das Heimrecht des Revierchefs und ordnet sich bereitwillig unter. Sobald die Rangordnung geklärt ist, kommt man sich nicht mehr ins Gehege. Entweder gehen sich die beiden aus dem Weg oder sie finden sich sympathisch. Und sind ein paar Wochen später die dicksten Kumpel.

▷ **Kater und Katze.** Damen gegenüber ist ein Kater Kavalier. Zieht eine Katze bei ihm ein, bleibt er meist friedlich und höflich. Ihr ist die Situation nicht geheuer und sie hält ihn sich fauchend und mit Pfotenhieben vom Leib. Es dauert eine Weile, bis sie registriert, dass er ihr nicht böse will. Ein Kater, der ins Revier einer Katze kommt, hat es nicht leicht. Sie macht ihm klar, dass er nicht erwünscht ist. Bis sich die Wogen geglättet haben, wird sein Aktionsradius auf ein Zimmer begrenzt. Je friedfertiger er ist, desto schneller akzeptiert ihn die Katze. Beide sollten kastriert sein.

▷ **Zwei Katzen.** Zwei erwachsene weibliche Tiere zeigen sich nicht selten unversöhnlich. Wird der Hausfrieden durch hartnäckigen Protest (aggressives Verhalten gegenüber dem Menschen oder Unsauberkeit) auf Dauer gefährdet, muss die Neue wieder ausziehen.

▷ **Katze und Hund.** Ein Hundewelpe wird geduldet, wenn auch anfangs oft mürrisch. Beim älteren Hund spielen seine Umgänglichkeit und Katzenerfahrung eine entscheidende Rolle. Katze kommt zum Hund funktioniert besser als Hund kommt zur Katze, weil die neue Katze noch kein eigenes Revier verteidigen muss. In der ersten Zeit dürfen sich die beiden nur unter Aufsicht beschnuppern.

△ *Zaunbekanntschaft: Gegenüber fremden Hunden gibt man sich reserviert, der Hund der eigenen Familie ist für die meisten Katzen jedoch ein echter Kumpel.*

▷ **Katze und kleine Heimtiere.** Alles, was klein ist und wegläuft, löst bei Katzen den Jagdtrieb aus. Freundschaften mit Hamstern, Meerschweinchen und selbst mit Mäusen und Ratten sind nicht selten, die Probe aufs Exempel empfiehlt sich trotzdem nicht. Ist eine Katze im Raum, bleiben die Kleinen in Käfig und Gehege. Das gilt auch für Stubenvögel, selbst wenn große Papageien sich wirksam wehren können. Auslauf und Freiflug nur unter Aufsicht. Für erwachsene Kaninchen ist das Risiko kleiner, manchmal freunden sich Kaninchen und Katze an, meist aber interessieren sie sich kaum füreinander.

▷ **Katze und Aquarium.** Viele Katzen fasziniert die Unterwasserwelt und sie beobachten gebannt das Treiben der Fische. Grundsätzlich sollten Aquarien (und Terrarien) abgedeckt sein. Weniger weil die Katze Erfolg beim Angeln haben könnte, sondern um sie vor einem versehentlichen Vollbad zu schützen.

So läuft die Eingewöhnung leichter

Es kostet Zeit und manchmal auch Nerven, bis die tierische Lebensgemeinschaft unter einem Dach funktioniert. Diese Tipps erleichtern Ihren Schützlingen die Eingewöhnung:

▷ **Privatbesitz.** Kleine Katze, große Katze, junger Hund, alter Hund: Jedes Heimtier hat Anspruch auf seinen persönlichen Schlafplatz und den eigenen Futternapf. Eine neue Katze sollte alteingesessenen Artgenossen auch die Toilette nicht streitig machen. Später, wenn man sich zusammengerauft hat, spielt das kaum eine Rolle mehr. Dann frisst man sogar bei den Mahlzeiten aus einem Napf.

▷ **Lieblingsspielzeug.** Wenn der Hund die Fellmaus der Katze verschleppt und sie mit seiner Quietschente spielt, ist Ärger vorprogrammiert. Gibt es oft Streit, Spielsachen nach jeder Spielstunde wegräumen.

▷ **Verstecke.** Selbst Freunde wollen einmal für sich sein. In einer tiergerechten Wohnung gibt es Nischen und Ecken, in die sich jeder bei Bedarf zurückziehen kann. Katzen bevorzugen Höhlen (z.B. Umzugskartons) und erhöhte Liegeplätze. Dort ist man dann auch vor dem manchmal nervenden Hund sicher.

Rücksicht und Fürsorge

Die Querelen der ersten Tage sind vergessen und alle kommen gut miteinander aus. Hier ist die besondere Fürsorge des Tierhalters aber auch später noch nötig:

▷ **Schonzeit bei Krankheit.** Katzen behandeln kranke Artgenossen nicht immer rücksichtsvoll. Im Zweifelsfall das erkrankte Tier (auch nach OP) getrennt unterbringen, um seine Genesung nicht zu gefährden.

▷ **Ruhezeit für Senioren.** Alte Katzen und Hunde haben ein erhöhtes Ruhebedürfnis. Achten Sie darauf, dass ihnen ein hyperaktives Kätzchen nicht den letzten Nerv raubt.

▷ **Auszeit am Napf.** Manche Tiere sind bedächtige Esser und haben das Nachsehen, wenn andere sich über ihren Napf hermachen. Kontrollieren Sie regelmäßig die Fütterung, damit keiner zu kurz kommt.

Katzengesellschaften

Mit zwei Katzen ist alles einfach und überschaubar, leben aber drei oder mehr Katzen zusammen, verändert sich häufig ihre soziale Struktur. Katzen, die sich sympathisch sind, verbünden sich und machen gemeinsame Sache. Das kann dazu führen, dass sie in Opposition zu den anderen Tieren gehen oder eine einzelne Katze zur Außenseiterin degradieren. Gemeinsam ist man selbstbewusster, aktiver und wagemutiger. Und einfallsreicher: Lässt man eine Katzengesellschaft für ein paar Stunden alleine, brütet die Rasselbande garantiert eine Menge dummer Ideen aus.

Häufige Alltagsprobleme bei mehreren Heimtieren

Vor allem Eifersucht und Stress können im Zusammenleben mehrerer Katzen und auch in der Partnerschaft mit anderen Heimtieren zum Problem werden.

▷ **Eifersucht ist Gift.** Katzen und Hunde sind ausgezeichnete Beobachter. Ihnen entgeht es nie, wenn ihr Besitzer dem tierischen Kumpel einen Leckerbissen zusteckt oder ihn liebkost. Speziell bei Katzendamen kann Eifersucht zum echten Problem werden (→ Therapie, Seite 166). Kater reagieren in der Regel weit weniger empfindlich.

▷ **Stress macht krank.** Eine Katze, die sich gegenüber ihren Artgenossen nicht behaupten kann, entwickelt Stresssymptome. Typische Reaktionen: Futterverweigerung, Unsauberkeit, Apathie und körperliche Beschwerden wie Hautausschlag, Haarausfall und Magen-Darm-Probleme.

▷ **Flohbekämpfung.** Leidet ein Tier im Haus unter Flöhen oder anderen Parasiten, werden schnell auch die anderen befallen. Gewissenhafte Fellpflege und regelmäßiges Reinigen von Ruheplätzen und Umgebung sind bei der Haltung mehrerer Tiere besonders wichtig.

▷ **Probleme mit der Diät.** Diätkuren für kranke oder übergewichtige Tiere gestalten sich schwierig, wenn die Patienten Zugang zu anderen Futternäpfen haben.

Forschung & Praxis

Haltung und Partnerschaft

Drei Viertel der Jungen der Singvögel sterben an Krankheit, Parasiten, Hunger und Kälte. Die Fortpflanzung der Vögel ist auf die Verluste eingerichtet, der Bestand der Arten gerät nicht in Gefahr. Auch nicht durch die vergleichsweise wenigen Vögel, die Katzen erbeuten – in der Regel die geschwächten und kranken. Gesunde Vögel fallen Katzen nur selten zum Opfer.
Wer in der Brutzeit zum Schutz der Jungvögel im eigenen Garten beitragen will, verwehrt seiner Katze durch eine Baummanschette die Kletterpartie zum Nest. Die Manschette wird einfach um den Stamm gelegt. Erhältlich in Baumärkten und Gartencentern.

Das Privileg des Auslaufs bezahlen alljährlich über 500.000 Katzen in Deutschland, Österreich und der Schweiz mit dem Leben. Die Lebenserwartung von Wohnungskatzen ist zehnmal höher als die der Freigänger.
Wohnungskatzen leiden nicht. In der katzengerechten Wohnung mit Spiel-, Kletter- und Beschäftigungsmöglichkeiten fehlt ihnen nichts zum Glück. Vorausgesetzt, ihr Mensch nimmt sich viel Zeit für sie. Wer berufstätig ist, sollte gleich mit zwei Kätzchen starten, am besten mit Katze und Kater aus einem Wurf.

Einsamkeit und Depressionen gab es bei allen Katzenbesitzern signifikant seltener als bei der Vergleichsgruppe ohne Katzen. Das ist das Ergebnis einer Studie, die sich mit Senioren befasste, die seit mehreren Jahren Katzen hielten. Auffällig waren auch die niedrigeren Werte bei den Bluthochdruck-Patienten und der erniedrigte Blutzuckerspiegel der Diabetiker.
Katzen sind ideale Lebensbegleiter für ältere Menschen, spenden Nähe und Wärme, erweisen sich als geduldige Zuhörer und vertreiben die Einsamkeit. Unter den verschiedenen Katzenrassen findet jeder den passenden Partner.

Beim Katzenschlaf wechseln sich verschiedene Schlafphasen ab: Nach 10-30 Min. im leichten Schlaf fällt die Katze für 7-10 Min. in die Tiefschlafphase (▶ SCHLAFPHASEN, Seite 271), in der sie völlig entspannt ist und auch träumt.

◁ *Verständnis für eine Freundin: Von der ersten Begegnung an müssen Kinder lernen, die Ansprüche einer Katze zu respektieren. Dazu gehört auch, dass die Katze nie im Schlaf gestört werden darf, selbst wenn man gerade jetzt unbedingt mit ihr spielen möchte.*

Aus der Leichtschlafphase wacht die Katze schnell auf, im Tiefschlaf sollte man sie nicht stören. Die Tiefschlaf- oder REM-Phase erkennt man an den zuckenden Schnurrhaaren und Pfoten, oft auch an Mundbewegungen.

Die Liebe geht bei Katzen nicht durch den Magen: Das ergaben Fütterungstests. Danach hängt die Intensität der Beziehung einer Katze zum Menschen nicht davon ab, ob und wie häufig sie gefüttert wird.
Katzen lassen sich weder durch Leckerbissen, Streicheleinheiten oder gute Worte bestechen. Wen sie ins Herz schließen, den lieben sie aus freien Stücken. Dass sie unabhängig davon beim Futter auf Qualität und Frische achten, versteht sich von selbst.

10 Fragen zu Eingewöhnung und Haltung

Seit zwei Wochen habe ich eine Katze. Bisher hatte sie Auslauf, aber ich wage es nicht, sie rauszulassen. Was ist, wenn sie wegläuft?
Als Faustregel gilt: Auslauf frühestens nach drei bis vier Wochen, dann sollte sie sich bei Ihnen eingewöhnt haben. Ihre Katze kennt die Welt vor der Haustür schon und findet sich draußen leichter zurecht als eine reine Wohnungskatze. Für Schnupper-Spaziergänge ist ein umzäunter Garten ideal. Nie vor dem Auslauf füttern, der knurrende Magen ist die beste Garantie für die Heimkehr, vor allem wenn es das Essen zu festen Zeiten gibt.

Wir besitzen zwei Katzen. Ich bin im dritten Monat schwanger. Wie groß ist die Gefahr einer Infektion durch unsere Tiere? Sollten wir uns von ihnen trennen?
Dazu besteht kein Anlass, wenn Sie im Umgang mit Ihren Katzen jetzt besonders auf Hygenie achten und bei Ihrem Frauen- oder Hausarzt einen Bluttest auf Toxoplasmose-Antikörper durchführen lassen. Mit TOXOPLASMOSE (Seite 274) kann das ungeborene Kind infiziert werden, wenn sich die werdende Mutter während der zweiten Schwangerschaftshälfte ansteckt. Die Untersuchung weist nach, ob Sie sich bereits früher einmal infiziert und genügend Abwehrstoffe (Antikörper) gegen die Erreger gebildet haben. Das trifft für mehr als 80 Prozent aller Mitteleuropäer zu. Auf jeden Fall sollten Sie die Toilette und die Näpfe Ihrer Katzen nicht mehr selbst reinigen, auch nicht in den ersten Monaten nach der Geburt des Kindes.

Erkundungsdrang: Dunkle Ecken inspizieren, unter Schränke und Teppiche oder in Kartons und Kisten kriechen ist Katzenart. Spaltenappetenz heißt diese Vorliebe in der Sprache der Verhaltenskundler.

Ich habe gelesen, dass Katzen selbst ihren eigenen Besitzer nicht erkennen, wenn er stark nach Parfum oder Deo riecht. Stimmt das?
Katzen sind Augentiere und erkennen ihren Menschen vor allem an Körperhaltung und Gesten. Im Nahbereich können aufdringliche Parfums aber durchaus für Verwirrung sorgen, eine Wohltat für die sensible Katzennase sind sie jedenfalls nicht. Ein Katzenmensch benutzt solche Wässerchen nur dezent und verzichtet in der Wohnung auch auf scharf riechende Haushaltsreiniger und Putzmittel (Citrus, Essig, Ameisensäure), weil die eine Katze häufig auch zum Markieren animieren.

Ich bin 75, und weil ich nicht mehr gut höre, muss ich Radio und Fernseher manchmal recht laut stellen. Schadet das meiner Katze?
Katzen haben ein hervorragendes Gehör, selbst das leiseste Rascheln einer Maus entgeht ihnen nicht. Gleichzeitig beherrschen sie aber die Kunst, ihre Ohren »auf Durchzug« zu stellen und lassen sich dann auch vom dicksten Lärm nicht aus der Ruhe bringen. Anders jedenfalls kann man es sich kaum erklären, warum manche Katzen neben dem Fernseher oder auf einer Lautsprecherbox ihr Nickerchen halten. Und sollte es tatsächlich einmal zu laut sein, findet Ihre Katze in der Wohnung sicher noch eine ruhige Ecke.

Warum nicht gleich zwei? Mit zwei Kätzchen fällt der Start ins Katzenleben leichter. Ideal sind Bruder und Schwester aus einem Wurf.

Als berufstätiger Single bin ich nicht immer pünktlich daheim. Nimmt eine Katze das übel?
Einmal in 14 Tagen ist das kein Problem. Wenn Sie Ihre Katze aber jeden zweiten Tag zig Stunden warten lassen, ist sie beleidigt und reagiert mit Verhaltensauffälligkeiten, zum Beispiel Zerstörungswut aus Langeweile. Wo der Job vorgeht, sollte man entweder eine Betreuungsperson (Catsitter) engagieren oder eine zweite Katze ins Haus nehmen.

Wir wohnen an der Hauptstraße. Auslauf ist zu riskant, der Spaziergang an der Leine wäre aber ein kleiner Ersatz. Welche Katzenrassen eignen sich dafür?
Maine Coon, Perser, Exotisch Kurzhaar, Ragdoll und selbst einige Siam akzeptieren Leine und Brustgeschirr. Am besten, wenn schon die Jungkatze damit vertraut ist. Nach langen Wanderungen steht Katzen nicht der Sinn.

Unsere Katze ist unvermutet Mutter geworden und trotz intensiver Suche will niemand ihre Jungen haben. Was können wir tun?
In diesem Fall bleibt nur der Weg ins Tierheim und die Hoffnung, dass die Kätzchen von dort bald in gute Hände abgegeben werden können. Allein durch die Kastration lässt sich unerwünschter Nachwuchs mit allen traurigen Folgen verhindern.

2

Die Katze von Freunden hat Nachwuchs. Dabei fiel mir auf, dass die Jungen ihre Krallen ausgefahren haben. Ist das ein Fehler?
Kätzchen können die Krallen in den ersten Wochen nicht bewegen, sie stehen starr hervor. Die »Krallenautomatik« funktioniert erst von der 5. Lebenswoche an, dann liegen die Krallen in Ruhestellung zwischen den Sohlenballen und können bei Bedarf ausgefahren werden. Die Krallen neugeborener Katzenkinder stecken in Scheiden. Die sorgen dafür, dass die Mutter sich vor und bei der Geburt nicht verletzt. Kurz nach der Geburt fallen diese Hüllen von selbst ab.

Muss meine Katze immer Trinkwasser haben?
Für Katzen, die vorwiegend von Trockenfutter leben, ist Trinkwasser besonders wichtig und muss ständig verfügbar sein. Bei Feuchtfutter decken viele Katzen ihren Flüssigkeitsbedarf fast völlig über die Nahrung und trinken nur selten. Doch auch ihr Wassernapf sollte täglich frisch gefüllt werden.

Wohlfühlheim: Nach drei bis vier Wochen hat sich die Katze eingelebt und ihre neue Familie ins Herz geschlossen.

Minka, Putzi und Muschi sind mir als Katzennamen zu gewöhnlich. Gibt es keine originellen Rufnamen, auf die eine Katze auch hört?
Ihre Katze muss mit dem Rufnamen etwas Positives verknüpfen. Dabei sorgen helle Vokale wie »i« und »a« schneller für Erfolg. Das darf dann gerne ein Diego oder Dennis, eine Mona Lisa oder Miss Moneypenny sein. Im Ratgeber »1000 Katzennamen von A bis Z« (→ Bücher, Seite 285) finden Sie die schönsten Namen für Katzen und Kater.

Eine Liebe fürs Leben

Von allen Heimtieren hat sich nur die Katze dem Menschen aus freien Stücken angeschlossen. Ihr Vertrauen und ihre Zuneigung sind die beste Basis für lebenslange Partnerschaft und eine Liebe, die nie zerbricht. Wer die wichtigsten Verhaltensweisen seiner Katze und die Grundbegriffe ihrer Körper- und Lautsprache kennt, kann sie spielerisch leicht zum Miteinander verführen und schützt sie und sich vor Missverständnissen und Problemen.

3

So kam die Katze zum Menschen

Es begann mit einem Bündnis, das beiden Seiten nutzte – dem Menschen und der Katze. Nach vielen Jahrtausenden und schwierigen Zeiten ist daraus Liebe geworden.

VERDAMMT UND VERGÖTTERT. Gleichgültig hat uns die Katze nie gelassen. Ihr wurde als gottgleichem Wesen gehuldigt, sie wurde auf Katzenfriedhöfen beigesetzt und als Mumie auf das ewige Leben vorbereitet, sie lebte in Palästen und war die Gespielin adliger Damen. Doch sie galt auch als Sinnbild des Bösen und wurde als Hexentier und Verkörperung der Tyrannei verflucht, erschlagen und verbrannt. Schwarze Katzen werden nicht mehr verfolgt, aber ganz geheuer ist manchen Zeitgenossen die Katze auch heute nicht. Doch Millionen Menschen sehen das anders: Für sie machen Katzen das Leben schöner und lebenswerter.

Tagebuch einer aufregenden Beziehung

Mehr als andere Tiere hat die Katze unsere Fantasie beschäftigt. Ihr rätselhaftes Wesen bot Träumen, Sehnsüchten und Ängsten Nahrung. In vielen Kulturen und Volksgemeinschaften wurden ihr besondere Eigenschaften und Fähigkeiten zugesprochen – gute wie böse, menschliche, göttliche und teuflische.

Von Mäusen und Menschen

Das Leben und Überleben der Bevölkerung in den altägyptischen Reichen hing vor allem von den Getreidevorräten ab. Dürreperioden und lange andauernde Überflutungen des Nils bedeuteten Hunger und Tod. Die Sicherung der Kornkammern vor dem allgegenwärtigen Heer der Mäuse und Ratten, die oft genug große Teile der Ernte vernichteten, hatte daher besondere Bedeutung. Im Kampf gegen die Nager erhielten die Dorfbewohner Unterstützung von wild lebenden Falbkatzen (→ Seite 13), die aus den angrenzenden Wüstengebieten in die Siedlungen kamen und Jagd auf die Plagegeister machten. Anfangs duldete man die gewitzten Schleichjäger wohl nur, schon bald aber erwiesen sich ihre Dienste als so segensreich, dass aus dem Zweckbündnis ein Vertrauensverhältnis wurde und die Katze als geachtete Mitbewohnerin in Hütten und Häusern willkommen war.

Die Göttin und der Kult um die Katze

Die Anfänge der Domestikation der Katze in Ägypten und Mesopotamien reichen zurück bis etwa 2000 Jahre vor unserer Zeitrechnung. Nur wenig jünger sind die ältesten Darstellungen von Katzen, meist Bronzeplastiken und Wandgemälde. Sie dokumentieren den Kultstatus, den die Katze zunehmend mehr erfuhr und der im neuen Reich vor ca. 3.000 Jahren in den Tempeln und Katzenfriedhöfen von Bubastis im Nildelta seinen Höhepunkt fand. Die Göttin von Bubastis war Bastet, die Gemahlin und Tochter des Sonnengottes Ra. Zu Zeiten der alten Dynastien trägt Bastet häufig noch den Löwenkopf der grausamen Kriegsgöttin Sachmet, erst später ist Sachmet eine eigene Gottheit und Bastet wird als freundliche und lebensbejahende Göttin der Fruchtbarkeit und Liebe mit dem Körper einer Katze oder als Frau mit Katzenkopf dargestellt. Mit fröhlichen Festen dankte man Bastet für ertragreiche Jahre und volle Vorratskammern. Die Katzenverehrung ging so weit, dass derjenige, der eine Katze tötete, selbst mit dem Tod bestraft werden konnte.

INFO

Partner seit fast 10.000 Jahren?

Auf ca. 9.500 Jahre datieren Forscher ein Grab auf Zypern, in dem neben einem menschlichen Skelett die Knochen der nubischen Falbkatze, Ahnherrin unserer Hauskatze, gefunden wurden. Anscheinend wurde die Katze mit ihrem Besitzer beerdigt. Die Lage der Knochen lässt eine enge Beziehung zu Lebzeiten vermuten.

Mit allen Ehren bestattet

Starb eine Katze, trauerte man um sie wie um ein Familienmitglied, rasierte sich zum sichtbaren Zeichen des schmerzlichen Verlustes die Augenbrauen ab und trug Trauerkleidung. Die tote Katze wurde einbalsamiert, wobei das verwendete Material den Wohlstand ihres Besitzers anzeigte, und in einem Bronze- oder Holzsarg bestattet. Zentrum des Totenkultes war der riesige Katzenfriedhof von Bubastis. Für die lange Reise ins Jenseits legte man den Katzenmumien Milch und gleichfalls einbalsamierte Mäuse mit in den Sarg.

Aufbruch aus Ägypten

Die Ausfuhr von Katzen aus Ägypten stand unter strenger Strafe. Wahrscheinlich waren es phönizische Seefahrer, die einzelne Tiere außer Landes schmuggelten. Für die Zeit ab dem 6. Jahrhundert vor unserer Zeitrechnung belegen Darstellungen auf Mosaiken, Vasen und Reliefs, dass die Katze in Griechenland verbreitet war. Wenig später dürfte sie Italien erreicht haben, blieb aber lange Zeit selten, da die Römer zur Bekämpfung von Mäusen und Ratten Frettchen hielten, denen die Katze erst um die Zeitenwende erfolgreich Konkurrenz machte. Die Römer waren es auch, die Katzen in die eroberten Gebiete ihres Reiches brachten, unter anderem in die Provinzen diesseits der Alpen. Mehrere Fundstellen in Deutschland, Frankreich, der Schweiz und anderen Ländern Mitteleuropas belegen allerdings, dass Hauskatzen hier schon vor Ankunft der Römer gelebt haben müssen. Bei den Germanen genossen Katzen hohes Ansehen, doch waren das stets Wildkatzen, wie sie auch den Wagen der Göttin Freya zogen.

Katzenkult: Im alten Ägypten wurde Bastet, die Göttin der Fruchtbarkeit und Liebe, als Katze oder Frau mit Katzenkopf dargestellt (daneben Abessinier). ▷

Katzen zur See

Die Hauskatze hat auf dem Seeweg die Welt erobert: Den Seeleuten war sie eine willkommene Reisegefährtin, weil sie den Schiffsratten nachstellte, den Kaufleuten ein kostbares Handelsgut, für das sich hohe Preise erzielen ließen. Um das Jahr 600 gelangten Katzen per Schiff von China aus nach Japan, wo sie aber für weitere 400 Jahre fast unbekannt blieben. In Nordamerika landeten sie mit den ersten Siedlern, und auch die Katzenbevölkerung Australiens geht auf Schiffskatzen zurück, die von England aus die Reise auf die andere Seite der Erde mitmachten.

Tod allen Katzen!

Das frühe Christentum ließ die Katzen unbehelligt. Das änderte sich im Mittelalter, einem von heidnischen Bräuchen, Hexenverbrennungen und Teufelsaustreibungen geprägten Zeitalter. Katzen wurden eingemauert und geopfert, um Geister und Dämonen abzuwehren, bei lebendigem Leib begraben, um das Gedeihen der Feldfrüchte zu sichern, oder endeten als Dienerinnen des Teufels zu Hunderttausenden im Feuer. Hexen und Katzen galten als seelenverwandt, abgründig schlecht und mit dem Bösen im Bunde. Oft genügte es, eine Frau zu bezichtigen, dass sie eine schwarze Katze besitze, um ihr den Prozess zu machen. Die Verfolgung der Katze hatte natürlich fatale Folgen: Die Ratten vermehrten sich ungehindert und brachten die Pest über Europa. Aber selbst der schwarze Tod konnte mancherorts die Einstellung zur Katze nicht ändern: So verfügten die Stadtväter von London den Tod aller Katzen, weil sie glaubten, dadurch die Seuche stoppen zu können.

Katzen in Literatur und Malerei

Erst im 18. Jahrhundert, im Zeitalter der Aufklärung, veränderte sich die Einstellung des Menschen zur Hauskatze. In Erzählungen, Märchen und Gedichten wurden Katzen jetzt positive Eigenschaften zugesprochen, wie etwa E. T. A. Hoffmanns Kater Murr, der als studierter Schriftsteller seine Memoiren niederschreibt, wie dem klugen Kätzchen Spiegel im Märchen von Gottfried Keller und dem gestiefelten Kater der Gebrüder Grimm, der seinem Herrn als schlauer Helfer zur Seite steht. Von Breughel, Chagall und Klee bis Miró, Rembrandt und Picasso haben Künstler aller Epochen Katzen gemalt – verspielt wie auf Gemälden von Henriette Ronner-Knip, Ratten jagend wie im »Garten der Lüste« des Hieronymus Bosch, anschmiegsam wie auf Auguste Renoirs »Mädchen mit Katze«. Viele Künstler sehen in der Katze das weiblich-sinnliche, oft auch erotische Element und stellen in ihren Bildern Frauen und Katzen als Verbündete dar, die ihre Geheimnisse bewahren und sich ohne Worte verstehen.

▷ **Lektüre für Katzenfreunde.** »Spiegel, das Kätzchen« von Gottfried Keller, »Das Katzenparadies« von Émile Zola, »Felidae« von Akif Pirincci, »Lebensansichten des Kater Murr« von E. T. A. Hoffmann, »Alice im Wunderland« von Lewis Caroll, »Miau sagt mehr als tausend Worte« von Paul Gallico, »Was deine Katze wirklich denkt« von Robert Gernhardt, »Doris Lessings Katzenbuch«, »Der gestiefelte Kater« von Ludwig Tieck, »Mimi« von Heinrich Heine, »Der Trompeter von Säckingen« von Victor von Scheffel, »Nero Corleone« von Elke Heidenreich, »Die Katze Autitschko« von Bohumil Hrabal, »Bulemanns Haus« von Theodor Storm, »Die Herzensqualen einer englischen Katze« von Honoré de Balzac, »Der Langkater« von Colette, »Kleine Katzen« von James Krüss, »Katze vor Anker« von Joachim Ringelnatz, »Mein Vater, der Kater« von Henry Slesar, »Sasubrina« von Maxim Gorki, »Die Katze, die für sich allein ging« von Rudyard Kipling, »Katzen« von Axel Eggebrecht.

INFO

Mau hießen die Katzen vom Nil

Für die hoch geschätzten Mäusefänger und Jagdgehilfen, die in ihren Dörfern lebten, fanden die alten Ägypter schon bald die passenden Namen: Miu hieß die Katze, Miut der Kater. In späterer Zeit wurde daraus Mau, das sich wahrscheinlich vom Ruf »Miau« ableitet, aber auch »sehen« bedeutet.

Dreimal schwarzer Kater

»Wer eine Katze schlecht behandelt, bekommt eine böse Frau.« »Frisst die Katze Gras, gibt es Regen.« »Dreifarbige Katzen bringen Glück und beschützen das Haus vor Feuer.« Heute wird keine Katze mehr aus Aberglauben oder wegen überkommener Volksbräuche gequält und geopfert. Erstaunlich ist es aber doch, wie hartnäckig sich uralte Beschwörungsformeln und Vorurteile halten. Und allzu lange ist es nicht her, dass Seeleute nur dann auf einem Schiff anheuerten, wenn eine Katze mit auf große Fahrt ging. Und selbst wenn die meisten von uns darüber lächeln, verhält fast jeder ganz automatisch den Schritt, wenn ihm eine schwarze Katze über den Weg läuft.

In der ganzen Welt zu Hause

Außer in der Antarktis sind Hauskatzen auf allen Kontinenten verbreitet und leben dort, wo sich der Mensch niedergelassen hat. Die Nomadenvölker haben keine Katzen, ihr Begleiter ist der Hund. In Australien und auf Neuseeland sind streunende Hauskatzen zum Problem geworden: Hier trafen sie nicht auf räuberisch lebende Konkurrenz und brachten viele heimische Tierarten an den Rand der Ausrottung. Mit Schutzprogrammen versucht man heute der Katzenplage Herr zu werden.

△
Kein Hobby für jedermann: Noch zu Beginn des 20. Jahrhunderts war die Haltung und Zucht von Rassekatzen das exklusive und kostspielige Privileg der besser gestellten und herrschaftlichen Kreise.

Edle Katzen für den Adel

Bis ins 20. Jahrhundert waren Hauskatzen mit außergewöhnlichen Fellfarben und -mustern ein kostbarer und seltener Besitz, mit dem man sich in den Salons der feinen Gesellschaft schmückte oder der sogar Königshäusern und dem Adel vorbehalten war. Die Haltung und Zucht der frühen Rassekatzen blieb lange Zeit das extravagante Vergnügen hochgestellter und wohlhabender Kreise. So lesen sich die Namen der meist weiblichen Züchter, die ihre Tiere Ende des 19. Jahrhunderts auf den ersten Katzenausstellungen präsentierten (→ Seite 47), wie das Who's who des englischen Adelskalenders aus viktorianischer Zeit.

Heilige Katzen und Zufallszuchten

Die Herkunft vieler Katzenrassen liegt im Dunkeln. Häufig genug lassen sich bei den alten Rassen Wahrheit und Dichtung nicht voneinander trennen, wenn die Ursprünge der Rassengeschichte auf Anekdoten und Legenden basieren. Bei jüngeren Katzenrassen sind Entstehung und Rassenbildung in der Regel gut dokumentiert.

▷ **Abessinier.** 1868 brachten Soldaten Katzen aus Abessinien (Äthiopien) mit nach England zurück. Ob die Tiere mit der heutigen Rasse identisch sind, ist nicht erwiesen.

▷ **Amerikanisch Kurzhaar.** Die Hauskatzen der Neuen Welt gehen auf europäische Katzen zurück, die mit den Siedlern ins Land kamen.

▷ **Birma.** Viele Legenden versuchen die Herkunft der Tempelkatze (Heilige Birma) zu erklären. Zucht in Europa Anfang des 20. Jh.

▷ **Burma.** Die erste Katzenrasse, deren Reinzucht in den USA begann (1930).

▷ **Cornish Rex.** Die Stammmutter der Rex kam 1950 in Cornwall zur Welt und besaß schon das später rassetypische, gewellte Fell.

▷ **Kartäuser.** Die Rasse wurde angeblich bereits im 16. Jahrhundert von französischen Kartäusermönchen gezüchtet.

▷ **Maine Coon.** Natürlich entstandene und seit mehr als hundert Jahren bekannte Rasse aus dem US-Bundesstaat Maine.

▷ **Norwegische Waldkatze.** Um 1930 wurde mit der frei lebenden skandinavischen Bauernkatze erstmals gezüchtet.

▷ **Perser.** Langhaarkatzen stammen wahrscheinlich aus dem Nahen Osten und kamen im 16. Jahrhundert nach Mitteleuropa.

▷ **Ragdoll.** Amerikanische Züchtung, die 1965 in den USA als Rasse anerkannt wurde.

▷ **Siam.** Ursprünglich die Katzen am Königshof von Siam (Thailand). Die ersten Siam erreichten Europa um 1880.

▷ **Somali.** Geht auf langhaarige Kätzchen in Würfen der (kurzhaarigen) Abessinier zurück.

▷ **Türkisch Van.** Halbwilde Verwandte der 1971 von der FIFe anerkannten Rasse leben in der Region um den türkischen Van-See.

3

Katzenwelten

Seit Jahrtausenden begleitet die Hauskatze den Menschen, wohin immer die Reise geht. Wo sie keinen Platz unter seinem Dach findet oder verstoßen wird, schlägt sie sich alleine durch, mit Ausdauer, Mut und Schläue. Katzen können viele Rollen spielen und sind weit anpassungsfähiger, als man es ihnen nachsagt. Aber wie und wo sich eine Katze auch bewähren muss: Sie bleibt sich immer selbst treu.

Straßenkatzen und Inselkatzen

Es gibt sie noch, die Straßenkatzen der Metropolen, auch wenn man sie in den hektischen und betongeglätteten Kernzonen kaum mehr zu Gesicht bekommt. Sie leben in den Randbezirken, Vorstädten und Nebenstraßen, dort, wo Paris, Berlin, Madrid und London kleiner und beschaulicher werden. Sie finden Unterschlupf in Hauseingängen, Kellern und unter Treppen, sie kennen jeden Winkel ihres Reviers und inspizieren jede Mülltonne auf verwertbare Reste. Manchmal findet sich eine gute Seele, die ihnen etwas von ihrem Imbiss abgibt oder sogar Katzenfutter verteilt. Doch satt werden die herrenlosen Tiere selten. Viele sind krank und alt werden nur wenige.

»Ohne diese Katzen wären die Dörfer der Ägäis nicht das, was sie sind, es würde ihnen an Leben fehlen.« So beschreibt der Fotograf Hans W. Silvester die frei lebenden Katzen der griechischen Inselwelt der Kykladen. Über 20 Jahre hat Silvester die Inselkatzen im Bild festgehalten (→ Bücher, Seite 285), ihre Vorlieben und Gewohnheiten und die sozialen Strukturen ihres zeitweiligen Gruppenlebens studiert. Das Verhältnis der Inselbewohner zu den Katzen ist eine eigentümliche Mischung aus Zuneigung, Gleichgültigkeit und Toleranz. »Die Griechen der Kykladen lieben sie, ohne sie wirklich zu lieben, sie pflegen sie, ohne sie wirklich zu pflegen, aber sie tolerieren sie in jeder Beziehung«, fasst der Fotograf seine Eindrücke zusammen.

Cityslicker und Landeier

Katzen mit Stadterfahrung sind auf der Hut, sie achten auf jedes Motorengeräusch und jedes Hupen. Wo immer es geht, nutzen sie Hinterhofschleichwege, halten sich im Schatten der Häuser und meiden Straßen. Katzen, die auf dem Land leben, verhalten sich in Verkehrsfragen viel unbefangener, überqueren Straßen und Plätze mit oft aufreizender Gelassenheit oder legen gar auf halbem Weg eine verträumte Pause ein. Aber nicht allein das Verhalten der Katze spielt eine Rolle: Auf Landstraßen und zum Teil auch in Ortsrandlagen wird deutlich schneller gefahren als in der Stadt. Darüber hinaus haben Stadtkatzen nachts selten Ausgang, ihre Verwandtschaft im Grünen aber fast immer. Und selbst wenn Katzen im Dunkeln gut sehen, der Autofahrer sieht sie zu spät. Es gibt keine Statistik über Katzen als Opfer des Straßenverkehrs und schon gar keine, die zwischen Stadt und Land unterscheidet. Doch es ist sicher mehr als nur eine Mutmaßung, dass Hauskatzen auf dem Land gefährlicher leben als in der Stadt.

Kammerjäger und Showstars

Mehr als sechs Millionen Katzen gehören in Deutschland zur Familie – behütet und rundum versorgt. Aber es gibt auch noch die kleine Gruppe der Katzen, die regelmäßig zur Arbeit geht. Die einen mit dem Auftrag, Bauernhof oder Fabrikgelände mäusefrei zu halten. Kein leichter Job, wenn man davon leben soll: Magere 20 Gramm bringt die Standardmaus, zehn bis zwölf pro Tag müssen es schon sein, um satt zu werden. Die anderen sind echte Show-Profis: Rassekatzen, die auf Ausstellungen Preise für makelloses Outfit einheimsen. Zwei Tage Hektik und Lärm. Und vorher wie bei jedem Model viel Stress mit dem Schönsein. Mancher Champion würde sicher gerne mit einer Bauernhofkatze tauschen. Einigen extrovertierten Naturen allerdings gefällt's.

Alles für die Katz

Viele Redewendungen unserer Alltagssprache, die sich um die Katze drehen, haben sich seit Jahrhunderten unverändert erhalten.
Die Katze im Sack kaufen: etwas ohne es zu prüfen kaufen. Alles für die Katz: Der ganze Aufwand war umsonst. Nachts sind alle Katzen grau: Für alle sind die Bedingungen gleich. Wie die Katze um den heißen Brei: nicht zur Sache kommen. Die Katze lässt das Mausen nicht: Bestimmte Angewohnheiten kann man nicht unterdrücken. Einen Kater haben: der Brummschädel nach durchzechter Nacht.

INFO

Woher kommt der Name Katze?

Der Ursprung der Bezeichnung Katze liegt im Dunkeln. Eine Spur führt in die afrikanische Heimat der Falbkatze und zum nubischen Wort »kadis«. Denkbar ist aber auch die Verbindung zu einem nordgermanischen Ausruf für die Wildkatze. Eingebürgert hat sich das Wort Katze schon im Mittelhochdeutschen.

Das hat die Katze nicht verdient

Der Name der Katze kommt in vielen Wortbildungen vor. Deren oft negative Bedeutung belegt, dass sie bereits zu Zeiten gebräuchlich waren, als man Katzen noch abfällig beurteilte. Katzenwäsche: hastige und oberflächliche Körperreinigung. Katzenmusik: wenig wohltönende musikalische Darbietung, die in den Ohren schmerzt. Katzentisch: niedriger und abseits stehender Tisch für Gäste, denen man nur wenig Beachtung schenkt. Katzbuckeln: übertrieben höflich sein. Katzengold: glänzt wie Edelmetall, ist aber falsch. Katzenjammer: trübsinnige Stimmung, besonders nach übermäßigem Alkoholgenuss.

Katzenland

Nicht alle Orts- und Straßennamen, die nach Katze klingen, gehen auch auf sie zurück. Andere Ursprungsbegriffe: Ketzer, Kauz, Katten.

▷ **Ortsnamen** (mit Postleitzahl). 16818 Katerbow, 17509 Katzow, 25899 Katzhörn, 54552 Katzwinkel, 56368 Katzenelnbogen, 67734 Katzweiler, 67806 Katzenbach, 98746 Katzhütte.

▷ **Straßennamen.** Kater in Vieritz, Katzensprung in Schmalkalden, Katzbek in Laboe, Katerallee in Detmold, Katt-un-Mus-Weg in Rostock, Katzenteich in Bad Münder, Katzien in Rosche, Kattensteert in Rotenburg, Katerberg in Lemgo, Katzentränke in Bornheim, Katzenmarkt in Großostheim, Katzelweg in Engelskirchen, Katzenstirn in Frankfurt, Katzenwinkel in Dähre, Katerhook in Südlohn, Katerich in Daxweiler, Katerkuhl in Zislow, Katerkamp in Pinneberg, Kätzling in Haigerloch, Katzenmühle in Hermeskeil, Katermahl in Hemmingen, Katzenbuckel in Buchholz, Katzbrücke in Arenshausen, Katzeck in Großbardorf, Katzstraße in Speicher, Katermautze in Oppach, Katzwiesen in Wasungen.

Die Dichter und die Katzen

»Das Tintenfass wird nie leer, wenn es darum geht, über Katzen zu schreiben.« So wie Jean-Louis Hue haben sich viele Schriftsteller und Dichter von Katzen inspirieren lassen: Mark Twain, Theodor Storm, Charles Baudelaire, Raymond Chandler, Ernest Hemingway, Charles Dickens, Hermann Hesse, Christa Wolf, Henry Slesar, Kurt Tucholsky, Erich Kästner, Franz Kafka, Robert Gernhardt, T. S. Eliot, Pu Songling, Wilhelm Busch, die Schwestern Brontë, Heinrich Heine, Doris Lessing, Gotthold Ephraim Lessing, Émile Zola, Gottfried Keller, Rudolf Hagelstange, Rainer Maria Rilke und viele andere.

▷

Charme und Schönheit: Von der Ausstrahlung der Katze haben sich Maler und Dichter aller Epochen inspirieren lassen (Foto: Maine Coon).

Kennzeichen einer besonderen Beziehung

Zuverlässige Erkenntnisse über die Beziehung des Menschen zu Heimtieren waren lange Zeit Mangelware. Zum einen fällt es nicht leicht, die vielschichtigen subjektiven Aspekte der komplexen Partnerschaft richtig zu bewerten, zum anderen fand Heimtierforschung zumindest im universitären Bereich eher auf den hinteren Rängen statt. Noch vor wenigen Jahrzehnten ernteten Psychologen, die sich für eine tiergestützte Therapie (→ Seite 112) stark machten, nur Spott von ihren Kollegen. Steigende Heimtierzahlen, die engere Bindung von Tier und Mensch und nicht zuletzt das Wissen um die wohltuende Wirkung des Tieres auf den Menschen haben die Situation entscheidend verändert und weltweites Interesse an diesem Forschungsbereich geweckt.

Kennzeichen soziale Verträglichkeit: Früherfahrung macht gesellig

Wer selbst zwei oder mehr Katzen hält, weiß aus eigener Anschauung, dass die verbreitete Ansicht der einzelgängerischen Katze mit der Wirklichkeit wenig zu tun hat. Katzen pflegen eine Vielzahl sozialer Kontakte zueinander. Dazu gehören der gemeinsame Kuschelschlaf, das gegenseitige Lecken des Fells, Koexistenz am Futternapf, Jagd- und Kampfspiele und – abhängig von der Intensität der Beziehung – zum Teil auch gemeinsame Ausflüge. Unter befreundeten Katzen ist die Toleranz innerhalb ihres Wohnbereichs größer als im Revier.

▷ **Erfahrungen in der Kindheit.** Die Basis für Geselligkeit und Miteinander wird bereits zwischen der 3. und 6. Lebenswoche der Katze gelegt (→ siehe auch Seite 132): Kätzchen, die in einer Gruppe mit erwachsenen Tieren aufwachsen, zeigen gegenüber anderen Katzen auch später nur sehr selten Berührungsängste. Sie erweisen sich als umgänglich, sind zu vielfältiger sozialer Interaktion bereit und stellen meist von sich aus Kontakte zu ihren Artgenossen her.

▷ **Pluspunkte für die Partnerschaft.** Katzen, die in früher Jugend positive Erfahrungen im Umgang mit Artgenossen verschiedener Altersstufen machen konnten, eignen sich besonders gut für eine Gemeinschaftshaltung. Probleme gibt es mit solchen Katzen auch dann nur selten, wenn sie eine fremde Katze als Mitbewohnerin akzeptieren sollen. Im Alltag bringt das Katzen-Team seinem Besitzer sichtbare Vorteile: Die Tiere beschäftigen sich regelmäßig miteinander, Langeweile kommt nicht auf und sie können über einen begrenzten Zeitraum alleine bleiben, ohne dass man sich Gewissensbisse machen muss. Der Intensität der Bindung an den Menschen tut die Lebensgemeinschaft keinen Abbruch und der finanzielle Mehraufwand für die Versorgung von zwei oder drei Katzen hält sich in Grenzen. Allerdings brauchen auch befreundete Katzen Privatsphäre und Rückzugsmöglichkeiten: Jede hat ihren Schlafplatz, die eigene Futterschüssel und ihre Toilette.

Kennzeichen Zuwendung: Füttern alleine reicht nicht

Die gesunde und ausgewogene Ernährung der Katze steht ganz oben im Pflichtenheft des Katzenhalters. In Tests hat man herausgefunden, was die Fütterung für die Katze bedeutet.

▷ **Fütterung festigt den Tagesrhythmus.** Wer die Katze zu festen Zeiten füttert, kennt das Phänomen: Pünktlich auf die Minute stellt sich Mieze am Napf ein. Wird der Termin nicht eingehalten, reagiert Madame ungnädig. Liebe geht bei Katzen allerdings nicht durch den Magen: Die Untersuchungen belegen, dass die Bindung an den Halter durch regelmäßige Fütterungen nicht gestärkt wird.

▷ **Spielen verbindet.** Spielstunden sind ein Muss. Die Formel ist einfach: Je häufiger und länger man sich mit seiner Katze beschäftigt, desto enger ist die Beziehung. Mindestens 30 Minuten täglich sollten es schon sein.

3

Kennzeichen Integration: Was die Katze uns bedeutet

Katzen gehören zur Familie: Zu diesem Resultat kommt eine Umfrage unter Katzenhaltern, die mindestens ein Jahr oder länger mit einem Tier zusammenlebten. Nahezu alle betrachten ihre Katze als Teil der Familie.

▷ **Anerkennung und Integration.** Insgesamt 872 Katzenbesitzer antworteten in der Studie einer amerikanischen Tierklinik auf die Frage, was die Katze ihnen bedeutet. Für 99 Prozent war sie ein vollwertiges Familienmitglied, bei 89 Prozent durfte sie im Bett schlafen, 97 Prozent redeten täglich mit ihr und 91 Prozent waren sicher, dass sie die Stimmungen ihrer Menschen spürt. Obwohl fast jeder zweite Halter von Verhaltensproblemen seiner Katze berichtete, zog es kein Einziger in Erwägung, sich von ihr zu trennen.

▷ **Fehlende Bindung.** Erstbesitzer, die mit der Katze nicht zurechtkommen, geben sie oft schnell wieder ab. Häufigste Gründe: als zu hoch empfundener Pflegeaufwand und die mangelnde Bereitschaft, die Bedürfnisse der Katze zu berücksichtigen.

Kennzeichen Persönlichkeit: Katzen sind vor allem Individualisten

Bei Auswahl und Anschaffung einer Katze wird auf Farbe und Größe, aber viel zu wenig auf Persönlichkeit und Charakter geachtet.

▷ **Nach Farbe und Größe.** Für die meisten Katzenkäufer spielen Aussehen, Körpergröße, Struktur und vor allem die Fellfarbe eine entscheidende Rolle. Besonders beliebt: graue Katzen vor schwarzen und getigerten, ganz am Schluss rangieren rote und dreifarbige. Die Körpergröße hat für Besitzer kleiner Wohnungen und für Senioren Bedeutung.

▷ **Charakterunterschiede.** Katzen sind Individualisten: Selbst Kätzchen aus einem Wurf können sich in Charakter und Persönlichkeit stark unterscheiden. Ob eine Katze eher zärtliche Nähe sucht oder Spaß an wilden Spielen und Kämpfen hat, lässt sich schon im Alter von wenigen Wochen erkennen.

Kennzeichen Vertrauen: Wie Katzen ihre Zuneigung zeigen

▷ **Morgengabe.** Vornehmlich Weibchen und kastrierte Kater legen ihrem Menschen häufig Mäuse vor die Füße. Möglicherweise erkennt die Katze in uns ein Wesen, das nicht selbstständig jagen kann. Ein Zuneigungsbeweis ist diese Fürsorge aber auf jeden Fall.

▷ **Vertrauensbeweis.** Die Katze begleitet uns auf dem Spaziergang. Je weiter sie sich dabei von Haus und Heimatrevier entfernt, desto größer ist ihr Vertrauen zu uns. Irgendwann ist es ihr nicht mehr ganz geheuer (Symptom: gesträubte Schwanzhaare) und sie kehrt um.

▷ **Freundschaftsgeste.** Köpfchengeben und Flankenreiben sind Begrüßungs- und Freundschaftsgesten (→ Seite 142), die Katzen auch gegenüber vertrauten Menschen einsetzen. Gleichzeitig werden dabei auch Duftstoffe aus Drüsen an Kopf und Schwanz übertragen. Bei Begegnungen mit Artgenossen wird das ▶ BEGRÜSSUNGSVERHALTEN (Seite 261) immer vom untergeordneten Tier gezeigt.

Detaillierte Angaben zur sozialen Verträglichkeit, zu Wesensunterschieden und zur Bedeutung der Katze für ihren Besitzer in: »Die domestizierte Katze« von D. Turner und P. Bateson (Hrsg.).

◁ *Zeichen der Zuneigung: Katzen sagen offen, wen sie mögen und wen nicht. Zu den unverkennbaren Freundschaftsgesten, die eine Katze auch gegenüber ihren vertrauten Menschen zeigt, gehören das Flankenreiben, Köpfchengeben und Stupsen mit der Pfote.*

Das Leben der Katze

Katzen scheinen zu kennen, wonach wir seit Urzeiten suchen: das Elixier ewiger Jugend. Mit spielerischer Leichtigkeit halten sie Körper und Köpfchen fit bis ins hohe Alter.

CHARAKTER UND PERSÖNLICHKEIT. Sie sind blind, sie sind taub und ihr Fell verdient noch nicht den Namen. Neugeborene Kätzchen sind völlig von ihrer Mutter abhängig. Doch schon mit drei Wochen zeigen sie Persönlichkeit und entwickeln individuelle Vorlieben und Eigenheiten. Und lassen erkennen, was einmal aus ihnen wird: der wilde Feger, ein verträumter Sofatiger oder die sensible Schmusekatze. Mit zwölf Wochen ist die Neugier auf Neues am größten und Mama nicht mehr das Maß der Dinge. Der beste Zeitpunkt für den Start in die Partnerschaft mit dem Menschen. Katzen wissen, was sie wollen. In der Pubertät testen sie dann auch aus, was sie können und dürfen. In dieser Phase stellt der Katzenmensch mit Toleranz und Einfühlungsvermögen die Weichen fürs Miteinander. Jetzt gehört die Katze voll und ganz zur Familie und ohne sie wäre das Leben nur halb so lebenswert.

3

Lebensalter und Entwicklungsphasen

Alleine sein will eine Katze nicht. Sie braucht Zuwendung und Wärme – ein Leben lang. In den ersten Lebenswochen von Mutter und Wurfgeschwistern, später vom Menschen. Der ist ihr wichtiger als die eigene Verwandtschaft. Frühe soziale Kontakte sind wichtig: Schon in der Krabbelkiste entscheidet sich, ob die Katze mit Menschen und Tieren glücklich wird.

Eine Hand voll Katze

Viel Katze ist es nicht, was da, gerade eben auf die Welt gekommen, in der Wurfkiste liegt: selten mehr und oft weniger als 100 Gramm leicht, mit viel zu großem Kopf, armselig dünnen Beinchen und kläglichem Fell. Es kann nicht hören und nicht sehen und Zähne gibt es auch noch keine. Katzen sind typische Nesthocker, die ohne die Fürsorge und den Schutz der Mutter nicht überleben könnten. Von der Welt wissen die Neugeborenen noch nichts, für sie gibt es nur zwei Lebensphasen: Schlafen und Trinken.

Schlafen, trinken, Wärme tanken

Die Beine sind noch zu schwach und den schweren Kopf zu heben strengt fürchterlich an. Trotzdem schaffen es die Winzlinge im Kriech- und Rückwärtsgang bis zu Mutters Zitzen. Vorzugsweise zu den hinteren, weil die mehr Milch geben. Nach kurzer Zeit hat jedes Kätzchen seine Lieblingszitze erobert. Die erkennt es am Geruch und drängt Milchräuber gnadenlos weg. Mit Klagegeschrei wird Mama alarmiert, wenn ein Junges ins Abseits gerät. Die reagiert sofort und schleppt den verlorenen Säugling zurück. Eile tut Not, weil junge Katzen ihre Körpertemperatur noch nicht aufrechterhalten können und schnell auskühlen. Die THERMOREGULATION (Seite 273) funktioniert erst ab der 7. Lebenswoche. Bis dahin ist Kuschelschlaf angesagt: Dicht an dicht liegen die Wurfgeschwister nebeneinander und wärmen sich gegenseitig.

Duftgedächtnis und Wackelkopf

Ganz hilflos sind neugeborene Katzen nicht. Sie kommen mit zwei wirkungsvollen Sicherheitssystemen auf die Welt: Zum einen haben sie ein Näschen für den typischen Nestgeruch und rufen um Hilfe, wenn er schwächer wird oder fehlt. Zum anderen hilft ihr großer Kopf bei der Kontaktsuche: Verliert ein Kätzchen die Verbindung zu Mutter und Geschwistern, pendelt sein Kopf so lange hin und her, bis er irgendwo anstößt (SUCHPENDELN, Seite 272). Zum Glück meist bei Mama.

INFO

Selbstständig in zehn Wochen

8.-14. Tag: Augen öffnen sich, die Katze reagiert auf Geräusche; Ende 2. Woche: erste Gehversuche; ab 3. Woche: eigenständige Körperpflege; 3.-6. Woche: Milchzähne brechen durch; ab 4. Woche: soziales Spiel mit den Wurfgeschwistern; 6. Woche: Das Kätzchen erkennt vertraute Personen; 6.-10. Woche: Entwöhnung.

Bauchmassage und Tragegriff

In den ersten drei Wochen ist die Versorgung des Nachwuchses ein Fulltimejob, nur selten verlässt die Mutter die Wurfkiste. Sie säugt, säubert und wärmt die Jungen und regt ihre Verdauung durch Belecken der Bauchregion an, die Ausscheidungen nimmt sie auf. Bei Störungen in dieser schwierigen Zeit quartiert die Katzenmutter ihre Kinder nicht selten an einen ruhigeren Ort um. Zum Transport werden die Jungen im Genick gepackt, was sie reflexartig in eine TRAGSTARRE (Seite 274) fallen lässt. Zur Rolle des Vaters → Seite 79.

Mit den eigenen Augen und Ohren

Am Ende der zweiten Lebenswoche kommt ein bisschen System in die Bewegungen. Alles noch sehr wackelig, aber immerhin fällt man nicht gleich wieder auf die Nase. Mit etwa zehn Tagen öffnen sich die Augen, auf Umgebungsreize reagieren die Kätzchen jedoch erst zwei bis drei Tage später. Auch das Gehör funktioniert jetzt. Bisher hatten die Kleinen die Nähe der Mutter nur am Geruch oder im direkten Körperkontakt gespürt, nun vermittelt ihnen ihr besänftigendes Schnurren (→ siehe auch Seite 142), dass alles in Ordnung ist. Die ersten Zähne brechen durch, vollständig ausgebildet ist das Milchgebiss mit sechs bis sieben Wochen.

Die Entdeckung der neuen Welt

Im Eiltempo werden aus hilflosen Säuglingen putzmuntere Katzenkinder. Spätestens in der 4. Woche kommt richtig Leben in die Bude: Im sozialen Spiel miteinander trainieren die Wurfgeschwister Fitness und Fähigkeiten, üben sich in Angriff und Verteidigung, Flucht und Verfolgung und im Beutespiel. Die Wagemutigsten unternehmen erste Ausflüge in die fremde Welt außerhalb der Wurfkiste, immer unter den wachsamen Augen ihrer Mutter.

TIPP

Das richtige Alter für den Umzug

Mit acht Wochen sind Katzenkinder fit und selbstbewusst: Sie laufen, springen und klettern fast wie die Großen, unternehmen Ausflüge auf eigene Faust, ernähren sich von festem Futter und hängen nicht mehr nur an Mamas Rockzipfel. Für ihr soziales Lernen ist aber der nächste Monat mit den Wurfgeschwistern und der Mutter wichtig. Erst im Alter von zwölf Wochen sind sie dann selbstständig genug, um auf eigenen Beinen zu stehen und ins neue Zuhause umzuziehen.

Mit Engelsgeduld erträgt es die Katzenmutter, dass sie als Spielpartnerin und Turngerät herhalten muss. Treibt es die Rasselbande zu wild, werden sie mit Pfotenhieb oder kurzem Fauchen zur Räson gebracht. Mutter nimmt die Erziehung ernst: In der 5. Woche kommt sie mit den ersten Mäuschen von draußen zurück. Für die Jungen ein großes Ereignis. Sie springen um das tote Tier herum und schubsen es mit der Pfote, aber so richtig können sie noch nichts damit anfangen. Erst zwei Wochen später folgt Anschauungsunterricht am lebenden Objekt. Es dauert geraume Zeit, bis die Kätzchen begreifen, dass Beute kein Spielzeug ist. Und noch länger, bis der Tötungsbiss sitzt. Im Gänsemarsch hinter der Mutter bricht die Truppe jetzt regelmäßig zu Spaziergängen auf, beobachtet fasziniert Krabbeltiere, schnuppert an Blumen und ergreift vor den Hühnern die Flucht. Weit wagt sich niemand weg und auf den Warnruf der Mutter sind alle sofort bei ihr. Jetzt sind die Kätzchen fünf Wochen alt und ihre Sinne sind vollständig entwickelt, nur die perfekte Koordination der Bewegungen braucht noch Zeit.

Muttersöhnchen: In den ersten Wochen ihres Lebens ist eine kleine Katze vollständig auf die Fürsorge der Mutter angewiesen. Geht der Kontakt zu ihr verloren, ruft das Kätzchen so lange mit seiner dünnen Stimme um Hilfe, bis die Mama zur Stelle ist.

Auf dem Weg in die Selbstständigkeit

Zwischen der 3. und 6. Lebenswoche werden die sozialen Verhaltensmuster festgelegt: Der Umgang mit Artgenossen und dem Menschen prägt die Katze fürs ganze Leben (→ Seite 130). Mit sechs Wochen erkennen die Kätzchen vertraute Personen, vor fremden ziehen sie sich zurück. Reinlichkeit wird auch bei kleinen Katzen schon groß geschrieben: Aus den unbeholfenen Putzversuchen der ersten Wochen ist längst die richtige Katzenwäsche geworden. Bei den Ausflügen mit Mama verbuddeln die Jungen ihr Geschäft instinktiv in lockerer Erde oder freunden sich schon mit der Katzentoilette an. Die wilden Spiele mit den Geschwistern reizen immer noch, mehr interessiert man sich jetzt aber für Spielzeug und alles, was sich bewegen oder fangen lässt. Nicht selten auch für den eigenen Schwanz.

Entwöhnung und Umzug

Die Futterumstellung läuft fast von selbst. Ab der 4. Woche können Kätzchen feste Nahrung zu sich nehmen. Eine Schüssel mit Juniorkost neben dem Napf der Mutter animiert zum Verkosten. Von der 6. Woche an verweigert die Mutter immer öfter die Zitzen und spätestens in der 10. Woche ist die Milchbar geschlossen. Die Jungen sind selbstständig, werden in den folgenden Wochen aber noch von der Mutter angeleitet. Mit zwölf Wochen kommt der richtige Zeitpunkt zum Wechsel ins neue Zuhause (→ Tipp linke Seite). Wird die Katzenfamilie nicht getrennt, bleibt sie meist ein halbes Jahr zusammen.

Das Ende der Jugendzeit

Die Augen junger Katzen sind blau. Vom 3. Monat an lagern sich Farbpigmente ein, doch erst mit ca. zwei Jahren ist die Ausfärbung beendet. Zwischen dem 4. und 8. Monat verdrängt das Dauergebiss die Milchzähne. Die Weibchen werden ca. ab dem 7. Monat geschlechtsreif (frühreife Siam oft schon im 5. Monat), Kater vom 7. bis 11. Monat, zum Teil jedoch auch deutlich später (→ Seite 73).

△

Reaktion und Fitness: Ab der 7. oder 8. Lebenswoche sind junge Katzen Feuer und Flamme für Fangspiele mit Objekten und zeigen dabei eine erstaunliche Ausdauer.

Die erwachsene und die ältere Katze

Mit Erreichen der Geschlechtsreife ist die Entwicklung der Katze noch nicht abgeschlossen. Ausgewachsen ist sie frühestens mit 12-15 Monaten, bei einzelnen Rassen kann es fast drei Jahre dauern, bis alle körperlichen und Verhaltensmerkmale ausgereift sind. Die Katze wird zwei- bis viermal jährlich rollig, bei reiner Wohnungshaltung oft wesentlich häufiger. Der Kater ist immer fortpflanzungsfähig. Katzen werden 15-18 Jahre alt, nicht selten aber auch 20 Jahre und mehr. Die ersten Altersanzeichen treten ab dem 8. Lebensjahr auf. Typische Symptome: erhöhtes Ruhe- und Wärmebedürfnis, nachlassende Beweglichkeit und Kondition, stumpferes Fell, Rückgang des Seh- und Hörvermögens, Probleme mit der Verdauung, Zahnverluste, Abnahme des Körpergewichts. Alte Herrschaften verlangen viel Zuwendung und sind manchmal eigensinnig, aber ein Katzenmensch hat dafür Verständnis.

Die Grundlagen des Katzenverhaltens

Löwe, Tiger, Luchs, Falbkatze und Co müssen in freier Wildbahn überleben. Darauf ist ihr ganzes Verhalten ausgerichtet, vom Jagd- und Revierverhalten bis zur Kommunikation und Fortpflanzung. Die Hauskatze unterscheidet sich nicht von der wild lebenden Verwandtschaft, sie hat sich die Verhaltensweisen ihrer Vorfahren bewahrt. Nur in der Partnerschaft mit dem Menschen zeigt sie ein ganz anderes Gesicht und spielt die Rolle des unselbstständigen Kindes, das beschützt, versorgt und bemuttert werden will.

Die zwei Welten der Hauskatze

Miau macht die Katze. Was uns als typischer Katzenlaut gilt, hat in Katzenkreisen vor allem in der Kindheit Bedeutung: Mit klagendem Miauen tut das Kätzchen seinen Unwillen kund, wenn die Mutter nicht da ist, wenn es friert oder plötzlich geweckt wird. In der Kommunikation untereinander miauen erwachsene Katzen selten, im Gespräch mit dem Menschen steht Miau jedoch ganz oben, als hörbares Indiz der Rollenverteilung in der Katze-Mensch-Beziehung: Die Katze adoptiert ihren Menschen gleichsam als Oberkatze, erwartet von ihm mütterliche Fürsorge und spricht mit ihm, wie Katzenkinder mit der Mutter sprechen. In freier Wildbahn erinnert nichts an das bettelnde Baby: Da wandelt sich die Katze zur gewitzten Schleichjägerin, die alle Tricks beherrscht, die fürs Beutemachen wichtig sind. Die angeborenen Handlungsabläufe des Revier- und Jagdverhaltens sind tief verwurzelt. Selbst eine behütete Rassekatze weiß sehr wohl, wie man sich fast geräuschlos und in Deckung an eine Maus heranpirscht.

Revierverhalten

Katzen sind standorttreue Tiere, die ihren Heimat- und Wohnbereich gegenüber fremden Artgenossen wie auch gegenüber allen anderen Eindringlingen verteidigen.

▷ **Heimat- oder Wohnbereich:** Zum Heimatbereich gehören die Schlaf- und Ruheplätze der Katze, hier hat sie ihren Futterplatz und von hier aus marschiert sie ins Revier. Für Familienkatzen ist die Wohnung das Zentrum aller Aktivitäten, bei Bauernhofkatzen kann es ein Dachboden oder die Scheune sein. Fremdlinge werden nicht geduldet. Lebt die Katze in einer Hausgemeinschaft mit anderen Tieren, entscheiden die älteren Wohnrechte oder eine mehr oder minder freundschaftliche Beziehung, ob man sich aus dem Weg geht oder Ruheplätze und Futternapf miteinander teilt. Katzen markieren (→ Seite 145) den Heimatbereich höchstens dann, wenn fremde Tiere ihre Geruchsspuren hinterlassen. Heimrecht macht sicher und stark: Selbst ein zartes Katzenmädchen kann sich auf eigenem Grund und Boden erfolgreich gegen einen Rambo-Kater zur Wehr setzen. So weit kommt es aber nur selten, weil die meisten Katzen in fremden Revieren zurückhaltend und friedlich bleiben und das Feld fast immer freiwillig räumen, wenn der Revierbesitzer darauf besteht. Die Katze kennt jeden Winkel ihrer Wohnung und findet sich mit geschlossenen Augen zurecht. Wer häufig Möbel verrückt, bereitet ihr wenig Freude, weil sie dann den Heimatbereich erst wieder erkunden muss.

▷ **Revier:** Das ⊙ REVIER (Seite 270) schließt sich an den Wohnbereich der Katze an. Seine Größe hängt von Bebauung, topografischer Beschaffenheit und der Katzendichte in der näheren Umgebung ab. Im Garten hinterm Haus können der Zaun, ein Bach oder die Straße eine natürliche Reviergrenze bilden. Wo viele Katzen auf begrenzter Fläche leben,

▷

Früh übt sich: Ob sich der Gegner des Kätzchens vom Katzenbuckel und den gesträubten Rücken- und Schwanzhaaren beeindrucken lässt?

INFO

Die Lebensalter der Katze

Hauskatzen werden 15-20 Jahre alt. Ein Lebensjahr entspricht rein rechnerisch vier bis fünf Menschenjahren. Doch der Vergleich hat wenig Aussagekraft, weil die Entwicklung der Katze nicht gleichmäßig verläuft: Nach einer stürmischen Kinderzeit ist sie mit ca. 18 Monaten, spätestens jedoch mit drei Jahren ausgewachsen. Danach bleibt sie über viele Jahre fit und verändert sich körperlich und im Verhalten kaum, um dann in der letzten Lebensphase schnell zu altern.

sind die Einzelreviere klein und überlappen sich. Hier hat es ein Zugereister schwerer, sich sein eigenes Areal zu sichern als auf dem Land, wo es wenig direkte Konkurrenz gibt. Katerreviere sind häufig bis zu zehnmal größer als die der Katzen. Die verteidigen ihren Besitz dafür aber deutlich unnachgiebiger gegenüber Eindringlingen als die Herren. In Revieren, die aneinander grenzen oder sich überlappen, benutzt man bestimmte Wege gemeinsam. Um nicht durch ständige Händel mit den Nachbarn in Dauerstress zu geraten, werden stillschweigend Zeitpläne fürs Wegerecht vereinbart: Während eine Katze am frühen Morgen freie Bahn hat, bleibt ihre Kollegin in der Abenddämmerung unbehelligt. Sollten sich die Wege doch einmal kreuzen, vermeidet man den direkten Kontakt, indem jeder einfach kehrtmacht. An auffälligen Geländepunkten im Revier und an den Grenzen wird der Besitzanspruch mit Duftmarken und Kratzspuren bekräftigt. Besonders beliebt sind hoch gelegene Beobachtungspunkte (Warten): Von hier aus lässt sich leicht kontrollieren, was sich im Revier abspielt.

▷ **Streifgebiet:** Vor allem auf dem Land, wo Wiesen und Äcker ans Revier grenzen, gehen Katzen auch außerhalb ihres Eigenbezirks auf die Pirsch. Das Streifgebiet ist Niemandsland, in dem keine Katze besondere Rechte genießt und auch keine Besitzansprüche geltend macht. Wo immer möglich, geht man auch hier den Artgenossen aus dem Weg.

Gesellschaftsstrukturen

Halbwilde Katzentrupps, die gemeinsam auf Beutefang gehen, geheimnisvolle nächtliche Zusammenkünfte an verschwiegenen Plätzen, Kater in Bruderschaften mit festen Regeln – bei näherer Betrachtung bleibt nicht allzu viel vom Bild der einzelgängerischen und eigenbrötlerischen Katze.

▷ **Lebensgemeinschaften halbwilder Katzen.** Hierzulande sind sie selten, rund ums Mittelmeer jedoch gehören halbwilde Katzen zum Straßenbild der Städte und zum Alltagsleben auf vielen Inseln (→ siehe auch Seite 127). Sie leben ohne erkennbare Rangordnung zusammen oder schließen sich nur für gemeinsame Aktionen einem Anführer an und manchmal helfen sie sich sogar gegenseitig, etwa bei der Aufzucht der Jungen.

▷ **Nächtliche Versammlungen.** Sie treffen sich auf Dächern, in stillen Hinterhöfen und immer dort, wo sie unter sich sind und immer nachts: junge und alte Katzen, Katzen und Kater, Streuner und behütete Wohnungskatzen. Für geraume Zeit sitzen sie dann still und friedlich nebeneinander, bis irgendwann der Spuk vorüber ist, so unvermittelt, wie er begonnen hat. Verbürgt sind die nächtlichen Treffen seit langem, ihrem Geheimnis auf die Spur gekommen sind wir bis heute nicht.

▷ **Die Bruderschaft der Kater.** Die Kater eines Viertels schließen sich zu einer Gemeinschaft zusammen, in der es eine Rangordnung und bestimmte Regeln gibt. Die Bruderschaft ist gleichsam ein Privatklub, in den Bewerber erst aufgenommen werden, wenn sie sich würdig erweisen und die Klubältesten ihr Einverständnis gegeben haben.

Verständigung

Katzen verfügen über eine hoch entwickelte und komplexe Körper- und Lautsprache (→ Seite 142) und teilen sich durch viele unterschiedliche Lautäußerungen (→ Seite 146), Sichtzeichen und Duftsignale mit: eine erstaunlich breite Verständigungsbasis für ein vermeintlich einzelgängerisches Tier. Doch gerade für Solisten im Tierreich ist eine klare Sprache besonders wichtig. Anders als gesellig lebende Arten, bei denen sich Missverständnisse meist sehr schnell wieder ausräumen lassen, können es sich Einzelgänger nicht leisten, bei ihren sporadischen Begegnungen mit Artgenossen und Konkurrenten falsch verstanden zu werden. Sicherlich darf man die Sprachbegabung und den großen Wortschatz der Katze aber auch als Beleg dafür nehmen, dass sie weit mehr soziale Kontakte pflegt, als man es ihr bisher zugestanden hat.

Jagdverhalten

Der Jagdtrieb der Katze ist ein angeborenes ▶ BEUTEFANGVERHALTEN (Seite 261), das durch kleine und schnell bewegte Objekte ausgelöst wird. Zur Beutesuche animiert werden Katzen auch durch akustische Signale, meist durch kratzende und knisternde Geräusche oder die hochfrequenten Töne, die Mäuse von sich geben. Die Katze ist eine Schleichjägerin, die sich einem Beutetier möglichst in Deckung nähert, um es dann auf kurze Distanz zu attackieren. Mit dem Angriff wartet sie stets so lange, bis sich der Nager weit genug vom Eingang seines Baus entfernt hat. Bei der Jagd auf Vögel hilft dieses angeborene Verhalten wenig, weil die ersehnte Beute oft schon vorher auffliegt und die Jägerin das Nachsehen hat. Katzen sind in der Lage, Tiere bis zur eigenen Größe zu überwältigen, beschränken sich aber in der Regel auf Kleinnager. Die Jagd

▶ WAS TUN, WENN ...

... meine Katze tote Mäuse ins Haus schleppt?

Von fast jedem Pirschgang durchs Revier kommt die Katze mit einem Beutetier ins Haus und legt es ihrem Besitzer vor die Füße.

Ursache: Katzenmütter bringen den Jungen in der Wurfkiste anfangs tote, später lebende Mäuse von der Jagd mit. Offensichtlich glaubt die Katze auch ihren Menschen versorgen zu müssen und macht ihm regelmäßig ein Mäuschen zum Geschenk.

Lösung: Das Beutegeschenk ist Ausdruck des Vertrauens, das Sie bei Ihrer Katze genießen. Und dafür darf man sie weder tadeln noch bestrafen. Damit die Maus nicht im Wohnzimmer landet, sollte die Katze eine Zeit lang erst dann ins Haus gelassen werden, wenn sie sich vor der Tür meldet. Warten Sie, bis sie die Maus dort abgelegt hat. Schon bald weiß sie, dass die Übergabe nur hier stattfindet. Alternative: Wenden Sie sich ab oder gehen Sie aus dem Zimmer, wenn die Katze laut miauend mit ihrer Beute hereinkommt. Nachdem sie es mehrmals vergeblich versucht hat, gibt sie meist auf. Lenken Sie die Katze mit einem Leckerbissen ab, wenn Sie ein Beutepräsent entsorgen wollen, damit sie nicht mitbekommt, wo das Mäuschen bleibt. Die Katze vor dem Pirschgang reichlich zu füttern zeigt in der Regel keinen Erfolg: Auch mit vollem Magen ist die Lust an der Jagd ungebrochen.

auf Ratten verlangt Mut und Erfahrung und viele Katzen lassen von sich zur Wehr setzenden Ratten ab. Mit verschiedenen Warnrufen macht schon die Katzenmutter ihren Jungen den Unterschied zwischen Maus und Ratte klar. Die Beute wird mit einem Biss in den Nacken getötet. Der Nackenbiss hat aber auch andere Funktionen: Der Kater setzt ihn als Liebesbiss bei der Paarung ein, die Mutter als Tragegriff beim Jungentransport. In beiden Fällen verhindert eine ▶ BEISSHEMMUNG (Seite 261) Verletzungen. Den richtigen Biss in die Beute lernen Katzen mit zunehmender Erfahrung, mangels Praxis ist aber mancher Stubentiger zeitlebens nicht in der Lage, ihn wirkungsvoll einzusetzen bzw. seine Beißhemmung zu überwinden. Insekten und andere Kleintiere werden vor Ort verspeist, größere Beute bringt man meist nach Hause, Vögel werden vor dem Fressen gerupft. Nach der Jagd spielt die Katze oft mit der toten oder noch lebenden Beute. Dieses ▶ ERLEICHTERUNGSSPIEL (Seite 263) baut die Anspannung ab, die sich während der Jagd aufgestaut hat.

Spielen

Im Spiel trainieren Katzen Reaktion und Fitness, sammeln Erfahrungen im spielerischen Kontakt mit ihrer Umwelt und lernen im gemeinsamen Spiel mit Artgenossen und anderen Spielpartnern soziales Miteinander. Viele Spielelemente sind angeborene Verhaltensweisen des Jagd- und Sexualverhaltens, die nicht erlernt werden müssen und die man schon bei jungen Katzen beobachten kann. Tiere spielen dann, wenn sie »Freizeit« haben und keiner anderen Beschäftigung nachgehen müssen, etwa der Futtersuche. Heimtiere (und auch Zootiere) spielen daher viel häufiger als ihre wilden Verwandten. Die Spiele in der Kindheit – auch die mit dem Menschen – bestimmen die soziale Verträglichkeit einer Katze entscheidend mit (→ Seite 234).

Pause auf der Pirsch: In ihrem Revier steuern Katzen regelmäßig ihre häufig versteckt liegenden Lieblingsplätze an. Hier kann man ungestört Siesta halten. ▽

Imponieren

Wer seinem Gegenüber ◘ IMPONIEREN (Seite 266) kann, erspart sich oft Ärger. Das funktioniert nicht nur bei den Artgenossen, auch so mancher Hund ist verunsichert, wenn er unvermittelt einer Katze gegenübersteht, die mit gesträubtem Fell und Katzenbuckel groß und wehrhaft wirkt. Auch kraftvolles Krallenwetzen an geeigneter Stelle hinterlässt bei anderen Katzen, die das Schauspiel beobachten, einen nachhaltigen Eindruck.

Komfortverhalten

Zum ◘ KOMFORTVERHALTEN (Seite 267) der Katze gehören Verhaltensweisen, die vor allem der Körperpflege, aber auch der Entspannung und Stoffwechselversorgung dienen: Säubern und Waschen des Fells, Kratzen, Sonnenbaden, Scheuern an Gegenständen, Gähnen und viele andere. Typische Komforthandlungen sind die Dehn- und Streckbewegungen, mit denen die Katze ihre Muskeln nach der Siesta wieder lockert, und das Krallenwetzen, das der Reinigung und dem Schärfen dient (häufig zugleich aber auch dem Markieren). Soziale Bedeutung hat das Komfortverhalten beim Putzlecken einer anderen Katze. Befreundete Katzen lecken sich meist gegenseitig, vorwiegend an den wenigen Stellen des Körpers, die sie bei der Pflege mit der eigenen Zunge nicht erreichen können. Ein dominantes Tier soll durch Putzlecken beschwichtigt und friedlich gestimmt werden. Hier geht die Aktion nur von der unterlegenen Katze aus und wird nicht erwidert.

Verhaltens-Basics

▷ **Erkundungsverhalten.** Über die Grenzen des vertrauten Lebensraums hinaus erkunden viele Tiere die Umgebung und machen Erfahrungen, die ihnen in anderen Lebenslagen nützlich sein können. Neben Auge, Ohr und Nase spielt dabei der Tastsinn eine wichtige Rolle. Schon die noch blinden und tauben Neugeborenen erkunden mit dem von Geburt an ausgeprägten Geruchssinn die Umgebung.

▷ **Neugierverhalten.** Neugierverhalten richtet sich auf unbekannte Objekte in gewohnter Umgebung. Mehr als bei anderen Tieren ist bei Hauskatzen und ihrer wild lebenden Verwandtschaft das Interesse an allem, was neu und fremd ist, besonders stark ausgeprägt.

▷ **Aktivitätsphasen.** Katzen sind von Haus aus dämmerungs- und nachtaktiv. Vor allem Katzen, die ausschließlich in der Wohnung leben, haben sich unserem Lebensrhythmus angepasst. Sie sind am Tag munter und dösen oder schlafen nachts mehrere Stunden.

▷ **Verstecke und Warten.** Höhlen und Spalten ziehen Katzen magisch an. Sie sind ideale Zufluchtsorte und Verstecke und der richtige Platz, um zu sehen, ohne gesehen zu werden. Von Hochsitzen (Warten) lässt sich das Revier leichter kontrollieren, darüber hinaus bietet die erhöhte Position strategische Vorteile bei Auseinandersetzungen.

▷ **Wärmeliebe.** Katzen lieben Wärme und halten deutlich höhere Temperaturen aus als wir (Obergrenze Haut der Katze: 52 Grad Celsius, beim Menschen: 42 Grad). Trotz über den ganzen Körper verteilter Wärme- und Kälterezeptoren registriert manche Katze es oft erst spät, wenn sie sich das Fell versengt.

▷ **Übersprung.** Ein ◘ ÜBERSPRUNGVERHALTEN (Seite 274) passt nicht zur Situation, in der es gezeigt wird. Typisch für Konfliktlagen, in denen Entscheidungen schwer fallen. Zum Beispiel wenn die Katze zwischen Angriff und Flucht schwankt und sich plötzlich putzt.

▷ **Zwanghaftes Verhalten.** Verhaltensweisen, die sich im harmlosen Jagen nach dem eigenen Schwanzes äußern können, aber auch zu Neurosen und Krankheiten führen, etwa bei ständigem Putzlecken des Fells (→ Seite 170).

▷ **Schauspielern.** Bluffs und Lügen sind bei Katzen seltener als bei Tieren, die wie Affen und Hunde in Gruppen oder Rudeln leben.

▷ **Altersbedingte Veränderungen.** Bei älteren Katzen kann das Nachlassen von Fitness und Sinnesleistung zu Verhaltensänderungen führen (→ Seite 172).

▷ **Sexualverhalten** → Seite 73 ff

Sprache und Verständigung

Die Katzensprache kennt viele Wörter. Katzen maunzen, meckern, schnattern, schnurren, knurren, fauchen, gurren, sträuben das Fell, runzeln die Nase, legen die Ohren an, knicken die Beine ein, schlagen mit dem Schwanz. Und doch können diese und alle anderen Begriffe für sich alleine nicht beschreiben, wie Katzen sich verständigen. Die Sprache der Katze ist komplex, immer werden mehrere Ausdrucksformen miteinander kombiniert (→ Seite 146), und das, was die Katze zu sagen hat, erhält erst in einer konkreten Situation seine Bedeutung.

Mit der Muttersprache auf die Welt

Die Sprache dient der Verständigung: Der Absender muss sich unmissverständlich ausdrücken, und der Empfänger muss wissen, was gemeint ist. Beides braucht eine Katze nicht zu lernen, das Vokabular bringt sie mit auf die Welt, sie kann sich damit mitteilen und versteht, was ihr die Artgenossen zu sagen haben. Trotzdem sind Katzen lernfähig: Wie sie mit ihrer Sprache umgehen, hängt wesentlich von den Reaktionen der Adressaten, vom sozialen Umfeld und der jeweiligen Situation ab. Animiert ein Kätzchen den griesgrämigen Kater des Hauses frechdreist zum Spielen und holt sich eine barsche Abfuhr, wird es beim nächsten Versuch »höflicher« anfragen und das auch mit seiner Körper- und Lautsprache signalisieren.

Kätzisch für Einsteiger

Die Katzensprache ist kompliziert und komplex. Katzen sind hervorragende Beobachter und registrieren selbst leiseste Zwischentöne, Missverständnisse und Fehldeutungen gibt es bei ihnen so gut wie nie. Dem Katzenhalter fällt es nicht immer leicht, seine Katze zu verstehen und sich mit ihr zu verständigen. Es braucht Katzenerfahrung und ein bisschen Verhaltenskunde, um Irrungen und Wirrungen zu vermeiden. Die meisten Probleme mit Katzen (→ Seite 160) sind die Folgen von »Sprachstörungen«. Oft hat man jedoch den Eindruck, als würden Katzen um unser eingeschränktes Wahrnehmungsvermögen wissen und sich bemühen, besonders klar und verständlich mit uns zu sprechen.

Das Wörterbuch der Lautsprache

Die Liste der wichtigsten Laute im Wörterbuch der Katzensprache ist auf den ersten Blick sehr überschaubar. In der Praxis sieht das völlig anders aus, weil Katzen aus den Grundlauten eine Vielzahl unterschiedlicher Übergangs- und Zwischenformen bilden und ihre Sprache individuell abwandeln können und wohl auch Dialekte beherrschen. Ein Menschenkind, das taub geboren wird, lernt nicht sprechen, weil ihm die Rückmeldung über das Gehör fehlt. Katzen brauchen dieses Feedback nicht, ein taubes Tier besitzt das gleiche Sprachvermögen und kann sich ebenso gut verständlich machen wie seine normal hörenden Artgenossen. Die Katze sieht im vertrauten Menschen die beschützende und versorgende Oberkatze und Ersatzmutter und spricht ihn in der Sprache des Katzenkindes an. Dazu gehört auch das um Fürsorge bettelnde Miauen.

- **Miauen:** Klagelaut der Kätzchen, wenn sie frieren oder von der Mutter allein gelassen werden. Auch bei erwachsenen Katzen Ausdruck des Unwohlseins und Unwillens, wird von ihnen aber nur selten benutzt.
- **Gurren:** zur freundschaftlichen Begrüßung, typisch auch für eine meist gedämpfte Unterhaltung, wobei der Laut vielfach abgewandelt und individuell moduliert wird. Lockruf der Mutter, mit dem sie ihre Jungen im Nest auffordert, sich einer Beute zu nähern.
- **Kreischen:** heller, hoher Laut einer Katze in Panik und höchster Not, wenn sie in die Enge getrieben wird und nicht fliehen kann.

▷ **Meckern:** halblaute Töne in rascher Folge, die mit leicht geöffnetem Mund und schnell auf und ab bewegtem Unterkiefer produziert werden. Katzen meckern oder schnattern, wenn sie eine unerreichbare Beute sehen, zum Beispiel einen Vogel vor dem geschlossenen Fenster. Die Bedeutung des Lautes ist unklar.

▷ **Fauchen:** Bei halb geöffnetem Mund wird die Atemluft sehr schnell und scharf ausgestoßen. Der Warn- und Drohlaut soll Angreifer abschrecken.

▷ **Spucken:** ähnelt dem Fauchen, die Luft wird aber noch schneller ausgestoßen, zum Teil auch durch die Nase. Der fast knallartige Abschrecklaut verfehlt selten seine Wirkung.

▷ **Knurren:** tief und bedrohlich wirkend. Wird wie Fauchen und Spucken als Warnung und Drohung eingesetzt, etwa wenn eine andere Katze die Beute streitig machen will.

▷ **Katergesang:** Kampfrufe der Kater, die sich beim Werben um die Gunst eines rolligen Weibchens in die Wolle geraten.

▷ **Schnurren:** ▶ SCHNURREN (→ Seite 271, siehe auch unten) stammt aus der Sprache der Kätzchen, die ihrer Mutter signalisieren, dass alles in Ordnung ist. Erwachsene Katzen schnurren, wenn sie sich wohl fühlen, aber auch um andere friedlich zu stimmen und zu beschwichtigen. Selbst kranke und sterbende Tiere schnurren häufig und geben damit zu erkennen, dass sie hilflos und schwach sind und sich nicht wehren werden.

△
Begegnung nach Katzenart: Zwischen fremden Katzen entscheidet die gegenseitige Schnupperprobe darüber, ob man sich leiden kann oder lieber aus dem Weg geht. Unter Freunden ist der Dufttest nur eine Formalität.

Schnurren – ein Laut wie kein anderer

Wie schnurren Katzen eigentlich? Eine simple Frage – und doch hat es lange gedauert, bis die Experten dem eigentümlichen Brummen auf die Spur gekommen sind. Heute weiß man, dass die Töne im Kehlkopf erzeugt werden. Wenn die Katze schnurrt, ziehen sich die Kehlkopfmuskeln 20- bis 30-mal pro Sekunde zusammen. Dabei geraten die Ränder der Stimmlippen in Bewegung. Frequenz 25 Hertz bei einer durchschnittlichen Flüsterlautstärke von zwei Phon. Hauskatzen und die anderen Kleinkatzen wie Luchs, Ozelot und Puma beherrschen die Zwei-Wege-Schnurrtechnik, sie schnurren beim Ein- und Ausatmen, große Katzen wie Löwe und Tiger können nur beim Ausatmen schnurren. Beim Schnurren muss man den Mund nicht öffnen und – als Säugling an Mamas Milchbar – auch das Trinken nicht unterbrechen. Und sogar Miau sagen oder andere Töne hervorbringen kann eine Katze, während sie schnurrt. Die individuellen Unterschiede sind groß: Neben regelrechten Schnurrverweigerern gibt es Leiseschnurrer und Schnurrprofis mit Raumklangproduktion. Manche Katzen können stundenlang am Stück schnurren, was das Schnurren auch in puncto Dauerton rekordverdächtig macht.

Das Wörterbuch der Körpersprache

Mit ihrer Körperhaltung (GESTIK, Seite 264) signalisiert die Katze dem Gegenüber, in welcher Stimmung sie ist. Entscheidend sind Position und Stellung des Körpers, Haltung von Kopf, Beinen und Schwanz und das Sträuben des Fells. Die Skala der Ausdrucksformen reicht von neutral und ausgeglichen über interessiert und freundlich bis drohend und angriffsbereit. Fast immer überlagern sich verschiedene Stimmungen, etwa Unsicherheit und Neugier, Angst und Abwehrbereitschaft.

INFO

Plappermäuler und Schweiger

Katzen geht es wie den Menschen: Die einen haben viel zu sagen, die anderen schweigen sich beharrlich aus. Zu den Plappermäulern zählen die Orientalen, allen voran die Siam. Viel ruhiger sind dagegen Perser, Kartäuser und Britisch Kurzhaar. Aber selbst hier sind Katzen Individualisten, und so gibt es auch eher stille Siam und gesprächige Perser. Dauerredner sind nicht jedermanns Sache, was man schon beim Kauf beachten sollte.

▷ **Körper:** Die selbstsichere Katze präsentiert sich ihrem Gegenüber frontal, aufrecht stehend und mit gestrecktem Körper. Um ihm zu imponieren oder zu drohen, baut sie sich quer vor ihm auf (BREITSEITENDROHEN, Seite 262), ist sie unsicher, macht sie sich klein und flacht den Rumpf ab. Der katzentypische Buckel ist eine Imponier- und Drohgeste, lässt aber gleichzeitig auch Unschlüssigkeit und Fluchtbereitschaft erkennen. Mimik (→ siehe rechts), Beine, Schwanz und Fell machen das jeweilige Sprachbild unverwechselbar.

▷ **Kopf:** Erhoben bei freundlicher und ausgeglichener Stimmung. Ein vorgestreckter Kopf zeigt Neugier, Interesse und Kontaktbereitschaft an, zum Beispiel bei Begegnungen mit Artgenossen. Abgewendet oder gesenkt soll er eine Situation entschärfen und Provokationen vermeiden. Die Kopfhaltung korrespondiert mit einer bestimmten Mimik.

▷ **Beine:** Gestreckte Beine und ein aufgerichteter Körper sprechen eine klare Sprache: Ich bin mir meiner Sache sicher und muss mich nicht verbergen. Typisch für eine freundlich-selbstbewusste oder drohend-angriffsbereite Katze. Defensiv und abwehrend: Vorderbeine zurückgesetzt, Hinterbeine unverändert; unsicher und ängstlich: Hinterbeine eingeknickt.

▷ **Schwanz:** Der zuckende Schwanz ist ein unübersehbares Zeichen der Erregung, ob vor Anspannung angesichts einer verlockenden Jagdbeute oder aus Unmut, wenn sich die Katze ärgert. In ruhiger Stimmung zeigt der Schwanz bewegungslos schräg nach unten, zur Begrüßung wird er steil aufgerichtet.

▷ **Fell:** Mit gesträubtem Fell wirkt die Katze größer. Beim drohenden Tier stellen sich nur die Rücken- und Schwanzhaare auf, die ängstliche Katze sträubt das ganze Fell.

Schau mir ins Gesicht!

Katzen haben ein sehr wandlungsfähiges Gesicht. Beim Gesichtsausdruck (MIMIK, Seite 268) spielen Ohren, Nase, Stirn, Augen, Mund und die Schnurrhaare eine wichtige Rolle. Die Körperhaltung erlaubt die Verständigung auf Distanz, die Mimik hat vor allem beim direkten Kontakt Bedeutung.

▷ **Ohren:** in Ruhe nach vorne gestellt, bei Aufmerksamkeit oder Anspannung weiter zur Mitte gedreht. Drohend und aggressiv: aufgestellt und nach hinten zeigend; defensiv und fluchtbereit: seitwärts nach hinten abgeknickt.

▷ **Augen:** verengte Pupillen bei erhöhter Aufmerksamkeit, Anspannung und Kampfbereitschaft. Erweitert bei Erschrecken, Angst und Abwehr. (Die Pupillengröße ist allerdings auch vom Lichteinfall abhängig.)

▷ **Schnurrhaare:** in Ruhe nur leicht gespreizt und zur Seite zeigend, bei einer aktiven und auf ein Objekt fixierten Katze als Fächer nach vorne gerichtet, bei Unsicherheit und Angst nach hinten gelegt.

▷ **Flehmen:** Beim Flehmen (→ Seite 22) ist der Mund leicht geöffnet, die Nase wird gerümpft, die Oberlippe hochgezogen.

Geruchssignale und Sichtzeichen

Katzen verlassen sich vor allem auf Augen und Ohren. Doch auch Gerüche haben in der Verständigung einen hohen Stellenwert.

▷ **Geruchssignale:** Mit Duftstoffen markiert die Katze ihre Artgenossen, aber auch andere Tiere, den Menschen und bestimmte Gegenstände (▶ MARKIEREN, Seite 268). Der Duft stammt aus Drüsen an Kinn, Wangen und aus den beiden kleinen Analdrüsen am After. Übertragen wird er durch Flankenreiben und Köpfchengeben oder wenn das Hinterteil an einen Gegenstand gedrückt wird. Die Geruchsmarken informieren die Artgenossen darüber, wer hier Besitzansprüche reklamiert. Für die menschliche Nase sind die Duftstoffe, die ein Kater beim Harnspritzen absetzt, nicht gerade ein Wohlgeruch. Weibchen können ebenfalls spritzen, praktizieren es aber eher selten und meist unbemerkt. Offensichtlich hat jeder Geruchsstoff seine ganz persönliche Note, so dass andere Katzen genau wissen, wer die Duftbotschaft hinterlassen hat. Und es scheint sogar Gruppendüfte zu geben, an denen sich die Mitglieder einer Gemeinschaft gegenseitig erkennen. Nachrichtenfunktion haben auch die nicht verscharrten Kothaufen an besonders exponierten Stellen des Reviers.

▷ **Sichtzeichen:** Beim ▶ KRALLENWETZEN (Seite 267) an Bäumen und markanten Punkten im Revier hinterlässt die Katze deutliche Sichtzeichen. Haben hier schon andere Katzen die Krallen gewetzt, setzt man seine Botschaft möglichst weiter oben ab. Über die Pfotensohlen werden dabei gleichzeitig Duftstoffe übertragen. Imponiercharakter hat das Krallenwetzen, wenn Artgenossen zuschauen.

▶ **TIPP**

Geben Sie sich zu erkennen!

Die Katze beobachtet sehr genau, was um sie herum passiert, reagiert aber hauptsächlich auf Bewegungen. Vertraute Menschen erkennt sie an Gesten und Bewegungsweise, und das selbst auf Distanzen von 100 Meter, während sie regungslose Personen auch auf kurze Entfernung manchmal gar nicht wahrzunehmen scheint. Mit Handzeichen (und ohne Zuruf) können Sie selbst herausfinden, auf welche Entfernung Ihre Katze Sie erkennt.

Schnüffeltest beim Katzentreffen

Bei Katzenbegegnungen spielen Gerüche eine zentrale Rolle: Wenn sich zwei Katzen treffen, beschnuppern sie sich Nase an Nase. Danach folgt die gegenseitige Kontrolle der Afterregion (▶ ANALGESICHT, Seite 260). Erst diese Duftprobe entscheidet darüber, ob man sich leiden kann oder nicht. Befreundete Tiere, die sich regelmäßig sehen, verzichten in der Regel auf die Analkontrolle.

Wie Hund und Katze

Die Katze schlägt mit dem Schwanz, wenn sie wütend ist, beim Hund ist Schwanzwedeln oft ein Zeichen der Freude. Die Katze hebt die Pfote zur Abwehr, der Hund zur Begrüßung: Katze und Hund sprechen verschiedene Sprachen. Trotzdem sind Missverständnisse selten und bei Tieren unter einem Dach schnell aus der Welt geschafft (→ Seite 114). Gar keine Sprachbarrieren gibt es zwischen Katzen- und Hundekindern, die gemeinsam aufwachsen. Jeder findet den anderen als Spielpartner einfach toll. Und fast immer bleibt die Freundschaft der Kinderzeit ein Leben lang bestehen.

Der Katzen-Sprachatlas

Die Katze spricht eine deutliche Sprache. Mit Mimik, Körper- und Lautsprache drückt sie ihre Stimmungen und Forderungen unmissverständlich aus. Auch der Mensch kann die Katzensprache verstehen – wenn er die wichtigsten Vokabeln kennt und sich seiner Katze aufmerksam und geduldig widmet.

Freundlich und ausgeglichen

In vertrauter Umgebung fühlt sich die Katze sicher, hat aber immer ein waches Auge auf das, was ringsherum passiert.

▷ **Körper:** aufgerichtet und gestreckt, Kopf erhoben, glattes Fell, Schwanz bewegungslos und schräg nach unten zeigend.

▷ **Mimik:** Ohrmuscheln nach vorne gerichtet, Pupillen nicht erweitert, Schnurrhaare seitlich in Ruhestellung.

▷ **Stimme:** meist ohne Lautäußerung.

Fordert Aufmerksamkeit und Zuwendung

Katzen erwarten, dass man sich um sie kümmert, und können sehr hartnäckig sein, um ihr Ziel zu erreichen.

▷ **Körper:** gespannt und reaktionsbereit. Die Katze macht sich durch Flankenreiben und Anstupsen mit Kopf oder Pfote bemerkbar.

▷ **Mimik:** Ohren und Schnurrbart nach vorne gerichtet, Augen folgen unverwandt jeder Bewegung des Menschen.

▷ **Stimme:** klagendes Miauen, wird bei Nichtbeachtung zunehmend durchdringender.

Begrüßt vertraute Menschen

Zur Begrüßung läuft die Katze auf Halter oder Freunde zu, meist im leichten Galopp.

▷ **Körper:** gestreckt, Kopf erhoben, Schwanz hoch aufgerichtet, Spitze oft leicht abgeknickt.

▷ **Mimik:** mit Blickkontakt zum Menschen, Schnurrhaare nach vorne abgespreizt.

▷ **Stimme:** hohes und freudiges Maunzen. Unter befreundeten Katzen begrüßt man sich meist mit einem hellen Gurren.

Möchte gestreichelt werden

Eine Katze, die sich auf die Seite oder den Rücken legt, zeigt dem Menschen ihr Vertrauen. Da die Position auch zur Verteidigung dient, können manche Tiere ein Abwehrstrampeln mit den Hinterbeinen nicht unterdrücken, wenn man sie am Bauch streichelt.

▷ **Körper:** Die Katze rollt sich auf die Seite oder über den Rücken und präsentiert ihre Bauchseite, Schwanz in leichter Bewegung.

▷ **Mimik:** entspannt, sucht Blickkontakt.

▷ **Stimme:** Schnurren, z. T. tieferes Gurren.

Animiert zum Hinterherlaufen

Die Nachfolgereaktion wird vom Weibchen auch im Vorspiel zur Paarung ausgelöst, wenn sie vor ihrem Freier wegläuft.

▷ **Körper:** Katze läuft vor dem Menschen her und fordert ihn mit erhobenem Schwanz zum Nachfolgen auf (z. B. damit er den Futternapf füllt). Galoppsprünge auf steifen Beinen mit seitlich versetztem Körper und erhobenem Schwanz signalisieren »Fang mich doch!« und sind eine unverkennbare Aufforderung zum Verfolgungsspiel.

▷ **Stimme:** zum Teil Maunzen, bei Spielaufforderung meist ohne Lautäußerung.

Zeigt ihre Zuneigung

Bei jeder Körperberührung überträgt die Katze Geruchsstoffe und knüpft ein »Duftband« der Zusammengehörigkeit.

▷ **Körper:** Flanken- und Wangenreiben bei Artgenossen, anderen vertrauten Tieren und beim Menschen. Schwanz aufgerichtet, wird an oder über den Körper des Partners gelegt. Weitere Zuneigungsbeweise: Köpfchengeben, Pfotenauflegen, Rückenkontakt unter dem Kinn, Handlecken beim Menschen.

▷ **Mimik:** entspannt und zufrieden, meist mit halb geschlossenen Augen, Schnurrhaare in seitlicher Ruhehaltung.

▷ **Stimme:** Schnurren.

Hellwach und alarmiert

Alle Sinne sind auf ein fremdes Objekt, ein unbekanntes Geräusch oder ein plötzlich auftauchendes Beutetier gerichtet.

▷ **Körper:** gestrafft, Kopf vorgestreckt, je nach Erregung leicht bewegter oder heftig zuckender Schwanz. Richtet sich das Interesse auf ein Beuteobjekt, nimmt die Katze mit abgeducktem Körper Lauerstellung ein.

▷ **Mimik:** Ohren und Schnurrhaare nach vorne gerichtet. Pupillen leicht, in bedrohlich wirkenden Situationen stärker erweitert.

▷ **Stimme:** Schnattert, wenn sie ein Beutetier entdeckt, das außerhalb ihrer Reichweite ist. Dabei ist der Mund etwas geöffnet, der Unterkiefer in schneller Bewegung.

Beleidigt und schmollend

Fühlt sich die Katze ungerecht behandelt oder vernachlässigt, protestiert sie. Schmollen ist die leichteste Form des Protests.

▷ **Körper:** Sitzt meist unbeweglich und oft über längere Zeit an einer Stelle und wendet dem Menschen demonstrativ den Rücken zu. Hat die beleidigte Katze Auslauf, lässt sie sich oft den ganzen Tag nicht mehr blicken.

▷ **Mimik:** Augen und Ohren sind abgewandt, die Katze zeigt keine erkennbare Reaktion. Am Spiel der Ohren lässt sich ablesen, wann die Schmollphase zu Ende geht.

▷ **Stimme:** ohne Lautäußerung.

Verliert die Lust am Schmusen

Jeder Katzenhalter kennt die Situation: Eben war die Katze auf dem Arm noch zärtlich und verschmust, plötzlich ist sie ungehalten.

▷ **Körper:** Kopf nach hinten gelegt, der wild schlagende Schwanz signalisiert wachsenden Unwillen. Die Katze stemmt sich mit den Beinen vom Körper des Menschen ab. Gibt er sie nicht frei, verwarnt sie ihn mit Pfotenhieben. Die Krallen sind dabei ausgefahren.

▷ **Mimik:** Ohren nach hinten gedreht, verengte Pupillen, häufig mit Blickkontakt.

▷ **Stimme:** Knurren und Grollen, die Pfotenhiebe werden von Fauchen begleitet.

1 Small Talk mit Zweibeiner: Mit Blickkontakt, hoch erhobenem Schwanz und hellen Miau-Lauten versucht die Katze ihren Menschen auf sich aufmerksam zu machen.
2 Flankenreiben und das Anlegen des Schwanzes am Bein sind Freundschaftsgesten, die gleichzeitig aber auch einer Forderung Nachdruck verleihen können.
3 Begreift der Mensch immer noch nicht, worum es geht, macht man Männchen und stupst ihn möglichst weit oben mit den Pfoten an. Manchmal helfen auch die Krallen mit.

1

Hellwach und interessiert: Die Katze ist ganz Auge und Ohr und beobachtet etwas, das ihre Aufmerksamkeit völlig in Anspruch nimmt. Die weit geöffneten Augen verraten auch, dass ihr die Situation nicht geheuer ist.

2

Selbstbewusst und gesprächig: Maunzend nimmt die Katze Kontakt zu ihrem Gegenüber auf und achtet dabei genau auf seine Reaktion. Typisch zum Beispiel für die Aufforderung zum Füttern.

Will ihren Gegner beeindrucken

Imponieren ist ein wirksames Mittel, um eine möglicherweise riskante und kräftezehrende Auseinandersetzung zu vermeiden. Imponierverhalten zeigen bereits erst wenige Wochen alte Kätzchen.

▷ **Körper:** Die Katze präsentiert die Breitseite und sträubt Rücken- und Schwanzhaare, um größer zu erscheinen. Hinterhand höher als Vorderkörper, Beine gestreckt, der Schwanz zeigt schräg, bei zunehmender Angriffsbereitschaft senkrecht nach unten.

▷ **Mimik:** Ohren nach hinten gedreht, die Augen sind auf den Gegner gerichtet, die Pupillen verengt.

▷ **Stimme:** ohne Lautäußerung, bei stärkerer Drohung Knurren oder Grollen.

Ängstlich und drohend

Beim so genannten Angstdrohen macht die Katze den typischen ◐ KATZENBUCKEL (Seite 266). Er ist Ausdruck gegensätzlicher Stimmungen von Angst und Angriffsbereitschaft.

▷ **Körper:** Seitwärtsstellung mit gekrümmtem Rücken. Die Beine sind gestreckt, Rücken- und Schwanzhaare gesträubt, der Schwanz ist hoch erhoben.

▷ **Mimik:** Ohren nach hinten gedreht und leicht angelegt. Der Gegner wird fixiert, die Pupillen sind erweitert.

▷ **Stimme:** Fauchen, Knurren, Grollen.

Unsicher und abwehrend

Typisches Verhalten gegenüber dominanten Artgenossen, aber auch in fremder Umgebung oder im Revier anderer Katzen.

▷ **Körper:** Die Katze kauert am Boden oder drückt sich in eine Ecke, der gesamte Körper ist abgesenkt, besonders stark an der Hinterhand. Kopf seitlich weggedreht, Beine eingeknickt, Schwanz eng am Körper.

▷ **Mimik:** Ohren zur Seite gekippt und angelegt, Blickkontakt wird vermieden.

▷ **Stimme:** Fauchen und Spucken zur Abwehr eines dominanten Tieres. Abwehrkreischen, wenn es keine Fluchtmöglichkeit gibt.

Mit der Geduld am Ende: Die Katze empfindet jede weitere Annäherung als Unverschämtheit. Sie ist abwehrbereit, die erweiterten Pupillen und angelegten Ohren signalisieren aber auch Unsicherheit.

4

In die Enge getrieben: Auf den ersten Blick wirkt die Mimik bedrohlich, doch die weiten Pupillen, der abgewandte Blick und die angelegten Ohren signalisieren nackte Angst. Die Katze kreischt, faucht und spuckt.

Angriffsbereit

Reine Angriffsdrohung ist selten, oft beeinflussen auch andere Stimmungen das Verhalten.

▷ **Körper:** aufgerichtet mit erhöhter Hinterhand, Beine gestreckt, Schwanz bewegungslos und senkrecht nach unten zeigend, der Kopf wird meist leicht seitlich weggedreht.

▷ **Mimik:** Die Ohren stehen aufrecht und sind nach hinten gedreht, die Augen fixieren den Gegner, Pupillen nicht erweitert.

▷ **Stimme:** ohne Lautäußerung.

Flehmt

Beim ▶ FLEHMEN (Seite 263, → auch Seite 22) zeigen Katzen einen unverwechselbaren Gesichtsausdruck.

▷ **Körper:** Kopf vorgestreckt und angehoben.

▷ **Mimik:** Mund leicht geöffnet, die Mundwinkel sind zurückgezogen, die Oberlippe hochgezogen, die Nase gerümpft. Typisch ist der ins Leere gehende Blick. Der Ausdruck wird meist für einige Sekunden beibehalten.

▷ **Stimme:** ohne Lautäußerung.

Signalisiert Paarungsbereitschaft

Mit unverkennbarer Körperhaltung zeigt ein Weibchen seine Paarungsbereitschaft an.

▷ **Körper:** flach an den Boden gedrückt. Die Hinterhand ist angehoben, der Schwanz wird zur Seite gehalten, die Hinterbeine bewegen sich rhythmisch, sie »treteln«.

▷ **Mimik:** spiegelt die Erregung wider. Augen meist halb geschlossen, Ohren häufig leicht nach hinten zum Geschlechtspartner gedreht.

▷ **Stimme:** in dieser Haltung kehliges Knurren. Wenn sich die paarungswillige Katze auf dem Boden wälzt, stößt sie laute Schreie aus.

Verhalten der kranken Katze

Kranke Katzen wirken apathisch, verkriechen sich oder drücken sich in eine Ecke.

▷ **Körper:** kauernde Haltung, Beine vollständig eingeknickt, der Kopf ist abgewandt, der Schwanz liegt eng am Körper.

▷ **Mimik:** ausdruckslos, Augen halb geschlossen, häufig ist das dritte Augenlid sichtbar.

▷ **Stimme:** ohne Lautäußerung.

Anleitung zum Miteinander

Katzenmütter sind gute, aber auch strenge Mütter. Für den Halter macht die sorgfältige Erziehung den Start ins gemeinsame Leben mit einer jungen Katze fast zum Kinderspiel.

DAS MÄRCHEN VON DER NICHT ERZIEHBAREN KATZE. Der Hund: folgsam und treu, die Katze: unbelehrbar und chaotisch. Unser Bild vom Wesen der Katze scheint unverrückbar. Katzen machen, was sie wollen, so die landläufige Meinung, die selbst von Katzenhaltern geteilt wird und nicht nur von einer Minderheit. Katzen fühlen sich in unserer Nähe wohl, sie sind anpassungsfähig, neugierig, lernfähig und kooperationsbereit. Bessere Voraussetzungen für ein harmonisches Miteinander wird man schwerlich finden. Und Kätzchen, die nicht zu früh von der Mutter getrennt werden, kennen die wichtigsten Benimmregeln sowieso schon.

Der richtige Umgang mit der jungen Katze

3

Fremde Menschen und eine fremde Welt. Kein leichter Start für ein Kätzchen, das plötzlich ohne Mutter und Geschwister dasteht. Und es gibt viel zu tun für die kleine Katze: Sie muss ihren Wohn- und Heimatbereich erkunden, die Menschen kennen lernen und herausfinden, wem sie vertrauen kann, sich an ungewohnte Tagesabläufe und Termine gewöhnen, fremde und verwirrende Gerüche und Geräusche verarbeiten und sich vielleicht mit anderen Tieren im Haus anfreunden. Manche Aufgabe meistert die Kleine erstaunlich selbstbewusst und mit Bravour, doch mit ein bisschen Beistand und Anleitung geht vieles wesentlich einfacher.

Mamas Benimmschule

Eine junge Katze ist bereits mit sechs bis acht Wochen weitgehend selbstständig. Trotzdem ist für ihre Persönlichkeitsentwicklung und soziale Verträglichkeit die Nähe der Mutter und Wurfgeschwister auch in den folgenden Wochen noch wichtig. Katzenkinder, die in der 6. oder 7. Lebenswoche von ihrer Mutter getrennt werden, finden sich in fremder Umgebung nur schwer zurecht, enwickeln nicht selten Verhaltensprobleme und sind deutlich krankheitsanfälliger als Tiere, die mit zwölf Wochen abgegeben werden. Erst in diesem Alter lockert sich das Verhältnis zwischen Mutter und Kindern, sie geht ihrer eigenen Wege und die Jungen können das auch. Die Trennung ist ein dramatisches Ereignis, aber es gibt so viel Neues zu entdecken, dass für Trauer und Weltschmerz kaum Zeit bleibt.

Die Tugenden der Katze

Mit drei Monaten bringt die Katze alle Fähigkeiten und Anlagen mit, um sich schnell mit ihrem Besitzer und dem neuen Zuhause anzufreunden. Mit zwei Kätzchen aus einem Wurf (→ Seite 153) laufen Eingewöhnung und Erziehung besonders leicht.

▷ **Katzen sind neugierig.** Neugier ist für eine Katze die wichtigste Triebfeder, um Erfahrungen zu sammeln, fremde Menschen und Tiere kennen zu lernen und sich mit ihrer Umgebung vertraut zu machen. Bei der Jungkatze halten sich Furcht und Neugier in den ersten Tagen die Waage, und es kostet sie viel Mut und Beharrungsvermögen, sich in unbekannten Situationen zu behaupten.

INFO

Warum Katzen nie Bitte sagen

Gemeinschaftssinn darf man von einer Katze nicht erwarten: Bei allem, was sie tut, zählt der eigene Vorteil. Und sie weiß, was ihr zusteht. Anders als der Hund bittet die Katze nicht, sondern stellt Forderungen – und das oft sehr nachdrücklich. Zum Beispiel, wenn es ums Futter geht. Und was manchmal nach einem Dankeschön für erwiesene Dienste aussieht, ist eher eine freiwillige Zuneigungsgeste, weil der Katze im Moment danach ist.

▷ **Katzen sind anpassungsfähig.** Die wild lebende Verwandtschaft wird erst am Abend richtig munter, die meisten Hauskatzen aber haben dem Nachtleben längst abgeschworen, selbst viele Freigänger kommen pünktlich zur Schlafenszeit nach Hause. Stubentiger, die ihr Leben mit einem Büromenschen teilen, planen den Tag so, dass sie frisch und munter sind, wenn sich der Schlüssel in der Haustür dreht. Und auch mit Kindern kommen die meisten klar, selbst wenn deren Ungestüm nicht immer ihre Zustimmung findet.

1

2

3

1 Liebevolle und geduldige Erziehung: Katzenmütter sind gute Mütter, die ihrem oft wilden Nachwuchs viele Freiheiten erlauben.

2 Die Grenzen des Erlaubten: Schlägt ein Kätzchen im Spiel mit der Mutter über die Stränge, wird es mit Pfotenhieben und Nackenbiss zur Ordnung gerufen.

3 Reinigungsdienst: Obwohl sich Katzenkinder schon früh selbst putzen, hilft die Mutter beim Säubern des Fells noch tatkräftig mit.

▷ **Katzen mögen Menschen.** Ihren Besitzer betrachtet die Katze gleichsam als Mutterkatze, von der sie beschützt und versorgt wird, und zeigt das auch durch ihr kindliches Verhalten. Die besondere Beziehung erleichtert erzieherische Maßnahmen, da sich die Katze von vertrauten Menschen weit mehr gefallen lässt als von den eigenen Artgenossen.

▷ **Katzen sind sauber und gepflegt.** Sie können noch nicht richtig stehen und gehen, versuchen sich aber schon an der großen Wäsche: Die Körperpflege gehört zu den ersten eigenen Handlungen der Katzenkinder, und viele sind bereits stubenrein, wenn sie ihre Wurfkiste verlassen. Reinlichkeit ist ein wichtiger Teil des Katzenlebens, die Erziehung zur Sauberkeit macht daher selten Mühe.

▷ **Katzen sind heimatverbunden.** Heimat bedeutet Sicherheit und Wohlfühlen. In ihrer gewohnten Umgebung ist die Katze besonders aufnahmebereit und lernwillig. Auf fremden Terrain muss sie auf der Hut sein und ist angespannt und abgelenkt. Erfolg bringt Erziehung daher nur im vertrauten Umfeld.

▷ **Katzen sind genaue Beobachter.** Wie wir Menschen leben auch Katzen in erster Linie in einer optischen Welt. Und sie sind genaue Beobachter, denen selbst kleinste Bewegungen und Veränderungen nicht entgehen. Vieles von dem, was junge Katzen wissen und können, haben sie beim Beobachten ihrer Mutter gelernt. In der Erziehung der Katze spielen Bewegungsabläufe und die Gesten des Menschen daher eine entscheidende Rolle.

▷ **Katzen haben ein untrügliches Ortsgedächtnis.** Katzen besitzen die Fähigkeit, sich die Topografie eines Ortes mit allen Details einzuprägen. Das funktioniert auch dann, wenn sie das Areal oder ein Zimmer nur von außen betrachten und sich nicht selbst darin aufhalten. Das Ortsgedächtnis ist speziell im Revier wichtig. Das Umstellen von Möbeln im Wohnbereich der Katze führt nicht selten zu Problemen, weil die Einrichtungsgegenstände für sie jetzt ihre ursprüngliche Bedeutung verloren haben (→ siehe auch Seite 173).

Der richtige Name für Ihre Katze

Die einen heißen Desirée von Rauenthal und Nosferatu vom wilden Wasser, die anderen schlicht Peterle, Minka oder Moritz. Ob Adel oder Wald-und-Wiese, der richtige Name erleichtert die Kommunikation mit der Katze. Alltagstauglich sind vor allem ein- und zweisilbige Namen mit hellen Vokalen: Lilli, Maxi, Sally, Pauli, Nicki und tausend andere (→ Bücher, Seite 284). Sie klingen zärtlich und weich und eignen sich gut als Rufnamen, weil die Katze damit etwas Angenehmes verbindet. Um die positive Einstellung nicht zu gefährden, sollten Sie Ihre Katze nicht beim Namen rufen, wenn sie einmal etwas ausgefressen hat. Wunder darf man nicht erwarten: Steht einer Katze der Kopf nach anderen Dingen, ist ihr auch der schönste Name ziemlich schnuppe.

Die Taktik des Zwiegesprächs

Katzen sind sensible Geschöpfe und die ganz jungen ganz besonders. Wer seinem kleinen Stubentiger ein bisschen Benimm beibringen oder ihm eine Untugend abgewöhnen will, muss ihn zuerst zum Mitmachen motivieren.

▷ **Stimmt die Stimmung?**

FALSCH: Die Katze ist hungrig, ängstlich, zornig oder schläfrig. Nie aus dem Schlaf reißen oder gegen ihren Willen festhalten.

RICHTIG: Sie ist hellwach und ausgeglichen.

▷ **Stimmt die Umgebung?**

FALSCH: Die Katze ist in fremder Umgebung. Sie wird durch Menschen, Tiere, Geräusche oder Gerüche abgelenkt und verwirrt.

RICHTIG: Sie sind mit ihr allein in ihrem vertrauten Wohnbereich.

▷ **Stimmt die Gesprächsposition?**

FALSCH: Die Katze sitzt vor Ihren Füßen und muss zu Ihnen hochschauen.

RICHTIG: Sie sind mit ihr auf gleicher Höhe, jeder kann die Mimik des anderen ablesen.

▷ **Stimmen Lautstärke und Tonfall?**

FALSCH: Die Katze wird mit lauter und harter Stimme im Kommandoton belehrt.

RICHTIG: Sie sprechen leise und einschmeichelnd mit ihr und achten auf ihre Reaktion.

Zuschauer unerwünscht

Eine junge Katze interessiert sich für alles, was um sie herum passiert. Das macht es leicht, sie für Erziehungsübungen und Lernspiele zu motivieren, birgt aber auch die Gefahr, dass sie schon in der nächsten Minute ganz andere Dinge viel toller findet. Um Ablenkungen zu vermeiden, sollten Zuschauer und Mitspieler draußen bleiben, wenn man dem Kätzchen etwas beibringen will, andere Katzen genauso wie der Hund und die Familienmitglieder. Bei ganz jungen Katzen ist Eifersucht noch kein Thema, bei älteren schon. Jede Katze wacht argwöhnisch darüber, dass sie bei Zuwendung und Streicheleinheiten nicht zu kurz kommt. Darf die eine beim täglichen Unterricht mit dem Menschen zusammen sein und die andere nicht, bleiben Trotz und Protest nicht aus.

Warum nicht gleich zwei Kätzchen?

Sie raufen miteinander, gehen zusammen auf Entdeckungsreise und kuscheln in der Schlafkiste: Wer mit zwei Kätzchen ins Katzenleben startet, hat von Beginn an ein unzertrennliches Duo, das alles gemeinsam anpackt. Zu zweit wagt man viel mehr als jeder für sich alleine, macht mehr Erfahrungen und legt mehr Selbstsicherheit und Selbstbewusstsein an den Tag. Schneller als es ihnen selbst der verständnisvollste Katzenmensch beibringen könnte, lernen die beiden voneinander, wie man eigene Ansprüche durchsetzt, aber auch die des anderen respektiert.

Das verunsichert Ihre Katze

Vor allem Erstbesitzer machen aus Unwissenheit Fehler, die ihre Katze verwirren.

▷ **Parfum.** Wer sich stark parfümiert, erschwert seiner Katze die Schnupperprobe.

▷ **Putzmittel.** Scharf riechende Reiniger (Essig, Ameisensäure) erträgt die Katzennase nur schwer. Sie verleiten zum Urinmarkieren.

▷ **Möbelrücken.** Häufiges Umstellen der Einrichtung verunsichert die Katze.

▷ **Toilettenplatz.** Ein Standortwechsel der Katzentoilette führt nicht selten zum Protest.

Was Kätzchen und Katzen lernen können

Junge Katzen lernen leicht und schnell. Wer viel lernt und viele neue Erfahrungen macht, weiß schon bald, wo er mutig sein darf und wo Vorsicht geboten ist, und kann sich in fast jeder Lebenslage behaupten. Ein Kätzchen ist offen für alles und testet alles aus, die Grenzen des Erlaubten muss der Mensch ziehen. Das ist nicht neu für das Katzenkind, auch seine Mutter hat ihm unmissverständlich und durchaus autoritär klar gemacht, was gestattet ist und was nicht. Bei der Erziehung einer älteren Katze stehen oft Gewohnheiten, Vorlieben und Macken im Weg, die sie freiwillig nicht aufgibt. Liebesentzug und Verbote fördern nur den Widerstand, Erfolg versprechend sind allein attraktive Alternativangebote.

Was erwarte ich von meiner Katze?

Wer sich eine lautstarke Siam ins Haus holt, braucht starke Nerven, bei einer Perser darf man vor der täglichen Pflegeprozedur nicht zurückschrecken. Die Frage, welcher Katzentyp und welche Rasse zu Ihnen passt, haben Sie schon vor dem Kauf geklärt (→ Seite 32). Für die Erziehung der kleinen oder großen Katze spielt es darüber hinaus eine wichtige Rolle, welche Bedeutung sie für Ihr Leben hat:

▷ SIE SOLL eine rücksichtsvolle und geduldige Freundin und Spielgefährtin der Kinder sein.
DAS BEDEUTET: Sie muss friedlich und gelassen bleiben, selbst wenn es einmal lautstark und hektisch zugeht, sie darf auch bei wilden Spielen die Krallen nicht ausfahren und sollte die manchmal ungeschickte Behandlung durch Kinderhände vertragen.

▷ SIE SOLL der treue Kumpel in meinem Leben sein, der immer für mich da ist, wenn ich nach Hause komme.
DAS BEDEUTET: Sie muss sich beschäftigen können, wenn sie alleine ist, sie sollte nicht sofort beleidigt sein, wenn es ausnahmsweise einmal später wird, und sie sollte ihrem Besitzer viel Vertrauen entgegenbringen.

▷ SIE SOLL das Haus mit Leben erfüllen, mich zum Lachen bringen und auf Trab halten.
DAS BEDEUTET: Sie soll körperlich absolut fit, spiel- und bewegungsfreudig und zu jedem Schabernack bereit sein.

▷ SIE SOLL mir ganz nahe sein, zuhören können und mir Zärtlichkeit und Wärme geben.
DAS BEDEUTET: Sie soll aufmerksam, sensibel und verschmust sein, eher leise als laut und eher bedächtig als stürmisch.

▷ SIE SOLL eine ungebundene und freiheitsliebende Katze sein, die viel in ihrem Revier unterwegs ist und auf die Jagd geht.
Das bedeutet: Sie soll selbstständig, körperlich robust, wetterfest und nicht zimperlich sein, nicht ständig Streicheleinheiten fordern und auch einmal für zwei Tage alleine in Haus und Garten bleiben können.

▷ SIE SOLL Rasse und Klasse haben und zur Ausstellungssiegerin geboren sein.
DAS BEDEUTET: Sie entspricht in allen Punkten dem Rassestandard, erträgt die Präsentation auf Shows mit Würde und Gelassenheit, hat keine Probleme auf Reisen und liebt es, wenn sie gepflegt und schön gemacht wird.

▷ *Sicher auf dem Arm: Zum Hochheben und Tragen einer Katze braucht man beide Hände: eine hält das Hinterteil, die andere umfasst den Brustbereich hinter den Vorderbeinen. Halten Sie die Katze dabei immer möglichst nah am eigenen Körper.*

3

Zum Mitmachen und Lernen verführen

Vertrauen ist die Grundlage für die Anleitung zum Miteinander. Und wenn auch noch die Gesprächstaktik stimmt (→ Seite 153), fällt es nicht schwer, die Katze spielerisch für kleine Lernübungen zu begeistern.

▷ **Neugierig machen.** Neugier ist die beste Lernhilfe. Und die Schülerin bringt sie selbst mit. Die Aufgabe des Lehrers ist es, die Neugier anzustacheln und in die gewünschte Richtung zu lenken. Das klappt mit reizvollen Objekten, interessanten Geräuschen, sehr gut aber auch mit Versteck- und Suchspielen.

▷ **Zum Mitmachen motivieren.** Katzen beschäftigen sich gerne solo und spielen oft auch miteinander, aber für die Spielstunde mit ihrem Halter vergessen sie sogar die Fütterungszeit. Alles was der Mensch vorschlägt, hat für die Katze besonderen Stellenwert und verlockt zum Mitmachen. Das Spielobjekt selbst ist dabei gar nicht so wichtig.

▷ **Zum Nachahmen anregen.** Genau hinschauen, wie etwas gemacht wird, und es dann selbst versuchen ist Katzenart. Mutter macht es vor, ihre Jungen machen es nach – ob beim vorsichtigen Umgang mit der ersten Maus oder beim Probesitzen auf der Toilette. Nachahmen hat unbestreitbare Vorteile: Man muss sich nicht selbst etwas einfallen lassen, spart Kraft, vermeidet Fehlversuche und geht kein Risiko ein. Auch unter Katzen gibt es gute und weniger gute Beobachter. Mancher Künstler muss nur ein einziges Mal miterleben, wie sein Kollege im Sprung auf die Klinke eine Tür öffnet, und beherrscht die Technik schon völlig fehlerfrei. Die hervorragende Beobachtungsgabe der Katze lässt sich auch bei den Lernspielen nutzen.

▷ **Belohnungshäppchen? Nein danke!** In der Hundeerziehung erreicht man Lernziele mit einem Belohnungshäppchen leichter. Bei Katzen stellt sich die erhoffte Wirkung selten ein: Ein hungriges Tier ist völlig aufs Futter fixiert und vergisst darüber alles andere, die satte Katze zeigt keinerlei Interesse an der Belohnung, der Motivationsschub bleibt aus.

Spielerisch lernen

Die Katze spielt ein Leben lang, von den ersten Lebenswochen in der Wurfkiste bis ins Seniorenalter (→ Seite 232). Die meisten Erziehungsübungen basieren auf spielerischer Vermittlung des Lernstoffs. Um das gesteckte Lernziel bei einer jungen Katze zu erreichen, sollten Sie diese Punkte beachten:

▷ **Spielzeiten.** Zweimal täglich zur festen Zeit und nicht länger als jeweils 15 Minuten. Spielpause nach den Mahlzeiten.

▷ **Spielplatz.** Die gewohnte Umgebung gibt Sicherheit. Lernspiele nur mit einer Katze.

TIPP

So trägt man die Katze richtig

Nehmen Sie eine Katze nur auf den Arm, wenn sie freundlich gestimmt ist, ein ängstliches oder wütendes Tier kann Sie und sich verletzen. Das ist der richtige Griff: Eine Hand stützt das Hinterteil, die andere umfasst die Brust hinter den Vorderbeinen und hält gleichzeitig die Beine fest. Der Unterarm liegt seitlich am Körper. Niemals die Katze am Nackenfell oder unter den Achseln hochheben: Verletzungsgefahr für Sehnen und Bänder.

▷ **Spielregeln.** Jede Übung mehrfach wiederholen. Spielstopp, wenn die Katze das Interesse verliert, abgelenkt oder müde ist.

▷ **Spielobjekte.** Spielsachen und eventuelle andere Lernhilfen für die Erziehungsübungen nur hier und jetzt verwenden, damit sie für die Katze nicht an Reiz verlieren.

▷ **Spielsprache.** Die Katze sollte auf ihren Namen hören (→ Seite 153). Während der Übung nur leise und wenig mit ihr sprechen, um sie nicht von der Aufgabe abzulenken.

Die wichtigsten Erziehungsziele

Wenn es keine Alternativen gibt, kommt man auch nicht auf dumme Gedanken: Eine junge Katze, die früh an Bürste und Kamm gewöhnt wird, akzeptiert die tägliche Pflegeprozedur als Teil ihres Lebens. Und wer noch nie im Bett seines Menschen schlafen durfte, dem fehlt es auch nicht. Andere Ausbildungsziele wie Stubenreinheit und Alleinsein verlangen mehr Geduld und Verständnis. Auch wenn die Katze bereitwillig mitmacht, lassen sich Rückfälle und Rückschritte nicht immer vermeiden.

Erziehung zur Sauberkeit

Die Mutter hat es vorgemacht und die Kinder haben es begriffen: Viele junge Katzen gehen schon mit sechs Wochen auf die Toilette und sind zum Zeitpunkt der Abgabe stubenrein. Die Lust am Scharren ist angeboren und in der frischen Einstreu macht es doppelt Spaß. In den ersten Tagen kann es trotzdem ab und zu danebengehen: Das Kätzchen ängstigt sich in der fremden Umgebung und braucht noch Orientierungshilfe. Es gibt auch Sensibelchen, die Probleme mit der ungewohnten Einstreu haben. Und manchmal läuft die kleine Blase so schnell über, dass das rettende Ufer nicht rechtzeitig erreicht wird.

▷ **Was wichtig ist:** Die Katzentoilette hat ihren Platz in einer ruhigen und vor Zugluft geschützten Ecke, sie muss aber für kleine Katzen auf kurzen Beinchen schnell erreichbar sein. Gehen Sie auf Nummer Sicher und setzen Sie das Kätzchen zumindest in der ersten Woche nach jeder Mahlzeit auf die Toilette. Scharren Sie mit der Hand in der Streu, das verführt zum Nachmachen. Die Einstreu muss täglich gesäubert werden, meist reicht es aus, die verschmutzte und verklumpte Streu zu entfernen. Reinigung der Toilettenschale unter heißem Wasser einmal pro Woche. Bitte keine geruchsintensiven Reinigungsmittel verwenden. Eventuell Wechsel der Streusorte, wenn die Katze sie ablehnt.

Etikette am Futternapf

Futter- und Wassernapf gehören zur Grundausstattung einer Katze. Jede hat ihre eigene Futterschüssel, auch wenn sich zwei so gut verstehen, dass sie aus einer fressen. Die Näpfe müssen standfest und leicht zu reinigen sein, Gummirand oder Gummimatte verhindern das Verrutschen.

▷ **Was wichtig ist:** Immer am gleichen Platz füttern und immer zu festen Zeiten. Leckerbissen zwischendurch gibt es ebenfalls nur im Futternapf. Speziell bei jungen Katzen sollten Sie damit sparsam umgehen, um sie nicht daran zu gewöhnen. Katzen sind bedächtige Esser, die ihre Mahlzeiten in Ruhe genießen. Trotzdem wird nach ca. einer halben Stunde abgeräumt. Futterreste entfernen und Napf mit heißem Wasser ausspülen. Trinkwasser steht immer zur Verfügung. Häppchem vom eigenen Mittagstisch sind absolut tabu.

Spiel ohne Blessuren

Viele Handlungselemente im Spiel der Katze stammen aus dem Beutefangverhalten. Spieltypisch ist der fehlende ernsthafte Charakter. Mit dem Nackenbiss tötet die Katze ihre Beute, im Spiel sorgt die Beißhemmung dafür, dass der Spielpartner nicht verletzt wird.

▷ **Was wichtig ist:** Kleine Katzen lieben wilde Spiele und setzen dabei auch Zähne und Krallen ein. Konsequente Früherziehung sorgt für gute Sitten: Stoppen Sie das Spiel, wenn die Katze zubeißt oder kratzt. Sie versteht durchaus, was Ihr scharfes »Nein!« und der leichte Nasenstüber mit dem Finger bedeuten. Fortgesetzt wird die Spielstunde erst, wenn sie sich beruhigt hat. Kleine Kinder sollten beim Spiel mit Katzen langärmelige Kleidung tragen und die Hände möglichst nicht in Reichweite der Krallen bringen (→ Seite 238). Und wenn es doch einmal nicht ohne Kratzer abgeht, erklären Sie bitte Ihrem Kind, dass es die Katze nicht böse meint.

Schöner Wohnen

Kratzspuren an Sesseln, Möbeln und Türen tragen nicht zur Verschönerung der Wohnung bei. Der Kratzbaum gehört zum Katzenhaushalt und hat schon seinen festen Platz, bevor die Katze bei Ihnen einzieht.

▷ **Was wichtig ist:** Der Kratzbaum muss auf dem Hauptverkehrsweg der Katze stehen, am besten zwischen Katzenkorb und Futternapf. Selbst der schönste Kratzbaum wird nicht beachtet, wenn er in eine dunkle Zimmerecke abgeschoben wird, weil er das Ambiente im Wohnzimmer stört. Zusätzliche Kratzbretter und Kratzecken (→ Seite 101) an neuralgischen Stellen bieten der Katze interessante Alternativen. Setzen Sie das Kätzchen wiederholt an den Baum und machen Sie ihm vor, wie man daran kratzt. Besonders attraktiv sind Kratzbäume mit Aussichtsplattform und Schlafhäuschen. Der Duft nach Katzenminze macht den Kratzbaum unwiderstehlich. Stecken Sie Gardinen und Übervorhänge in den ersten Wochen hoch, um die kleine Katze nicht zu Kletterversuchen zu animieren.

Spaß an der Körper- und Fellpflege

Für Langhaarkatzen ist die tägliche Fellpflege Pflicht, aber auch jede andere Katze muss sich ohne Sträuben anfassen lassen. Das erleichtert die Gesundheitskontrolle, den Transport und die Untersuchung beim Tierarzt.

▷ **Was wichtig ist:** Gewöhnen Sie die junge Katze schon in der ersten Woche an Bürste und Kamm. Wenn Sie leise mit ihr sprechen und sie zwischendurch streicheln, wird sie die Pflege schon bald wie eine Schmusestunde genießen. Sie muss sich auch die Inspektion von Zähnen und Ohren gefallen lassen.

Alleinsein ohne Angst

Beginnen Sie das Training fürs Alleinsein mit kurzen Zeiteinheiten und am besten dann, wenn die Katze nach Fütterung oder Spielstunde müde ist. Während der Eingewöhnung in den ersten vier bis sechs Wochen sollten Sie das Kätzchen möglichst wenig alleine lassen.

1 Toleranz am Napf: Auch wenn der Nachwuchs schon fast flügge ist, gibt sich die Mutter friedlich und erlaubt dem Jungen, mit ihr aus einer Schüssel zu fressen.
2 Appetit auf mehr: Obwohl dem Youngster dabei nicht ganz wohl in seiner Haut ist, fordert er einen Futteranteil.
3 Noch Spiel oder schon Ernst? Was beim jugendlichen Angreifer spielerischer Übermut ist, stößt auf der Gegenseite auf keinerlei Verständnis.

▷ **Was wichtig ist:** Die allein gelassene Katze sollte sich in mehreren Zimmern aufhalten können (Sperrzonen ausgenommen). Toilette, Kratzbaum und Wassernapf müssen zugänglich sein, bei längerer Abwesenheit auch der Fressnapf (Trockenfutter). Ein Fensterplatz mit Aussicht vertreibt die Langeweile. Bieten Sie ihr Spielsachen an, die sonst unter Verschluss sind. Leise Hintergrundmusik (Radio, CD, Kassette) beruhigt. Kontrollieren Sie vor dem Verlassen der Wohnung, ob alles katzensicher ist (→ Seite 95).

Ruhige Nächte

Die meisten Hauskatzen halten es wie ihre Menschen und gehen abends ins Bett. Bei manchen aber bleibt das wilde Erbe wach und sie rumoren nachts in der Wohnung.

▷ **Was wichtig ist:** Nehmen Sie sich die Zeit, um regelmäßig mit Ihrer Katze zu spielen und sie zu beschäftigen, am besten kurz vor dem Schlafengehen. Nicht nur wilde Aktionsspiele machen müde, auch mit Konzentrations- und Denkspielen sorgen Sie für eine ruhige Nacht.

Sperrgebiet

Die grenzenlose Freiheit passt nicht in die Katzenwelt: Katzen brauchen Grenzen und sie müssen lernen, sie zu respektieren. Bei jungen Katzen funktioniert das relativ einfach, wenn es die Tabubereiche von Anfang an gibt.

▷ **Was wichtig ist:** Was zum Sperrgebiet Ihrer Katze gehört, müssen Sie selbst entscheiden, zum Beispiel Schlafzimmer und Küche. Nur unter Aufsicht sollten Katzen ins Babyzimmer und in die Küche, wenn dort gekocht wird. Zutritt verboten heißt es für Abstellkammern und Haushaltsräume, in denen Putzmittel und Chemikalien aufbewahrt werden. Es entspricht dem Selbstverständnis der Katze, dass sie Tabus als Herausforderung betrachtet und immer wieder einmal Grenzverletzungen provoziert (→ Seite 161).

Schöne Bescherung: Weniger der Appetit als die Neugier sorgt für unfeine Tischsitten. Ist die Katze ohne Aufsicht, muss alles Essbare außer Reichweite sein. ▽

Pünktlich daheim

Katzen sind Gewohnheitstiere. Dank ihres untrüglichen Zeitsinns halten sie Termine auf die Minute ein. Die meisten Freigänger lassen sich ohne viel Mühe zur pünktlichen Heimkehr erziehen.

▷ **Was wichtig ist:** Füttern Sie die Katze erst, wenn sie von draußen zurückkommt. Rufen Sie zu festen Zeiten nach ihr und füllen Sie ihren Fressnapf vor der Haustür oder auf der Veranda möglichst geräuschvoll mit Trockenfutter. Während der Eingewöhnungszeit (ca. drei bis vier Wochen) hat die Katze noch Ausgangssperre.

Brav an der Leine

Wo Auslauf zu riskant oder nicht erlaubt ist, kann ein Spaziergang an der Leine für Frischluft und Abwechslung sorgen.

▷ **Was wichtig ist:** Spielerisch das Kätzchen zuerst mit dem Halsband und später mit dem Brustgeschirr vertraut machen. Es dauert eine Weile, bis die Leine akzeptiert wird. Mehr als eine Runde um den Häuserblock machen die meisten Katzen nicht mit. Nie an der Leine zerren, sondern abwarten, bis sie freiwillig mitkommt. Geeignete Rassen: Burma, Siam, Russisch Blau, Perser.

Frieden und Freundschaft

Eine kleine Katze kann die friedliche Welt eines bereits im Haus lebenden Heimtieres gehörig durcheinander bringen. Die Begeisterung für den quirligen Quälgeist hält sich anfangs daher in engen Grenzen.

▷ **Was wichtig ist:** Unter Aufsicht lernt das Kätzchen die andere Katze oder den Hund kennen (→ Seite 114). Die gegenseitige Sympathie entscheidet, wie viel Freiheit man den beiden gönnt. Ältere Tiere brauchen Schutz vor den Spielattacken des Youngsters, die Zimmertür bleibt während ihrer Siesta zu. Mit kleinen Heimtieren (Meerschweinchen, Chinchilla, Hamster) darf die junge Katze nur in Ihrem Beisein spielen. Immer außer Reichweite: Aquarium, Terrarium, Vogelkäfig.

CHECKLISTE

16 Punkte für gutes Benehmen

Zum dressierten Affen eignet sich die Katze nicht, die Eigenwilligkeit ist Teil ihrer Persönlichkeit. Ein bisschen Benimm geht aber immer und erleichtert das Zusammenleben.

- ○ Sie ist zuverlässig stubenrein.
- ○ Sie isst mit Appetit und mäkelt nicht an ihrem Futter herum.
- ○ Sie genießt es, wenn ihr Fell mit Bürste und Kamm gepflegt wird.
- ○ Sie kommt pünktlich vom Spaziergang nach Hause zurück.
- ○ Sie akzeptiert die Transportbox und ist eine angenehme Reisepartnerin.
- ○ Sie spielt gerne mit Kindern, wenn sie von ihnen sanft behandelt wird.
- ○ Sie wehrt sich nicht gegen die Untersuchung beim Tierarzt.
- ○ Sie bleibt für einige Stunden alleine, ohne Unfug anzustellen.
- ○ Sie lässt sich im Urlaub durch Catsitter oder Nachbarn betreuen.
- ○ Sie verträgt sich gut mit anderen Heimtieren im Haus.
- ○ Sie probt in der Katzenpension nicht den Aufstand.
- ○ Sie wetzt die Krallen am Kratzbaum und nicht an Möbeln und Teppich.
- ○ Sie bettelt nie bei Tisch.
- ○ Sie klaut nicht alles, was essbar ist.
- ○ Sie respektiert Tabuzonen.
- ○ Sie tigert nicht die halbe Nacht durch die Wohnung.

Wenn Katzen Probleme machen

Katzen haben eine sensible Seele. Selbst scheinbar nebensächliche Veränderungen im gewohnten Alltag und in der Beziehung zum Menschen können zum Protest führen.

BEZIEHUNG AUF DEM PRÜFSTAND. Sicher nicht ganz zu Unrecht gelten Katzen als komplizierte Wesen. Sie bringen dem Menschen Vertrauen entgegen, achten aber sehr darauf, dass er sie nicht enttäuscht. Oft genug sind es Kleinigkeiten, die wir völlig übersehen, die das Ordnungssystem einer Katze ins Chaos stürzen. Katzen sind schwierig, aber sie sind auch offen und sagen immer, was ihnen gegen den Strich geht. Je besser die Verständigung zwischen Mensch und Katze funktioniert, desto leichter kommt man den Ursachen der Verstimmung auf die Spur und findet mit der geeigneten Therapie zum Katzenglück zurück.

So lassen sich Missverständnisse vermeiden

3

Nicht immer stehen die Zeichen sofort auf Sturm: Manche Katzen machen ihrem Unmut nur dezent Luft, und man muss ihre Gewohnheiten und Verhaltensweisen sehr gut kennen, um den Unterschied überhaupt zu bemerken. Andere wählen die harte Tour und stellen die Partnerschaft auf eine ernste Probe. Die Missfallenskundgebungen reichen von Schmollen und Trotz bis zu Unsauberkeit und Futterverweigerung. Die meisten Verhaltensprobleme der Katze haben psychische Ursachen, aber auch durch körperliche Beschwerden können Verhaltensauffälligkeiten und -anomalien ausgelöst werden (→ Seite 163).

Die Katze testet, was erlaubt ist

Katzen passen sich unterschiedlichsten Bedingungen an, sie arrangieren sich mit unserem Lebensrhythmus und akzeptieren Ge- und Verbote, solange die nicht ihren Grundbedürfnissen zuwiderlaufen. Es entspricht aber auch dem Selbstverständnis einer Katze, dass sie Tabus und Stoppschilder als Herausforderung betrachtet und immer wieder die Grenze überschreitet, um zu testen, was machbar ist. Und nicht still und leise, sondern häufig vor den Augen ihres Halters, zum Beispiel beim Sprung auf den Esstisch, der sonst absolute Sperrfläche ist. Grenzüberschreitungen sind für die Katze im Zusammenleben mit dem Menschen genauso wichtig wie in freier Natur, wenn sie die Nase ins Nachbarrevier steckt. Sie erwartet von uns, dass wir ihr Einhalt gebieten. Ist das nicht der Fall, provoziert sie Grenzverletzungen auf ihre Art.

Erziehung einer Opportunistin

Man kann und darf Katzen tadeln und maßregeln, wenn sie bei verbotenem Tun ertappt werden: mit scharfen Worten, einem Nasenstüber oder – als härtestem Verweis – durch Anpusten (→ Info, Seite 162). Das wirkt für den Moment, manchmal auch länger, selten auf Dauer. Die Katze ist eine Opportunistin, für die das attraktivere Angebot das bessere Angebot ist. Grundprinzip für Erziehung und Problemlösungen: Alternativen anbieten statt Verbote erlassen. Mit der Wasserpistole kann man man seine Katze bremsen, wenn sie sich auf Nachbars Rasen verewigt, langfristig Abhilfe schafft aber nur das eigene Buddelbeet, in dem sie nach Herzenslust wühlen darf.

Das erwartet die Katze von Ihnen

▷ **Katzengerechtes Zuhause.** Alles was die Katze zum Leben braucht: Schlaf- und Ruheplatz, Futter- und Wassernapf, Katzentoilette, Kratzbaum und Aussichtsplätze.

▷ **Ansprüche respektieren.** Nicht beim Essen und nicht im Schlaf stören, Zeit zum Spielen und Schmusen einplanen, Hektik und Lärm vermeiden, die Kinder zum richtigen Umgang mit der Katze anhalten.

▷ **Picobello.** Immer sauber und frisch: keine verkrusteten Futterreste im Fressnapf, Essen frisch, zimmerwarm und nicht kühlschrankkalt servieren, Toilette täglich säubern und einmal pro Woche reinigen.

▷ **Termine einhalten.** Tages- und Wochenplan nicht ständig ändern, auf feste Zeiten für Fütterung und Spielstunde achten. Berufstätige: möglichst pünktlich nach Hause kommen.

◁ *Als könnte sie kein Wässerchen trüben: Langeweile und Vernachlässigung gehören zu den häufigsten Ursachen, wenn die Katze Gardinen, Decken und Kissen zerfleddert oder an Tapeten und Türen kratzt.*

Probleme und ihre Ursachen

Fehlende Zuwendung, Entzug von Gewohnheitsrechten und Konkurrenz um die Gunst des Menschen können bei der Katze schwerwiegende Verhaltensstörungen hervorrufen. Auch das Umstellen von Möbeln, laute Mitbewohner und eine unsaubere Toilette gehen der Katze gegen den Strich, doch hält sich ihr Unmut hier meist in Grenzen und ist nicht von Dauer. Die Reaktion auf tatsächliche oder vermeintliche Missstände fällt unterschiedlich aus: Die gutmütige Perserkatze bleibt oft noch gelassen, wenn eine anpruchsvolle Siam längst lauthals protestiert. Und auch das gibt es in Katzenkreisen: Wo mehrere Katzen im Haus leben, richtet sich der Unwille nicht immer gegen den eigentlich »schuldigen« Menschen, vielmehr lässt die Katze ihren Frust an einer unterlegenen Mitkatze aus. Die Verhaltensforscher haben den treffenden Begriff für diese Verhaltensweise: Radfahrer-Reaktion.

Von Alleinsein bis Zuwendung – die häufigsten Ursachen für Probleme

▷ **Alleinsein.** Soziale Kontakte bestimmen das Wohlbefinden der Katze. Allein gelassen verkümmert sie oder wird neurotisch.

▷ **Dominanz.** Wenn Katzen von dominanten Artgenossen unterdrückt werden, entwickeln sie Verhaltensanomalien und werden krank.

▷ **Eifersucht.** Der neuer Partner des Halters, ein Baby, die Zweitkatze oder ein neuer Hund gefährden in den Augen der Katze ihre Lebensgrundlage (Zuwendung, Versorgung, Revier, Privatbereich, Spielpartner).

▷ **Fütterungsprobleme.** Katzen sind keine einfachen Kostgänger. Rund um die Fütterung gibt es viele verschiedene Problemsituationen: unsauberer Napf, zu kaltes oder nicht frisches Futter, häufige Störungen während der Mahlzeiten, Futterneid gegenüber Mitkatze oder Hund, abrupter Wechsel von Futtersorte oder Futtermarke, Häppchen vom Mittagstisch und Fütterung durch die Nachbarn.

▷ **Haltungsfehler.** Unzureichende oder fehlende Ausstattung erschwert die artgerechte Haltung und begünstigt Verhaltensprobleme. Manche Katzen reagieren allergisch auf Zigarettenrauch oder Reinigungsmittel.

▷ **Hektik und Chaos.** Unregelmäßiger Tagesablauf, fremde Menschen im Haus, laute Musik und lärmende Partys verunsichern die Katze. Sie wird scheu und neigt zum Streunen.

▷ **Kinder.** Nervosität, Schreckhaftigkeit und Aggressivität sind die Folge, wenn die Katze ständig von lärmenden Kindern verfolgt wird.

▷ **Langeweile.** Bei unzureichender Beschäftigung kann der Jagdinstinkt nicht ausgelebt werden. Die Katze sucht nach Ersatzaktivitäten, was zur Zerstörungswut führen kann.

INFO

Verwarnung nach Katzenart

Wenn die Katze bei einer Missetat erwischt wird, darf man sie durchaus tadeln. Wirkung zeigen ein dezenter Nasenstüber mit dem Finger oder leichtes Anpusten. Den Luftzug im Gesicht versteht sie als Warnung. Er entsteht nämlich auch, wenn Katzen fauchen oder spucken und dabei die Luft explosionsartig ausstoßen.

▷ **Schlafstörungen.** Katzen, deren Siesta nicht respektiert wird, werden nervös, unleidlich und auf Dauer aggressiv.

▷ **Sexualtrieb.** Rollige Katzen und liebeskranke Kater können zur Belastung werden.

▷ **Toilettenprobleme.** Auslöser: falsche Streu, falscher Standort, Verschmutzung, Gerüche, zu kleine Toilettenschale. Evtl. organische Ursachen vorab beim Tierarzt abklären.

▷ **Trennung von Freunden.** Die Trennung von vertrauten Menschen oder Tieren kann zu Apathie und Futterverweigerung führen.

▷ **Verlust von Gewohnheitsrechten.** Katzen zeigen wenig Verständnis, wenn ihnen bisher zugestandene Rechte verweigert werden, etwa der Zugang zum Schlafzimmer oder Auslauf.

▷ **Wohn- und Lebensbereich.** Eine neue Einrichtung oder umgestellte Möbel empfindet die Katze als Eingriff in ihren Wohn- und Lebensbereich, den sie nur unwillig akzeptiert. Noch dramatischer ist ein Umzug und der Verlust der alten Heimat.

▷ **Zuwendung.** Nähe und Zuspruch sind für Katzen lebensnotwendig. Ein vernachlässigtes Tier entwickelt massive Verhaltensstörungen und wird krank.

So beugt man Problemen vor …

▷ **Toleranz.** Ohne Kompromisse funktioniert das Zusammenleben nicht. Die Katze ist weder Lückenbüßerin für fehlende menschliche Partner noch Wohnungsdekoration. Sie hat Anspruch auf unsere Zeit und Zuwendung.

▷ **Begrenzte Freiheit.** Katzen brauchen Grenzen, sonst degradieren sie den Menschen zum Handlungsgehilfen.

▷ **Wider den Sündenfall.** Wenn man Problemsituationen vermeidet, gibt es auch keine Probleme: Eine Katze wird dort zur Sünderin, wo sich die Gelegenheit bietet, etwa bei unbewachtem Essen auf dem Tisch.

▷ **Vertrauensbeweis.** Die Katze bewertet Veränderungen in der Familienstruktur und im häuslichen Umfeld als Vertrauensmissbrauch. Sie muss spüren, dass die Beziehung zu ihrem Menschen nicht in Gefahr ist.

… und so löst man sie leichter

▷ Attraktive Alternative anbieten, die das Problemverhalten uninteressant werden lassen.

▷ Den Spieltrieb der Katze fördern und sie durch Vormachen zur Nachahmung anregen.

▷ Verbote und Tabus konsequent einhalten.

▷ Nur dann tadeln und maßregeln, wenn die Katze beim Fehlverhalten ertappt wird.

△ *Verführung zum Aufstieg: Junge Katzen testen ihre Kletterkünste mit Vorliebe an Gardinen. Binden Sie die Vorhänge hoch, solange die Katze noch nicht begriffen hat, dass sie für ihre Krallen tabu sind.*

Krankheit verändert das Verhalten

Mehr oder weniger auffällige Verhaltensänderungen sind die typischen Begleitsymptome vieler Katzenkrankheiten. Das kann ständiges Putzlecken bei Hauterkrankungen sein, Apathie bei Magen-Darm-Beschwerden, Futterverweigerung bei Problemen mit den Zähnen oder auch Aggressivität bei einer Infektionskrankheit. In allen Zweifelsfällen muss die Katze dem Tierarzt vorgestellt werden.

Hilfe vom Profi

Bei hartnäckigen und dauerhaften Verhaltensstörungen Ihrer Katze sollten Sie die Hilfe eines Tiertherapeuten in Anspruch nehmen.

Die häufigsten Beziehungskrisen

Jedes Problemverhalten der Katze kann zum Stolperstein der Partnerschaft werden. Das gilt nicht nur für ernste Verhaltensstörungen und Macken wie Zerstörungswut und Unsauberkeit, sondern auch für vergleichsweise eher harmlose Angewohnheiten wie Stehlen und Pflanzenknabbern. Die folgende Übersicht der häufigsten Verhaltensprobleme beschreibt die Symptome und Ursachen und macht Vorschläge für eine praxisgerechte Therapie.

Aggressivität

▷ **Situation:** Die Katze wehrt sich mit Zähnen und Krallen gegen jede Form von Nähe und Zuwendung, lässt sich weder auf den Arm nehmen noch streicheln. Eine latente Aggressivität äußert sich auch im gemeinsamen Spiel mit Artgenossen oder dem Menschen, wenn aus dem Spiel plötzlich Ernst wird und die Katze ihre Krallen einsetzt und kräftig und schmerzhaft zubeißt. Aggressivität kann sich ähnlich wie übersteigerte Ängstlichkeit gegen einzelne Artgenossen oder bestimmte Menschen richten und ist oft an das Territorium der Katze gebunden.

▷ **Ursachen:** Aggressives Verhalten der Katze kann sehr unterschiedliche Gründe haben. Besonders typisch ist es für Tiere, die sich zurückgesetzt fühlen, weil sich plötzlich alles um ein Baby dreht oder ein neues Heimtier eingezogen ist. Weitere Ursachen: Vernachlässigung, Trennung von der Bezugsperson, Umzug, Entzug der Gewohnheitsrechte (zum Beispiel Schlafen im Bett). Je nach Charakter machen Katzen ihrem Unmut mit Fauchen und Kratzen Luft, wenn sie im Schlaf gestört oder gegen ihren Willen auf den Arm genommen werden. Aggressives Abwehrverhalten richtet sich häufig gegen Personen, mit denen die Katze schlechte Erfahrungen gemacht hat, oder gilt aufdringlichen Menschen, die sie sich nicht anders vom Leib halten kann. Die territoriale Aggression mancher Katzen ist so stark, dass sie jeden Eindringling attackieren, Besucher ebenso wie einen Handwerker oder Postboten. Die Revierverteidigung gegenüber Artgenossen und die Rivalenkämpfe der Kater gehören hingegen zum normalen und arttypischen Aggressionsverhalten der Katze.

▷ **Therapie:** Besonders bei einschneidenden Veränderungen der Lebensbedingungen oder der Familienstruktur muss man sich intensiver als sonst um die Katze kümmern. Dazu gehört regelmäßiges Spielen und Schmusen, eventuell auch die vorübergehende Fütterung aus der Hand. Erklären Sie Kindern, warum die Katze sich abweisend verhält und woran sie die Anzeichen ihres Unwillens erkennen. Vermeiden Sie körpernahes Spiel, wenn eine Katze die Spielregeln nicht einhält und kratzt oder beißt (→ Spielbeißen, Seite 170). Bieten Sie ihr attraktive Alternativen an, wenn sie auf gewohnte Vorrechte verzichten muss.

▷ **Krankheitsursachen:** Ein gesteigertes Aggressionsverhalten kann zum Teil bei Tollwut, epileptischen Anfällen, Hirnschädigungen, Aujeszkyscher Krankheit und nach Verletzungen beobachtet werden.

▷ *Ein Leben auf Distanz: Katzen, die in den ersten Lebenswochen zu wenig Umgang mit Artgenossen oder dem Menschen hatten, bleiben oft auch später kontaktscheu. Es verlangt viel Zuwendung, Zeit und Geduld, um ihr Selbstbewusstsein zu stärken.*

Ängstlichkeit

▷ **Situation:** Die Katze verkriecht sich und meidet den Kontakt mit Artgenossen und Menschen. Ihre Körpersprache signalisiert unübersehbar, dass sie Angst hat.

▷ **Ursachen:** Unzureichende Sozialisation in den ersten Lebenswochen führt dazu, dass die Katze ein Leben lang scheu bleibt, weil sie nicht gelernt hat, wie sie sich gegenüber Artgenossen und dem Menschen verhalten muss. Verhätschelte Tiere, die auf den Halter fixiert sind, fürchten sich vor jeder Begegnung mit anderen Personen. Weitere Ursachen: Angst in fremder Umgebung, vor dominanten Artgenossen, Hunden und bestimmten Menschen,

▷ **Therapie:** Vorsicht und Angst sind lebenswichtig, sie schützen vor Gefahr und riskanten Auseinandersetzungen. Übergroße Ängstlichkeit jedoch lähmt und macht krank. Das gilt vor allem für Katzen, die ständig von anderen Katzen unterdrückt werden. Im Revier kann man einem dominanten Artgenossen aus dem Weg gehen, lebt er jedoch ebenfalls in der Familie, gerät die unterlegene Katze unter Dauerstress, entwickelt Verhaltensdefizite und wird krank. Lässt sich die Situation nicht klären, bleibt oft keine andere Wahl, als eine der beiden Katzen abzugeben. Eine ausschließlich auf ihren Besitzer fixierte Katze muss viele neue Begegnungen machen und darf nicht ständig beschützt und verhätschelt werden. Auch isoliert aufgewachsene Katzen brauchen Umgang mit anderen Katzen und Menschen. Da die fehlenden Erfahrungen der Kindheit die Katze besonders stark prägen, werden solche Tiere allerdings nie völlig frei von Furcht sein. Angst kann nur bekämpft werden, wenn die Katze wieder Vertrauen fasst. Das kostet viel Zeit und Geduld, Rückschläge inklusive.

Buddeln

▷ **Situation:** Die Katze buddelt mit großer Begeisterung in Pflanzentöpfen und verrichtet nicht selten hier auch ihr Geschäft, selbst wenn ihr eine saubere Katzentoilette zur Verfügung steht.

△ *Stammhalter: Um eine Katze von den Zimmerpflanzen fern zu halten, muss man ihr einen attraktiv gestalteten Kratzbaum und andere Klettergeräte anbieten.*

▷ **Ursachen:** Lockere und frisch duftende Erde, in der man graben und wühlen kann, zieht Katzen magisch an. Oft empfinden sie die Topferde angenehmer als die harten Körnchen der Einstreu ihrer Toilette, die dann nur noch selten oder gar nicht benutzt wird.

▷ **Therapie:** Kunststoff-Abdeckungen (Fachhandel) auf den Blumentöpfen stoppen die Wühlmäuse. Der Wechsel zu einer »pfotensympathischeren« Einstreu kann die Toilette attraktiver machen. Bieten Sie einer Katze mit Auslauf ein Buddelbeet im Garten an.

Eifersucht

▷ **Situation:** Die Familie ist größer geworden. Dazu gekommen ist ein neuer Lebenspartner, ein Baby oder ein neues Heimtier. Die Katze ist nicht begeistert von der Veränderung, geht auf Distanz zu ihrer Bezugsperson und verhält sich abweisend oder aggressiv gegenüber dem Neuankömmling.

△ *Verführung zum Mundraub: Um eine Naschkatze nicht auf dumme Gedanken zu bringen, sollte grundsätzlich alles Essbare unerreichbar sein, wenn sie alleine im Zimmer ist.*

▷ **Ursachen:** Vor allem bei reiner Wohnungshaltung baut die Katze eine enge Bindung zu ihren Menschen auf. Wenn sich die Familienstruktur verändert, fürchtet sie um den Verlust ihrer Ansprüche und Rechte und hält mit ihrer Abneigung selten hinter dem Berg: Die Reaktionen der »eifersüchtigen« Katze reichen vom Verkriechen und distanzierten Verhalten gegenüber ihrem Besitzer bis zu hartnäckiger Unsauberkeit, Verweigerung des Futters und Aggressivität. Katzen mit Auslauf neigen in solchen Situationen vermehrt zum Streunen und lassen sich oft tagelang nicht mehr zu Hause blicken.

▷ **Therapie:** Die Lösung des Problems liegt auf der Hand, fällt in der Praxis aber nicht leicht. Die Katze muss spüren, dass der Familienzuwachs ihre Position nicht gefährdet, sondern sie vielmehr stärkt. Wann immer das Baby, der Hund oder das neue Heimtier in der Nähe sind, sollte man sich daher besonders intensiv mit der Katze beschäftigen, mit ihr schmusen oder spielen, sie zu anderen Zeiten aber – zumindest vorübergehend – links liegen lassen. Es dauert nicht lange, bis die Botschaft bei ihr ankommt: Wenn der Neue da ist, geht es mir besonders gut.

Fresssucht

▷ **Situation:** Die Katze gibt sich nicht mit der üblichen Tagesration zufrieden. Sie frisst überhastet, nervt alle durch ständiges Jammern und bettelt auch zwischen den Mahlzeiten um Futter und Leckerbissen.

3

▷ **Ursachen:** Da auch Hormonstörungen oder Parasiten zur Fresssucht führen können, muss geklärt werden, ob die Katze organisch gesund ist. Zu den verhaltensbedingten Ursachen zählen Langeweile und Futterneid, der durch andere Tiere ausgelöst wird. Verhätschelte Katzen werden mit Leckerbissen und übervollem Napf zu ständigem Fressen animiert. Der Verlust der schlanken Linie zieht zunehmende Bewegungsunlust nach sich, so dass Fressen für diese Katzen schließlich zur Hauptbeschäftigung wird.

▷ **Therapie:** Bei Futterneid hilft nur zeitlich oder räumlich getrenntes Füttern der Tiere. Verwöhnte Katzen auf Normalkost zu setzen fällt nicht leicht, vor allem nicht für Halter, die sich vom herzzerreißenden Klagen ihres Lieblings nur zu gerne erweichen lassen. Alte Katzen dürfen ein paar Gramm mehr auf den Rippen haben, für alle anderen stellen Fresssucht und Übergewicht ein Gesundheitsrisiko dar. Auf Diät sollten Katzen nur nach Rücksprache mit dem Tierarzt gesetzt werden.

▷ **Krankheitsursachen:** Hormonelle Störungen und Wurmbefall können zu übermäßiger Futteraufnahme führen. Eine Veranlagung zur Fresssucht (wie sie für manche Hunderassen typisch ist) ist bei Katzen hingegen selten.

Futterverweigerung

▷ **Situation:** Die Katze frisst lustlos, nimmt wenig oder keine Nahrung zu sich. Oft akzeptiert sie nur eine bestimmte Futtersorte.

▷ **Ursachen:** Futterverweigerung hat viele Ursachen: Störungen beim Fressen, nicht mehr frisches oder zu kaltes Futter, Wechsel der Futtersorte, Nichteinhaltung der Fütterungszeit. Verwöhnte Katzen lassen die Schüssel links liegen, wenn es nicht das Lieblingsfutter gibt, andere warten, bis ihr Besitzer heimkommt. Verängstigte, von Artgenossen unterdrückte Tiere wagen sich nur selten ans Futter. Und dann gibt es noch die satten Katzen, die beim Nachbarn durchgefüttert werden. Vor der Suche nach Verhaltensauslösern müssen Krankheitsursachen ausgeschlossen werden.

▷ WAS TUN, WENN ...

... sich meine Katze verkriecht, wenn Besucher kommen?

Kaum klingelt es an der Haustür, ist sie auch schon unter Schrank oder Sofa verschwunden und lässt sich erst wieder blicken, wenn der Besuch weg ist.

Ursache: Die Katze hat schlechte Erfahrungen mit Fremden gemacht oder in ihrer Jugend nur selten Kontakt mit anderen Menschen gehabt.

Lösung: Bitten Sie eine mit der Katze nicht vertraute Person, ohne anzuklopfen ins Zimmer zu kommen, während die Katze auf Ihrem Schoß sitzt. Sprechen Sie dabei leise und sanft mit ihr und halten Sie sie ohne Gewalt anzuwenden fest. Bitten Sie den Besuch, Platz zu nehmen, und unterhalten Sie sich mit ihm, ohne sich dabei um die Katze kümmern. Beim ersten und zweiten Mal wird sie sich kaum festhalten lassen. Wiederholen Sie die Begegnung daher an den folgenden Tagen, bis die Katze registriert, dass ihr keine Gefahr droht, und auf Ihrem Schoß sitzen bleibt.

▷ **Therapie:** Verwöhnte Tiere, die auf Sonderbehandlung und Lieblingshäppchen bestehen, sollten vorübergehend von anderen Personen gefüttert werden, die auf ihre »Futterspiele« nicht eingehen. Bei Problemen nach Wechsel der Futtersorte zur gewohnten Kost zurückkehren, ängstliche Tiere getrennt füttern, die Nachbarn bitten, auf weitere Zufütterung zu verzichten. Handfütterung nur bei kranken Tieren und auch dann nur für begrenzte Zeit.

▷ **Krankheitsursachen:** Entzündungen und Fremdkörper in Mund und Rachen und Probleme mit Zähnen und Zahnfleisch verursachen Schmerzen und Kaubeschwerden, häufig kann die Katze überhaupt kein Futter zu sich nehmen. Zur Futterverweigerung kommt es auch bei Katzenschnupfen und Katzenseuche.

Krallenschärfen

▷ **Situation:** Die Katze wetzt ihre Krallen an Möbeln, Sesseln, Sofa, Teppichen und Türen und hinterlässt unübersehbare Kratzspuren.

▷ **Ursachen:** Das Schärfen der Krallen gehört zum arttypischen Katzenverhalten und erfüllt drei Aufgaben: Reinigung der Krallen und Entfernen abgestorbener Hornteile, Markieren mit Sicht- und Geruchssignalen (Kratzspuren und Duftstoffe) und Imponieren gegenüber den Artgenossen.

▷ **Therapie:** Für das körperliche und seelische Wohlbefinden der Katze ist das Krallenwetzen unverzichtbar. So sorgen Sie dafür, dass die Wohnungseinrichtung nicht Schaden nimmt: Ein Kratzbaum pro Katze gehört in jede Katzenwohnung, an den Lieblingskratzstellen bringt man weitere Kratzflächen an, am besten Teppich- oder Sisalreste von derber Qualität. Setzen Sie die Katze an den Kratzbaum und führen Sie ihre Sohlenballen über die Oberfläche. Die Duftstoffe aus den Schweißdrüsen markieren den Baum als ihren persönlichen Besitz. Durch Einreiben mit Katzenminze lässt sich seine Anziehungskraft steigern. Mit vorübergehend angebrachter Plastikfolie verleidet man seiner Katze das Krallenwetzen an anderen Gegenständen.

Nachtwandeln

▷ **Situation:** Am späten Abend wird die Katze richtig wach. Sie sorgt für nächtliche Unruhe in der Wohnung oder geht auf die Pirsch und kommt erst im Morgengrauen zurück.

▷ **Ursachen:** Katzen sind Dämmerungs- und Nachttiere. Viele Wohnungskatzen haben sich jedoch unserem Lebensrhythmus angepasst und verdösen die Nacht. Wer jedoch erst abends munter wird, hat meist den ganzen Tag verschlafen. Das trifft besonders auf Katzen zu, die tagsüber für mehrere Stunden alleine in der Wohnung bleiben müssen, sich langweilen und keinen Auslauf haben.

▷ **Therapie:** Die Katze braucht Abwechslung und Beschäftigung, möglichst auch Auslauf. Für die erwünschte Bettschwere sorgen Spielstunde und Fütterung am Abend.

Pflanzenknabbern

▷ **Situation:** Die Katze knabbert regelmäßig an den Zimmerpflanzen. Besonders ausgeprägt ist das Verhalten bei jungen Tieren.

▷ **Ursachen:** Katzen fressen Grünpflanzen und Gras, um Haarballen leichter zu erbrechen, manchmal möglicherweise aber auch aus reiner Lust auf Grünzeug. Das Knabbern an Zimmerpflanzen birgt große Gefahren, weil viele Pflanzen für die Katze giftig sind.

▷ **Therapie:** Bieten Sie Ihrer Katze Katzengras an (Anzucht- und Fertigschalen im Handel). Ebenfalls geeignet: Zypergras, Zimmerwein, Grünlilie, Schnittlauch, junge Hafertriebe. Erwischen Sie die Katze trotzdem einmal an einer Zimmerpflanze, können der Strahl einer Wasserpistole und ein scharfes »Nein!« abschreckende Wirkung erzielen. Hartnäckigen Sündern verleidet man die Aktion durch leichtes Anpusten im Gesicht. Giftpflanzen haben im Katzenhaushalt nichts zu suchen.

▷

Grünplatz: Nicht nur Wohnungskatzen, sondern auch Freigänger sollten regelmäßig mit Grünpflanzen wie z. B. Papyruswedel versorgt werden.

▷ *Auf frischer Tat ertappt: Hinterteil aufs Zielobjekt gerichtet, Schwanz hoch erhoben – die typische Haltung, in der Katzen Objekte, Artgenossen oder den Menschen mit Harn markieren. Beim Kater ist das Spritzharnen mit penetrantem Geruch verbunden.*

Selbstbeschädigung

▷ **Situation:** Die Katze leckt, kratzt oder putzt sich unentwegt, oft über Stunden. Die Folgen sind Hautrötungen, Haarverlust, Geschwüre. Verbreitet ist auch das Schwanzjagen, bei dem sie sich unablässig im Kreis dreht und in den eigenen Schwanz zu beißen versucht.

▷ **Ursachen:** Auslöser von STEREOTYPIEN (Seite 272), die eine Selbstbeschädigung zur Folge haben, sind oft seelische Ursachen wie Langeweile, Trennungsangst und Stress mit dominanten Artgenossen.

▷ **Therapie:** Die Katze gibt das Zwangsverhalten nur auf, wenn die auslösende Situation beseitigt wird. Verselbstständigt sich die Neurose, wird sie oft lange Zeit beibehalten. Mit Beschäftigungsangeboten versucht man die Katze abzulenken. Selbstbeschädigung kann zu ernsten Gesundheitsproblemen führen, die medikamentöse Behandlung ist daher nicht immer zu umgehen.

▷ **Krankheitsursachen:** Ständiges Kratzen und Putzlecken kann auch durch Hautpilze, Parasiten (Flöhe, Läuse, Räude- und Herbstgrasmilben), durch Verschmutzung oder Gift im Fell und auf der Haut hervorgerufen werden. Eine Katze, die sich fortgesetzt leckt, daher immer zuerst dem Tierarzt vorstellen.

Spielbeißen

▷ **Situation:** Vor allem junge Katzen setzen im Spiel ihre Zähne und Krallen so heftig ein, dass der mitspielende Mensch unübersehbare »Kampfspuren« davonträgt.

Ursachen: Kleine Katzen haben noch nicht die Erfahrung gemacht, dass ihr Mensch verletzlicher ist als die Artgenossen. Auch ältere Tiere, die selten oder ungern spielen, fahren häufig die Krallen aus. Beißen und Schlagen ist darüber hinaus ein deutliches Warnsignal, wenn die Katze nicht mehr in Spiellaune ist.

▷ **Therapie:** Spiel stoppen, wenn die Katze kratzt und beißt. Machen Sie ihr mit Klagelauten klar, dass sie Ihnen Schmerzen verursacht hat. Bieten Sie ihr zum Abreagieren Spiele an, bei denen die Hand nicht in Gefahr gerät, zum Beispiel mit einem Angelspiel.

Spritzharnen

▷ **Situation:** Katzen verspritzen Harn auf Gegenstände, auf andere Katzen und auch auf Menschen. Das Spritzharnen weiblicher Tiere fällt eher dezent und fast geruchsfrei aus, so dass es häufig gar nicht registriert wird. Kater hingegen setzen deutliche Duftmarken ab, die für menschliche Nasen außerordentlich unangenehm riechen und sich auch nach Tagen noch nicht verflüchtigt haben.

TIPP

Nicht zum Betteln verführen

Bettelnde Katzen sind hausgemacht. Wer seine Katze vom Tisch füttert, darf sich nicht wundern, wenn sie auf den Geschmack kommt. Einmal bei Tisch ist einmal zu viel. Tagesration und Leckerbissen gibt es grundsätzlich nur im Napf. Und menschliche Nahrung ist sowieso tabu, weil sie für Katzen ungeeignet ist.

▷ **Ursachen:** Mit gezielten Harnspritzern markiert die Katze Wohnbereich und Revier, aber auch Menschen und Tiere, mit denen sie zusammenlebt. In der Wohnung passiert das meist nur dann, wenn es nach fremder Katze riecht, manchmal bei neuen Möbeln oder wenn die Einrichtung umgestellt wird. Kater, die wiederholt vor den Augen ihres Besitzers spritzharnen, bringen damit ihren Protest zum Ausdruck oder betrachten den Menschen als Rivalen, dem sie imponieren wollen.

▷ **Therapie:** Beim Spritzharnen steht die Katze mit dem Hinterteil schräg vor dem Objekt, das sie markieren will. Die Hinterbeine sind durchgedrückt, der Schwanz ist erhoben und zittert leicht. Ertappt man sie auf frischer Tat, kann man ihr mit Wasserpistole oder lauten Geräuschen (scheppernde Blechdose, scharfes »Nein!«) das Spritzen verleiten. Markierte Stellen gründlich reinigen, damit der Duft nicht zur Wiederholung verleitet. Da Katzen weder das eigene Lager noch Futterplatz oder Spielzeug markieren, verhindert ein geschickt platzierter Fressnapf weitere Aktionen. Bei Kastraten tritt das sexuell stimulierte Spritzharnen nicht mehr auf, allerdings verteidigen sie ihr Revier vehementer als unkastrierte Kollegen und neigen dabei verstärkt zu einem territorialen Spritzharnen.

Stehlen

▷ **Situation:** Die Katze stiebitzt Essen vom Tisch und aus Einkaufstüten.

▷ **Ursachen:** Verführerischer Essensduft und Neugier sind die Triebfedern des Mundraubs, Hunger spielt nur selten eine Rolle. Dazu kommt der Reiz des verbotenen Tuns, wenn die Katze unbeobachtet auf den Tisch klettert, von dem sie weiß, dass er für sie tabu ist.

▷ **Therapie:** Alles Essbare wegräumen, wenn die Katze alleine ist. Schocktherapie: Schnur an eine Blechdose binden und die Dose an den Tischrand stellen. Zieht die Katze an der Schnur, fällt die Dose zu Boden. Der Urheber muss unsichtbar bleiben, damit die Katze ihn nicht mit der Aktion in Verbindung bringt.

Streunen

▷ **Situation:** Freigänger bleiben die ganze Nacht oder sogar für Tage von zu Hause weg. Während der Paarungszeit kann man Katze und Kater nur schwer vom Streunen abhalten.

▷ **Ursachen:** Die Lust am Streunen befällt häufiger Kater als weibliche Tiere. Geht eine Katze länger auf Tour als gewohnt, hängt nicht selten der Haussegen schief. Ausgelöst wird das Streunen u. a. durch einschneidende Veränderungen in der Familie (Verlust der Bezugsperson, neues Familienmitglied, neues Heimtier), ständige Unruhe und Lärm in der Wohnung oder ein neues Zuhause, das nach Umzug von der Katze nicht akzeptiert wird. Und dann gibt es natürlich auch Katzen, die sich in der Nachbarschaft durchfüttern lassen und vorübergehend oder für länger dort ihre Zelte aufschlagen. Rollige Katzen und liebeskranke Kater wiederum nutzen jede nur denkbare Gelegenheit, um auf die Suche nach Geschlechtspartnern zu gehen.

▷ **Therapie:** Nach Umzug hat die Katze für ca. vier bis sechs Wochen Ausgehverbot, bis sie sich an die neue Heimat gewöhnt hat. In der Paarungszeit bleiben Türen und Fenster verschlossen. Den Stress kann man sich und seiner Katze nur ersparen, wenn sie kastriert wird. In allen anderen Fällen gilt: der Katze viel Beachtung und Zuwendung schenken, damit sie gerne nach Hause zurückkehrt. Grundsätzlich immer erst nach der Heimkehr füttern und Fütterungstermine einhalten.

Unsauberkeit

▷ **Situation:** Die Katze war bisher zuverlässig stubenrein, verrichtet ihr Geschäft jetzt aber plötzlich an verschiedenen Stellen in der Wohnung und benutzt ihre Toilette nur noch sporadisch oder gar nicht mehr.

▷ **Ursachen:** Unsauberkeit bei Katzen kann sehr unterschiedliche Ursachen haben. Da sie auch ein Begleitsymptom vieler Krankheiten ist (→ Seite 172), müssen körperliche Beschwerden ausgeschlossen sein, bevor eine Verhaltenstherapie begonnen wird.

Plötzlich auftretende Unsauberkeit ist meist ein deutliches Symptom dafür, dass die Katze mit einer bestimmten Situation überhaupt nicht zurechtkommt. Nicht selten handelt es sich dabei um die Toilette selbst: verschmutzte Einstreu, neue Streusorte, falscher Standort oder Standortwechsel, Geruchsbildung unter der Haube, Störungen beim Toilettengang, zu kleine Toilettenschale. Andere Ursachen: Vernachlässigung, häufiges Alleinsein, fehlende Zuwendung oder Zurücksetzung, Eifersucht, Umzug, Wechsel der Futtersorte.

▷ **Therapie:** Verschmutzte Einstreu täglich säubern, Toilettenschale wöchentlich reinigen, gewohnte Einstreu möglichst nicht wechseln. Toiletten mit Haubenaufsatz werden nicht von allen Katzen akzeptiert, da das Lösen in der geschlossenen Kammer nicht dem natürlichen Katzenverhalten entspricht. Darüber hinaus reagieren sensible Katzennasen häufig ablehnend auf Gerüche, die sich unter der Haube bilden können. Hier schafft die offene Toilettenschale Abhilfe. Alle Gegenstände im Wohnbereich und im Revier definieren sich für die Katze auch über ihren Standort. Wird die Toilette an einen anderen Platz gestellt, muss sie sich erst wieder mit der Örtlichkeit vertraut machen, was nicht immer ohne Probleme abläuft. Katzen verrichten ihr Geschäft ungern in aller Öffentlichkeit, ein ruhiger und geschützter Toilettenplatz ist wichtig. In manchen Fällen hilft die zweite, an einem anderen Ort (beispielsweise im Keller) platzierte Katzentoilette. Bei zwei Katzen im Haus hat jede ihre eigene Toilette. Protestlöseplätze so lange mit Folie abdecken, bis die Katze wieder zuverlässig stubenrein ist.

▷ **Krankheitsursachen:** Erkrankungen der Nieren, Harnwegsinfektionen und Darmparasiten können zur Unsauberkeit führen. Bei einer Blasenentzündung setzt die Katze den Harn nicht selten an anderen Stellen ab, weil sie ihre Toilette mit den Schmerzen in Verbindung bringt. Zur Zeit der Geschlechtsreife neigen sowohl Katzen wie Kater verstärkt zur Unsauberkeit.

Zerstörungswut

▷ **Situation:** Die Katze kratzt an Türen und Möbeln, schleudert die Blumenerde aus den Töpfen, krallt sich in Tapeten und Gardinen oder beißt in Teppiche und Kissen.

▷ **Ursachen:** Zerstörungswut kommt meist bei Tieren vor, die lange alleine sind und sich langweilen. Offensichtlich können sich die Destruktionshandlungen verselbstständigen und treten dann nicht nur beim Alleinsein auf. In Einzelfällen ist für die Zerstörungswut ein überstarker Geschlechtstrieb verantwortlich, der nicht ausgelebt werden kann.

▷ **Therapie:** Die Katze braucht während Ihrer Abwesenheit Beschäftigung und sollte von einem Fensterplatz aus am Leben draußen teilhaben können. Nehmen Sie sich vorher die Zeit für ein Spiel und stellen Sie ihr vor dem Weggehen die Futterration hin. Fast immer siegt die Müdigkeit. Katzen mit einem sehr starken und unerfüllten Geschlechtstrieb sind destruktiv, leicht reizbar und oft aggressiv. Die Kastration ist das Mittel der Wahl.

Verhaltensprobleme der älteren Katze

Katzen bleiben über viele Jahre fit und aktiv, deutliche Alterssymptome zeigen sich erst spät. Spürt die alte Katze, dass Beweglichkeit und Kondition nachlassen, ändert sich oft auch ihr Verhalten.

▷ Sie wird eigensinniger und lehnt jede Veränderung vehement ab.

▷ Sie reagiert auf jüngere Artgenossen zunehmend intoleranter, weil sie Angst hat, ihnen nicht mehr Paroli bieten zu können.

▷ Sie beharrt stur auf dem gewohnten Futter.

▷ Sie zeigt sich bei Störungen während der Siesta deutlich missmutiger als früher.

▷ Sie hat ein höheres Ruhebedürfnis und bevorzugt warme Liegeplätze.

▷ Sie verzichtet bei schlechtem Wetter immer öfter auf Kontrollgänge durchs Revier.

▷ Sie spielt seltener und nur für kurze Zeit und meidet laute und hektische Menschen.

▷ Sie hat häufiger Probleme mit der Stubenreinheit, was ihr sichtbar peinlich ist.

Forschung & Praxis

Kommunikation und Kooperation

Katzen sind offensichtlich in der Lage, sich ein genaues Bild von der Topografie ihrer vertrauten Umgebung zu machen, und registrieren daher selbst kleinste Veränderungen im Revier und in der Wohnung (→ Seite 152). Die Bedeutung, die ein Gegenstand für die Katze hat, ist dabei immer auch mit einem ganz bestimmten Platz verknüpft.
Für den Alltag mit der Katze hat das Orts- und Bedeutungsgedächtnis weit reichende Konsequenzen: Für Verwirrung sorgt nicht nur das Umstellen der Möbel, auch die plötzlich im Nachbarzimmer platzierte Toilette verliert für die Katze ihre bisherige Bedeutung. Sie muss sich mit ihr erst wieder vertraut machen, was in manchen Fällen zumindest zeitweise zum Verlust der Stubenreinheit führen kann.

Bestimmte Handlungen einzelner Funktionskreise reifen zu unterschiedlichen Zeiten. Typisch ist eine solche Teilreifung beim Sexualverhalten: Schon vor der Pubertät erkennt man im Spiel der Kätzchen sexuelle Gesten, etwa beim Versuch, den Spielpartner zu besteigen.
Bei einigen frühreifen Rassen wie den Siamesen kann den spielerischen Sexualhandlungen sehr bald der »sexuelle Ernstfall« folgen. Um unerwünschten Nachwuchs zu verhindern, sollten Sie sich rechtzeitig mit Ihrem Tierarzt auf einen Kastrationstermin einigen.

Katzen verfügen über eine Vielzahl fein abgestufter Verständigungsmöglichkeiten. Dazu zählt auch die Halbseiten-Mimik: Die Katze benutzt nur die dem Adressaten zugewandte Gesichts- und Körperhälfte, um sich mit ihm durch ihre Mimik (und Gestik) zu verständigen.
Wer die wichtigsten Ausdrucksformen der Lautsprache, Gestik und ▶ MIMIK (Seite 268) der Katze kennt, vermeidet Missverständnisse und Probleme.

Katzen wetzen die Krallen oft an bestimmten – häufig unerwünschten – Plätzen in der Wohnung. Das Beharren hat Gründe: Über die Schweißdrüsen an den Pfoten setzt die Katze Duftmarken ab, die sie regelmäßig erneuert.

◁ *Attraktion Kratzbaum: Der richtige Standort, ein krallenfreundlicher Bezug aus Sisal oder Kokos, Liegeflächen, Höhlen und Spielmöglichkeiten steigern die Beliebtheit des Kratzbaums und halten die Katze davon ab, ihre Krallen an Möbeln und Teppichen zu wetzen.*

Abhilfe schaffen attraktive Alternativen, z. B. ein Kratzbaum mit Höhlen, Liegeplätzen, Spielgeräten und einer krallenfreundlichen Oberfläche. Das Einreiben mit Baldrian oder Katzenminze verstärkt seine Anziehungskraft.

Die Katze beherrscht die Kunst des totalen Abschaltens. In vertrauter Umgebung reagiert sie nur auf ungewöhnliche Geräusche, für alle anderen, selbst laute und schrille, ist sie gleichsam taub.
Was wir mit autogenem Training und ähnlichen Techniken erreichen wollen, beherrscht die Katze von Natur aus. Ihre Fähigkeit zur gezielten Konzentration könnte für uns ein Ansporn sein, um neue Wege zur Entspannung zu finden und Stress zu vermeiden.

10 Fragen zu Verhalten und Erziehung

Obwohl er bei seiner Rückkehr einen Leckerbissen bekommt, ist mein Kater oft den ganzen Tag und nicht selten sogar nachts unterwegs. Wie erziehe ich ihn zu mehr Häuslichkeit?
Lassen Sie Ihren Kater grundsätzlich hungrig auf die Pirsch gehen und füttern Sie ihn immer zu festen Zeiten. Erkundigen Sie sich in der Nachbarschaft, ob er irgendwo in einem Keller oder Gartenhäuschen übernachtet. Wird er dort auch noch gefüttert, beeilt er sich natürlich nicht mit dem Heimkommen. Streunern verhilft die Kastration zu mehr Häuslichkeit. Sie werden standorttreuer und bleiben näher am Haus, weil sie sich jetzt vor allem um die Bewachung und Verteidigung ihres Reviers kümmern.

Sobald unsere Katze Kinder sieht, nimmt sie Reißaus und lässt sich erst wieder blicken, wenn die Luft rein ist. Gibt es einen Weg, um ihr die Angst vor Kindern zu nehmen?
Es ist offensichtlich, dass Ihre Katze schlechte Erfahrungen mit Kindern gemacht hat. Vor allem wenn das schon im Kätzchenalter passiert ist, braucht es viel Zeit und Geduld, bis die Katze wieder Vertrauen fasst. Am besten geht es über die Fütterung. Die sollte aber nur von älteren Kindern übernommen werden. Anfangs wird die Katze der Geschichte noch misstrauen, stellt aber bald fest, dass keiner etwas Böses im Schilde führt. Hat sich ihre Scheu gelegt, dürfen die Kinder sie auch zum Spielen animieren. Aber nicht drängeln, die Entscheidung muss alleine die Katze treffen.

Hallo und guten Tag! Wer gähnt, ist müde. Für die Katze stimmt das nur zum Teil. Bei ihr kann Gähnen auch zu einer freundlichen Begrüßung gehören und ist dabei Ausdruck ihrer friedlichen Gesinnung.

Wir wohnen im Grünen, und unsere Katze sitzt nicht nur vorm Mauseloch, sondern erbeutet regelmäßig auch Vögel. Kann man ihr diese Jagdgelüste austreiben?
Der Nachweis ist längst erbracht: Hauskatzen tragen nicht zur Ausrottung der Singvögel bei. Der Vogelnachwuchs ist durch Krankheit, Kälte, Nässe und Nahrungsmangel weit mehr gefährdet als durch Katzen. Dank ihrer hohen Fortpflanzungsrate verkraften die Vögel aber auch diese Beeinträchtigungen. Mit einer Metallmanschette, die um den Baumstamm gelegt wird, verhindern Sie, dass Ihre Katze zur Brutzeit an Nistplätze herankommt.

Meine Katze erbricht häufig Haare und muss dabei so stark würgen, dass ich Angst um sie bekomme. Ist das ein normales Verhalten oder hat sie Verdauungsprobleme?
Mit der Zunge nehmen Katzen bei der Fellpflege abgestorbene Haare auf. Die meisten werden auf normalem Weg ausgeschieden, ein Teil bleibt aber im Magen. Mit der Zeit bilden sich unverdauliche Haarballen (BEZOARE, Seite 262), die von der Katze ausgewürgt werden. Während des Fellwechsels und bei langhaarigen Tieren passiert das relativ häufig. Kann die Katze an Katzengras oder anderen Grünpflanzen knabbern, fällt das Ausscheiden der Haarballen leichter. Geeignet dafür sind auch spezielle Snacks (Anti-Hairball).

Macht sich unbeliebt: Beim Krallenwetzen erweist sich manche Katze als dickköpfig und malträtiert Möbelstücke und Teppiche.

Mein Kater spritzt zum Glück nicht im Haus, aber im Garten dafür umso öfter. Warum stinkt das so fürchterlich?
Beim Spritzharnen markieren Katzen Gegenstände, aber auch den Menschen, und unterstreichen so ihren Besitzanspruch. Wenn ein Weibchen spritzt, merkt man es oft gar nicht, Kater hingegen können bis zu einem Meter weit spritzen. Für den äußerst unangenehmen Geruch ist bei ihnen wahrscheinlich das Sekret der Analbeutel verantwortlich, das dem Harnstrahl beigemischt wird.

Meine Katze ist mehr unterwegs als zu Hause und erledigt auch ihr Geschäft im Freien. Braucht sie überhaupt noch ihre Toilette?
Die Katzentoilette ist auch für Freigänger unverzichtbar. Sie ist notwendig, wenn Ihre Katze über Nacht nicht raus darf, wenn das Wetter zu schlecht ist oder wenn sie wegen Krankheit das Haus hüten muss. Trotz Auslauf benutzen viele Katzen ihre Toilette weiter.

Meine Katze gähnt auch, wenn sie lange geschlafen hat. Ist sie dann immer noch müde?
Gähnen ist bei Katzen nicht unbedingt ein Zeichen von Müdigkeit. Es dient vielmehr zur Begrüßung anderer Tiere und sagt ihnen gleichzeitig, dass die gähnende Katze freundlich und friedlich gestimmt ist.

Statt eines Kratzbaums würde ich meiner Katze lieber einige dicke Äste anbieten. Muss ich sie aufrecht stellen oder wird auch ein liegender Ast fürs Krallenwetzen akzeptiert?
Im Revier setzen Katzen beim Krallenwetzen auch Sichtzeichen für die Artgenossen. Dabei sind die Geschmäcker verschieden: Die einen bevorzugen senkrechte Kratzflächen, andere eher liegende oder schräg stehende. Testen Sie, ob Ihre Katze die Krallen in der Wohnung lieber an einem vertikalen, horizontalen oder schräg gestellten Kratzpfosten wetzt.

Unser Kater geht abends auf Tour und will um vier Uhr in der Früh wieder ins Haus. Wie gewöhnt man ihn an zivile Zeiten?
Spielen Sie abends mit ihm, bis er müde ist und freiwillig zu Hause bleibt. Alternative: die Katzenklappe in Keller- oder Verandatür. Dann kann er nach Belieben rein und raus. Klappen mit Magnetcode (→ Seite 94) halten ungebetene Katzen fern. Den Transponder trägt Ihr Kater am Sicherheitshalsband.

Toilettenplatz: Ein Buddelbeet im Garten sorgt dafür, dass die Katze ihr Geschäft nicht in den Gemüse- und Blumenbeeten verrichtet.

Meine Siam hat schnell herausgefunden, wie man Türen öffnet. Wie verhindere ich, dass sie im ganzen Haus unterwegs ist?
Natürlich kann man die Türen verschließen, aber das macht wenig Sinn, wenn Sie selbst regelmäßig rein und raus wollen. Abhilfe schaffen senkrecht gestellte Türklinken: Türbeschlag lösen, Klinke herausziehen und um 90 Grad versetzt einsetzen. Eventuell kann man nach einiger Zeit wieder zurückbauen, aber manche Katzen bekommen das spitz.

ADULT

Gesund und artgerecht ernähren

Ein ausgewogenes Katzenfutter ist auf den speziellen Nahrungsbedarf der Katze abgestimmt. Wie ihre natürliche Beute, Mäuse und andere kleine Nager, liefert es der Fleischfresserin alle lebensnotwendigen Proteine, Kohlenhydrate und Fette, darüber hinaus Vitamine, Mineral- und Ballaststoffe. Es schützt vor Fehlernährung und erleichtert die Verdauung. Mit menschlicher Kost oder Hundefutter kann die Katze nicht gesund und artgerecht ernährt werden, in der Folge stellen sich schwere Mangelerscheinungen ein.

4

Das gehört ins Katzenfutter

Ein ausgewogenes und gesundes Futter, das alle wichtigen Nährstoffe enthält, trägt entscheidend dazu bei, dass die Katze bis ins hohe Alter fit und leistungsfähig bleibt.

DIE MISCHUNG MACHT'S. Die Katze braucht vor allem Fleisch. Tierisches Protein ist neben den Energielieferanten Fett und Kohlenhydrate die Basis ihrer Ernährung. Doch vom Fleisch allein kann sie nicht leben, pflanzliche Nahrungsanteile wie Getreide und Gemüse sind unverzichtbar. Der Stoffwechsel der Katze unterscheidet sich erheblich von unserem. Muss sie mit menschlicher Nahrung vorlieb nehmen, stellen sich Mangelerscheinungen und Krankheiten ein. Bei selbst zubereitetem Futter die richtige Nährstoffkombination zu finden, ist eine Wissenschaft für sich. Leichter und sicherer geht es mit Fertigfutter.

Die wichtigsten Nahrungsbausteine

Die Katze ist eine typische Fleischfresserin. Mit ihrem kleinen Magen und dem kurzen Darm ist sie auf leicht verdauliche, energie- und nährstoffreiche Nahrung angewiesen. Wichtigste Nahrungsbausteine sind hochwertige tierische Proteine, vorwiegend aus dem Muskelfleisch von Rind, Geflügel und Fisch. Wie viel Fett und Kohlenhydrate eine Katze braucht, hängt nicht zuletzt auch von ihrer körperlichen Aktivität ab. Vitamine und Mineralstoffe sind für ihren Organismus lebensnotwendig, selbst wenn sie nur in kleinsten Mengen benötigt werden.

Proteine

Die Katze braucht mehr Protein (Eiweiß) als andere Heimtiere. Proteine liefern die lebenswichtigen ◘ AMINOSÄUREN (Seite 260).

▷ **Wichtig für:** Versorgung der Muskulatur, viele Stoffwechselfunktionen, Zellwachstum.

▷ **Quelle:** Die Katze deckt ihren Proteinbedarf vor allem durch Fleisch, weniger über pflanzliche Produkte. Anders als der Mensch kann sie die lebenswichtige Aminosäure Taurin nicht selbst bilden, sondern muss sie über das Fleisch in der Nahrung aufnehmen. Neben Muskelfleisch kann man Niere, Lunge und Leber anbieten. Lunge eignet sich wegen ihres geringen Nährwerts eher zur Diäternährung übergewichtiger Tiere. Fleisch und Innereien können Parasiten und bakterielle Krankheitserreger enthalten und sollten grundsätzlich nur gekocht verfüttert werden.

▷ **Bei Mangel:** Bei unausgewogener, proteinarmer Ernährung wirkt die Katze apathisch. Taurinmangel ruft Augenprobleme hervor und kann zur Blindheit führen.

▷ **Besonderheiten:** Schweinefleisch ist für die Katze (und den Hund) tabu, da es die Erreger der tödlichen Aujeszkyschen Krankheit (→ Seite 213) enthalten kann. Nieren sind selten frei von Schad- und Giftstoffen, übermäßige Leberverfütterung führt zu Skelettschäden.

Fette

Fette sind wichtige Energielieferanten und beeinflussen den Geschmack des Futters.

▷ **Wichtig für:** Nur mithilfe leicht verdaulicher Fette nimmt der Stoffwechsel der Katze die fettlöslichen Vitamine A, D, E und K auf.

▷ **Quelle:** Tierische und pflanzliche Fette. Katzen brauchen eine fettreichere Nahrung als Mensch oder Hund. Wichtig ist das richtige Verhältnis zwischen tierischen und pflanzlichen Fetten und die Qualität der Fette.

▷ **Bei Mangel:** Unzureichende Versorgung mit gesättigten und ungesättigten Fettsäuren führt zu verzögertem Wachstum, Hautproblemen und einem trockenen, stumpfen Fell.

▷ **Besonderheiten:** Fett reguliert die Verdauung und sorgt dafür, dass verschluckte Haare abgeführt werden. Der Fettanteil (mind. 9 %) wirkt sich auf den Geschmack des Futters aus und damit auch darauf, ob die Katze es akzeptiert oder ablehnt. Ranziges Fett zerstört die fettlöslichen Vitamine, zu viel fetter Fisch verursacht Vitaminmangel.

Kohlenhydrate

In Form von Stärke und Zucker liefern Kohlenhydrate kurzzeitig abrufbare Energie. Sie sind weniger kalorienhaltig als Fett.

▷ **Wichtig für:** körperliche Aktivität und besondere Belastungen, z. B. für trächtige und säugende Katzenmütter und nach Krankheit.

▷ **Quelle:** Reich an Kohlenhydraten sind pflanzliche Produkte wie ungeschälter Reis, Weizen, Haferflocken, Vollkornnudeln. Stärkehaltige Nahrung nur sparsam anbieten, um Gewichtsprobleme zu vermeiden.

▷ **Bei Mangel:** Enthält das Futter ausreichend Protein und Fett, können Katzen auch ohne Kohlenhydrate auskommen.

▷ **Besonderheiten:** Kohlenhydratreiche Nahrung wird besser verdaut, wenn sie vor dem Verfüttern gekocht wird. Hülsenfrüchte und Kartoffeln sind für Katzen ungeeignet.

△
Nur ein Schlückchen: Katzen sind sparsame Trinker. Trotzdem muss ihnen frisches Wasser jederzeit zur Verfügung stehen. Eine Katze mit Auslauf stillt ihren Durst ab und zu auch einmal aus einer Pfütze.

Ballaststoffe

Ballaststoffe oder Rohfasern sind schwer oder nicht verdauliche Nahrungsbestandteile.

▷ **Wichtig für:** Ballaststoffe fördern die geregelte Verdauung, liefern aber keine Energie, da sie vom Organismus nicht verarbeitet werden.

▷ **Bedarf:** Die Nahrung der Katze muss einen bestimmten Anteil an Ballaststoffen enthalten, so wie es auch bei ihrer natürlichen Beute (z. B. Haare und Sehnen der Maus) der Fall ist. Bei Fertignahrung ist dieser Bedarf berücksichtigt, selbst zubereitetem Futter setzt man Weizenkleie oder ähnliche Produkte zu.

▷ **Bei Mangel:** Verstopfung und andere Verdauungsprobleme.

Vitamine

Vitamine (lat. vita = Leben) sind Wirkstoffe, die nur in kleinsten Mengen benötigt werden, aber für den gesamten Organismus und die Steuerung und Regulierung der biologischen Abläufe unverzichtbar sind. Fettlösliche Vitamine (A, D, E, K) kann der Organismus speichern, wasserlösliche wie die B-Vitamine nur unvollkommen, sie müssen nahezu täglich mit der Nahrung aufgenommen werden. Vitaminmangel wie auch Überdosierung führt zur Beeinträchtigung des Allgemeinbefindens, zu Entwicklungsstörungen und Krankheit.

Vitamin A

▷ **Wichtig für:** störungsfreies Wachstum und Gesunderhaltung von Haut, Augen und anderen Organen.

▷ **Quelle:** Katzen müssen Vitamin A über rohe Leber, Milchprodukte und andere tierische Nahrung aufnehmen. Mensch und Hund können das Vitamin aus Karotin, der pflanzlichen Vorstufe, selbst herstellen. Reich an Karotin sind Tomaten, Möhren und Spinat.

▷ **Bei Mangel:** erhöhte Anfälligkeit für Krankheiten, Wachstumsstörungen, trockene Haut, eingeschränktes Sehvermögen (Nachtblindheit) bis hin zu Blindheit.

▷ **Besonderheiten:** Bei übermäßiger Aufnahme (z. B. einseitiger Ernährung mit Leber) reichert sich Vitamin A in den Organen an und verursacht Bewegungsprobleme und Knochenverformungen.

Vitamine des B-Komplexes

Die wasserlöslichen Vitamine Thiamin (B_1), Riboflavin (B_2), Niazin, Pyrodoxin (B_6), Vitamin B_{12}, Folsäure, Panthothensäure, Biotin und Cholin müssen mit der Nahrung aufgenommen werden.

▷ **Wichtig für:** Nervenfunktionen, Knochenmark, Energiegewinnung und -verwertung, Fett- und Aminosäurestoffwechsel.

▷ **Quelle:** Fleisch, Innereien, Milch, Fisch, Eier, Getreide, Hefe und andere tierische und pflanzliche Produkte.

▷ **Bei Mangel:** unterschiedliche Symptome wie Erbrechen, Abmagerung, Wachstumsstörungen, Haarausfall, Krämpfe, Blutarmut.
▷ **Besonderheiten:** Katzen brauchen bis zu viermal mehr B-Vitamine wie Hunde. Zu viel roher Fisch und das Eiweiß roher Eier können Vitamin B_1 zerstören. Durch Kochen wird diese Wirkung verhindert.

Vitamin C

▷ **Wichtig für:** Immunabwehr und Fitness.
▷ **Quelle:** kann vom Organismus der Katze selbst erzeugt werden.
▷ **Bei Mangel:** erhöhte Krankheitsanfälligkeit, Wachstums- und Skelettprobleme.
▷ **Besonderheiten:** Extraversorgung nur bei starker Belastung oder schwerer Krankheit.

Vitamin D

▷ **Wichtig für:** gesundes Knochenwachstum und Kalziumhaushalt
▷ **Quelle:** Reich an Vitamin D sind Leber, Eier (Eigelb) und Milchprodukte.
▷ **Bei Mangel:** Knochenerweichung, Rachitis.
▷ **Besonderheiten:** Überdosierung führt zur Futterverweigerung, Verkalkung von Weichteilen (Lunge, Niere) und Knochenbrüchen und verursacht bei Jungtieren Schäden an den Blutgefäßen. Zusätzliche Versorgung mit Vitamin D nur auf tierärztliche Anweisung.

Vitamin E

▷ **Wichtig für:** Fortpflanzungsfähigkeit und die Verwertung von Fettsäuren.
▷ **Quelle:** Fleisch, Fisch, Milchprodukte.
▷ **Bei Mangel:** Muskelschwäche, Blutarmut, Unfruchtbarkeit und Totgeburten.
▷ **Besonderheiten:** Durch ranziges Fett kann Vitamin E zerstört werden.

Vitamin K

▷ **Wichtig für:** Blutgerinnung.
▷ **Quelle:** Grünpflanzen, Spinat, Leber.
▷ **Bei Mangel:** erhöhte Neigung zu Blutungen.
▷ **Besonderheiten:** wird vermutlich vom Organismus der Katze selbst gebildet.

Mineralstoffe

Mineralstoffe sind für die Gesunderhaltung der Katze und viele Stoffwechselfunktionen ebenso lebensnotwendig wie Vitamine. Am wichtigsten ist Natrium, mit dem sie über Fleisch und Fisch meist ausreichend versorgt wird. Einige Mineralstoffe (Natrium, Kalium, Chlor, Magnesium) beeinflussen sich gegenseitig, daher sind die Mengenanteile im Futter wichtig. Überdosierung kann bei vielen Mineralstoffen zu gesundheitlichen Schäden führen.

INFO

Warum fressen Katzen Gras?

Viele Katzen knabbern regelmäßig an Gräsern und anderen Grünpflanzen. Danach können sie Haarballen, unverdauliche Futterbestandteile oder Fremdkörper leichter erbrechen. Möglicherweise dient die grüne Kost auch der zusätzlichen Versorgung mit Vitaminen wie zum Beispiel Folsäure. Neben handelsüblichen Schälchen mit Katzengras kann man der Katze auch Salbei, Thymian, Katzenminze oder Petersilie anbieten.

Kalzium

▷ **Wichtig für:** Knochenbildung, störungsfreie Funktion von Muskeln und Nerven.
▷ **Quelle:** Milch, Käse und Knochen.
▷ **Bei Mangel:** Wachstumsstörung, Krämpfe, verzögerte Knochenbildung.
▷ **Besonderheiten:** Überdosierung kann zur Knochenmissbildung führen.

Phosphor

▷ **Wichtig für:** Knochenbildung.
▷ **Quelle:** Fisch, Knochen, Milch.
▷ **Bei Mangel:** Rachitis.

▷ *Lecker: Eine Fingerspitze Joghurt oder Quark macht Appetit auf mehr. Im Gegensatz zur Milch, auf die viele Katzen wegen des Milchzuckers (Laktose) mit Verdauungsproblemen reagieren, sind Sauermilchprodukte laktosearm und werden gut vertragen.*

Weitere Mineralstoffe

▷ **Kalium:** wichtig für Flüssigkeitshaushalt und Nerven, wird mit Fleisch und Milch aufgenommen. Bei Mangel Wachstumsprobleme, Herz- und Nierenschäden.

▷ **Magnesium:** unterstützt Knochenbildung und Eiweißsynthese, liegt in Knochen und Getreide vor. Bei Mangel Erbrechen und Muskelschwäche, bei Überdosierung Durchfall.

▷ **Natrium:** sorgt für einwandfreie Funktion von Muskeln und Nerven. Im Kochsalz ist es in ausreichender Menge in Fleisch und Fisch vorhanden. Bei Mangel Erschöpfung und verzögertes Wachstum. Zusammen mit Chlor, Kalium und Magnesium ist Natrium für den Wasserhaushalt wichtig.

Spurenelemente

Als Spurenelemente bezeichnet man Mineralstoffe, die nur in kleinsten Mengen gebraucht werden. Dazu gehören

▷ **Eisen:** Bestandteil des Blutfarbstoffs Hämoglobin, der den Sauerstoff bindet.

▷ **Kupfer:** wichtig für Sauerstofftransport.

▷ **Mangan:** für Nerven, Haare, Pigmente.

▷ **Zink:** wichtig für Verdauung und Gewebe.

▷ **Fluor:** für gesunde Zähne und Knochen.

▷ **Jod:** für die Funktion der Schilddrüse.

Was ist wo drin?

▷ **Fleisch:** reich an Protein und Fett. Ausschließliche Fütterung mit Fleisch führt zum Kalziummangel (Gefahr von Knochenbrüchen und Lähmungen beim Jungtier, Skelettveränderungen bei der erwachsenen Katze). Fleisch enthält zu wenig fettlösliche Vitamine, Jod und Biotin (Vitamin-B-Komplex).

▷ **Fisch:** Reich an Protein, Vitaminen, Mineralstoffen und Fettsäuren. Zu wenig Kalzium, Vitamin A und Eisen. Roher Fisch zerstört Vitamin B_1 (Thiamin).

▷ **Eier:** nährstoff- und vitaminhaltig. Nicht roh füttern (→ siehe rechts).

▷ **Leber:** viel Protein und Fett, besonders reich an Vitaminen, aber wenig Kalzium und Phosphor. Wirkt roh abführend, gekocht oder gebraten stopfend. Bei übermäßiger Verfütterung Gefahr einer Vitamin-A-Vergiftung.

▷ **Getreideprodukte:** enthalten Kohlenhydrate, Vitamine und Mineralstoffe und können von der Katze nur gekocht verwertet werden.

▷ **Milch:** reich an Vitaminen und Mineralstoffen. Viele erwachsene Katzen vertragen den Milchzucker in der Milch nicht (→ Seite 186). Bekömmlicher sind Quark und Joghurt.

INFO

Macht's die Maus?

Mäuse und andere Kleinnager sind die natürliche Beute einer Katze. Die Maus enthält alle Nähr- und Ballaststoffe, die für die Katze wichtig sind. Satt wird von den Nagetieren aber keine: Bei durchschnittlich 20 Gramm pro Maus müsste eine Katze täglich acht bis zwölf Beutetiere erlegen, um ihren ärgsten Hunger zu stillen. Darüber hinaus sind in unserer chemisch behandelten Umwelt auch die Mäuse längst keine unbedenkliche »Bio-Kost« mehr.

Das ist gefährlich für Katzen

▷ **rohes Fleisch:** kann mit Parasiten, Viren und Bakterien belastet sein.
▷ **Rindfleisch:** kann bei nicht kontrollierter Herkunft die Rinderseuche BSE übertragen. Besonders BSE-gefährdete Organe sind Gehirn, Nervengewebe und Markknochen.
▷ **rohes Schweinefleisch:** kann mit den Erregern (Herpesviren) der tödlich verlaufenden Aujeszkyschen Krankheit infiziert sein.
▷ **Medikamente:** Viele Arzneimittel aus der menschlichen Apotheke sind für die Katze giftig. Schon zwei Tabletten Aspirin können für sie tödlich sein.
▷ **rohes Hühnerei:** kann Salmonellen enthalten. Rohes Eiklar verursacht Haarausfall, weil es das Vitamin Biotin zerstört.
▷ **Schokolade:** enthält Theobromin, das für die Katze schädlich ist und vom Organismus nicht abgebaut wird (Vergiftungsgefahr).
▷ **Alkohol:** selbst in kleinsten Mengen (z. B. in homöopathischen Tropfen) unverträglich.
▷ **Knochen:** Knochensplitter können Magen- und Darmwände verletzen. Bei regelmäßiger Knochenfütterung kommt es zur Verstopfung.

Fakten über Fertignahrung

Fertignahrung für Katzen wird heute auf der Basis neuester ernährungswissenschaftlicher Erkenntnisse hergestellt. Das fleischliche Rohmaterial stammt ausschließlich von Tieren, die auch für den menschlichen Verzehr freigegeben sind. Herkunft und Qualität werden laufend überwacht, Fleischabfälle, Tierkörpermehl und Risikoorgane grundsätzlich nicht verarbeitet. Neben dem Fleischanteil (40-70 Prozent) enthält Fertignahrung pflanzliche Zutaten wie Gemüse und Getreide. In den Forschungsabteilungen der Tiernahrungshersteller arbeiten Ernährungswissenschaftler, Biochemiker und Veterinärmediziner ständig an der Qualitätsverbesserung der Produkte. Der endgültige Produkttest ist immer Sache der Konsumenten: Mehrere hundert Katzen prüfen vor Markteinführung, ob das neue Futter ihren Geschmack trifft.

Feuchtnahrung

Feuchtnahrung für die Katze wird in Schalen, Dosen und Beuteln angeboten. Hauptfutter anteil ist eine Mischung verschiedener Fleischprodukte (Leber, Lunge, Herz), dazu kommen pflanzliche Eiweiße (Getreide, Gemüse) und alle lebensnotwendigen Vitamine und Mineralstoffe. Sein Feuchtigkeitsgehalt liegt bei ca. 80 Prozent. Feuchtnahrung eignet sich wie auch Trockennahrung als Allein- und Hauptfutter. Unter normalen Bedingungen deckt es den Flüssigkeitkeitsbedarf der Katze, die dann nur noch selten oder gar nicht zum Wassernapf geht.

Trockennahrung

In der Futterzusammensetzung ähnelt die Trockennahrung weitgehend dem Feuchtfutter, lediglich der Getreideanteil liegt höher. Der Trockennahrung wird die Feuchtigkeit bis auf 10 Prozent entzogen. Ihr Energiegehalt liegt über dem der Feuchtnahrung und muss bei den Futterrationen berücksichtigt werden (Empfehlungen auf der Packung beachten). Um den erhöhten Flüssigkeitsbedarf decken zu können, muss der Katze jederzeit Trinkwasser zur Verfügung stehen, speziell dann, wenn Trockennahrung als Hauptfutter angeboten wird.

Das spricht für Fertigfutter

▷ Fertignahrung wird unter kontrollierten und sterilen Bedingungen hergestellt und ist frei von Krankheitserregern,
▷ enthält sämtliche für die Katze wichtigen Nährstoffe, Vitamine und Mineralstoffe in einer ausgewogenen Zusammensetzung,
▷ erhält durch schonende Herstellung die Wirksamkeit von Vitaminen und Mineralien,
▷ ist lange haltbar (bei Trocken- bzw. Feuchtnahrung in verschlossener Dose),
▷ kann gut portioniert werden (Fütterungsangaben auf der Packung beachten),
▷ macht zusätzliche Vitamin- und Mineralstoffgaben überflüssig,
▷ wird auch von Problemessern akzeptiert.

Was das Dosenetikett verrät

Das Etikett auf der Fertigfutterpackung gibt Auskunft darüber, für welche Katzen sich die Nahrung eignet: zum Beispiel als Alleinfutter für erwachsene Katzen, als Seniorenkost oder als Ergänzungsfutter für säugende Katzenmütter. Die Fütterungsangaben des Herstellers basieren auf langjährigen Beobachtungen und Erfahrungen. Trotzdem kann die tatsächlich benötigte Futtermenge davon abweichen. Sie ist abhängig von Alter, Größe, Gewicht und Aktivität der Katze. Wer eine Katze regelmäßig mit Leckerbissen verwöhnt, muss die täglichen Futterrationen entsprechend kürzen, wenn er die schlanke Linie seines Stubentigers nicht gefährden will.

TIPP

So wiegen Sie Ihre Katze

Kleine und leichtgewichtige Katzen passen in einer Schüssel oder Schale auf die Küchen- oder Briefwaage (Schalengewicht abziehen). Große Katzen nimmt man auf den Arm und stellt sich mit ihnen auf die Personenwaage. Eigenes Gewicht extra ermitteln und vom Gesamtgewicht abziehen (→ Gewichtstabelle rechts).

Das Haltbarkeitsdatum garantiert gleich bleibende Qualität und Frische aller Inhaltsstoffe. Überlagerte Produkte sollten Sie der Katze nicht vorsetzen, weil die Vitamine und Mineralstoffe an Wirkung verlieren können. Das Etikett weist auch den geschmacksbestimmenden Futteranteil aus. Obwohl es sich oft nur um wenige Prozent handelt (z. B. vier Prozent Wild oder Thunfisch), können Katzen genau zwischen den einzelnen Geschmacksrichtungen unterscheiden. Der Fleischgehalt insgesamt beträgt bis zu 70 Prozent.

Die Ernährung der jungen Katze

Der Ernährungsbedarf einer Katze hängt von ihrem Alter, den Lebensbedingungen und eventuellen besonderen Belastungen ab. Ein Universal-Katzenfutter, das allen Ansprüchen gerecht wird, gibt es nicht. Junge Katzen legen vom 2. bis 7. Lebensmonat sehr schnell an Gewicht zu, schon die Jüngsten bringen jede Woche fast 100 Gramm mehr auf die Waage. In den ersten Monaten entscheidet sich, ob die Knochen fest werden, das Fell Glanz bekommt und der gesamte Organismus störungsfrei funktioniert. Fütterungsfehler in dieser Lebensphase können dramatische Folgen haben. Für ihre gesunde Entwicklung brauchen Kätzchen hochwertiges und energiereiches Futter. Fertignahrung für Katzenkinder bis zum 12. Monat wird diesem Anspruch gerecht, mit selbst zubereitetem Futter lassen sich die speziellen Bedürfnisse nur schwer erfüllen.

▷ **Großer Appetit – kleiner Magen.** Die junge Katze hat einen kleinen Magen. Im Vergleich zur erwachsenen Katze erhält sie in den ersten Lebenswochen nur Mini-Portionen, muss dafür aber mehrmals täglich gefüttert werden (→ Fütterungsfahrplan, Seite 188).

▷ **Gewichtskontrolle.** Bei Katzenkindern ist regelmäßiges Wiegen eine wichtige Gesundheitskontrolle. Je nach Rasse, Geschlecht und Typus lassen sich schon früh Gewichtsunterschiede feststellen. Kater wiegen ab dem 3. Lebensmonat deutlich mehr als Katzen. Entscheidender als das absolute Körpergewicht ist eine kontinuierliche Gewichtszunahme:

1. Tag:	Katze 70- 130 g,	Kater 80- 140 g
1. Woche:	100- 240 g	110- 260 g
3. Woche:	200- 420 g	210- 440 g
4. Woche:	240- 580 g	250- 620 g
6. Woche:	300- 670 g	320- 720 g
8. Woche:	380- 900 g	420- 950 g
12. Woche:	600- 950 g	700-1000 g
16. Woche:	800-1350 g	950-1800 g
24. Woche:	1400-2100 g	1600-2700 g
36. Woche:	1700-2600 g	2000-3600 g
52. Woche:	1900-2900 g	2300-4000 g

Die Ernährung der erwachsenen Katze

Der tägliche Energiebedarf der Katze liegt bei ca. 350 kJ (Kilojoule) pro Kilo Körpergewicht. 100 g Feuchtnahrung enthalten zwischen 340 und 440 kJ (entspricht 80-105 kcal). Erwachsene Katzen wiegen durchschnittlich zwischen drei und fünf Kilogramm, auch wenn speziell die Kater einiger großer Rassen erheblich schwerer werden. Eine Katze mit drei Kilo braucht also 250-300 g Feuchtfutter pro Tag, mit vier Kilo ca. 320-410 g, mit fünf Kilo 380-500 g. Erwachsen ist die Katze mit etwa 9-11 Monaten. Von diesem Zeitpunkt an erhält sie täglich zwei Mahlzeiten (→ Fütterungsfahrplan, Seite 188), die kleinere morgens und die Hauptmahlzeit abends. Die Fütterungsempfehlungen der Tiernahrungshersteller berücksichtigen eine normal aktive Katze, bei reinen Wohnungskatzen und besonders bedächtigen Tieren (z. B. Perser) sollte man sparsamer füttern, um Gewichtsprobleme zu vermeiden. Zur Kontrolle wird auch die erwachsene Katze regelmäßig gewogen.

△
Warenkontrolle: Katzenfertignahrung bleibt lange frisch. Mit einem kleinen Futtervorrat im Haus stellt man sicher, dass der Stubentiger nie zu kurz kommt und immer artgerecht ernährt wird.

Die Ernährung der älteren Katze

Mit zehn oder zwölf Jahren sind viele Katzen noch fit und beweglich, äußerlich merkt man ihnen das Alter nicht an. Doch einige innere Organe büßen jetzt zunehmend an Leistungsfähigkeit ein, allen voran Magen und Darm. Da Eiweiß- und Fettverdauung nachlassen, braucht die ältere Katze ein leicht verdauliches, relativ kalorienhaltiges Futter, das ihren Körper vor allem mit einer ausreichenden Menge an biologisch hochwertigem Eiweiß versorgt. Fertignahrung für Senioren ist auf diese besonderen Bedürfnisse abgestimmt. Die Tagesration sollte auf drei Mahlzeiten aufgeteilt werden.

Ergänzungsnahrung und Diätfutter

▷ **Trächtige Katzen.** Der Bedarf an Protein und Kalzium ist in der Trächtigkeit leicht erhöht, der Energiebedarf verändert sich insgesamt aber nur wenig. Statt zweimal täglich sollte jetzt drei- bis viermal gefüttert werden.

▷ **Säugende Katzen.** In den ersten Wochen nach der Geburt der Kätzchen ist die Belastung für den mütterlichen Organismus außerordentlich hoch. Vor allem bei großen Würfen kann der Nahrungsbedarf drei- bis viermal höher liegen als normal. Deutlich erhöht ist der Bedarf an Vitaminen und Mineralstoffen.

▷ **Kranke Katzen.** Bei vielen Krankheiten müssen Katzen Diät halten, bei chronischen Erkrankungen nicht selten ein Leben lang. Für die meisten Krankheiten gibt es heute spezielle Diätfertignahrungen (→ Seite 189).

▷ **Übergewichtige Katzen.** Katzen neigen vergleichsweise selten zu Übergewicht und Fettsucht. Reduktionsdiät → Seite 190.

Wasser – und sonst nichts

Wasser ist das richtige Getränk für die Katze. Es muss frisch und immer verfügbar sein. Ernährt sie sich überwiegend oder ausschließlich von Trockennahrung, ist der Flüssigkeitsbedarf hoch. Mit ca. 80 Prozent entspricht der Wasseranteil im Feuchtfutter dem der natürlichen Beute der Katze und deckt damit ihren Flüssigkeitsbedarf weitgehend ab. Wie ihre in den Trockengebieten lebenden Vorfahren gehen Hauskatzen sehr sparsam mit Wasser um. Selbst viele langjährige Katzenhalter sind sogar davon überzeugt, dass ihre Katze so gut wie nie trinkt. Doch das ist falsch: Meist schlabbert die Katze zwar nur wenige Tropfen, aber das mehrmals am Tag und meist überall dort, wo ihr Wasser zugänglich ist, so dass es der Besitzer oft gar nicht bemerkt. Wie auch die Hunde trinken Katzen gerne abgestandenes Wasser, wahrscheinlich wegen des höheren Mineralstoffgehalts. Achten Sie jedoch darauf, dass Ihre Katze in der Wohnung nicht an Wasser herankommt, das chemische Zusätze enthält, wie zum Beispiel Blumenwasser mit Flüssigdünger.

Die Sache mit der Milch

Kuhmilch ist kein Getränk für die Katze und trotz ihres hohen Vitamingehalts weder frisch noch gekocht geeignet. Die meisten erwachsenen Katzen sind nicht in der Lage, den Milchzucker (Laktose) der Milch zu verwerten und reagieren mit heftigen Durchfällen. Wegen ihrer abführenden Wirkung sollte Milch höchstens bei Verstopfungen angeboten werden. Milchprodukte wie Joghurt und Quark, in denen die Laktose weitgehend abgebaut ist, darf man hingegen bedenkenlos verfüttern.

Die wichtigsten Fütterungsregeln

Katzen sind heikle und oft eigensinnige Kostgänger. Sie essen mit Muße, beharren häufig auf ihrem Lieblingsfutter, achten auf Frische und reagieren unwillig auf Störungen am Fressnapf. Die wichtigsten Fütterungsregeln helfen Ihnen, Probleme zu vermeiden.

- **Essenszeiten.** Katzen sind Gewohnheitstiere und legen Wert auf feste Fütterungstermine. Über die Essenszeit kann man Freigänger zur pünktlichen Heimkehr erziehen.
- **Standortwahl.** Der Fressnapf steht getrennt von der Wasserschüssel in einer ruhige Ecke in Küche oder Flur. Er darf nicht in der Nähe der Katzentoilette stehen.
- **Keine Störungen.** Beim Fressen sollte die Katze nicht gestört werden. Das gilt besonders für Kinder, die mit ihr spielen wollen.
- **Getrennt füttern.** Jede Katze hat ihren eigenen Fressnapf. Bei Futterneid in getrennten Zimmern füttern.
- **Handwarm servieren.** Die Futterration muss mindestens zimmerwarm sein, sollte besser jedoch Körpertemperatur haben. Kühlschrankkost ca. zwei Stunden, tiefgekühltes Futter 24 Stunden vorher herausnehmen.
- **Essensreste entfernen.** Was die Katze nach 40 Minuten nicht gefressen hat, wird entfernt (bei der älteren Katze nach einer Stunde). Von Natur aus sind Katzen „Häppchenesser“, die mehrfach Essenspausen einlegen.
- **Kein Essen vom Tisch.** Wer seine Katze bei Tisch füttert, stiftet sie zum Betteln an.

TIPP

Kein Hundefutter für die Katze

Dann und wann ein Häppchen aus dem Hundenapf ist eine verzeihliche Sünde. Doch auf Dauer darf eine Katze nicht mit Hundefutter ernährt werden: Ihr Protein- und Fettbedarf ist mehr als doppelt so hoch wie der des Hundes. Folgen einer Fehlernährung: Mangelerscheinungen und ernste Erkrankungen. Gleiches gilt für menschliche Nahrung, der neben tierischem Eiweiß auch für die Katze lebenswichtige Vitamine und Mineralstoffe fehlen.

▷ **Nur Katzenfutter.** Menschliche Nahrung macht Katzen krank. Sie ist fast immer zu stark gewürzt oder zu süß und ihr fehlen die für Katzen lebensnotwendigen Nährstoffe.

▷ **Sparsam mit Leckerbissen.** Mit Leckerbissen sollte man Katzen nur selten verwöhnen. Erlaubt sind kalorienarme, ballaststoffreiche Riegel und spezielle Snacks zur Unterstützung der Zahnpflege (Dentabits).

▷ **Handfütterung.** Mit der Hand wird die Katze nur ausnahmsweise gefüttert: wenn die säugende Katze die Wurfkiste nicht verlässt, bei Krankheit und je nach Symptomatik bei Futterverweigerung. Kätzchen gewöhnt man leichter an feste Nahrung, wenn man ihnen den Futterbrei auf der Fingerspitze anbietet.

▷ **Frisches Wasser.** Das Trinkwasser sollte täglich erneuert werden.

▷ **Fütterungsempfehlung.** Die Fütterungsangaben auf der Futterpackung sind Richtwerte. Der individuelle Bedarf einer Katze kann davon abweichen.

▷ **Mindesthaltbarkeit.** Das auf Futterdosen und -packungen angegebene Mindesthaltbarkeitsdatum gilt für das ungeöffnete Produkt und sollte nicht überschritten werden.

▷ **Keine Futterbeigaben.** Bei Fertignahrung als Alleinfutter ist die Beigabe von Vitaminen und Mineralstoffen nicht nötig und kann sogar schädlich sein. Bei Mangelerscheinungen entscheidet der Tierarzt, ob Nahrungszusätze erforderlich sind.

▷ **Ballaststoffe.** Wird das Futter mit nährstoffarmen Ballaststoffen (z. B. Reis) gestreckt, müssen die Rationen entsprechend größer ausfallen, um den Energiebedarf zu decken (Ausnahme Reduktionsdiät).

▷ **Diätnahrung.** Eine Katze sollte nur nach tierärztlicher Anweisung auf Diät gesetzt werden (→ Seite 189).

▷ **Sauberes Geschirr.** Nach jeder Fütterung Essensreste entfernen, Fressnapf und Portionslöffel unter heißem Wasser reinigen.

▷ **Frisch halten.** Geöffnete Futterdosen mit speziellem Plastikdeckel (im Fachhandel) verschließen und im Kühlschrank aufbewahren.

△
Leckermaul: Bei Sahne kann keine Katze widerstehen. Speiseeis, Kekse und Schokolade sind jedoch tabu und auch gar nicht nach dem Geschmack der meisten Katzen.

4

Fütterungstipps

▷ Abrupten Wechsel von Futtersorte und Futtermarke vermeiden. Zu Beginn nur kleine Menge des gewohnten Futters durch die neue Sorte ersetzen, Anteil dann langsam steigern. Das gilt auch für Diätkost.

▷ Füttern Sie eine Katze, die zum Betteln neigt, bevor Sie sich selbst zu Tisch setzen.

▷ Lassen Sie Ihre Katze nicht hungern. Ein Fastentag ist auch für übergewichtige Katzen nicht die geeignete Therapie.

▷ Ältere Katzen sind oft schwierige Kostgänger, die keinen Futterwechsel akzeptieren und empfindlich auf Störungen am Napf reagieren. Gönnen Sie den Senioren mehr Muße beim Essen und achten Sie vor allem darauf, dass sie genügend trinken.

▷ Futtervorlieben entwickeln sich früh: Sorgen Sie bereits bei der jungen Katze für viel Abwechslung im Fressnapf, um die Fixierung auf eine bestimmte Futtersorte zu vermeiden.

▷ Problemesser lassen sich nicht selten durch den intensiven Geruch von leicht angewärmtem Futter zur Mahlzeit verführen.
▷ Katzen, die sich hauptsächlich mit Trockenfutter ernähren, trinken oft zu wenig. Fügen Sie dem Trinkwasser drei Prozent Kochsalz zu, um das Trinkverhalten zu verbessern. Eine Unterversorgung ist besonders bei Katern riskant, weil sie für die Bildung von Harngrieß anfällig sind (→ Seite 219).
▷ Auf den meisten Futterpackungen ist eine Hotline angegeben, unter der man Ihnen gerne weiterhilft, wenn Sie Fragen zur Ernährung der Katze und zu Fertignahrung haben.
▷ Gehen Sie zum Tierarzt, wenn die Katze ihr Futter mehr als 24 Stunden lang verweigert.

Katzentypische Essgewohnheiten

▷ Katzen sind bedächtige und wählerische Esser, die sich immer zuerst von der Frische und dem Duft eines Futters überzeugen.
▷ Manche Katzen nehmen nur diejenigen Futterteile auf, die nach ihrem Geschmack sind, und befördern einzelne Stücke mit Zähnen oder Pfote aus dem Napf, um sie besser verzehren zu können.
▷ Katzen mit gesundem Gebiss bewältigen auch größere Fleischstücke. Beim Abschneiden des Fleischs mit der Brechschere (→ Seite 21) wird der Kopf leicht zur Seite geneigt.
▷ Befreundete Tiere, die unter einem Dach leben, fressen meist aus einem Napf, ohne sich das Futter streitig zu machen.

FÜTTERUNGSFAHRPLAN

Junge Kätzchen brauchen für ein gesundes Wachstum vergleichsweise viel und besonders hochwertige Nahrung. Und auch wegen ihres noch kleinen Magens müssen sie öfter gefüttert werden als erwachsene Katzen. Beachten Sie bei Fertignahrung die Fütterungshinweise auf der Packung. Sowohl Feucht- wie Trockennahrung eignet sich als Alleinfutter.

Lebensalter	Mahlzeiten pro Tag	Nahrungssorte	Energiebedarf in kJ (kcal) pro kg Körpergewicht (1 kcal = 4,184 kJ)
junge Katze			
bis 8. Woche	6	für Jungkatzen	1200-1000 (280-240)
bis 3. Monat	5	für Jungkatzen	830 (200)
ab 5. Monat	3	für Jungkatzen	625 (150)
8.-12. Monat	3-2	Erwachsenenfutter	500 (120)
erwachsene Katze			
bis 8. Jahr	2	Erwachsenenfutter	300-350 (70-85)
ab 8. Jahr	3-4	Seniorenkost	340-375 (80-90)

Trinkwasser muss immer zur Verfügung stehen.
Trächtige und säugende Katzen brauchen eine auf ihren Bedarf abgestimmte Ernährung. Der Energiebedarf der tragenden Katze ist nur geringfügig erhöht, bei einer säugenden Katze steigt er auf das 3-4-fache.

Tagesbedarf der erwachsenen Katze:
bei 3 kg Körpergewicht ca. 900 kJ (215 kcal), bei 4 kg ca. 1.200 kJ (290 kcal), bei 5 kg ca. 1.500 kJ (360 kcal).
Eine 400-g-Dose Katzenfutter enthält ca. 1.200 kJ (290 kcal), Trockenfutter ca. 1.500 kJ (360 kcal) pro 100 g.

Wenn Katzen Diät halten müssen

Eine speziell zusammengestellte Diät kann die Behandlung von Stoffwechselstörungen und Organschäden wirksam unterstützen. Um die Risiken einer Fehl- oder Mangelernährung auszuschließen, müssen diätetische Maßnahmen vom Tierarzt verordnet und kontrolliert werden. Bei chronischen Erkrankungen kann es notwendig sein, dass Katzen über einen längeren Zeitraum, zum Teil sogar lebenslang Diät halten müssen. Wer das Diätfutter für die Katze selbst zubereiten möchte, muss viel Zeit investieren und über genaue Kenntnisse der einzelnen Wirkstoffe verfügen. Viel leichter fällt die Ernährung mit speziellen Diätfertignahrungen, die Sie heute direkt beim Tierarzt oder im einschlägigen Fachhandel erhalten. Spezielle Diäthinweise und Ernährungstipps finden Sie bei den Beschreibungen der häufigsten Katzenkrankheiten (→ Seite 215 ff).

Magen-Darm-Diät

Um einen gereizten oder entzündeten Magen zu beruhigen, empfiehlt sich eine Fütterungspause von ca. 24 bis höchstens 36 Stunden. Wasser muss der Katze während dieser Zeit jedoch unbedingt zur Verfügung stehen. Bieten Sie ihr danach leichte Kost wie Geflügel, Hüttenkäse und Reis in kleinen Portionen an. Wenn die Katze wiederholt Durchfall hat oder mehrfach erbricht, verliert ihr Körper Wasser. Um den oft erheblichen Flüssigkeitsverlust auszugleichen, muss sie zu häufigem Trinken angehalten werden. Bei einer Magenentzündung eignet sich leichter Kamillentee, er wird allerdings nicht von jeder Katze akzeptiert.

Leberdiät

Bei einer Erkrankung der Leber muss die Ernährung vor allem fettarm sein. Vermischt mit gekochtem Reis liefern Fisch, Quark, Joghurt und andere Milchprodukte die nötigen Proteine. Empfehlenswert ist die Beigabe von Vitaminen und Mineralstoffen.

Nierendiät

Viele ältere Katzen sind anfällig für Erkrankungen der Nieren. Bei ihnen schaffen es die Nieren oft nicht mehr, alle Stoffwechselendprodukte und körperfremden Stoffe mit dem Harn auszuscheiden. Eine proteinreduzierte und phosphorarme Diät trägt wesentlich zur Entlastung der Nieren bei. Die Diätnahrung muss reich an Kalium und Vitamin E sein. Für die nierenkranke Katze ist viel trinken das oberste Gebot. Nierenerkrankungen sind langwierig, nicht selten muss die Diät lebenslang beibehalten werden.

Ernährung zuckerkranker Katzen

Auch Katzen erkranken an Diabetes mellitus (Zuckerkrankheit). Übergewicht, ein Tumor der Bauchspeicheldrüse oder ein genetischer Defekt können dazu führen, dass die Bauchspeicheldrüse nicht mehr genug oder gar kein Insulin produziert. Das Hormon Insulin regelt die Aufnahme von Zucker aus dem Blut in die Körperzellen. Wie beim Menschen muss es auch bei Katzen gespritzt werden. Mit einer Diabetes-Diät können erkrankte Tiere ein beschwerdefreies Leben führen. Diabetes wird nicht durch Zucker im Futter hervorgerufen.

Diät bei Harnsteinen

Es sind meist kastrierte Kater zwischen dem 3. und 4. Lebensjahr, die zur Harngrieß- und Harnsteinbildung neigen. Risikofaktoren sind Bewegungsmangel und Übergewicht. Mit einem mineralstoffarmen Futter lässt sich die Bildung von Grieß und Steinen verhindern oder zumindest hinauszögern. Die Ernährung muss meist lebenslang beibehalten werden. Unter bestimmten Bedingungen können mit spezieller Diätnahrung sogar bereits vorhandene Harnsteine aufgelöst werden, wodurch der Katze ein operativer Eingriff erspart bleibt. Die beste Prophylaxe: aufs Gewicht achten und seiner Katze viel Bewegung verordnen.

WAS TUN, WENN ...

... sie die Diät nicht mitmacht?

Zur Unterstützung der Therapie verordnet der Tierarzt der kranken Katze eine Diät, was speziell bei Erkrankungen von Magen und Darm, Leber, Nieren u. a. wichtig sein kann (→ Seite 189). Doch die Katze rührt das Diätfutter nicht an.

Ursache: Für einen Futterwechsel haben nur wenige Katzen Verständnis, sie beharren hartnäckig auf der vertrauten Nahrung. Diätkost wird nicht selten abgelehnt, weil hier der Fettgehalt reduziert ist, es aber gerade das Fett ist, das den Geschmack des Futters mitbestimmt.

Lösung: Bei Diäternährung darf man nicht abwarten, ob die Katze das Futter irgendwann akzeptiert, und kann bei einem kranken Tier auch nicht testen, wer den längeren Atem hat. Mischen Sie das gewohnte Futter und die Diätnahrung im Verhältnis 2:1 und steigern Sie den Diätanteil täglich um ca. 10 Prozent. Achten Sie darauf, dass die Futtergesamtmenge nicht vermindert wird.

Die richtige Diät für dicke Katzen

Katzen sind wählerische und eher genügsame Futtergänger. Sie haben daher seltener mit Gewichtsproblemen zu kämpfen als Hunde, von denen fast jeder dritte zu viel Speck auf den Rippen hat. Aber auch bei der Katze gilt: Nur bei fünf Prozent geht der Verlust der schlanken Linie auf organische Ursachen zurück, alle anderen haben schlicht zu viel im Napf und fast immer zu wenig Bewegung. Übergewicht ist nicht allein eine Frage des Aussehens und der Fitness, sondern Auslöser vieler Krankheiten: von Hautausschlägen und Gelenkschmerzen bis zu Kreislaufschwäche und Zuckerkrankheit. Und es ist längst erwiesen, dass dicke Tiere früher sterben.

Beim fetten Hund kann ein Fastentag durchaus sinnvoll sein, für die Katze sind Nulldiät und Radikalkuren schädlich. Die beste Kur: nur 60 Prozent des normalen Bedarfs füttern. Doch wer einfach die tägliche Dosis reduziert, handelt sich zwei Probleme ein. Erstens: Die ausreichende Versorgung mit Vitaminen und Mineralstoffen ist nicht mehr gewährleistet. Zweitens: Die Katze protestiert heftig gegen die Schmalkost in ihrem Futternapf. Eventuell lässt sie sich überzeugen, wenn die gewohnte Nahrung durch Ballaststoffe wie Gemüse und Reis auf die gewohnte Tagesportion gestreckt wird. Sehr viel praxisgerechter ist eine ballaststoffreiche Reduktionsdiät mit verringertem Kalorien- und Fettgehalt. Nicht zuletzt auch, weil sich die im Fachhandel angebotenen Diätprodukte als Alleinfutter eignen.

▷ **Fütterungszeiten.** Als Vollnahrung sollte die Abmagerungsdiät mindestens zweimal täglich gefüttert werden.

▷ **Abnehmen in Maßen.** Eine Katze, die auf Reduktionskost gesetzt wird, darf innerhalb einer Woche nicht mehr als drei Prozent ihres Ausgangsgewichts verlieren. Ein größerer Gewichtsverlust kann den Organismus erheblich belasten.

▷ **Gewichtskontrolle.** Ertasten Sie bei Ihrer Katze die Rippen. Wenn Sie kräftig drücken müssen, um sie zu spüren, ist sie zu dick.

Forschung & Praxis

Ernährung

Die Katze nimmt am Futternapf eine typische Kauerhaltung ein: Die Beine sind angezogen und der Schwanz liegt am Körper. Der Hals wird gestreckt, damit die Futterbrocken die Speiseröhre leichter passieren können.
Aus einem standfesten Katzennapf isst es sich besser als von einem Teller: Der Rand ist so hoch, dass kein Futter daneben geht, aber auch niedrig genug, damit die Katze nicht mit ihren empfindlichen Schnurrhaaren anstößt. Katzen betrachten ihre Futterschüssel als Privatbesitz. Das erleichtert die Fütterung, wenn mehrere Katzen im Haus leben, aber auch die Therapie bei Ernährungsproblemen.

In den letzten Jahren haben die Forscher immer mehr Unterschiede zwischen dem Stoffwechsel der Katze und dem anderer Heimtiere entdeckt. Besonders hoch ist ihr Bedarf an Proteinen und Aminosäuren. Eine der wichtigsten Aminosäuren ist Taurin. Taurin spielt im Fettstoffwechsel eine zentrale Rolle, Mangel führt zu Herz- und Augenschäden, Wachstumsstörungen und zum Nachlassen der Abwehrkräfte. Die Katze nimmt Taurin über den Fleischanteil im Futter auf.
Wer das Futter seiner Katze selbst zubereiten will, muss fast ein Ernährungswissenschaftler sein, um die ausgewogene Zusammensetzung der Nahrungsbestandteile zu garantieren. Bei Fertignahrung hat man die Sorgen nicht: Es enthält alle Wirkstoffe im richtigen Verhältnis.

Katzen sind wählerische Kostgänger. Der Duft des Futters entscheidet über die Akzeptanz: Vor allem durch den Fettgeruch des Fleisches lässt sich eine Katze zum Fressen verführen.
Das Katzenfutter sollte mindestens Zimmertemperatur haben, besser noch handwarm sein. Katzen, die an Atemwegserkrankungen leiden und nicht richtig riechen können, verweigern nicht selten die Nahrungsaufnahme.

Wenn die Katze Schneidezähne verliert, von denen je sechs im Ober- und Unterkiefer sitzen, beeinträchtigt das ihre Futteraufnahme nicht. Folgen hat der Verlust für Haut und Fell, wo die Zähnchen bei der Pflege assistieren.

◁ *Schnuppertest: Gerüche spielen sowohl in der Verständigung wie auch bei der Nahrungsaufnahme der Katze eine zentrale Rolle. Schon bei einem erst wenige Wochen alten Kätzchen werden die Nahrungsvorlieben entscheidend durch den Duft des Futters geprägt.*

Zur Gesunderhaltung des Katzengebisses gehört die regelmäßige Kontrolle auf Zahnstein, der zu Zahnfleischentzündungen und Zahnausfall führen kann. Spezielle Kausnacks (Dentabits) sorgen für eine mechanische Zahnreinigung und manche Jungkatze lässt sich auch an die Zahnbürste gewöhnen.

Ab der 6. Woche kommen Katzenkinder auf den Geschmack. Schon jetzt entscheidet sich, welches Futter sie besonders mögen. Auch hier spielt der Geruch eine wichtige Rolle: Die verschiedenen Futterdüfte werden ein Leben lang im Gehirn gespeichert.
Sorgen Sie von Jugend an für Abwechslung im Futternapf, um Probleme mit mäkeligen und einseitig fixierten Tieren zu vermeiden.

10 Fragen zu Futter und Fütterung

Unser Bobtail verschlingt seine Mahlzeiten im Schnellgang, während die Katze sich dafür alle Zeit der Welt lässt. Woher kommt das unterschiedliche Fressverhalten?
Dem Rudeltier Hund sitzt beim Fressen immer die arteigene Konkurrenz im Nacken: Beeilt er sich nicht, findet sich schnell ein Kollege, der ihm das Futter streitig macht. Die einzelgängerische Katze hat keine Mitesser zu befürchten, sie kann ihre Mahlzeiten in Ruhe genießen. Hunde und Katzen ernähren sich vorwiegend von Fleisch. Doch ihre Ansprüche sind sehr verschieden: Er ist in Geschmacksfragen nicht besonders anspruchsvoll und vergräbt die Reste seiner Mahlzeit, um sie später angegammelt zu fressen – wenn man es ihm erlaubt. Sie besteht auf frischem Futter und akzeptiert bei weitem nicht alles, was im Napf landet. Der Eiweißbedarf einer Katze ist doppelt so hoch wie der des Hundes. Und im Gegensatz zum Hund darf man sie auch nie vegetarisch ernähren: Nur tierisches Eiweiß liefert Taurin, das für Herz, Augen und Gehirn nötig ist. Und auch der Vitamin-A-Bedarf der Katze muss über tierisches Eiweiß (z.B. mit Leber) gedeckt werden.

Saft ist keine Sünde wert: Fruchtsäfte und Milch sind als Getränk für Katzen ungeeignet. Absolut auf dem Index steht Alkohol. Ihren Flüssigkeitsbedarf deckt die Katze ausschließlich mit frischem Wasser.

In welchem Alter sollte man einer jungen Katze Fertignahrung anbieten?
Am besten schon vor dem Absetzen von der Muttermilch, also etwa ab der 5. Woche. Am Anfang nur winzige Portionen anbieten, weil sich das empfindliche Verdauungssystem erst auf feste Nahrung umstellen muss. Bieten Sie ihr das Futter auf der Fingerspitze an oder streichen Sie ihr etwas davon auf die Pfote, das sie dann ableckt. Die frühe Gewöhnung ist wichtig, da schon jetzt die Nahrungsvorlieben fürs ganze Katzenleben gelegt werden.

Ein Katzenkenner hat mir erklärt, dass der eigene Futternapf für die Katze wichtig ist und dass man sie nicht auf x-beliebigen Tellern füttern sollte. Stimmt das?
Frisst die Katze von einem normalen Teller, hat sie meist auch keine Hemmungen, sich über das verlockende Angebot auf einem ähnlichen Teller herzumachen, selbst wenn das eigentlich für unseren Gaumen bestimmt ist. Füttert man sie grundsätzlich nur in ihrer Schüssel, ist diese Gefahr geringer. Darüber hinaus ist ein normaler Teller nicht so stand- und rutschfest wie ein richtiger Fressnapf.

Früher hieß es immer, Fett sei ungesund für Katzen. Ist das überholt?
Fett liefert viel Energie und ist bei der Katze notwendig für die Gesundheit von Haut und Haaren und zur Aufnahme und Verdauung von Vitaminen. Katzen brauchen vor allem tierisches Fett und vertragen eine erstaunlich große Menge davon, ohne dass ihnen schlecht wird – bis zu 50 Prozent in der Trockenmasse. Wegen seines hohen Energiegehalts macht Fett allerdings auch schnell dick, daher sollte das Katzenfutter nicht mehr als 10 bis höchstens 15 Prozent enthalten.

△ *Aufs Gramm genau: Mit Fertignahrung lässt sich die Futterration dem Energie- und Nährstoffbedarf der Katze besonders leicht anpassen.*

Meine Katze lässt immer ein bisschen Futter auf ihrem Teller liegen. Will sie mir sagen, dass sie mit dem Angebot nicht zufrieden ist?
Wenn der Katze das Futter nicht schmeckt, rührt sie es erst gar nicht an oder versucht es zu verscharren. Ein kleiner Rest der Mahlzeit ist meist ein Indiz dafür, dass sie satt ist und sich die Häppchen für später aufheben will.

Kann ich meine beiden Katzen ausschließlich mit Trockenfutter ernähren?
Trockennahrung ist wie Feuchtfutter eine vollwertige Alleinnahrung. Da Trockenfutter konzentrierter und energiereicher ist, darf man nur kleinere Rationen verfüttern. Wegen seines geringen Wasseranteils kann es den ganzen Tag im Fressnapf bleiben, ohne dass es verdirbt. Trinkwasser muss bei dieser Ernährungsweise immer verfügbar sein.

Stimmt es, dass die Katze ihr Futter stehen lässt, wenn sie zu viele Haare verschluckt hat?
Wenn verschluckte Haare nicht abgeführt werden, bilden sie im Magen Haarballen. Die können so groß werden, dass die Katze kaum mehr Appetit hat. Malzpaste, ein paar Tropfen Olivenöl im Futter oder ein Anti Hairball Snack fördern die Verdauung, Katzengras erleichtert das Erbrechen der Haarballen. Der Hunger stellt sich dann von selbst wieder ein.

Werden bei den Tests für Fertignahrung auch Tierversuche gemacht?
Um herauszufinden, was für Katzen und Hunde gesund ist und ihnen schmeckt, setzen ihnen die Hersteller verschiedene Nahrungsmischungen vor. Geprüft wird die Akzeptanz und zusätzlich untersucht man die Ausscheidungen der Testesser. Ansonsten passiert den Tieren nichts. Sie leben in Spielgruppen zusammen, haben ihren eigenen Pfleger und jede Menge Auslauf.

Unser Kater ist verrückt nach Dosenfutter. Mischt man der Nahrung Lockstoffe bei?
Diese Stoffe gibt es gar nicht und sie wären auch nicht erlaubt. Die gesetzlichen Vorschriften für die Tiernahrungsproduktion sind nämlich zum Teil strenger als die für uns Menschen. Manche Katzenfreunde haben das Taurin als vermeintlichen Suchtstoff in Verdacht. Taurin ist aber ein Eiweißbaustein, den die Katze unbedingt für ihre Gesundheit braucht (→ Seite 179).

◁ *Mausetot: Von Mäusen lebt kaum noch eine Katze. Gesund sind die oft mit Schadstoffen belasteten Nager sowieso nicht mehr.*

Darf ich unseren Hundewelpen und das vier Monate alte Kätzchen aus einem Napf füttern?
Schön, dass sich die beiden so gut vertragen. Das gleiche Futter dürfen Sie ihnen aber auf keinen Fall geben: Von klein auf brauchen Katze und Hund ganz unterschiedliche Nährstoffe, vor allem im Welpenalter, wenn der Körper noch in der Entwicklung ist. Spendieren Sie jedem einen eigenen Fressnapf und achten Sie auf eine speziell auf den Bedarf der Tierart abgestimmte Ernährung.

Richtig pflegen, gesund und fit erhalten

Pflege und Gesundheit gehören zusammen: Regelmäßige Pflege sorgt für ein schönes Outfit und ist für die Katze der beste Schutz vor Krankheit. Basis der Gesunderhaltung ist der lückenlose Impfschutz gegen die gefährlichsten Infektionskrankheiten. Die typischen Symptome der häufigsten Katzenkrankheiten sollte jeder Halter kennen. Er kann so dem Tierarzt wichtige Hinweise geben und damit die schnelle und erfolgreiche Behandlung erleichtern.

5

Die besten Pflegetipps

Wer seine Katze richtig pflegt, tut ihr dreifach gut: Er sorgt für ein attraktives Aussehen, betreibt gewissenhafte Krankheitsprophylaxe und stärkt Vertrauen und Zuneigung.

IMMER PERFEKT IN SCHALE. Eine gesunde Katze säubert und wäscht sich mehrmals am Tag und braucht nur wenig Unterstützung bei der Körperpflege. Mit dem, was wir abfällig als Katzenwäsche bezeichnen, hat ihre Pflegeprozedur wenig gemein: Beim Vollwaschgang wird keine Körperpartie ausgelassen und die Katze nimmt sich dafür alle Zeit der Welt. Regelmäßige Assistenz ist in erster Linie bei Langhaarkatzen nötig, die von der Pflege des stattlichen Pelzes überfordert sind. Doch auch jede andere Katze sollte von klein auf an die Pflegehandgriffe des Menschen gewöhnt werden. Sie erweist sich dann viel kooperativer bei der Gesundheitskontrolle, beim Verarzten von kleinen Wunden, beim Krallenschneiden, beim Verabreichen von Tabletten und Tropfen und beim Gang zum Tierarzt. Und wenn man es richtig macht, wird die Pflege für Katze und Mensch zur schönsten Schmusestunde.

Das Einmaleins der Körper- und Fellpflege

Der Drang nach Reinlichkeit sitzt tief bei der Katze und er zeigt sich früh: Mit kaum drei Wochen übt sich der Nachwuchs schon in den ersten Putzversuchen. Angesichts kurzer Beinchen und mangelhafter Körperbeherrschung fallen die zwar noch unbeholfen aus, aber entmutigen lassen sich die Youngster nicht. Wenn das Kätzchen mit zwölf Wochen ins Haus kommt, ist es längst ein mit allen Wassern gewaschener Putzprofi. Der beste Zeitpunkt, um es an Kamm und Bürste zu gewöhnen.

Frisch gewaschen zur Jagd

Mit der Fell- und Körperpflege nehmen es Katzen sehr genau. Das meiste erledigt die Zunge, sie ist Waschlappen, Bürste und Kamm in einem. Dank der extremen Gelenkigkeit der Katze gibt es nur wenige Körperpartien, die ihre Zunge nicht erreicht. Im Gesicht und hinter den Ohren hilft die Pfote aus, die vor jedem Waschgang immer wieder sorgfältig eingespeichelt wird. Der Speichel im Fell ist im Übrigen verantwortlich für den leicht säuerlichen Geruch einer Katze. Den nimmt man aber nur wahr, wenn die Nase dicht ans Fell gehalten wird. Ansonsten sind Katzen absolut geruchsfrei. Und darin liegt wahrscheinlich auch der biologische Sinn des fast schon fanatischen Waschzwangs: Als Schleichjägerin hat die Katze nur dann Aussicht auf Erfolg, wenn ihre Beute sie nicht schon vorzeitig entdeckt. Und da Mäuse und Co sehr feine Näschen haben, wäre ein auffälliger Körperduft alles andere als nützlich. Dass die Pirsch der meisten Hauskatzen heute am Fressnapf endet, hat ihr Faible für Sauberkeit nicht beeinflussen können. Unter befreundeten Katzen ist gegenseitige Fellpflege – vorzugsweise dort, wo man selbst nicht hinkommt – der ultimative Zuneigungsbeweis. Was Sie beachten sollten: Vernachlässigt Ihre Katze die Körperpflege, ist das stets ein schlechtes Zeichen und oft erstes Symptom ernster Gesundheitsprobleme.

Vor allem das Fell

Das Fell der Katze muss den unterschiedlichsten Umgebungseinflüssen trotzen. Das kann es nur dann, wenn es gesund, sauber und perfekt in Form ist. Jeder Felltyp braucht Pflege – Kurzhaar, Langhaar und Halblanghaar, mit oder ohne Unterwolle (→ Pflegeanleitungen, Seite 200). Und zur regelmäßigen Fellpflege gehört immer auch der prüfende Blick auf den Gesundheitszustand der Haut.

INFO

Fellwechsel

Im Frühjahr und im Herbst wechseln Katzen ihr Fell, um es den jahreszeitlichen Veränderungen des Klimas anzupassen. Bei Katzen, die nur in der gleichwarmen Wohnung leben, ist der Fellwechsel weniger ausgeprägt, sie verlieren kontinuierlich Haare. Im Fellwechsel braucht das Fell mehr Pflege als sonst, das der langhaarigen Katze ganz besonders, aber auch eine Kurzhaarkatze sollte während dieser Zeit regelmäßig gebürstet werden.

Der Drei-Minuten-Check

Nur drei Minuten täglich müssen Sie investieren, um den Pflege- und Gesundheitzustand Ihrer Katze zu kontrollieren:

- **Augen:** frei von Sekret und Tränenfluss?
- **Ohren:** sauber und geruchsfrei?
- **Zähne und Zahnfleisch:** keine Beläge und Fremdkörper, Zahnfleisch nicht gerötet?
- **Pfoten:** frei von Wunden und Rissen, keine Fremdkörper zwischen den Zehen?
- **After:** weder verklebt oder verschmutzt?

Das richtige Pflegezubehör

Für die gründliche und schonende Pflege von Fell und Körper der Katze braucht man das richtigen Zubehör. Zur Grundausstattung gehören nur wenige Utensilien. Die sollten Sie schon kaufen, bevor Ihre Katze einzieht. Je früher sie sich mit Kamm und Bürste anfreundet, desto leichter und entspannter läuft die ganze Pflegeprozedur – für die Katze und für ihren Betreuer.

Fellpflege von Kurzhaarkatzen

▷ **Kamm:** Ein Staubkamm mit eng stehenden Zinken entfernt Schmutz und Fremdkörper.
▷ **Bürste:** mit weichen Naturborsten zum gründlichen Ausbürsten des gesamten Fells.
▷ **Gummibürste** (alternativ: Gummikissen oder Gummihandschuh): entfernt tote Haare.
▷ **Fensterleder** (Wildleder): verleiht dem Fell dauerhaften Glanz.
▷ **Weißes Tuch:** angefeuchtet unter die Katze legen. Verhindert, dass die beim Bürsten ausgekämmten Haare in der Gegend herumfliegen und erleichtert den Nachweis von Parasiten. Wenn die Katze Flöhe hat, fällt der Flohkot beim Auskämmen in Form schwarzer Krümel auf das Tuch. Beim Benetzen mit Wasser färbt sich der Flohkot rötlich.

Fellpflege von Halblanghaar- und Langhaarkatzen

▷ **Weit- und engzahnige Kämme** (auch als Doppelkamm): mit abgerundeten Zinken zum Auskämmen und Entfernen toter Haare.
▷ **Bürste:** meist als Kombibürste mit Naturborsten- und Drahtborstenseite im Handel.
▷ **Nadelbürste:** speziell zum Ausbürsten der Schwanzhaare von Langhaarkatzen, die auf Ausstellungen gezeigt werden.
▷ **Stricknadel:** zum leichteren Auflösen von Fellknoten bei Langhaarkatzen.
▷ **Schere:** um stark verklebte Haare am After zu kürzen. Auf abgerundete Spitzen achten.
▷ **Weißes Tuch:** Parasitenkontrolle (wie oben).

Augenpflege

▷ **Watte und Wasser:** mit warmem Wasser angefeuchteter Wattebausch (auch: weiches Tuch oder Papiertaschentuch) zur Reinigung der Augenumgebung und der Tränenrinnen.

Ohrenpflege

▷ **Watte:** Wattebausch oder weiches Tuch zum Säubern des Außenohrs.
▷ **Babyöl:** leichteres Entfernen von Schmutz.
▷ **Das ist tabu!** Wattestäbchen sind zum Säubern des Katzenohrs ungeeignet und können zur Verletzung des Trommelfells führen.

Zahnpflege

▷ **Zahnbürste:** spezielle Katzenzahnbürste oder eine weiche Kinderzahnbürste. Die Katze muss von klein auf an die Zahnpflege gewöhnt sein (→ Seite 202).
▷ **Zahnpasta:** grundsätzlich nur eine Zahnpasta für Tiere (Zoofachhandel) verwenden.

Pflegezubehör: Floh- oder Staubkamm zum Auskämmen des Fells, Bürste mit Natur- oder Perlonborsten, Krallenzange. Den Gebrauch der Krallenzange zeigt Ihnen der Tierarzt.
▽

1

Erleichtert die Fellpflege: Bei Langhaarkatzen lassen sich Verfilzungen und Fellknoten nicht immer vermeiden. Mit der Hand und dem vorsichtigen Einsatz eines Trennmessers bringt man das Haarkleid am schnellsten wieder in Form.

2

Sauber und geruchsfrei: Das Außenohr darf nur mit einem Wattebausch oder Papiertaschentüchern gesäubert werden. Wattestäbchen (Q-Tips) können zu Ohrverletzungen führen. Die Kontrolle und Reinigung des Gehörgangs ist Sache des Tierarztes.

3

Ein Händchen fürs Auge: Mit einem weichen, angefeuchteten Tuch lassen sich Tränenrinnen und Verschmutzungen rund ums Auge meist ohne Probleme entfernen. Keine Behandlung am Auge selbst vornehmen!

Badezubehör

Infos zum Baden der Katze → Seite 202.

▷ **Badewanne:** kleine Plastikwanne, in der die Katze sicher steht. Evtl. mit Antirutschmatte.

▷ **Shampoo:** nur mildes und rückfettendes Tiershampoo verwenden, das auf die Bedürfnisse des Katzenfells abgestimmt ist.

▷ **Das ist tabu!** Das Gebläse eines Föhns ängstigt Katzen. Kein Shampoo für menschlichen Gebrauch verwenden: zerstört den natürlichen Fettschutz der Haut.

Verdauungshilfe

▷ **Katzengras:** erleichtert das Erbrechen verschluckter Haare (Haarballen).

▷ **Malzpaste, Anti-Hairball-Snack, Olivenöl:** regulieren und fördern die Verdauung.

Pfotenpflege

▷ **Wundtinktur:** zur Behandlung von Rissen und kleinen Wunden.

▷ **Pinzette:** mit stumpfen Spitzen zum Entfernen von Fremdkörpern im Ballenbereich.

Krallenpflege

▷ **Watte und Wasser:** um Schmutz und abgestorbene Krallenhüllen zu entfernen.

▷ **Krallenzange:** zum Krallenkürzen. Siehe Infos zum Krallenschneiden → Seite 202.

▷ **Das ist tabu!** Beim Krallenkürzen mit einer normalen Schere ist das Risiko groß, ins lebende Gewebe der Kralle zu schneiden.

Parasitenbekämpfung

▷ **Spot-on-Präparate, Flohshampoo, -puder und -halsband:** zur Flohbekämpfung bzw. zur Vorbeugung gegen Befall (→ Seite 216).

▷ **Zeckenzange:** erleichtert das Herausdrehen von Zecken aus der Haut. Zecken nicht mit Öl oder Nagellack beträufeln.

Grundreinigung

▷ **Staubsauger:** unterstützt die Flohbekämpfung an Schlafplatz und Umgebung. Wichtig: Staubsaugerbeutel mit Flohspray aussprühen.

▷ **Fensterleder:** angefeuchtet, zum Entfernen der Katzenhaare von Polstern und Teppichen.

Spezielle Pflegeanleitungen

Wie viel Assistenz Ihre Katze bei der Pflege braucht, hängt von verschiedenen Faktoren ab. Von der Länge und Struktur des Fells: Pflegeintensiv sind vor allem Langhaarrassen. Vom Alter: Kätzchen und Senioren brauchen mehr Hilfe als andere Katzen. Von der körperlichen Aktivität: Katzen mit Auslauf müssen regelmäßig auf Verletzung und Parasitenbefall kontrolliert werden. Von besonderen Lebensumständen: Trächtige, kranke, gehandicapte und übergewichtige Tiere sind häufig nicht in der Lage, sich selbst zu pflegen.

Die richtige Pflegetechnik

Gewissenhafte Pflege garantiert Sauberkeit, schönes Aussehen und Gesunderhaltung und ist gleichzeitig eine besondere Form liebevoller Zuwendung. Dabei sollte die Katze den Unterschied von Pflege- und Schmusestunde kennen: Beim Schmusen darf sie sich an ihren Menschen kuscheln, bei der Pflege muss sie ruhig sitzen oder stehen und die Handgriffe geduldig über sich ergehen lassen.

▷ **Pflegezeit.** Beginnen Sie mit der Pflegeprozedur nur dann, wenn die Katze entspannt ist und sich kooperativ verhält, und achten Sie bei täglicher Pflege auf feste Zeiten.

▷ **Pflegeplatz.** Setzen Sie die Katze auf einen kleinen Tisch, der speziell für die Pflege reserviert ist. Sie registriert dann sofort, was von ihr erwartet wird. Der Schoß ist als Pflegeplatz ungeeignet und bleibt dem Schmusen und Streicheln vorbehalten. Für Ausstellungskatzen ist der Tisch Pflicht, weil sie nur hier richtig in Form gebracht werden können.

▷ **Schmarotzerkontrolle.** Legen Sie bei Verdacht auf Flohbefall ein weißes Tuch unter die Katze: Beim Kämmen fällt der Flohkot in Form schwarzer Pünktchen auf das Tuch.

▷ **Handarbeit.** Die Hand des Betreuers ist das wichtigste »Pflegewerkzeug«: Sie hält die Katze sanft, aber nachdrücklich am Platz, entwirrt verfilzte Fellpartien, tastet den Körper nach Verletzungen, Knoten und anderen Hautveränderungen ab, beruhigt und vermittelt der Katze Sicherheit.

▷ **Fellpflege.** Nie mit Kamm oder Bürste an verfilzten oder verknoteten Haaren zerren, sondern Fell zuvor mit der Hand dicht am Körper fassen und so vom Zug der Bürste entlasten. Manche Katzen sträuben sich bereits nach einer einzigen unangenehmen oder schmerzhaften Erfahrung vehement gegen jede weitere Pflegeaktion.

▷ **Wohlfühlatmosphäre.** Trainieren Sie ganz bewusst ruhige und fließende Handgriffe. Sprechen Sie bei der Pflege leise und zärtlich mit Ihrer Katze und legen Sie eine Pause ein, wenn sie sich erschreckt oder unruhig ist.

▷ **Belohnung fürs Mitmachen.** Beenden Sie die Pflege mit einigen Streicheleinheiten oder einem kalorienarmen Leckerbissen.

Die Katze mag es nicht, wenn ...

... sie kräftig gegen den Strich gekämmt wird.
... die Hände Ihres Pflegers nach Parfum oder Zigarettenrauch riechen.
... ihr Wasser in Augen und Ohren kommt.
... sie auf den Rücken gedreht wird.
... sie auf einem wackeligen Tisch steht.

TIPP

Hoffnungslos verfilzt?

Das lange und voluminöse Fell der Langhaarkatze braucht tägliche Pflege. Wenn es nicht regelmäßig gekämmt wird, bilden sich Haarknoten und Verfilzungen, die sich oft nur in mühevoller Handarbeit auflösen lassen. Klappt auch das nicht mehr, bleibt als letzer Ausweg die Totalschur in Vollnarkose beim Tierarzt.

5

Praxis Fellpflege

▷ **Kurzhaar.** Fell ein- bis zweimal pro Woche mit dem engzahnigen Staub- oder Flohkamm bearbeiten, um Schmutzpartikel, tiefer liegende tote Haare und – vor allem bei Katzen mit Auslauf – eventuelle Schmarotzer zu entfernen. Kämmen Sie dabei immer in Richtung des Fellstrichs. Das Striegeln mit dem Gummikissen oder der Noppenbürste beseitigt die verbliebenen losen Haare, die Naturborstenbürste regt die Durchblutung der Haut an und sorgt für das gepflegte Finish. Ein Fensterleder (geeignet sind auch Seiden- oder Samttuch) verleiht zusätzlichen Glanz. Auch hier nur in Richtung des Fellstrichs reiben. Im Fachhandel finden Sie spezielle Polierhandschuhe aus Leder und Samt.

▷ **Langhaar.** Tägliche Fellpflege verhindert, dass die dichte Unterwolle rettungslos verfilzt und sich massive Fellknoten bilden (→ Tipp linke Seite), die nur noch der Tierarzt entfernen kann. Verfilzte und verknotete Stellen per Hand ertasten und vorsichtig mit dem weitzahnigen Kamm lösen. Eine Stricknadel leistet bei hartnäckigen Knoten gute Dienste. Der feinzahnige Kamm beseitigt Schmutzteilchen und abgestorbene Haare, nachbearbeitet wird mit der Draht- und Naturborstenbürste. Perlon oder Naturborsten verhindern, dass sich das Fell elektrostatisch auflädt. Die Schwanzhaare lassen sich mit einer Nadelbürste besonders gut glätten. Zur Pflege der Haare im Gesicht und an den Ohren bewährt sich eine Zahnbürste. Das Säubern der Afterregion fällt leichter, wenn die häufig verklebten Haare mit der Schere etwas gekürzt werden.

Leichter ausbürsten lässt sich das Langhaar, wenn etwas Babypuder oder ein spezieller Pflegepuder aufgebracht wird. Üblich ist diese Prozedur jedoch nur bei Ausstellungskatzen, um ihrem Fell mehr Volumen zu verleihen. Achten Sie darauf, dass der Puder nicht in die Augen der Katze kommt, und bürsten sie alle Puderreste sorgfältig aus. Verwenden Sie nur parfumfreien Puder, um allergische Hautreaktionen zu vermeiden.

1 Zahnhygiene leicht gemacht: Zahnsnacks (Dentabits) reinigen die Zähne, schützen vor Zahnbelägen und sorgen für ein gesundes Zahnfleisch.

2 Magenfreundliche Leckerbissen sind immer willkommen: Anti-Hairball ist ein Snack, der die Verdauung unterstützt und die Bildung von Haarbällchen im Magen der Katze weitgehend verhindert.

▷ **Halblanghaar.** Deckhaar relativ lang, Unterwolle kurz (Norwegische Waldkatze, Maine Coon) oder völlig fehlend (Balinese). Pflegeaufwand geringer als beim Langhaar.

▷ **Seidenhaar.** Deckhaar dicht, Unterwolle dünn (Siam, Burma). Mit Gummibürste tote Haare entfernen, danach mit Staubkamm auskämmen und mit der Bürste striegeln.

▷ **Lockenhaar.** Deckhaare zurückgebildet, Wollhaare kurz und gewellt (Rexkatzen). Problemlose Pflege mit der Naturborstenbürste.

Praxis Körperpflege

▷ **Augen.** Der enge Tränennasengang der Perserkatzen und anderer kurznasiger Rassen sorgt häufig für tränende Augen. Unschöne Tränenrinnen und Verkrustungen tupft man vorsichtig mit einem Wattebausch ab, den man in angewärmtem abgekochten Wasser angefeuchtet hat. Keine Behandlung am Auge selbst vornehmen. Bei Ausfluss oder Augenentzündungen gehört die Katze in die Hand des Tierarztes.

▷ **Ohren.** Schmutz an den Innenseiten der Ohrmuscheln lässt sich mit Watte und Babyöl meist leicht beseitigen. Bräunlich-schwarze und krustenartige Beläge deuten auf Milbenbefall hin, der eine tierärztliche Behandlung erfordert. Da Ohrmilben starken Juckreiz auslösen, kratzt sich die Katze ständig am Ohr. Der Gehörgang ist für Pflegemaßnahmen tabu, speziell die Verwendung von Wattestäbchen kann zu schlimmen Verletzungen führen.

▷ **Zähne.** Kontrollieren Sie die Zähne Ihrer Katze einmal pro Woche auf Zahnstein. Bakterielle Zahnbeläge begünstigen Zahnfleischentzündungen und Zahnsteinbildung. Verstärkt anfällig für Zahnstein sind Tiere, die überwiegend mit Weichfutter ernährt werden. Bieten Sie der Katze regelmäßig spezielle Snacks (Dentabits) an, die für eine mechanische Reinigung der Zähne sorgen und so die Belagbildung verlangsamen. Katzen, die von klein auf daran gewöhnt sind, akzeptieren die Zahnpflege mit der Zahnbürste. Verwenden Sie dafür nur Tierzahnpasta. Spätestens beim nächsten Impftermin kontrolliert die Tierarzt den Zustand der Zähne und entfernt den Zahnstein. Hierfür muss die Katze in der Regel narkotisiert werden.

▷ **Pfoten.** Vor allem bei Freigängern Pfotenballen regelmäßig auf Verletzungen, Risse und Verschmutzung prüfen, im Sommer besonders auf Rückstände von aufgeweichtem Teer, im Winter auf Streusalz. Zwischen den Ballen können sich Fremdkörper (Dornen, scharfkantige Steinchen) festsetzen. Vaseline schützt spröde Ballen, wird aber meist abgeleckt.

▷ **Krallen.** Hat die Katze genügend Möglichkeiten zum Wetzen der Krallen, brauchen diese keine zusätzliche Pflege. Überlange Krallen werden mit der Krallenschere gekürzt. Dabei darf nur die äußerste Spitze der Kralle abgeschnitten werden, um das lebende Gewebe nicht zu verletzen. Ihr Tierarzt zeigt Ihnen gerne die richtige Technik.

▷ **After.** Bei Bedarf mit einem weichen Tuch und warmem Wasser säubern. Ein ständig verschmutzter oder verklebter After ist häufig ein Krankheitssymptom.

▷ **Haut.** Bei jeder Fellpflege sollte die Haut auf Veränderungen, Verletzungen und Parasiten untersucht werden.

Müssen Katzen gebadet werden?

Baden gehört nicht zur Standardpflege der Katze. Nötig ist es bei bestimmten Haut- und Fellkrankheiten, bei starker Verschmutzung und nach Kontakt mit Gift. Handwarmes Wasser 10 cm hoch in kleine Wanne einlaufen lassen, Katze auf rutschfeste Unterlage stellen, Fell anfeuchten und Spezialshampoo oder das vom Tierarzt verordnete Mittel auftragen. Gesicht nur mit feuchtem Tuch säubern. Shampoo vorsichtig abspülen und die Katze mit dem Handtuch trockenreiben. Keinen Föhn benutzen. Freigänger haben Ausgehverbot, bis Haut und Fell völlig trocken sind.

Besondere Pflege brauchen ...

... kranke und behinderte Katzen (→ Seite 224).
... dicke und trächtige Katzen, wenn sie nicht mehr beweglich genug sind, um beim Putzen jede Stelle ihres Körpers zu erreichen.
... alte Katzen, wenn sie die Fell- und Körperpflege sichtbar vernachlässigen.

Massage regt an

Anders als beim Streicheln müssen Ihre Hände beim Massieren leichten Druck ausüben, um die Durchblutung der Haut zu fördern. Die Fellpflege mit einer weichen Bürste hat einen ähnlichen Massageeffekt. Die meisten Katzen empfinden Massage als sehr wohltuend.

Forschung & Praxis

Pflege

Bei Magen-Darm-Erkrankungen oder starkem Fellwechsel können sich im Magen der Katze sehr große Haarballen (▶ BEZOARE, Seite 262) bilden. Gehen sie weder auf natürlichem Weg noch durch Erbrechen ab, muss im Einzelfall sogar operiert werden. Ernährungswissenschaftler haben jetzt spezielle Snacks entwickelt, die für geregelte Verdauung sorgen und Bezoaren wirksam vorbeugen.
Katzengras sollte jeder Katze zur Verfügung stehen, um ihr das Erbrechen kleinerer Haarballen zu erleichtern. Bei Langhaarkatzen und Rassen mit starkem Haarverlust sind jedoch verdauungsfördernde Mitttel unverzichtbar, um die Bildung von Bezoaren zu erschweren.

Entgegen anders lautenden Meinungen können Katzen schwitzen. Die Schweißdrüsen sitzen zwischen den Sohlenballen, im Kinnwinkel, an den Lippen und am After. Bei großer Hitze verteilt die Katze darüber hinaus mit der Zunge Speichel im Fell, der durch Verdunstungskälte für Abkühlung sorgt.
Obwohl sich ihr Fell ohne Schaden zu nehmen bis über 50 °C aufheizen kann, muss die Katze sich immer in den Schatten zurückziehen können – zum Beispiel, wenn sie den Tag auf einem sonnigen Balkon verbringt.

Wenn ältere Katzen nur noch selten ins Revier gehen, liegt das nicht allein an ihren »alten Knochen«. Sie scheuen vielmehr die Begegnung mit jüngeren Artgenossen, denen sie sich nicht mehr gewachsen fühlen. Die Häuslichkeit der Oldies verpflichtet zu mehr Fürsorge.
Bieten Sie der Katze mehrere Ruhelager an und achten Sie darauf, dass sie nicht auf kalten Fliesen liegt. Hat sie bisher ihr Geschäft draußen verrichtet, wird sie jetzt überwiegend die Toilette benutzen. Ist die picobello sauber, fällt ihr die Umstellung deutlich leichter.

Flöhe durchlaufen in ihrer Entwicklung mehrere Stadien. Eine Flohpopulation setzt sich dabei aus durchschnittlich 34 Prozent Eiern, 57 Prozent Larven, 8 Prozent Puppen und nur einem Prozent erwachsener Flöhe zusammen.

◁ *Spitzenware bevorzugt: Selbst gezogenes Katzengras ist die beste Grünkost für die Katze. Besonders beliebt sind dabei die frischen und zarten Spitzen der Blätter. Wer mehrere Grasschälchen anzieht, kann seiner Katze zu jeder Zeit frisches Grün anbieten.*

Erwachsene Katzenflöhe, die ihr Wirtstier zum Blutsaugen aufsuchen, machen nur einen winzigen Teil des Flohbestands aus. Die Parasitenbekämpfung an der Katze reicht daher bei weitem nicht aus, mindestens ebenso wichtig ist die gründliche Reinigung der Umgebung mit Staubsauger und Spray.

Um ihre Anwesenheit nicht durch Gerüche zu verraten, verrichten die wild lebenden Katzen ihr Geschäft niemals in der Nähe ihrer Lager- und Fressplätze.
Das Erbe ihrer wilden Vorfahren ist bei den Hauskatzen noch lebendig: Wird die Katzentoilette verweigert, liegt das nicht selten auch am falschen Standort in der Nähe des Futternapfes. Auf Nummer Sicher gehen Sie, wenn die Toilette in einem anderen Zimmer steht.

10 Fragen zur Pflege der Katze

Meine Katze ist nicht gerade begeistert, wenn ich ihre Zähne und das Zahnfleisch kontrollieren will. Wie läuft das am leichtesten?
Freiwillig macht keine Katze den Mund auf, doch mit dem richtigen Griff klappt das ohne große Aufregung: Legen Sie Ihre Hand von hinten um den Kopf der Katze und drücken Sie mit Zeigefinger und Daumen sanft, aber trotzdem fest auf die Mundwinkel, bis sich der Mund einen kleinen Spalt öffnet. Mit einem Finger der anderen Hand drückt man dann den Unterkiefer weiter nach unten.

Mit seinen 16 Jahren ist unser Kater schon ein bisschen träge. Leider nimmt er es mit seiner Körperpflege nicht mehr allzu genau. Wie oft sollte man ihm dabei helfen?
Am besten täglich. Zum einen, um tote Haare zu entfernen, von denen bei vernachlässigter Pflege viele verschluckt werden und zur Verstopfung führen können. Vorbeugen ist hier gerade bei älteren Katzen wichtig, da sie ohnehin schon häufiger zur Verstopfung neigen. Zum anderen regt die Pflege mit Kamm und Bürste die Lebensgeister an und fördert die Durchblutung.

Pflegeassistenz: Eine Katze, die von klein auf an die Fellpflege gewöhnt ist, empfindet sie als selbstverständlich und zeigt sich auch beim Kämmen von Problemzonen wie dem Bauch kooperativ.

Sollte man eine Katze mit dichtem und langem Fell bei jeder Pflegeaktion auch pudern?
Durch das Einpudern mit Talkum oder Babypuder wird das Haar aufgelockert und lässt sich leichter ausbürsten (→ siehe auch Seite 201). Es dürfen danach keine Puderreste im Fell zurückbleiben. Bei den langhaarigen Ausstellungskatzen gehört Pudern zur üblichen Vorbereitung, bei allen anderen sollte man es nur bei Bedarf verwenden. Das gilt vor allem für Langhaarkatzen, die Auslauf haben. Da das Pudern dem Fell die Wasser abstoßende Fettschicht entzieht, werden sie sonst bei Regen bis auf die Haut nass.

Langhaarkatzen finde ich toll. Die Pflege einer Perser ist mir aber zu aufwändig. Gibt es ähnliche Rassen, die weniger Arbeit machen?
Wenn es um einen stattlichen und attraktiven Pelz geht, sind die Maine Coon oder eine Norwegische Waldkatze genau die richtige Wahl für Sie. Beide gehören zu den Halblanghaarrassen. Halblang deshalb, weil ihre Deckhaare ca. 5 cm lang sind, während es die der Perserkatze auf 15 cm bringen. Der wesentliche Unterschied liegt aber in der Unterwolle. Sie ist bei Halblanghaarkatzen weit weniger dicht als bei den Persern, daher hält sich auch der Pflegeaufwand in Grenzen.

Mein Somalikater hat Auslauf. Muss ich ihm in der Wohnung Katzengras hinstellen?
Das sollten Sie auf jeden Fall. Erstens kommt er ja nicht immer ins Freie, muss aber auch dann an Pflanzen knabbern können, zweitens gibt es in der kalten Jahreszeit draußen nur wenig Grünes, und drittens sind es vor allem die frischen Grasspitzen, die es den Katzen angetan haben. Und die liefert ein Schälchen mit Katzengras am besten.

△
Fußpflege: Schmutz, Fremdkörper und alte Hornteile der Krallen entfernt die Katze durch Beknabbern mit den Schneidezähnen.

Der starke Haarverlust meiner beiden Exotisch Kurzhaar macht viel Arbeit. Wie kann man die haarige Geschichte etwas eindämmen?
Kämmen und bürsten Sie den Plüschpelz jeden Tag. Dabei erwischen Sie die meisten toten Haare und Sofa und Teppiche bleiben weitgehend verschont. Gummikissen und Naturborstenbürste verbessern die Hautdurchblutung, was den Haarverlust bremst. Zwischendurch sollten Sie mit leicht angefeuchteten Händen (oder dem Fensterleder) übers Fell fahren. Sie werden sich wundern, wie viele Haare hängen bleiben. Für den Staubsauger gibt es spezielle Düsen, mit denen sich Katzenhaare leichter aufsaugen lassen. Freigänger haaren weniger als reine Wohnungskatzen, vor allem dann, wenn sie auch im Winter nach draußen dürfen.

Meine Kartäuser genießt es sichtlich, wenn sie gebürstet wird. Nur an den Bauch darf ich nicht kommen. Was stört sie gerade da?
Man kann es auf die Kurzformel bringen: Bauch anfassen ist Vertrauenssache. Die ungeschützte Unterseite präsentieren viele Katzen nur sehr ungern. Andere wiederum lassen es zu, strampeln dann aber plötzlich mit den Hinterbeinen. Die Rückenlage ist eine typische Verteidigungshaltung der Katze, in der sie Angreifer mit den Krallen der Hinterbeine abzuwehren versucht. Manchen Katzen sieht man deutlich an, dass es ihnen peinlich ist, wenn sie den Strampelreflex gegenüber ihrem Besitzer nicht unterdrücken können.

In die Badewanne steigt unsere Katze nur unter Protest. Gibt es eine Alternative?
Bei leicht verschmutztem Fell können Sie es mit Trockenshampoo oder Kleie versuchen. Der Wirkstoff wird ins Fell massiert, muss danach aber gut ausgebürstet werden. Weil das bei langhaarigen Katzen kaum klappt und ihr Fell schnell verfilzt, eignen sich Trockenbäder nur für Kurzhaarkatzen.

Was soll man tun, wenn eine alte Katze ihre Krallen nicht mehr genügend wetzt?
Da hilft nur regelmäßiges Kürzen. Am besten, Sie lassen sich von Ihrem Tierarzt zeigen, wie es gemacht wird. Um die Krallenlänge zu kontrollieren, drücken Sie einfach leicht mit Daumen und Zeigenfinger auf den Fußballen, dann tritt die Kralle hervor.

◁
Top in Form: Das Fell der gesunden und gepflegten Katze ist glatt und sauber, frei von Schmutz, kahlen Stellen und Parasiten.

Worauf muss ich beim Kauf von Pflegezubehör besonders achten?
Verwenden Sie grundsätzlich nur Utensilien, die speziell für die Katzenpflege gedacht sind. Nur zur Gesichtspflege können Sie eine normale Zahnbürste benutzen. Achten Sie bei den Metallkämmen auf abgerundete, stumpfe Zinken und entscheiden Sie sich für hochwertige Bürsten und Kämme mit stabilen Griffen. So schützen Sie Ihre Katze vor Verletzungen und erleichtern sich die Pflegearbeit.

So bleibt Ihre Katze gesund und fit

Umfassende Vorsorge, regelmäßige Impfungen und die Früherkennung möglicher Krankheitssymptome bieten die beste Gewähr, eine Katze gesund und fit zu erhalten.

GESUNDHEIT VERLANGT FÜRSORGE. Richtige Haltung, ausgewogene Ernährung, sorgfältige Pflege und ein lückenloser Impfschutz – jeder Halter kann viel für die Gesunderhaltung seiner Katze tun. Er sollte auch in der Lage sein, die typischen Anzeichen der häufigsten Erkrankungen zu erkennen. Das setzt voraus, dass er Veränderungen des Verhaltens und der körperlichen Verfassung der Katze beurteilen kann. Viele Katzenkrankheiten lassen sich wirkungsvoll bekämpfen, wenn sie rechtzeitig behandelt werden. Die erfolgreiche Therapie des Tierarztes ist dabei wesentlich von der Unterstützung des Katzenbesitzers abhängig.

5

Vorsorge und Früherkennung

Katzen ertragen Unwohlsein und Krankheit scheinbar geduldig und ohne zu klagen. Viele ziehen sich zurück oder verkriechen sich, als wollten sie niemanden mit ihrem Leiden behelligen. Auf den ersten Blick bestätigt dieses Verhalten die weit verbreitete Meinung, dass Katzen besonders widerstandsfähig sind, mit Krankheiten auch ohne fremde Hilfe fertig werden oder sich sogar selbst heilen können. Doch die sprichwörtlichen neun Leben der Katze und ihre vermeintliche Zähigkeit haben eine andere Ursache: Einzelgängerisch lebende Tiere dürfen in freier Wildbahn nicht mit Beistand rechnen, wenn sie krank oder behindert sind. Im Gegenteil: Wer Schwäche zeigt, ruft die Feinde auf den Plan und hat von den Artgenossen kein Mitleid zu erwarten. Besser also, man lässt sich nichts anmerken oder versteckt sich. Das Erbe ihrer wilden Vorfahren ist auch bei den Hauskatzen noch lebendig: Selbst befreundete Artgenossen zeigen gegenüber einer kranken Katze keine Anteilnahme. Den Halter verpflichtet die katzentypische »Verschleierungstaktik« zu besonderer Aufmerksamkeit, um eine Erkrankung möglichst früh zu erkennen. Denn auch Katzen haben keine neun Leben, sondern nur ein einziges.

Die gesunde Katze auf einen Blick

Jeder Halter sollte wissen, wie eine gesunde Katze aussieht und wie sie sich verhält. Nur dann kann er auch mögliche krankhafte Veränderungen an ihr feststellen.

▷ Körper: Bauch und Flanken sind weder eingefallen noch übermäßig aufgetrieben. Kein plötzlicher Gewichtsverlust.

▷ Bewegung: ohne erkennbare Behinderung beim Laufen, Springen und Klettern.

▷ Verhalten: aufmerksam, neugierig, kontakt- und spielfreudig, nicht aggressiv.

▷ Nahrungsaufnahme: Die Katze verzehrt die gewohnte Futterration mit gutem Appetit, sie trinkt nicht auffällig viel oder zu wenig.

▷ Fell: dicht und geschlossen, je nach Rasse glänzend oder matt, ohne Verfilzung und Bruchstellen. Kein auffälliger Haarverlust.

▷ Haut: glatt, fest und elastisch, frei von Entzündungen, Krusten, Wunden oder Knoten.

▷ Augen: klar, ohne Absonderung (bei kurzköpfigen Katzen zum Teil aber rassebedingt). Nickhaut nicht sichtbar, Bindehaut blassrosa.

▷ Nase: trocken, warm und frei von Ausfluss.

▷ Ohren: sauber, geruchsfrei und ohne Belag. Kein Kopfschütteln oder Kratzen am Ohr.

▷ Mund und Zähne: Schleimhaut und Zahnfleisch rosafarben, Zähne weiß und frei von Zahnstein, nicht gelockert.

▷ Atmung: ruhig und gleichmäßig, nach körperlicher Aktivität schnell wieder normal.

▷ Pfoten: Ballen frei von Wunden und Rissen, ohne Fremdkörper zwischen den Zehen.

▷ Krallen: normal abgewetzt und nicht überstehend, weder eingerissen noch gesplittert.

▷ After: frei von Verschmutzung, Haare im Afterbereich nicht verklebt.

▷ Ausscheidungen: geregelte Verdauung ohne Probleme beim Absetzen. Kot gut geformt, Harn frei von Verfärbungen und Blut.

◁ *Fit und munter: Die gesunde Katze hat ein sauberes, glattes und glänzendes Fell, klare Augen und eine aufrechte Körperhaltung. Sie bewegt sich locker und leicht, zeigt Interesse an allem, was in ihrer Umgebung passiert, und sucht von sich aus die Nähe der vertrauten Menschen.*

CHECKLISTE

Krankheitssymptome

Körperliche Merkmale und Verhaltensauffälligkeiten bei den häufigsten Krankheiten der Katze.

- Erbrechen: Haarballen, Würmer, Vergiftung, Fremdkörper
- Durchfall: Futterunverträglichkeit, Infektion (z. B. Katzenseuche)
- Husten: Atemwegsinfektion, Allergien, Fremdkörper im Rachen
- Verstopfung: Bewegungsmangel, Haarballen, Fehlernährung
- Kratzen (vermehrt): Flöhe, Läuse, Ohrmilben, Allergien, Hautpilze
- Abmagerung: Diabetes, Leber- und Bauchspeicheldrüsenentzündung
- Augenausfluss: Glaukom, Grauer Star, verstopfte Tränenkanäle, Verletzungen
- Niesen: Virusinfektion, Allergien, Erkältung, Schnupfen
- Haarausfall: Hautpilze, Parasiten, psychische und Hormonstörungen
- Kopfschütteln: Ohrinfektion, Milbenbefall oder Fremdkörper im Ohr
- Trinken (vermehrt): Nieren- oder Leberkrankheit, Zuckerkrankheit
- Mundgeruch: Verdauungsprobleme, Zahnbeläge, Vitamin-B-Mangel
- Unsauberkeit: Blasenentzündung und Zuckerkrankheit
- Zittern: Schock (beispielsweise nach einem Unfall), Nervenerkrankung, Vergiftung

Die wichtigsten Vorsorgemaßnahmen

▷ **Artgemäß halten.** Katzen, die sich in ihrem Zuhause geborgen und wohl fühlen, sind weniger krankheitsanfällig als Artgenossen, die ständig hin und her geschubst werden.

▷ **Gesund ernähren.** Hochwertiges und ausgewogenes Futter stärkt die Abwehrkräfte, garantiert die gesunde Entwicklung der Jungtiere und fördert die Genesung kranker Katzen.

▷ **Richtig pflegen.** Die sorgfältige Pflege der Katze erhält den Wetterschutz ihres Fells und verhindert Parasitenbefall. Bei aufmerksamer Pflege lassen sich Erkrankungen früh erkennen und wirksam bekämpfen.

▷ **Vorsorglich untersuchen.** Ein- bis zweimal jährlich überprüft der Tierarzt den Gesundheitszustand der Katze und führt die notwendigen Pflegemaßnahmen durch (Entfernen von Zahnstein, Krallenkürzen).

▷ **Regelmäßig impfen.** Auffrischungsimpfungen schützen die Katze vor den häufigsten und gefährlichsten Infektionskrankheiten.

▷ **Sicher kennzeichnen.** Die Kennzeichnung durch Tätowierung oder Mikrochip erhöht die Chance, verloren gegangene oder weggelaufene Katzen wiederzufinden. Pflicht ist die Markierung bei Auslandsreisen (→ Seite 256).

▷ **Rassetypische Probleme beachten.** Einzelne Rassen sind für bestimmte Krankheiten und körperliche Probleme anfällig (Taubheit, Tränenfluss, erschwerte Geburt u. a.). Informieren Sie sich vor dem Kauf beim Züchter über rassebedingte Defekte in der Zuchtlinie.

Das macht Katzen krank

▷ **Stress.** Schwächt die Immunabwehr, kann zu Verhaltensdefiziten führen. Mögliche Auslöser: Angst vor Mensch und Tier, hektische und laute Umgebung, Unterdrückung durch Artgenossen, fehlender Eigenbereich, Umzug.

▷ **Ernährungsfehler.** Mangelernährung und falsches Futter verursachen ernste Magen-Darm-Probleme, führen zu Schäden an Fell, Haut und Zähnen, begünstigen den Befall mit

Parasiten und hemmen die körperliche Entwicklung junger Katzen.
▷ **Beziehungsprobleme.** Wechsel oder Verlust von Bezugspersonen, häufige Abwesenheit des Halters, unzureichende Pflege und Zuwendung, Konkurrenz durch ein neues Heimtier.

Krankheiten früh erkennen

Die ersten Symptome einer Erkrankung der Katze sind oft unspezifisch. Daher sollte jede körperliche Veränderung und Abweichung vom gewohnten Verhalten ernst genommen und aufmerksam beobachtet werden. Das sind die häufigsten Alarmsignale:

- ▷ Die Katze wirkt lustlos und apathisch.
- ▷ Sie verkriecht oder versteckt sich.
- ▷ Ihr Fell ist struppig und glanzlos.
- ▷ Sie vernachlässigt die Körperpflege.
- ▷ Sie läuft unruhig hin und her.
- ▷ Sie versucht vergeblich, sich auf der Toilette zu lösen, oder drückt immer wieder mit stark gekrümmtem Rücken.
- ▷ Ihr Kot ist nicht geformt, der Harn ist dunkel gefärbt oder enthält Blut.
- ▷ Sie riecht stark aus dem Mund.
- ▷ Sie kratzt sich pausenlos an den Ohren oder schüttelt sie ständig.
- ▷ Sie bewegt sich sehr langsam oder hinkt.
- ▷ Ihre Augen sind trübe oder tränen, die Nickhaut ist sichtbar.
- ▷ Sie frisst nicht oder hat Heißhunger.
- ▷ Sie trinkt übermäßig viel.

5

IMPFEN UND ENTWURMEN

Grundimmunisierung und jährliche Auffrischungsimpfungen schützen die Katze vor den häufigsten Infektionskrankheiten. Abhängig vom Impfstoff kann der Tierarzt ein abweichendes Impfschema empfehlen. Die Katze muss bei der Impfung gesund und wurmfrei sein.

Impfung gegen	Grundimmunisierung		Auffrischungsimpfung
	Erstimpfung	Wiederholungsimpfung	
Katzenschnupfen	8.- 9. Woche	12.-13. Woche	jährlich
Katzenseuche	8.- 9. Woche	12.-13. Woche	nach 1 Jahr, danach alle 2 Jahre *
Tollwut **	12.-14. Woche		jährlich
Leukose	16.-20. Woche	20.-24. Woche	jährlich
FIP ***	16.-20. Woche	20.-24. Woche	jährlich

* bei Verwendung von Lebendimpfstoff
** Auch Wohnungskatzen sollten gegen Tollwut geimpft werden.
*** Die Impfung gegen FIP wird nicht von allen Tierärzten empfohlen.

Wurmkuren
Kätzchen werden erstmals am Ende der 2. Lebenswoche entwurmt. Katzen mit Auslauf sollten drei- bis viermal jährlich, reine Wohnungskatzen mindestens einmal jährlich entwurmt werden. Damit die Katze zum Zeitpunkt der Impfung wurmfrei ist, wird sie jeweils ca. 14 Tage vor dem jährlichen Impftermin entwurmt.

Die gefährlichsten Infektionskrankheiten

Infektionskrankheiten sind eine ernste Gefahr für die Gesundheit der Katze. Die meisten dieser Erkrankungen werden durch Viren verursacht, einige wenige von Bakterien. Nicht jede Infektion führt zwangsläufig auch zur Krankheit, die Erreger können in den Körper eindringen und sich vermehren, ohne Symptome auszulösen. Schutzimpfungen sind die einzig wirksame Vorbeugemaßnahme gegen viele lebensbedrohende Infektionskrankheiten und der sicherste Weg, um der Katze eine spezifische IMMUNITÄT (Seite 265) gegenüber einer bestimmten Krankheit zu verleihen.

Die Kombiimpfung macht es leichter

Nur eine spezielle Impfung gewährleistet die Immunität gegenüber einer Infektionskrankheit. Mit modernen Kombinationsimpfstoffen kann der Vorbeugeaufwand niedrig gehalten werden. Kombiimpfstoffe sind genauso sicher und verträglich wie Einzelimpfstoffe, vereinfachen die Impfung, indem sie die Zahl der notwendigen Injektionen reduzieren, helfen so genannte Impflücken zu vermeiden und sind kostengünstig. Die Impfung ist eine vorbeugende Maßnahme, Therapie und Heilung bereits bestehender Infektionen sind damit nicht möglich. Lückenloser Impfschutz ist nur dann garantiert, wenn die Schutzimpfungen rechtzeitig durchgeführt wird. Dazu gehören die Grundimmunisierung bei der Jungkatze und die jährlichen Auffrischungsimpfungen. (→ Impfen und Entwurmen, Seite 209). Bei der Impfung muss die Katze wurmfrei sein. Entwurmt wird erstmals im Alter von zwei Wochen, später mindestens einmal jährlich vor dem Impftermin.

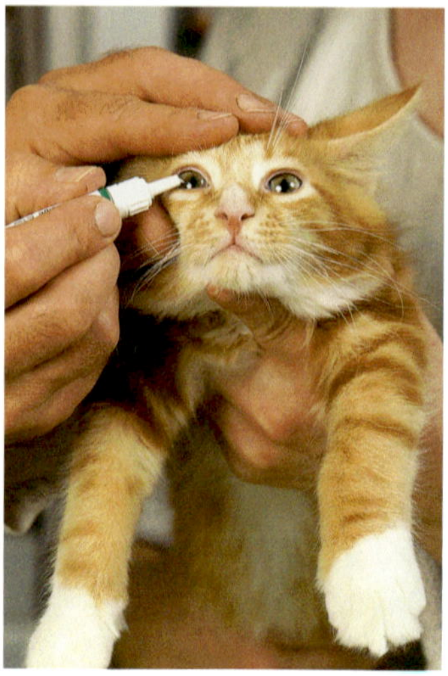

▷ *Augen auf! Durch Zugluft, Verletzungen, Fremdkörper und Infektionen kann es zur Bindehautentzündung (Konjunktivitis) des Auges kommen. Der Tierarzt verordnet entzündungshemmende Tropfen, die regelmäßig ins Auge eingeträufelt werden müssen.*

Erst- und Auffrischungsimpfungen

Die ANTIKÖRPER (Seite 260), die das Kätzchen mit der Muttermilch aufgenommen hat, verlieren zwischen der 8. und 10. Woche ihre Schutzwirkung. Zu diesem Zeitpunkt muss die Katze zum ersten Mal gegen die häufigsten Infektionskrankheiten geimpft werden.

- ▷ **Grundimmunisierung:** Die Grundimmunisierung umfasst die Erstimpfungen in der 8. oder 9. Lebenswoche und die Wiederholungsimpfungen ca. vier Wochen danach.
- ▷ **Auffrischungsimpfung:** Der Impfschutz wird durch jährliche Auffrischungsimpfungen aufrechterhalten (Katzenseuche: je nach Impfstoff im ein- oder zweijährigen Turnus).
- ▷ **Aktive und passive Immunisierung:** Impfstoffe zur aktiven Immunisierung enthalten so genannte Antigene, die den Körper zur Schutzreaktion und Bildung von Antikörpern anregen. Die Antigene sind meist mit den Krankheitserregern identisch und liegen im Impfstoff in inaktivierter oder lebender, aber abgeschwächter Form vor. Bei der passiven Immunisierung werden die schützenden Antikörper direkt geimpft. Dadurch baut sich der Impfschutz sofort auf, bleibt aber nur für einige Wochen erhalten. Bei einer Impfung mit Lebendimpfstoff besteht der volle Impfschutz erst nach etwa vier Wochen, die Schutzdauer beträgt aber mindestens ein Jahr.

Katzenschnupfen

Felines Herpes-Virus (FHV), Rhinotracheitis

▷ **Beschreibung:** Schnupfen ist für uns lästig, aber ungefährlich. Ganz anders bei der Katze: Katzenschnupfen ist eine ansteckende und in schweren Fällen lebensbedrohende Infektionskrankheit. Die Erreger sind meist Viren (Calici und Herpes), seltener Chlamydien, eine Lebensform zwischen Viren und Bakterien.

▷ **Übertragung:** Übertragung vorwiegend durch Tröpfcheninfektion (Husten, Niesen), seltener über infizierte Gegenstände. Auch äußerlich gesunde Tiere können infiziert sein und bleiben dann oft über Jahre hinweg potenzielle Überträger. Besonders gefährdet sind Jungtiere und Katzen, die in Tierheimen und Tierpensionen engen Kontakt zu vielen Artgenossen haben. Stress (Futterumstellung, Umgebungswechsel) erhöht die Anfälligkeit.

▷ **Krankheitsverlauf:** Anfangssymptome Niesen, Tränenfluss und Fieber. In der Folge kommt es zu eitrigem Ausfluss aus Augen und Nase und blutigen Geschwüren (Nase, Zunge, Rachen, Zahnfleisch). Kranke Katzen verweigern häufig die Nahrung, die fortschreitende Schwächung führt nicht selten zum Tod. Auch bei Genesung kann es zu Spätfolgen kommen. Sicherheit vor dem viralen Katzenschnupfen bietet allein die Schutzimpfung. Chlamydieninfektionen verlaufen harmloser, typisch ist eine Bindehautentzündung, die mit Antibiotika behandelt werden kann.

▷ **Vorbeugende Impfung:** ja

▷ **Gefährdung des Menschen:** keine

Katzenseuche

Feline infektiöse Enteritis (Panleukopenie)

▷ **Beschreibung:** hochgradig ansteckende Viruskrankheit. Der Erreger ist extrem widerstandsfähig und behält die krank machenden Eigenschaften oft jahrelang bei.

▷ **Übertragung:** sowohl im direkten Kontakt wie über Gegenstände. Da das Virus mit der Kleidung oder den Schuhen in die Wohnung eingeschleppt werden kann, sind auch Katzen ohne Auslauf gefährdet.

CHECKLISTE

Die Katzenapotheke

Grundausstattung für die Behandlung kleinerer Beschwerden und Verletzungen, für die Pflege kranker Katzen und die Erstversorgung bei Notfällen.

- ○ Wolldecke: schützt bei Verletzung, Narkose oder Bewusstlosigkeit vor Unterkühlung; in Notfällen auch für den Transport geeignet
- ○ Fieberthermometer: für die Katze eignet sich am besten ein Digital- oder Babythermometer
- ○ Verbandmaterial: elastische Binde, Kompresse, Watte, Klebeband
- ○ Abdeckgaze
- ○ Plastikbeutel: für den Notverband bei einer Pfotenverletzung
- ○ Schere und Pinzette: auf abgerundete Spitzen achten
- ○ Desinfektionsmittel: alkoholfreies Spray zur Wunddesinfektion
- ○ Vaseline: Allzwecksalbe, auch für rissige Pfotenballen
- ○ Zeckenzange
- ○ Entwurmungsmittel
- ○ Flohhalsband, Flohpuder oder ein Spot-on-Präparat
- ○ Notfalltropfen: Bachblüten-Mischung »Rescue remedy« (→ Seite 228) zur Schmerzlinderung und bei Schock
- ○ Waschlösung (antiseptisch)
- ○ Pipette oder Einwegspritze (ohne Nadel): zum Eingeben von Tropfen und Flüssignahrung

▷ **Krankheitsverlauf:** Appetitmangel, Bewegungsunlust und Erbrechen sind die ersten Anzeichen. Durch wässrig-blutigen Durchfall verliert die Katze viel Flüssigkeit und hat starken Durst, ist aber oft schon zu schwach zum Trinken. Wenn sich eine trächtige Katze infiziert, sind auch die Kätzchen im Mutterleib gefährdet. Bei den ersten Gehversuchen fallen die betroffenen Katzenkinder durch torkelnde Bewegungen auf. An Katzenseuche erkrankte Jungtiere sind selbst bei sofortiger Intensivtherapie meist nicht mehr zu retten.
▷ **Vorbeugende Impfung:** ja
▷ **Gefährdung des Menschen:** keine

TIPP

Was der Tierarzt wissen muss

Diese Angaben sind für den Tierarzt wichtig: Seit wann treten die Beschwerden auf? Hat sich der Zustand in den letzten Stunden verschlimmert? Hat die Katze Durchfall, erbricht sie, ist Blut im Harn? Was hat sie zuletzt aufgenommen (Putzmittel, Pflanzenreste o. Ä. mitnehmen)? Hat sie schon Medikamente bekommen?

FeLV

Felines Leukämie-Virus (Katzenleukose)
▷ **Beschreibung:** Das Katzenleukämie-Virus ist immunologisch nicht einheitlich, sondern kann in drei Varianten auftreten. Auch nach Einführung der Impfung ist die Leukose neben der Felinen Infektiösen Peritonitis (FIP → siehe rechts) die häufigste tödliche Infektionskrankheit bei Katzen.
▷ **Übertragung:** direkt durch Speichel und über Ausscheidungen. Die INKUBATIONSZEIT (Seite 266) kann mehrere Jahre betragen, in denen die Katze symptomfrei ist, aber den Erreger weitergeben kann.
▷ **Krankheitsverlauf:** sehr unterschiedliche Krankheitsbilder. Zu Beginn meist Müdigkeit, Schwäche, Appetitlosigkeit, Abmagerung und Fieber. Häufige Folgeerkrankungen: Abszesse, Magen-Darm-Probleme und Zahnfleischentzündungen. Bei der Tumorform kommt es zu bösartigen Wucherungen an inneren Organen (Darm, Nieren, Leber). Bei Verdacht bringt der Leukosetest Klarheit. Die Schwächung des Immunsystems macht erkrankte Tiere schutzlos gegenüber anderen Infektionserregern, daher ist die Leukose auch verantwortlich für viele weitere, oft tödliche Erkrankungen.
▷ **Vorbeugende Impfung:** FeLV ist unheilbar. Die Schutzimpfung bietet Sicherheit vor den drei Virusarten und vor Tumoren.
▷ **Gefährdung des Menschen:** keine

FIP

Feline Infektiöse Peritonitis (Ansteckende Bauchfellentzündung)
▷ **Beschreibung:** Das FIP-Virus ist für etwa jeden achten Todesfall bei Katzen verantwortlich. Betroffen sind hauptsächlich Katzen im Alter zwischen sechs Monaten bis vier Jahren. Feuchte und trockene Verlaufsform.
▷ **Übertragung:** Die Ansteckung erfolgt über den Mund. Viele Tiere tragen das FIP-Virus in sich, sind aber symptomfrei. Stress begünstigt den Ausbruch der Erkrankung. Der Infektionsweg ist noch nicht völlig geklärt.
▷ **Krankheitsverlauf:** Frühstadium mit Fieber, Mattigkeit, Appetitmangel. Nach einer beschwerdefreien Zwischenphase kommt es bei der feuchten Form zur Bauchwassersucht mit aufgetriebenem Leib bei gleichzeitiger Abmagerung, bei trockener FIP zu Entzündungen der inneren Organe (Nieren, Leber, Milz). Weil es bei der trockenen FIP keine Flüssigkeitsansammlung gibt, ist die Diagnose schwieriger als bei der feuchten Verlaufsform.
▷ **Vorbeugende Impfung:** ja. Der Impfstoff wird in die Nase geträufelt. Grundimmunisierung: 16. und 19. Lebenswoche. Die Impfung wird nicht von allen Tierärzten empfohlen.
▷ **Gefährdung des Menschen:** keine

FIV

Felines Immundefizienz-Virus (Katzen-Aids)

▷ **Beschreibung:** Wie das FeLV (→ Seite 212) kann auch das FIV das Immunsystem der Katze schwer schädigen. Das Feline Immundefizienz-Virus ist eng mit dem Leukämie-Virus verwandt. Die Krankheitssymptome ähneln sich so sehr, dass die Unterscheidung nur durch Laboruntersuchungen möglich ist.

▷ **Übertragung:** im direkten Kontakt über das Blut infizierter Katzen, meist durch Bisse. Katzen können Virusträger sein, ohne selbst Anzeichen einer Erkrankung zu zeigen.

▷ **Krankheitsverlauf:** Die Symptome zeigen sich oft erst Monate oder Jahre nach einer Infektion: Fieber, allgemeine Schwäche und Blutarmut (Anämie). In der Folge weitere Infektionen und Tumorbildungen.

▷ **Vorbeugende Impfung:** ja

▷ **Gefährdung des Menschen:** keine. Trotz Verwandtschaft zum menschlichen HIV-Virus kann das FIV nach heutigem Kenntnisstand nicht übertragen werden.

Tollwut

▷ **Beschreibung:** Tödliche Virusinfektion mit sehr unterschiedlicher Symptomatik. Für frei laufende Katzen sind zwei- bis dreimal mehr Fälle nachgewiesen als für Hunde. Nicht geimpfte Tiere müssen bereits bei Verdacht auf eine Infektion eingeschläfert werden. Tollwut ist meldepflichtig (→ Info, Seite 214).

▷ **Übertragung:** vor allem durch Füchse, aber auch durch andere Wildtiere (z. B. Marder). Das Virus wird mit dem Speichel ausgeschieden, daher sind Bisse besonders gefährlich.

▷ **Krankheitsverlauf:** erste Anzeichen häufig uneinheitlich (z. B. Schreckhaftigkeit, Unruhe). Später kommt es zu Krämpfen, starkem Speichelfluss, Aggressivität und Lähmungen. Zwei Verlaufsformen: stille und rasende Wut. Bei Katzen kommt die rasende Wut häufiger vor.

▷ **Vorbeugende Impfung:** ja. Bei Reisen ins Ausland ist die gültige Tollwutimpfung Pflicht.

▷ **Gefährdung des Menschen:** Die Infektion verläuft auch beim Menschen tödlich.

◁ *Ein Bild des Jammers: Apathisches Verhalten, struppiges Fell, Ausfluss aus Augen und Nase und die sichtbare Nickhaut (3. Augenlid) sind unverkennbare Krankheitssymptome. Nur die Untersuchung beim Tierarzt kann klären, wie ernst die Erkrankung ist.*

Aujeszkysche Krankheit

▷ **Beschreibung:** Virusinfektion mit nervösen Symptomen, die denen der Tollwut ähneln. Wird daher auch als Pseudowut bezeichnet.

▷ **Übertragung:** durch Verfüttern von rohem Schweinefleisch oder durch direkten Kontakt mit Schweinen (bei Bauernhofkatzen).

▷ **Krankheitsverlauf:** Schluckbeschwerden, Unruhe, Speicheln und auffällig starker Juckreiz. In der Folge kommt es zu Lähmungen. Der Tod tritt oft schon nach zwölf Stunden, spätestens nach zwei Tagen ein.

▷ **Vorbeugende Impfung:** möglich, wird aber nicht praktiziert, da der Verzicht auf das Füttern von rohem Schweinefleisch ausreichende Sicherheit bietet.

▷ **Gefährdung des Menschen:** Ansteckung auf dem gleichen Infektionsweg, aber nur harmlose Krankheitssymptome.

Toxoplasmose

▷ **Beschreibung:** Infektionskrankheit, die durch einzellige Parasiten (Toxoplasmen) hervorgerufen wird. Die ◉ TOXOPLASMOSE (Seite 274) kann auch den Menschen befallen.

▷ **Übertragung:** durch rohes Fleisch (speziell vom Schwein), Beutetiere und den vor allem von infizierten Jungkatzen abgesetzten Kot.

▷ **Krankheitsverlauf:** Bei vielen infizierten Katzen tritt die Krankheit äußerlich nicht in Erscheinung, sie scheiden die Eier (Oozysten) des Erregers aber zeitweise mit dem Kot aus. Bei trächtigen Tieren können die ungeborenen Kätzchen geschädigt werden.

▷ **Vorbeugende Impfung:** keine. Katzen sollte grundsätzlich kein rohes Fleisch gefüttert werden (→ siehe auch Aujeszkysche Krankheit, Seite 213). Bei Wohnungskatzen ist das Infektionsrisiko niedriger als bei Freigängern, die sich über Beutetiere anstecken können.

▷ **Gefährdung des Menschen:** Ansteckung durch Kontakt mit infektiösem Katzenkot oder den Verzehr von rohem Schweinefleisch. Die Krankheit verläuft meist harmlos, gefährdet sind Menschen mit geschwächtem Immunsystem und Schwangere. Der Toxoplasmose-Test weist nach, ob schützende Antikörper im Blut vorliegen. Ist das nicht der Fall, kann die Infektion zur Fehlgeburt oder zu Missbildungen des Kindes führen. Gewissenhafte Hygiene im Umgang mit Katzen ist während der Schwangerschaft besonders wichtig. Die Reinigung der Katzentoilette sollten andere Familienmitglieder übernehmen.

Weitere Infektionskrankheiten

▷ **Salmonellose.** Bakterielle Darminfektion, für die vor allem unter Stress stehende oder durch Wurmbefall geschwächte Tiere anfällig sind. Aufnahme der Erreger über die Nahrung. Symptome: Erbrechen, Durchfall, Fieber. Zum Nachweis der Erkrankung ist eine Kotuntersuchung nötig. Die Salmonellose ist für den Menschen ansteckend.

▷ **FIA** (Feline Infektiöse Anämie, ansteckende Blutarmut). Parasitäre Erkrankung, bei der die roten Blutkörperchen (Erythrozyten) zerstört werden. Übertragung durch Flohbisse und über infizierte Katzen. Symptome: Müdigkeit, Fieber, Appetitlosigkeit, Gewichtsabnahme. Behandlung mit Antibiotika (Tetracycline).

▷ **Katzenpocken** (Tierpocken). Übertragung durch Tröpfcheninfektion. Symptome: Pusteln und Geschwüre. Keine vorbeugende Impfung.

▷ **Borreliose.** Bakterielle Hirnhautentzündun, die durch Zeckenbisse übertragen wird. Kann zu chronischen Entzündungen der Gelenke und Herzproblemen führen. Meist langwierige Behandlung mit Antibiotika.

▷ **Kokzidiose.** Parasiteninfektion, die bei Jungkatzen Durchfall verursacht, aber in der Regel harmlos verläuft.

▷ **Tetanus** (Wundstarrkrampf). Bakterielle Infektion, meist über verunreinigte Wunden. Symptome: Muskelversteifungen, Vorfall der Nickhaut, Verhaltensänderungen. Behandlung mit Serum und Antibiotika. Katzen sind gegenüber Tetanus sehr widerstandsfähig.

▷ **Tuberkulose.** Bakterielle Infektion, die Heimtiere und den Menschen befallen kann. Übertragung durch Speichel und Auswurf. Symptome: Fieber, Husten, Gewichtsverlust, Müdigkeit. Bei Katzen ist hauptsächlich der Bauchraum betroffen (beim Menschen die Lunge). Behandlung nur in Ausnahmefällen, Einen vorbeugenden Impfschutz gibt es nicht. Zur Ansteckung des Menschen durch eine tuberkulosekranke Katze kommt es nur selten (umgekehrt häufiger).

INFO

Meldepflichtige Krankheiten

Verletzungen des Menschen durch tollwutverdächtige oder tollwutkranke Tiere, aber auch schon direkter Kontakt müssen der Gesundheitsbehörde gemeldet werden. Neben Tollwut besteht Meldepflicht auch für den Fuchsbandwurm und unter bestimmten Bedingungen für die Toxoplasmose (ZOONOSEN, Seite 275). Die von Tierärzten und Gesundheitsbehörden gemeldeten Fälle werden zentral vom Robert-Koch-Institut in Berlin erfasst.

Hilfe bei den häufigsten Krankheiten

5

Ausgewogene Ernährung, regelmäßige Pflege, Sauberkeit und eine harmonische und stressfreie Mensch-Tier-Beziehung bieten die besten Voraussetzungen, um die Katze vor Krankheit zu schützen. Jeder Halter sollte aber auch die typischen Symptome der häufigsten Katzenkrankheiten kennen, um im Ernstfall schnell reagieren und dem Tierarzt Hinweise geben zu können, die für eine erfolgreiche Behandlung unerlässlich sind.

Magen und Darm

Neben Erkrankungen von Haut und Fell (→ Seite 216) gehören Magen-Darm-Probleme zu den häufigsten Krankheiten bei der Katze. Anhaltende Beschwerden können auf eine Infektionskrankheit hinweisen (Katzenseuche → Seite 211, FIP → Seite 212) und sollten immer ernst genommen werden.

▷ **Erbrechen.** Erbrechen kann viele unterschiedliche Ursachen haben. Dazu gehören verdorbene, stark gewürzte, zu kalte oder zu heiße Nahrung, Süßigkeiten, abrupter Futterwechsel, Gastritis, Fremdkörper in Speiseröhre oder Magen, Infektionen, Nahrungsmittelunverträglichkeit, Vergiftung. Grund zur Sorge besteht vor allem dann, wenn die Katze fortgesetzt oder mehrfach über einen längeren Zeitraum erbricht (auch wässrig) und wenn das Erbrechen von anderen Krankheitssymptomen begleitet wird (Durchfall, Schmerzen, Teilnahmslosigkeit). In allen Fällen muss der Tierarzt die Ursache abklären. Bis dahin sollte die Katze nicht gefüttert werden, Wasser muss ihr jedoch zur Verfügung stehen. Das gelegentliche Hervorwürgen von Haarballen (→ Seite 216) ist ein normaler Vorgang.

▷ **Durchfall.** Wie Erbrechen ist Durchfall ein Symptom für gestörtes Wohlbefinden, je nach begleitenden Krankheitsanzeichen nicht selten aber auch für ernste Erkrankungen, vor allem wenn es gleichzeitig zu Fieber, Apathie oder Gewichtsverlust kommt. Mögliche Ursachen: Infektion mit Bakterien, Viren, Pilzen oder Parasiten, verdorbenes oder falsches Futter, Fremdkörper im Darm, Schilddrüsenüberfunktion, Tumoren, Erkrankungen von Leber und Bauchspeicheldrüse, allergische Reaktionen und Vergiftungen. Bei leichtem Durchfall sollte man mit der Fütterung vorübergehend aussetzen und der Katze nur Wasser anbieten.

▷ **Verstopfung.** Die Katze ist unruhig, geht ständig zur Toilette und versucht unter heftigem Pressen den Darm zu entleeren. Gelingt das nicht, wird sie zunehmend apathischer und nimmt keine Nahrung mehr zu sich. Ihr Bauch ist aufgetrieben und fühlt sich hart an. Ursachen: Infektionen, Fehlernährung, Haarballen, Fremdkörper, Tumoren, Parasiten, aber auch Beckenbruch nach Unfall. Nicht selten begünstigen Bewegungsmangel oder fehlende Ballaststoffe im Futter die Darmträgkeit. Ältere Katze sind dafür besonders anfällig. Bei leichter Verstopfung helfen Pflanzenöl (1 Esslöffel), Bauchmassage, ballaststoffreiche Kost und viel Bewegung. Bei hartnäckiger Verstopfung unbedingt mit der Katze zum Tierarzt.

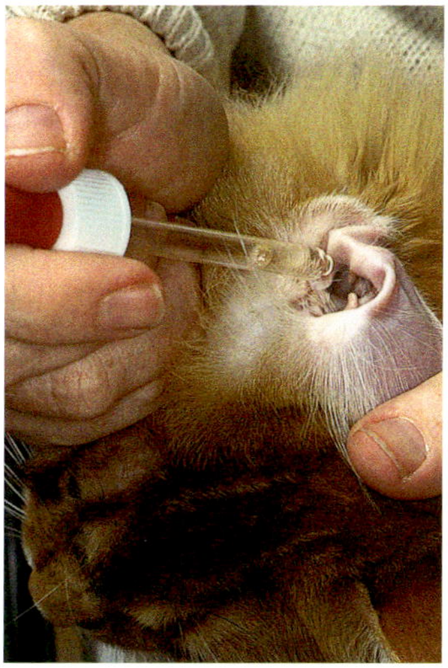

◁ *Tropfenweise Heilung: Ohrenentzündungen werden oft von Milben verursacht. Typische Anzeichen sind braune Beläge im Gehörgang, Kratzen am Ohr und Kopfschütteln. Für die Behandlung ist der Tierarzt zuständig, regelmäßige Ohrenkontrollen gehören zu den Pflichten des Halters.*

▷ **Haarballen** (BEZOARE, Seite 262). Nicht alle bei der Fellpflege verschluckten Haare gehen auf natürlichem Weg ab, sondern verklumpen im Magen zu Haarballen. Von Zeit zu Zeit erbricht die Katze die Ballen. Katzengras, spezielle Snacks (Anti-Hairball) oder ein paar Tropfen Pflanzenöl im Futter erleichtern das Erbrechen. Bleiben Bezoare zu lange im Magen, kann es zur Gastritis kommen. Der Tierarzt kann Haarballen im Rahmen einer Endoskopie (Magenspiegelung) entfernen.

▷ **Gastritis** (Magenschleimhautentzündung). Wird u. a. durch falsches Futter und Haarballen ausgelöst. Diagnose über Gewebeprobe der Schleimhaut. Medikamentöse Behandlung und Diäternährung (→ Seite 189). Ähnliche Therapie bei Entzündungen von Dünndarm (Enteritis), Dick- und Mastdarm (Colitis).

▷ **Fremdkörper.** Kätzchen verschlucken nicht selten ungenießbare Plastik- und Gummiteile. Wird das Objekt nicht ausgeschieden, kann es zum Darmverschluss kommen. Symptome: ständiges Erbrechen, Nahrungsverweigerung. Es kann kein Kot mehr abgesetzt werden. Rettung bringt nur sofortige Operation.

▷ **Würmer** → Seite 220

TIPP

Fieber messen

Je nach Temperament muss die Katze von einer zweiten Person an Brust und Vorderbeinen festgehalten werden. Schwanz zur Seite nehmen und Fieberthermometer ca. 2 cm tief in den After einführen. Geeignet sind Baby- oder Digitalthermometer. Thermometer nicht loslassen. Messdauer: ca. eine Minute mit dem Digitalthermometer. Normaltemperatur der erwachsenen Katze: 38,0–39,3 °Celsius.

Fell und Haut

Vor allem bei Katzen mit Auslauf verlangt das Fell viel Aufmerksamkeit. Nur das gesunde Fell bietet Schutz vor Witterungseinflüssen, Parasiten und Verletzung. Probleme mit Haut und Fell können auch durch Krankheiten verursacht werden.

▷ **Haarausfall.** Das Fell der meisten Katzen stößt ständig abgestorbene Haare ab. Bei einigen Rassen (z. B. Türkisch Angora) ist der Haarverlust relativ stark, nur wenige (Rex) haaren überhaupt nicht. Im Fellwechsel gehen die Haare zum Teil auch büschelweise aus. Krankhafter Haarausfall dünnt das Fell stark aus oder ist auf bestimmte Körperpartien begrenzt (lokaler Haarverlust). Auch Putzzwang (→ Seite 170) verursacht Haarbruch und Fellverlust, bevorzugt an Bauch und Schenkeln.

▷ **Flöhe.** Vor allem ein stärkerer Flohbefall führt zu heftigem Juckreiz. Durch das Kratzen entstehen Wunden, die sich leicht entzünden. Flöhe und andere Parasiten können Krankheiten übertragen, wobei die Erreger durch die Flohbisse ins Blut gelangen. Nicht wenige Katzen reagieren allergisch auf Flohspeichel, was sich meist in Hautirritationen äußert. Flöhe lassen sich am einfachsten durch ihren Kot nachweisen: Das Fell der Katze über einer weißen Unterlage ausbürsten, auf die der Flohkot in Form schwarzer Krümel fällt, der sich beim Benetzen mit Wasser braunrot verfärbt. Zur Bekämpfung der Parasiten eignen sich Flohhalsband, Flohpuder und -shampoo. Manche Katzen reagieren allerdings empfindlich auf die Wirkstoffe. Spot-on-Präparate werden in den Nacken der Katze getropft, der Wirkstoff verteilt sich über die gesamte Haut und tötet die Blut saugenden Schmarotzer ab. Die Bekämpfung darf sich nicht auf die Katze beschränken, sondern muss Schlafplatz und Umgebung einbeziehen, um alle Entwicklungsstadien der Flöhe unschädlich zu machen. Neben den vom Tierarzt verordneten Mitteln bewährt sich hier nach wie vor der Staubsauger. Den Staubsaugerbeutel regelmäßig mit Flohspray aussprühen.

▷ **Milben.** Mit dem bloßen Auge sind die winzigen Spinnentiere nicht auszumachen, Gewissheit bringt nur die mikroskopische Untersuchung des Hautgeschabsels durch den Tierarzt. Räudemilben werden von Katze zu Katze übertragen. Symptome: schuppige, verkrustete, oft blutig gekratzte Stellen an Kopf, Ohren und Pfoten. Bei lokalem Auftreten hilft Betupfen mit insektiziden Mitteln, ist der ganze Körper betroffen, verordnet der Tierarzt Spot-on-Präparate oder Spezialbäder. Die als rötliche Punkte erkennbaren Larven der Herbstgrasmilben befallen Ohren, Bauch und Pfoten. Ohrmilben → Seite 220.

▷ **Zecken.** Katzen mit Auslauf sollten regelmäßig auf Zeckenbefall untersucht werden. Um Folgeinfektionen an den Bissstellen zu verhindern, dreht man die Parasiten entweder mit der Hand heraus oder entfernt sie mit einer speziellen Zeckenzange. Beträufeln Sie eine Zecke nicht mit Öl oder Nagellack.

▷ **Hautpilze.** Typisch sind kreisrunde Kahlstellen mit rotem Rand. Die genaue Diagnose ist schwierig, die Behandlung oft langwierig. Peinliche Sauberkeit im Umgang ist wichtig, kranke und gesunde Tiere müssen strikt getrennt werden. Viele Pilzerkrankungen der Katze können auf den Menschen übertragen werden. Konsultieren Sie den Hautarzt, wenn Sie an Ihrem Körper rote Flecken entdecken.

▷ **Allergien.** Blütenpollen, Flohspeichel, Nahrungsmittel, Staub können Abwehrreaktionen des Immunsystems auslösen, die sich u. a. in Hautveränderungen (Ekzeme, Granulome) oder Husten äußern. Abhilfe nur durch Beseitigung der allergieauslösenden Substanz.

▷ **Abszesse.** Oft Folge von Bissen. Symptome: Appetitverlust, Fieber, Mattigkeit. Therapie mit Antibiotika, zum Teil muss der Abszess vom Tierarzt geöffnet werden. Untersuchen Sie die Katze regelmäßig auf Bissverletzungen. Bisse sehen oberflächlich harmlos aus, reichen aber oft sehr tief und heilen nur schlecht ab.

▷ **Tumore.** Gute und bösartige Geschwulste treten auch in der Haut auf, häufig bei Infektionskrankheiten (z. B. Leukose → Seite 212).

WAS TUN, WENN ...

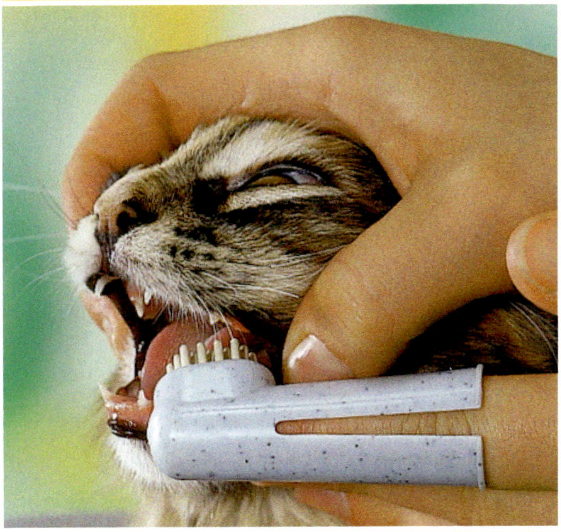

... die Katze unter Zahnstein leidet?

Sie riecht unangenehm aus den Mund, ihr Zahnfleisch ist ständig entzündet und bei der Nahrungsaufnahme hat sie so große Schmerzen, dass sie manchmal gar kein Futter zu sich nimmt.

Ursache: Unzureichende Zahnhygiene und mangelhafte Selbstreinigung der Zähne bei überwiegender Ernährung mit Weichfutter führen zur Bildung von Plaque und Zahnstein. Die harten Zahnbeläge verursachen Entzündungen des Zahnfleischs (Gingivitis), in der Folge kommt es zur Paradontitis und schließlich auch zum Verlust der Zähne.

Lösung: Abwechslungsreiche Kost und spezielle Snacks (Dentabits) sorgen für mechanische Reinigung der Zähne und gesundes Zahnfleisch und beugen der Zahnsteinbildung vor. Bei älteren Tieren und bestimmten Rassen (z. B. Perser) ist regelmäßige Zahnpflege (Zahnbürste) wichtig. Massive Zahnbeläge müssen unter Narkose mit Ultraschall entfern werden.

Skelett und Muskeln

▷ **Zerrungen und Verrenkungen.** Katzen bewegen sich geschickt und sicher, aber vor Zerrungen (Überdehnung von Muskeln und Sehnen), Verrenkungen und Prellungen sind auch sie nicht immer gefeit. Häufigstes Symptom: Die Katze hinkt, um das betroffene Bein zu entlasten. Der Tierarzt verordnet Ruhe (Wohnungshaltung) und eventuell schmerzstillende Mittel.

▷ **Knochenbrüche.** Meist als Folge eines Unfalls, seltener von Stürzen oder Fehlsprüngen. Betroffen sind bei Katzen vor allem die Beine und Hüftgelenke, aber auch der Unterkiefer, wenn das Kinn beim Sturz auf dem Boden aufschlägt. Symptome: Nachziehen der Hinterhand, Fehlstellung eines Beins, fehlende Bewegungskontrolle, beim offenen Bruch hervorstehende Knochenenden. Ein Beinbruch wird nach dem Richten meist mit einer Kunststoffschiene fixiert. Zur Ruhigstellung muss die Patientin häufig für einige Zeit in einem Käfig untergebracht werden. Erste Hilfe nach Unfällen → Seite 222.

▷ **Verzögerte Skelettentwicklung.** Falsche Ernährung (z. B. ausschließlich mit Fleisch), Mineralstoff- und Vitaminmangel (speziell von Vitamin D) wie auch Hormonstörungen führen besonders bei der jungen Katze zu Defiziten in der Knochenbildung (Rachitis, erhöhte Anfälligkeit bei Siamesen).

▷ **Arthritis.** Ein entzündetes Gelenk schwillt meist an und fühlt sich warm an. In der Folge eines Infekts ist davon oft der ganze Körper betroffen. Die Katze hat Schmerzen, versucht das erkrankte Bein zu entlasten und bewegt sich möglichst wenig oder nur schleppend.

▷ **Arthrose.** Von degenerativen Gelenkveränderungen (häufig im Bereich der Wirbelsäule) sind in erster Linie ältere Katzen betroffen. Typisch sind Bewegungsunlust, zum Teil auch Probleme beim Absetzen von Kot und Harn.

▷ **Lähmungen** → Nerven, Seite 220

Blut, Atemwege und Lunge

▷ **Blutarmut** (Anämie). Die erniedrigte Zahl roter Blutkörperchen gefährdet die Sauerstoffversorgung. Zur Anämie kommt es u. a. durch Infektionskrankheiten (FeLV, FIV, FIA), hohen Blutverlust nach Verletzungen und Störung der Blutbildung im Knochenmark. Symptome: blasse Mundschleimhaut, Mattigkeit, schnelle Atmung, Appetitmangel. Abhilfe: Eisenpräparate, Bluttransfusion, Infusion. Bekämpfung der ursächlichen Erkrankung.

▷ **Bronchitis.** Entzündung der Atemwege (Luftröhre und Bronchien). Symptome: hartnäckiger Husten, rasselnde Atemgeräusche. Bei Luftnot atmet die Katze mit geöffnetem Mund. Kann zur Lungenentzündung führen.

▷ **Asthma.** Allergische Reaktion, die anfallmäßig zur Atemnot führt und eine sofortige Behandlung erfordert.

▷ **Lungenentzündung.** Virale oder bakterielle Entzündung der Lunge (zum Teil auch der Bronchien). Symptome: erschwerte Atmung, Appetitverlust, Mattigkeit, Fieber, Kreislaufbeschwerden. Häufig als Folgeerkrankung von Infektionskrankheiten wie FeLV und FIV (→ Seite 212 und 213).

▷ **Rachenentzündung.** Neben Infektionen können auch im Rachen festsitzende Fremdkörper (z. B. Grashalme) die Ursache einer Rachenentzündung sein.

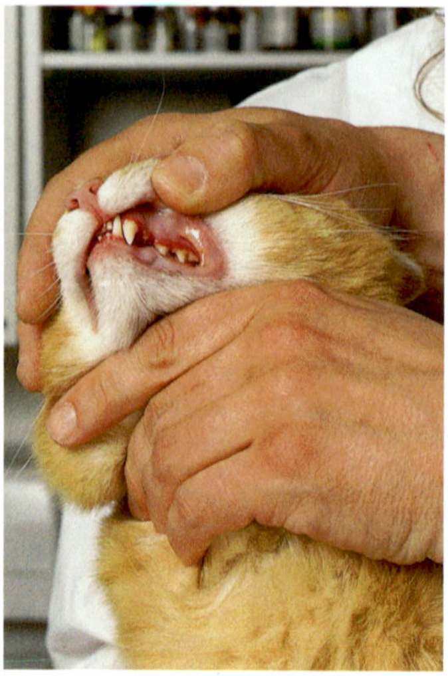

▷ *Unwillige Patientin: Beim Tierarzt verhalten sich Katzen meist friedfertig. Den Mund allerdings machen sie nur ungern auf. Der Tierarzt kontrolliert den Zustand von Zähnen und Zahnfleisch und achtet dabei vor allem auf die Bildung von Zahnstein.*

INFO

Kastration

Bei der KASTRATION (Seite 266) werden die Eierstöcke der Katze bzw. die Hoden des Katers entfernt. Die Kastration verhindert, dass die Katze rollig, trächtig oder scheinträchtig wird, und schützt sie vor Gebärmuttererkrankungen und Gesäugetumoren. Ein kastrierter Kater markiert meist nicht mehr. Der Routine-Eingriff wird in Narkose vorgenommen. Bester Kastrationszeitpunkt: mit Beginn der Geschlechtsreife, bei der Katze ca. ab 6. Lebensmonat, beim Kater zwischen 8. und 10. Monat. Bei der STERILISATION (Seite 272) werden nur die Eileiter bzw. Samenstränge durchtrennt, das Sexualverhalten wird davon nicht beeinträchtigt.

Leber und Bauchspeicheldrüse

▷ **Leberentzündung** (Hepatitis). Wird überwiegend durch Viren und Bakterien ausgelöst. Nicht-infektiöse Ursachen sind u. a. Fettleber und Vergiftungen. Symptome: Appetitverlust, Mattigkeit, zum Teil Erbrechen und Durchfall, später Gelbfärbung der Schleimhäute (Gelbsucht), gelblicher Kot. Therapie: Antibiotika und Diät. Heilungschancen bei akuter Hepatitis wesentlich höher als bei chronischer Entzündung, die oft zur Leberzirrhose führt.

▷ **Bauchspeicheldrüsenentzündung.** Wegen unspezifischer Anfangsbeschwerden (Durchfall, Erbrechen, Blähungen, Verstopfung) wird die Pankreatitis oft erst im chronischen Stadium erkannt. Folgesymptome: starker Durst, fettig glänzender, heller Kot. Bei akuter Entzündung vorübergehender Nahrungsentzug (Versorgung über Infusionen), später wie bei der chronischen Form fettarme Diät.

▷ **Diabetes** (Zuckerkrankheit). Das von der Bauchspeicheldrüse produzierte Hormon Insulin reguliert die Zuckeraufnahme der Zellen aus dem Blut. Fehlt Insulin (z. B. bei entzündeter Bauchspeicheldrüse), kann der Zucker aus der Nahrung nicht mehr verwertet werden. Symptome: Abmagerung trotz Heißhunger, starker Durst. Erhöhtes Risiko für übergewichtige und ältere Katzen. Fehlendes Insulin muss gespritzt werden, evtl. Diäternährung.

Nieren und Geschlechtsorgane

▷ **Nierenerkrankung.** Akute Entzündungen sind selten, chronische Niereninsuffizienz bei älteren Katzen relativ häufig. Symptome: süßlicher Geruch aus dem Mund, starker Durst, struppiges Fell, Erbrechen, nächtliche Unruhe. Behandlung: Nierendiät, evtl. Infusionen.

▷ **PKD** (Polycystic Kidney Disease, polyzystische Nierenerkrankung). Erbkrankheit, bei der Zysten an Nieren und anderen Organen auftreten. Kleinere Nierenzysten sind ungefährlich, große verdrängen das Gewebe und führen zur Niereninsuffizienz. Für Katzen mit PKD besteht Zuchtverbot nach § 11 b TSchG.

▷ **Blasenentzündung.** Wird durch Infektion oder Harngrieß und Blasensteine verursacht. Symptome: Harndrang und Schmerzen beim Harnlassen. Behandlung mit Antibiotika.

▷ **FLUTD** (Feline Lower Urinary Tract Disease). Sammelbegriff für Erkrankungen der unteren Harnwege (Harnleiter, Blase) bei der Katze. Die Anfälligkeit für Harngrieß ist hoch (13 Prozent aller Tiere). Bei kastrierten Katern kann es nach Infektionen zu Blasensteinen und einer lebensbedrohlichen Verstopfung der Harnröhre kommen. Operative Entfernung, vorbeugende und steinauflösende Diät.

▷ **Gebärmutterentzündung** (Endometritis). Als Folge von Geburtsproblemen oder nach Frühgeburt. Symptome: Schwäche, Fieber und Scheidenausfluss. Ungenügende Milchproduktion, die Jungen werden abgewiesen. Kann zur Gebärmuttervereiterung (Pyometra) führen.

▷ **Gesäugeentzündung** (Mastitis). Infektion der Milchdrüsen. Behandlung mit Antibiotika.

Augen, Ohren und Zähne

▷ **Bindehautentzündung** (Konjunktivitis). Einseitige Entzündungen werden meist durch Verletzung, Fremdkörper oder Luftzug ausgelöst, beidseitige häufig von Infektionen (z. B. Katzenschnupfen). Starker Juckreiz, das Auge tränt und wird zugekniffen. Behandlung mit entzündungshemmenden Salben und Tropfen.
▷ **Nickhautvorfall.** Bei einer Bindehautentzündung schiebt sich oft die sonst nicht sichtbare Nickhaut (3. Augenlid) teilweise über das Auge. Nickhautvorfall kann aber auch auf Infektions- und Nervenerkrankungen bzw. starken Bandwurmbefall hinweisen.

TIPP

Puls und Atmung messen

Bei der Katze kann der Puls am leichtesten an der Innenseite des Oberschenkels ertastet werden. In Ruhe sind 120-140 Schläge in der Minute normal. Die Atemfrequenz der gesunden und entspannten Katze liegt bei ca. 20-40 Atemzügen pro Minute, erkennbar am Heben und Senken des Brustkorbs.

▷ **Hornhautentzündung** (Keratitis). Wird wie die Konjunktivitis von Fremdkörpern oder Infektionen verursacht. Antibiotika-Therapie.
▷ **Zahnstein.** Harter, bräunlicher Zahnbelag. Häufig bei älteren Katzen, aber auch rassebedingt. Typisch ist der üble Mundgeruch. Zahnstein führt unbehandelt zur Zahnfleischentzündung. Ausgewogene Ernährung und Zahnpflege-Snacks (Dentabits) verlangsamen die Bildung von Zahnbelägen (→ Seite 217).
▷ **Zahnfleischentzündung** (Gingivitis). Meist Folge von Zahnstein, aber auch bei Infektion (FeLV, FIV). Symptome: große Schmerzen beim Fressen, Mundgeruch, Speicheln.

▷ **Ohrenentzündung.** Entzündungen des Gehörgangs werden häufig durch Ohrmilben verursacht. Symptome: ständiges Kratzen am Ohr, Schütteln des Kopfes, braune Beläge im Gehörgang. Übertragung von Katze zu Katze, auch zwischen Hund und Katze. Regelmäßige Ohrenkontrolle beugt chronischem Milbenbefall vor. Auch Fremdkörper, Bakterien und Pilze können zur Ohrenentzündung führen.

Nerven

▷ **Lähmungen.** Nervenquetschungen durch Unfall oder Verletzung können zur Lahmheit von Extremitäten und Hinterhand führen. Häufig bei Katzen, die in einem gekippten Fenster hängen bleiben (Kippfenstersyndrom).
▷ **Epilepsie.** Epileptische Anfälle werden von Störungen der Hirnaktivität ausgelöst. Symptome: Krämpfe, Zuckungen, Bewusstlosigkeit, Speicheln. Behandlung mit Beruhigungsmitteln, je nach Anfallschwere und -häufigkeit auch auf Dauer.

Wurmbefall

▷ **Spulwürmer.** Die weißen, 5-10 cm langen und spaghettiförmigen Parasiten leben im Dünndarm. Übertragung der Wurmeier und Larven durch Beutetiere oder infizierten Kot, häufig auch bereits über die Muttermilch. Symptome bei starkem Befall: struppiges Fell, Abmagerung, Durchfall, Erbrechen, Appetitverlust. Nachweis im Kot. Behandlung mit Wurmmitteln. Spulwürmer können auch den Mensch befallen. Eine Infektion mit Hakenwürmern führt zu ähnlichen Symptomen.
▷ **Bandwürmer.** Durch das Fressen von Mäusen und Ratten kann sich die Katze mit dem Katzenbandwurm infizieren, auf gleichem Weg auch mit dem Hundebandwurm. Symptome treten vorwiegend bei jungen Tieren auf: Appetitmangel, Abmagerung, Durchfall. In seltenen Fällen infiziert sich eine Katze über Beutetiere mit dem Fuchsbandwurm, der auch für den Menschen gefährlich ist. Wichtig sind Wurmkuren besonders für Freigänger (→ Impfen und Entwurmen, Seite 209).

Allergien

Flohspeichel, Blütenpollen, Hausstaubmilben, Nahrungsmittel und andere Stoffe können zur Abwehrreaktion des Immunsystems führen. Allergische Hautveränderungen lösen häufig Juckreiz aus, durch ständiges Kratzen entzünden sich die betroffenen Hautpartien. Eine abgrenzende Diagnose zu bakteriellen und Pilzinfektionen ist oft schwierig. Therapie: Beseitigung der allergenen Substanzen.

Symptome altersbedingter Erkrankungen

Etwa ab dem 10. Lebensjahr zeigen sich bei der Katze erste altersbedingte Krankheitserscheinungen. Das sind typische Symptome:

▷ **Appetitverlust:** bei Zahnfleischentzündung, Erkankungen von Nieren und Leber

▷ **Abmagerung:** bei chronischen Magen-Darm-Entzündungen und Parasiten

▷ **Futterverweigerung:** bei Entzündungen von Zahnfleisch und Mundschleimhaut

▷ **Mundgeruch:** bei Zahnbelägen und Zahnfleischentzündungen, Nierenerkrankungen

▷ **starker Durst:** bei Störungen von Nieren und Leber, Diabetes

▷ **häufiger Harnabsatz:** bei Entzündungen der Nieren und bei Zuckerkrankheit

▷ **Bewegungsunlust:** bei Arthrose

▷ **Inkontinenz:** bei Blasenentzündungen und Bildung von Harngrieß und Blasensteinen

▷ **Schreckhaftigkeit:** bei nachlassendem Seh- und Hörvermögen

Auch die beschwerdefreie ältere Katze sollte halbjährlich vom Tierarzt untersucht werden.

Krankheitsrisiko für den Menschen?

Als ZOONOSEN (Seite 275) bezeichnet man Krankheiten, die vom Tier auf den Menschen übertragen werden können (und umgekehrt). Hier besteht für uns ein Infektionsrisiko:

▷ **Tollwut:** wenn der Speichel infizierter Tiere über Bisse und Wunden ins Blut kommt.

▷ **Toxoplasmose:** Risiko für ungeborene Kinder. Obligatorischer Test für Schwangere.

▷ **Hautpilze:** verursachen beim Menschen rote Hautflecken und Juckreiz.

◁ *Auf dem Weg zum Wassernapf: Wenn eine Katze auffallend viel trinkt, ist das fast immer ein Krankheitssymptom, das man ernst nehmen muss. Starker Durst ist typisch für Diabetes, Nierenerkrankungen und eine Bauchspeicheldrüsenentzündung.*

▷ **Würmer:** Vor allem Kinder, die häufig engen Kontakt mit Katzen haben, können sich mit Spul- und Bandwürmern infizieren. Ein »Ansteckungsreservoir« sind z. B. Sandkisten auf Kinderspielplätzen, in denen Katzen ihren eventuell infizierten Kot vergraben. Über den Kot befallener Katzen kann der Mensch auch mit den Eiern des gefährlichen Fuchsbandwurms in Kontakt kommen.

▷ **Aujeszkysche Krankheit:** Die Infektion verläuft beim Menschen harmlos.

Abschied nehmen

Wenn die Katze unter Altersbeschwerden leidet und sich sichtbar quält oder es bei schwerer Krankheit keine Hoffnung gibt, sollte man ihr Leiden nicht verlängern. Der Tierarzt schläfert sie mit einer Narkose so sanft ein, dass sie nichts davon spürt. Es ist schön, wenn Sie in den letzten Minuten bei Ihrer Katze sind. Erlauben Sie den Kindern zuvor, von ihrer Spielgefährtin Abschied zu nehmen (→ Seite 111). Gibt es keine rechtlichen Auflagen (Informationen zu Wasserschutzgebieten bei Gemeindeverwaltung oder Ordnungsamt), dürfen Sie die Katze im eigenen Garten begraben. Der TIERFRIEDHOF (Seite 273) oder ein Tierkrematorium sind eine gute Alternative.

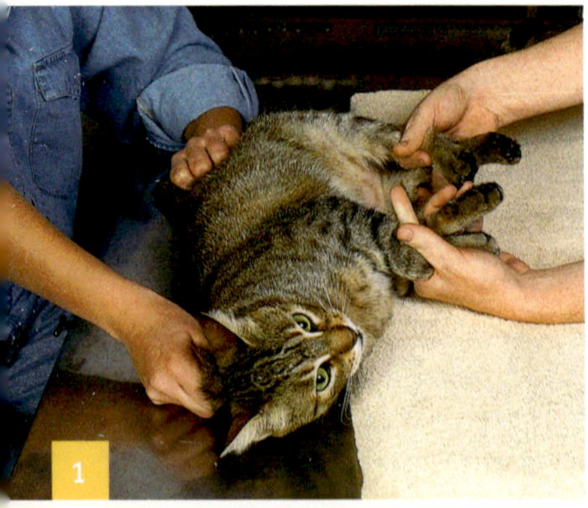

1

Sichere Seitenlage: Behutsam wird die verletzte Katze möglichst ausgestreckt auf die rechte Körperseite gelegt. Die Atemwege müssen frei sein und bis zur Versorgung durch den Tierarzt schützt eine Decke vor Unterkühlung.

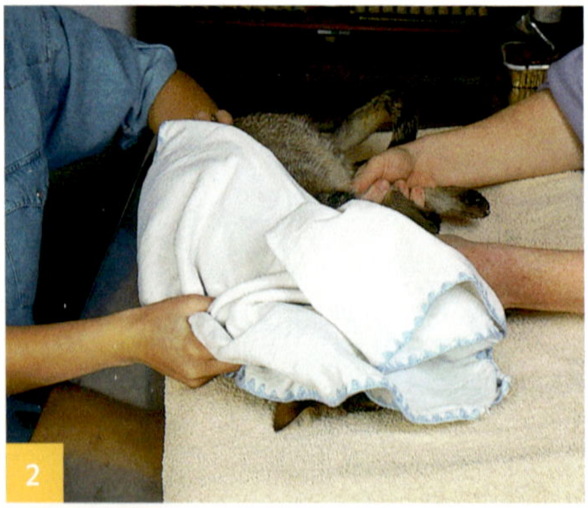

2

Zur eigenen Sicherheit: Wenn die Katze nach einem Unfall unter Schock steht oder große Schmerzen hat, gerät sie schnell in Panik. Ein Tuch über ihrem Kopf verhindert unkontrollierte Reaktionen und schützt sie davor, sich selbst zu verletzen.

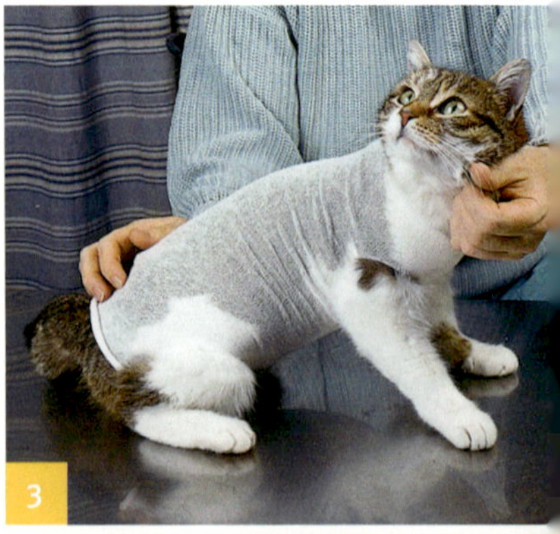

3

Schutz vor Selbstbeschädigung: Nach Operationen (z. B. einer Kastration) wird der Katze zum Teil ein Schlauchverband angelegt. Er verhindert, dass sie sich an den Fäden zu schaffen macht oder an der Wundstelle leckt.

Erste Hilfe

Eine umsichtige und schnelle erste Hilfe kann im Ernstfall das Leben der Katze retten. Die wichtigsten Maßnahmen und Handgriffe der Notfallversorgung sollte daher jeder Halter kennen. Vor allem Katzen mit Auslauf sind vielen Gefahren ausgesetzt.

Soforthilfe bei Unfällen

Die erste Hilfe überbrückt den Zeitraum bis zur Versorgung durch den Tierarzt.

▷ **ohne Bewusstsein:** mit rechter Körperseite auf Decke lagern, Mund öffnen, Zunge leicht herausziehen, Atemwege frei machen (z. B. von Erbrochenem). Aus der Gefahrenzone (Straßenverkehr) bringen, warm halten.

▷ **Schock:** Typische Symptome sind blasse Schleimhäute, flache Atmung, kalte Pfoten. Meist ist die Katze apathisch oder bewusstlos. Seitenlagerung, für Frischluft und freie Atmung sorgen, vor Unterkühlung schützen.

▷ **Panik:** Bei Schock oder großen Schmerzen reagiert die Katze unvorhersehbar. Möglichst sofort in ein Tuch wickeln, um zu verhindern, dass sie wegläuft, sich selbst verletzt oder die Unfallhelfer beißt.

▷ **blutende Wunden:** Wundbereich säubern, Papiertaschentücher, Watte oder Zellstoff in mehreren Lagen auflegen und mit Strumpf, Tuch oder Krawatte umwickeln. Der Verband muss fest anliegen, um weitere Blutungen zu stoppen (Kompresse). Verletzte Katze umgehend zum Tierarzt bringen. Druckverband nach ca. 30 Minuten lockern.

▷ **Knochenbrüche:** Verletztes Tier möglichst so lagern, dass die Bruchstelle nicht belastet wird. Keine Selbstbehandlung, warm halten und sofort zum Tierarzt.

▷ **Atemstillstand:** Herzmassage in rechter Seitenlage. Dabei bis zu 80-mal pro Minute Druck auf den Brustkorb ausüben.

5

Transport zum Tierarzt

Im Notfall zählt jede Minute. Bringen Sie die verletzte Katze schnellstmöglich zum Tierarzt. Ein schonender Transport vermeidet Folgeschäden, besonders wichtig bei unklaren Symptomen und Knochenbrüchen. Ist keine Transportbox verfügbar, wird die Katze auf eine Decke gebettet, bei Verdacht auf Wirbelsäulenverletzung auf eine stabile Unterlage. Klären Sie vor Fahrtantritt telefonisch ab, ob der Tierarzt erreichbar ist, oder verständigen Sie eine Tierklinik.

Notfallsituationen

▷ **Vergiftungen:** Erwachsene Katzen sind sehr vorsichtig und fressen nur selten unbekannte Stoffe. Häufiger zur Vergiftung kommt es, wenn Verunreinigungen aus dem Fell geleckt werden. Gefährdet sind auch Jungtiere, die spielerisch an allem knabbern, was ihnen vor die Zähne kommt. Vergiftungssymptome: Erbrechen, Speicheln, Zittern, Krämpfe, Apathie, Untertemperatur, Kollaps. Gefährlich für Katzen sind Mäuse- und Rattengifte, Farben und Lacke, Haushaltsreiniger und Lösungsmittel, Benzin, Öl, Säuren, Frostschutz, Metalle (Blei, Quecksilber), Medikamente (Aspirin) und GIFTPFLANZEN (Seite 264). Umgehend zum Tierarzt, möglichst Pflanze bzw. Verpackung oder Beipackzettel des Giftstoffes mitnehmen.

▷ **Bissverletzungen:** Bei Katzenkämpfen und durch Hundebisse können tiefe, äußerlich unscheinbare Wunden entstehen, die zur Abszessbildung führen. Bissverletzungen sollten immer vom Tierarzt behandelt werden.

▷ **Fremdkörper:** Holzsplitter, kleine Bälle, Pflanzenteile (Grashalme) und Bruchstücke von Plastikspielzeug, bei bewusstlosen Tieren auch Erbrochenes können Kehle und Luftröhre blockieren. Kopf der Katze von hinten umfassen und auf die Mundwinkel drücken, bis sich die Schnauze öffnet. Fremdkörper mit Pinzette aus dem Rachen nehmen. Alternative: Katze seitlich lagern und rhythmisch auf Brustkorb drücken. Nicht erreichbare Objekte muss der Tierarzt in Narkose entfernen.

▷ **Hitzschlag:** Findet die Katze bei starker Sonneneinstrahlung keinen Schattenplatz (etwa auf dem Balkon), kann ihr Körper die Wärme nicht mehr abführen, es kommt zum Hitzschlag. Symptome: flache Atmung bei geöffnetem Mund, Speicheln, eventuell auch Ohnmacht. Im Schatten lagern und Körper mit Wasser bespritzen. Alarmieren Sie umgehend den Tierarzt.

▷ **Verbrennungen:** Verbrannte Hautstellen mit kaltem Wasser betupfen oder Eisbeutel auflegen. Großflächige Verbrennungen mit Tuch oder Verbandsmaterial abdecken und Katze zum Tierarzt bringen. Häufig betroffen sind die Pfoten (z. B. auf heißer Herdplatte).

TIPP

Wespenstiche

Katzen schlagen häufig nach Insekten. Ein Wespen- oder Bienenstich ist schnell passiert: Die Katze humpelt und leckt sich die Pfote. Stachel möglichst entfernen und Einstichstelle mit kaltem Wasser oder Eis kühlen. Anschwellende Stiche in Mund und Rachen können die Atmung blockieren: sofort den Tierarzt alarmieren.

▷ **Ertrinken:** War die Katze längere Zeit unter Wasser, hat sie Wasser in der Lunge und ist meist bewusstlos. Soforthilfe: an Hinterbeinen hochheben und Brustkorb unter leichtem Druck in Richtung zum Kopf massieren, um das Wasser aus der Lunge zu treiben. Alternative: Katze fest an den Hinterbeinen halten und in schnellen Bewegungen kreisen lassen.

▷ **Sturzverletzungen:** Beim Sturz aus dem Fenster oder vom Balkon zieht sich eine Katze neben Knochenbrüchen oft innere Verletzungen zu. Selbst wenn sie äußerlich unversehrt ist, sollte sie vom Tierarzt untersucht werden.

Die Pflege der kranken Katze

Katzen ertragen Krankheit und Verletzung still und geduldig. Anders als Hunde suchen sie dabei nicht immer die Nähe des Besitzers, sondern ziehen sich zurück oder verkriechen sich. Die Pflege einer kranken Katze verlangt viel Aufmerksamkeit und die richtige Ausstattung (→ Katzenapotheke, Seite 211).

Allgemeine Pflegetipps

▷ **Pflegehandgriffe.** Jede Katze sollte von klein auf mit den wichtigsten Handgriffen der Pflege und Gesundheitsvorsorge vertraut sein.

▷ **Ruhe.** Kranke Tiere haben ein erhöhtes Schlaf- und Ruhebedürfnis. Ideal ist ein extra Krankenzimmer, wo sie nicht gestört werden.

▷ **Wärme.** Zimmertemperatur erhöhen bzw. Krankenlager in Heizungsnähe platzieren, vor Zugluft schützen und die Katze zusätzlich zudecken. Besonders viel Wärme brauchen frisch operierte Tiere und Katzen, die sich noch in Narkose befinden. Auch bei Erkrankungen der Atemwege hilft Wärme (Rotlicht).

▷ **Versorgung.** Der Wassernapf steht neben dem Lager, die Toilette ist leicht erreichbar.

▷ **Pflegeassistenz.** Eine kranke oder verletzte Katze vernachlässigt häufig ihre Körper- und Fellpflege. Auch Tiere, die sonst keine Hilfe brauchen (wie etwa Kurzhaarkatzen), sind jetzt auf Unterstützung angewiesen. Als normalerweise reinliches Tier empfindet eine Katzen das verschmutze oder verklebte Fell als schlimmen Makel. Eine aufmerksame Pflege stärkt ihr Wohlbefinden und die Abwehrkräfte und sorgt so für schnellere Gesundung.

▷ **Trinkwasser.** Katzen trinken von Haus aus relativ wenig. Bei Krankheit ist die ausreichende Versorgung mit Flüssigkeit besonders wichtig. Speziell bei anhaltendem Durchfall oder Erbrechen ist ansonsten das Risiko hoch, dass der Körper austrocknet. Je nach Krankheitsbild verschreibt der Tierarzt geeignete Wasserzusätze (Mineralstoffe).

▷ **Fieber messen** → Tipp, Seite 216

Mit Medizin versorgen

▷ **Tabletten.** Kopf von hinten umfassen, mit Daumen und Zeigefinger auf die Mundwinkel drücken, bis sich die Schnauze öffnet. Tablette weit hinten im Rachen platzieren, über den Mund greifen und ihn geschlossen halten, bis die Katze die Tablette geschluckt hat.
Alternative 1: Tablette in Wasser auflösen, mit Einwegspritze (ohne Nadel) seitlich in den Mund träufeln. Alternative 2: Tablette zerkleinern und unters Futter mischen. Alternative 3: zerriebene Tablette mit Quark oder Vitaminpaste mischen und auf die Pfote streichen. Fragen Sie Ihren Tierarzt, ob die Beimischung nicht die Wirkung der Medizin einschränkt.

▷ **Augentropfen und -salben.** Augenlider mit Daumen und Zeigefinger auseinander ziehen und Tropfen hinter das untere Lid träufeln bzw. Salbe als Strang auftragen. Medikamente am Auge immer von der Seite einbringen.

▷ **Ohrentropfen.** Ohrmuschel leicht anheben, Tropfen langsam einträufeln und durch Massieren des Ohrgrunds im Ohr verteilen.

▷ **Medizinische Bäder.** Bei Parasitenbefall und Fell- und Hautkrankheiten verordnet der Tierarzt meist medizinische Bäder. Verfahren Sie nach Anleitung und achten Sie darauf, dass die Lotion nicht mit Augen, Mund, Nase und Ohren der Katze in Berührung kommt.

Handfütterung und Flüssignahrung

Durch Krankheit geschwächte Tiere rühren ihr Futter oft nicht an. Bieten Sie der Katze Häppchen mit der Hand bzw. Futterbrei auf der Fingerspitze an. Alternative: Brei ins Fell streichen, um sie zum Ablecken zu animieren. Funktioniert das nicht, muss sie zwangsernährt werden: entweder Fleischbällchen in den Mund legen oder Flüssignahrung mit Einwegspritze seitlich einträufeln. Lehnt die Katze das Diätfutter ab, gewohnte Nahrung und Diätkost zu gleichen Teilen mischen und den Diätanteil von Mahlzeit zu Mahlzeit steigern.

Wunden reinigen und verbinden

Nässende Wunden mit in Desinfektionsmittel getränkter Watte abtupfen, mit Wundpuder versorgen, Gazetuch auflegen und mit elastischer Binde umwickeln. Ein Plastiktrichter als Halskragen verhindert, dass die Katze Salben ableckt, an den Wunden knabbert oder das Verbandmaterial zerfleddert. Solange sie den Halskragen tragen muss, hat die Patientin Ausgehverbot.

Nachsorge nach Operation

Nach der Kastration oder anderen operativen Eingriffen hält die Narkosewirkung für einige Zeit an. Schützen Sie die Katze auf der Heimfahrt mit einer Decke vor Unterkühlung und Zugluft und stellen Sie die Transportbox zu Hause neben die Heizung. Achten Sie darauf, dass die Katze entspannt auf der Seite liegt und unbehindert atmen kann. Vermeiden Sie Störungen und bleiben Sie in der Nähe, bis sie wieder zu sich kommt. Trinken darf sie direkt nach dem Aufwachen, das erste Futter gibt es frühestens acht Stunden nach der Operation.

Langzeitpflege

Chronisch kranke und gehandicapte Katzen brauchen meist über lange Zeit oder sogar auf Dauer besondere Pflege und Zuwendung.

▷ **Spritzen geben.** An Diabetes erkrankten Katzen muss täglich Insulin gespritzt werden. Dazu Haut im Nacken oder auf dem Rücken zeltartig anheben und Nadel unter die Haut setzen. Einstichstelle täglich wechseln.

▷ **Körperpflege.** Körperlich behinderte Katzen (z. B. nach Beinamputation) können sich alleine nicht ausreichend sauber halten und müssen täglich gepflegt werden.

▷ **Diät halten.** Bei vielen chronischen Erkrankungen (Leber, Nieren) ist strenge Diät wichtig. Achten Sie darauf, dass Ihre Katze nicht in der Nachbarschaft gefüttert wird.

Wieder zu Hause: Solange die Narkose anhält, sollte man die Katze ungestört ausschlafen lassen. Zum Schutz vor Unterkühlung wird ihr Lager neben die Heizung gestellt. ▽

Was kann die alternative Tiermedizin?

Die meisten Katzen sprechen gut auf Behandlungsformen der so genannten alternativen Medizin an. Naturheilverfahren gehen von der Einheit von Körper, Geist und Seele aus. Sie stärken die Abwehrkräfte des Körpers und aktivieren sein Selbstheilungspotenzial, indem sie die Funktionstüchtigkeit eines erkrankten Organs oder Gewebes anregen. Bei Allergien und chronischen Schmerzzuständen, aber auch bei ansteckenden Erkrankungen und Panikattacken lässt sich so die Lebensqualität eines Tieres sichtbar steigern. Die alternative Tiermedizin setzt natürliche Heilmittel und sanfte Behandlungsformen ein, die frei von Nebenwirkungen sind. Sie ist keine Alternative zur klassischen Medizin, sondern kann je nach Krankheitsbild konventionelle Behandlungsmethoden wirksam unterstützen und ergänzen. Ihre Grenzen hat sie dort, wo die Selbstheilung nicht oder nicht mehr möglich ist, weil lebenswichtige Abläufe im Organismus unterbrochen oder zerstört wurden. Vor Beginn der naturheilkundlichen Behandlung sollten ernste Erkrankungen als Ursache von Beschwerden ausgeschlossen werden.

Akupunktur

Die Methode der Akupunktur entstammt der traditionellen Chinesischen Medizin. Sie basiert auf den Kräften des Yin und Yang, die sich gegenseitig ergänzen und die im Körper entlang von Meridianen fließende Lebensenergie erhalten. Im gesunden Körper stehen Yin und Yang in Harmonie, bei Krankheit ist die Balance gestört. Mit Nadeln, die an den Akupunkturpunkten auf den Meridianen gesetzt werden, lässt sich der Energiefluss anregen oder unterdrücken. Die Nadelstiche reizen bestimmte Rezeptoren und führen unter anderem dazu, dass vom Gehirn schmerzlindernde Stoffe (Endorphine) freigesetzt werden. Seit fast 6000 Jahren wird die Akupunktur auch bei Tieren angewandt. Bei der Katze erzielt man Erfolge bei Arthrosen, Haut- und Augenentzündungen, Sehnenverletzungen, Erkrankungen des Nervensystems und anderen Krankheiten. Ruhige Katzen empfinden die Nadeln nur selten als störend und schlafen während der Sitzung oft sogar ein, andere erweisen sich als weniger kooperativ. Neben der klassischen Behandlung mit Nadeln wird heute auch mit Lasern akupunktiert. Weitere Informationen zur Akupunktur über die Gesellschaft für Ganzheitliche Medizin (→ Adressen, Seite 284).

Akupressur

Bei der Akupressur (japanisch: Shiatsu) üben die Finger leichten Druck auf die Akupunkturpunkte und das umgebende Gewebe aus. Vorteil der Akupressur: Die Behandlung kann nach Anleitung durch den Tierarzt auch zu Hause fortgesetzt werden. Sie empfiehlt sich speziell bei Katzen, die sich gegen die Nadeln wehren. Auch die Kombination von Akupressur und Akupunktur macht Sinn, wenn der Tierarzt eine Katze durch Akupressur so weit beruhigen kann, dass sie eine anschließende Akupunkturbehandlung akzeptiert. Bei der Shiatsu-Therapie wird der ganze Körper mit Fingerdruck bearbeitet. Das soll Muskelverspannungen lösen, die Durchblutung fördern und die Heilung begünstigen.

Tellington-Touch

Die Pferdetrainerin Linda Tellington-Jones entwickelte eine eigenständige Form der Körpertherapie, bei der die Finger mit kreisenden Bewegungen bestimmte Körperstellen massieren. Ursprünglich für die Pferdeerziehung konzipiert, wird der so genannte Tellington-Touch (TTouch) heute bei verschiedenen Tieren und auch bei Katzen angewandt. Die sanften Massagegriffe regen das Nervensystem an, sorgen für Entspannung, fördern die Konzentrationsfähigkeit und festigen die Bindung

Heilende Hände: Bei der Akupressur übt der ausgestreckte Zeigefinger leichten und gleichmäßigen Druck auf bestimmte Körperpunkte aus und stimuliert das umgebende Gewebe.

Wohltuend und beruhigend: Die Akupressur hat auf Katzen eine entspannende Wirkung und fördert Heilungsprozesse. Nach Anleitung kann die Behandlung auch zu Hause erfolgen.

zwischen Halter und Tier. Empfindet die Katze die Berührungen als angenehm, kann es sogar gelingen, Verhaltensprobleme wie übersteigerte Nervosität oder Aggressivität günstig zu beeinflussen. Die Therapie wird erfolgreich eingesetzt, um verängstigte Tiere zu beruhigen, Schmerzen und chronische Leiden zu lindern und die Genesung zu beschleunigen. Vorteil der Massage: Mit etwas Geduld kann jeder Tierhalter die Handgriffe selbst erlernen. Unbestritten ist, dass die Behandlung gut tut: Es soll Katzen geben, die nachdrücklich auf ihrem täglichen TTouch bestehen.

Homöopathie

Der Begriff Homöopathie stammt aus dem Griechischen und bedeutet »ähnliches Leiden«. Ähnliches kann mit Ähnlichem geheilt werden, lautet die Simile-Regel, die Kernaussage homöopathischer Heilmethoden: Stoffe, die zur Krankheit führen, ähneln denen, mit denen sie auch erfolgreich behandelt werden können. Die Wirkstoffe werden nicht als Gegenmittel, sondern gezielt als Reiz eingesetzt, um die Selbstheilungskräfte des Körpers zu unterstützen. Verwendet werden mineralische, pflanzliche und tierische Substanzen: pflanzliche Homöopathika wie Johanniskraut (Hypericum) bei Schmerzen durch Bisse und Verletzungen, Tollkirsche (Belladonna) bei Augenentzündungen, Sonnenhut (Echinacea) zur Stärkung der Abwehrkraft, tierische Wirkstoffe wie Apis bei Insektenstichen, mineralische wie Kalk (Calcium) bei Wurmbefall oder Zahnstein und Silicea (Kieselsäure) bei Entzündungen und chronischen Beschwerden. Insgesamt kennt man weit über tausend verschiedene homöopathische Arzneimittel. Für die erfolgreiche Behandlung sind Dosierung und Häufigkeit der Anwendung entscheidend. Die Urtinktur (Ausgangssubstanz) wird stufenweise verdünnt – im Sprachgebrauch der Homöopathie »potenziert«. Die Regel lautet: Je geringer die Dosierung, desto stärker ist die Wirkung. Die Verdünnungsgrade werden als Potenzstufen angegeben: D1 für Verdünnungen von 1:10, D2 für 1:100 und so weiter. Verabreicht werden die Wirkstoffe als Globuli (Kügelchen), Tabletten, Tropfen oder Salben. Zu Beginn der Therapie können sich die Krankheitssymptome vorübergehend verstärken. Diese so genannte Erstverschlimmerung ist nicht untypisch und ein Zeichen dafür, dass die richtige Arznei verwendet wurde.

Im Mittelpunkt der Behandlung stehen neben dem Krankheitsbild auch das Wesen des kranken Tieres, sein Konstitutionstyp und das Lebensumfeld. Der Tierheilpraktiker oder der naturheilkundlich arbeitende Tierarzt ist daher bei Diagnose und Auswahl des passenden Medikaments auf umfassende Informationen des Tierbesitzers angewiesen. Inzwischen gibt es auch Kombinationspräparate, die der Halter bei Erkältung, Durchfall oder Nervosität seines Tieres selbst verabreichen kann.

Bach-Blütentherapie

Der englische Arzt Edward Bach fand heraus, dass die Blüten verschiedener Wildpflanzen eine heilende Wirkung auf den Gemütszustand und das seelische Gleichgewicht von Menschen und Tieren haben können. Die von Dr. Bach entwickelte Blütentherapie wird auch bei Katzen mit Erfolg angewandt. Insgesamt stehen 38 Blütenessenzen zur Verfügung, die man in wässriger und verdünnter Form entweder direkt auf die Zunge gibt oder dem Trinkwasser beimischt. Bach-Blüten stärken das Selbstbewusstein ängstlicher und unsicherer Tiere, wirken belebend bei apathischem Verhalten, dämpfen Ungeduld, Nervosität und Aggressivität und werden mit Erfolg zur Vorbeugung und im Anfangsstadium akuter Krankheiten eingesetzt. Sinnvoll ist die Blütentherapie auch in Stresssituationen, zum Beispiel bei Geburten oder vor dem Tierarztbesuch. Die Notfalltropfen »Rescue remedy« enthalten Essenzen aus Kirschpflaume, Springkraut, Weißer Waldrebe, Gelbem Sonnenröschen und Doldigem Milchstern. Sie bewähren sich bei Wundbehandlung, lindern Schmerzen nach operativen Eingriffen und bekämpfen Panikattacken und Schockzustände, zum Beispiel nach Unfällen. Wie andere Naturheilverfahren können auch Bach-Blüten keine Heilung bei schweren Erkrankungen bewirken, als begleitende und unterstützende Therapie lindern sie jedoch Beschwerden und stabilisieren die Psyche geschwächter und kranker Tiere.

Weitere Therapieformen

- **Therapeutische Massage.** Die therapeutische Massage kombiniert verschiedene Techniken: Als Effleurage bezeichnet man sanfte Streichbewegungen in eine Richtung des Körpers, die der Beruhigung dienen. Bei der anschließenden Petrissage werden bestimmte Haut- und Muskelbereiche gewalkt, geknetet, gewrungen und gerollt, um die Durchblutung zu stimulieren. Die therapeutische Massage wirkt heilungsfördernd bei Erkrankungen des Bewegungsapparates und Nachbehandlungen von Muskelverletzungen. Nicht massiert werden darf bei fiebrigen Erkrankungen und Entzündungen.
- **Magnetfeldtherapie.** Je nach Frequenz und Stärke haben Magnetfelder eine beruhigende und stärkende Wirkung auf den Organismus. Offensichtlich stimulieren die tief ins Gewebe dringenden Magnetwellen die Immunabwehr und können unter anderem die Rekonvaleszenzzeit bei Verletzungen verkürzen. Die Behandlung erfolgt auf einer Therapiematte und sollte vom Tierarzt kontrolliert werden.
- **Aromatherapie.** Der Duft von Lavendel, Baldrian, Katzenminze (→ Seite 22) und ähnlichen Stoffen hat auf viele Katzen eine besänftigende, zum Teil aber auch elektrisierende und berauschende Wirkung, die sich mit Aromaölen im Rahmen einer Aromatherapie gezielt auslösen lässt. So wirken Basilikum und Melisse beruhigend, Salbei entzündungshemmend und Wacholder krampflösend.
- **Lichttherapie.** Eine Bestrahlung mit Licht unterschiedlicher Wellenlänge wirkt wohltuend und stimulierend. Bei Katzen wird vor allem Rotlicht eingesetzt: Rotlicht spendet Wärme, beruhigt und bekämpft Nervosität, Erschöpfungs- und Angstzustände. Je nach Krankheitsbild kommen bei der Licht- und Farbtherapie viele weitere Farben zum Einsatz.
- **Tierkinesiologie.** Ganzheitliche Heilmethode, die davon ausgeht, dass der Körper nur dann gesunden kann, wenn er die natürliche Balance wieder erhält und sein Energiefluss nicht gestört ist.

Forschung & Praxis

Gesunderhaltung

Von einer Katzenallergie (→ Seite 35) sind nicht nur Katzenhalter betroffen: 57 Prozent der Katzenallergiker hatten nie ein eigenes Tier. Skandinavische Studien belegen, dass hohe Konzentrationen der auslösenden Stoffe (Allergene) auch dort gefunden werden, wo es keine Katzen gibt, zum Beispiel in öffentlichen Verkehrsmitteln und in Schulen.
Bei der Bekämpfung der Katzenallergie bewährt sich die Spezifische Immuntherapie (SIT), die mit Erfolg bereits bei Allergien auf Pollen, Hausstaubmilben und Insektengifte eingesetzt wird. Allergieexperten empfehlen, betroffene Tiere zu shampoonieren und abzuduschen, um die Allergene aus dem Fell zu waschen. Solche Anwendungen sollten immer mit dem Tierarzt abgesprochen werden.

Die Pockenimpfung für Menschen wird heute nicht mehr regelmäßig durchgeführt. Sie schützte zuverlässig auch gegen Katzen- oder Tierpocken. Seitdem treten diese Infektionen wieder vermehrt auf. Die typischen Symptome bei der Katze: Pusteln und Geschwüre, meist am Kopf und an den Pfoten.
Beim Menschen ruft das Pockenvirus in der Regel nur leichte Hautveränderungen hervor, die sich gut behandeln lassen. Ein Gesundheitsrisiko besteht jedoch für Personen mit geschwächter Immunabwehr. An Pocken erkrankte Katzen können geheilt werden, eine Schutzimpfung für die Katze gibt es nicht.

Massiver Zahnstein verursacht schmerzhafte Zahnfleischentzündungen und Zahnausfall. Vor allem bei der älteren Katze sind diese Zahnprobleme häufig für Organerkrankungen (Herz, Leber, Nieren) verantwortlich. Ob eine Katze für Zahnstein anfällig ist, hängt auch von der Zusammensetzung des Speichels ab, die bei jedem Tier unterschiedlich ist.
Die regelmäßige Kontrolle auf Zahnstein ist nicht nur bei Katzen im fortgeschrittenen Alter wichtig, bei einzelnen Rassen wie z. B. Perserkatzen können auch schon junge Tiere unter den bräunlichen Belägen leiden.

◁ *Gesunder Nachwuchs: Dank gezielter Zuchtwahl sind die früher bei Siamesen relativ häufigen Fehler wie Schielen und Knickschwanz heute kaum mehr anzutreffen. Das Kätzchen (Foto) zeigt die klassische Seal-Point-Färbung dieser Schlankrasse.*

Reinweiße Katzen, deren Fellfarbe durch das dominante Gen W bestimmt wird, sind häufig schwerhörig oder taub. Der Hörverlust tritt bevorzugt bei Tieren mit blauen Augen auf, aber auch bei anderen Augenfarben. Blauäugige Katzen, die normal hören, können trotzdem taube Junge haben. Für Rassen mit dominant weißem Fell und Hör- oder Sehstörungen besteht Zuchtverbot (→ Seite 82).
Schwerhörigkeit oder Taubheit führt bei der Katze zu erheblichen Verhaltensdefiziten: In der Kommunikation untereinander kommt es zu Missverständnissen, weil Warn- und Drohlaute nicht registriert werden. Die Katze kann nur auf Sicht jagen, weil die akustische Beuteortung ausfällt, und eine taube Katzenmutter hört nicht das Fiepen der Jungen.

10 Fragen zur Gesundheit der Katze

Meine 14-jährige Perserkatze hat immer öfter Verstopfungen. Ihr geht es dabei gar nicht gut. Wie kann ich ihr helfen?
Da Langhaarkatzen bei der Fellpflege viele Haare verschlucken, sind bei ihnen oft Haarballen die Ursache für Verdauungsprobleme. Hinzu kommt – gerade für ältere Perser nicht untypisch – mangelnde Bewegung. Ein Löffel Speiseöl im Futter bringt Erleichterung, dauerhaft für geregelte Darmtätigkeit sorgen Sie mit abwechslungsreicher Ernährung (Ballaststoffe und Gemüse) und viel Bewegung (regelmäßige Spielangebote). Hartnäckige Verstopfungen können auch durch Würmer oder Tumoren verursacht werden. Klärung bringt die Untersuchung beim Tierarzt.

Wir wohnen am Waldrand und unsere Katze hat Auslauf. Wie groß ist die Gefahr, dass sie sich mit dem Fuchsbandwurm infiziert und damit auch ein Risiko für uns darstellt?
Der Fuchs ist der Hauptwirt des Fuchsbandwurms. Ein befallenes Tier scheidet die Eier des Parasiten mit dem Kot aus. Der weitere Entwicklungszyklus des Bandwurms vollzieht sich in Mäusen, die die Wurmeier aufnehmen. Für den Menschen besteht eine Ansteckungsgefahr, wenn er mit Katzen in Berührung kommt, die infizierte Mäuse gefressen haben und danach die Wurmeier ausscheiden. Mit dem Fuchsbandwurm infizieren können wir uns aber auch, wenn wir selbst Heidelbeeren oder andere Waldfrüchte verzehren, ohne sie vorher gründlich zu waschen. Lassen Sie bei Ihrer Katze in regelmäßigen Abständen eine Kotuntersuchung durchführen. Wenn dabei die Eier des Fuchsbandwurms nachgewiesen werden, verordnet der Tierarzt ein spezifisches Wurmmittel.

Lindernde Dämpfe: Bei Atemwegsinfektionen fördern Inhalationen den Heilungsprozess. Das klappt auch bei Katzen: Aufguss unter den Katzenkorb stellen und den Korb mit einem Tuch abdecken.

Unsere Katze ist unters Auto gekommen. Sie hat den Unfall überlebt, aber ihr musste ein Vorderbein amputiert werden. Kann sie mit dieser Behinderung überhaupt noch ein glückliches Leben führen?
Katzen mit drei Beinen kommen erstaunlich gut zurecht. Obwohl sie sich eher hoppelnd bewegen, wird ihr Aktivitätsdrang durch das Handicap kaum gebremst. Der Verlust wird häufig so gut kompensiert, dass die Tiere sogar noch springen können. Bei der Fell- und Körperpflege sollten Sie die Katze allerdings unterstützen, weil sie mit einer Pfote alleine das tägliche Pflegeprogramm nicht ausreichend bewältigen kann.

Was gehört zum Tätigkeitsbereich eines Tierphysiotherapeuten?
Der Tierphysiotherapeut behandelt vor allem Erkrankungen der Muskeln, Knochen und Sehnen, zum Beispiel Bandscheibenprobleme, Arthrose, altersbedingte Abnutzungen sowie Knochenbrüche, Sehnen- und Bänderrisse. Neben der Bewegungstherapie kommen dabei Wärme-, Kälte- und Reizstromanwendungen zum Einsatz.

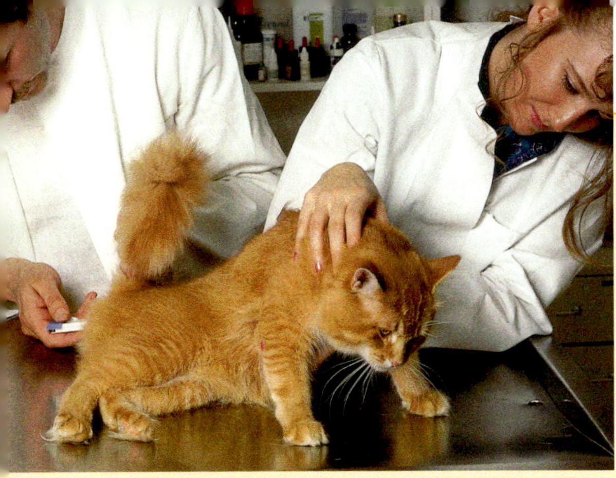

△ *Temperaturkontrolle: Zum Fiebermessen eignet sich ein Digital- oder Babythermometer. Normaltemperatur: 38,0–39,3 Grad Celsius.*

Woran erkenne ich, ob meine Katze trächtig oder nur scheinschwanger ist?
Bei der trächtigen Katze färben sich die Zitzen in der 3. Woche rosa (→ Seite 75), eine Woche später sieht der Tierarzt im Ultraschall, ob die Katze aufgenommen hat. Scheinträchtigkeit tritt ca. acht Wochen nach der letzten Rolligkeit auf (→ Seite 77). Typisch: der Bau eines Wurflagers und das Bemuttern bestimmter Gegenstände (z. B. des Lieblingsspielzeugs).

Kann man eine an Diabetes erkrankte Katze mit dem Insulin-Pen versorgen?
90 Prozent menschlicher Diabetes-Patienten verwenden den Insulin-Pen. Der Pen (engl. Füllfederhalter) besteht aus Insulinkartusche und Einwegkanüle und gibt per Druckknopf die Insulindosis ab. Prinzipiell eignet er sich auch für Katzen. Da die Kartuschen aber Human-Insulin enthalten, geht das nur bei Tieren, die auf dieses Insulin eingestellt sind.

Soll man auch einzelne Flöhe bekämpfen oder nur einen massiven Flohbefall?
Flöhe halten sich meist nur zum Blutsaugen auf der Katze auf. Selbst wenn man im Fell nur dann und wann einen der Schmarotzer entdeckt, kann der Befall erheblich sein. Die Flohstiche erzeugen Juckreiz, und das Kratzen verursacht Wunden, die sich leicht entzünden. Manche Tiere reagieren allergisch auf Flohspeichel und beim Zerbeißen der Flöhe kann die Katze auch Larven des Gurkenkernbandwurms aufnehmen. Flohbefall sollte daher immer bekämpft werden.

5

Was sind Neck lesions?
Als Neck lesions bezeichnet man Zahnlöcher, die für die Katze äußerst schmerzhaft sind. Wie Neck lesions entstehen, ist noch unklar, eventuell spielen Immunschwäche und Fehlernährung eine Rolle. Der Tierarzt entfernt befallene Zähne, weil die Löcher sonst immer größer werden. Medizinisch gesehen handelt es sich bei den Neck lesions nicht um Karies.

Meine Freundin schwört auch für ihre Katze auf das Naturheilverfahren Reiki. Was bringt das?
Reiki geht von einer alles verbindenden Heilenergie aus. Die Energie soll vom Therapeuten zum Patienten fließen und so Schmerzen lindern und Verspannungen lösen. Viele Katzen empfinden die Behandlung als angenehm.

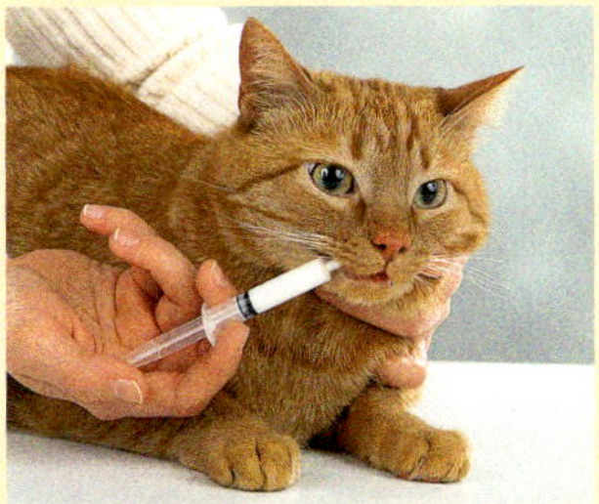

◁ *Krankenpflege: Flüssige Arznei oder Nahrung wird mit der Einwegspritze (ohne Nadel) seitlich in den Mund geträufelt.*

Mein Kater ist anfällig für Blasensteine. Kann man dagegen vorbeugen?
Viel trinken und viel Bewegung sind das A und O, um Blasensteinen und Harngrieß vorzubeugen. Das ist vor allem bei kastrierten Katern wichtig (→ Seite 219). Für anfällige Tiere ist Trockennahrung als Hauptfutter ungeeignet, weil es dabei leicht zum Flüssigkeitsdefizit kommen kann. Besprechen Sie mit Ihrem Tierarzt, ob Ihr Kater auf Blasenstein-Diät gesetzt werden sollte.

Richtig spielen und sinnvoll beschäftigen

Spielen ist für Katzen keine Nebensache. Spielen heißt Hingabe und Leidenschaft und fordert alle Sinne. Im Spiel trainiert die Katze Kraft, Geschicklichkeit und Reaktionsvermögen und erprobt Bewegungsabläufe und Verhaltenssequenzen des Beutefang-, Kampf- und Sexualverhaltens. Für Spielofferten ihres menschlichen Partners ist sie dabei immer offen, erwartet allerdings, dass er mit genauso viel Begeisterung und Ernst bei der Sache ist wie sie selbst.

6

Katzen spielen ein Leben lang

Anders als bei vielen anderen Tieren bleibt die Lust am Spiel über die Kinderzeit hinaus auch bei erwachsenen Katzen und selbst bei Oldies unvermindert bestehen.

IM SPIEL IST ALLES ERLAUBT. Es sieht lustig aus, wenn Kätzchen ihre Körperbeherrschung und Kraft in wilden Kampfspielen testen und in ihrer Unbeholfenheit ein ums andere Mal übereinander purzeln. Entmutigen lassen sich die Youngster davon nicht. Fast scheint es, als wüssten sie, wie wichtig die spielerische Auseinandersetzung für ihren sozialen Status und die Persönlichkeitsentwicklung ist. Im Spiel dürfen sie alles testen, was zum Katzenleben gehört – ohne Schaden zu nehmen und ohne Angst vor Bestrafung. Spielen macht kleine Katzen fit fürs Leben und hält große Katzen fit an Körper und Seele.

Spielen hält Körper und Kopf in Form

Kranke Katzen spielen nicht und ängstliche Katzen spielen nicht: Spielen ist ein zuverlässiges Gesundheits- und Vertrauensbarometer. Spaß am Spiel hat eine Katze nur, wenn sie sich wohl fühlt, in ihrer vertrauten Umgebung ist und nicht vor fremden Menschen und Tieren auf der Hut sein muss. Und für den Halter ist das gemeinsame Spiel der beste Weg, um die Sympathie und das Zutrauen seiner Katze zu gewinnen. Selbst eine griesgrämige Eigenbrötlerin kann verführerischen Spielangeboten auf Dauer nicht widerstehen.

Kleine Rambos und wilde Feger

Schlafen, Kuscheln, Trinken: Bis zur 3. Woche gibt es im Leben der jungen Katze allein die Mutter. Parallel zu den ersten unbeholfenen Gehversuchen in der neuen Welt entwickelt sich auch das Spielverhalten.

▷ **In der Wurfkiste.** Ab der 4. Lebenswoche körpernahes Spiel mit Wurfgeschwistern: Bisstest in Nacken und Hals des Spielpartners, auf dem Rücken liegend Abwehr mit strampelnden Hinterbeinen. Beliebtes Spielobjekt ist die Mutter, die es meist geduldig erträgt, wenn der Nachwuchs auf ihr herumturnt oder sie herzhaft in den Schwanz beißt. In der spielerischen Auseinandersetzung zeigen die Jungen bereits die typischen Droh- und Verteidigungsgesten wie zum Beispiel den Katzenbuckel und Verhaltenssequenzen des Beutefangverhaltens wie das Anschleichen.

▷ **Die Spiele der Halbstarken.** Mit sechs Wochen sind die Bewegungsabläufe deutlich koordinierter, in wilden Verfolgungsspielen testen die Kätzchen wechselweise Angriff und Abwehr, schlagen geschickt Purzelbäume und attackieren sich in atemberaubenden Luftkämpfen. Das soziale Spiel macht Mut, stärkt die Selbstbehauptung und trainiert Fitness und Körperbeherrschung. Vor allem aber zeigt es den Youngstern die Grenzen des Erlaubten, wenn sie im Kampf über die Stränge schlagen und Mitspieler mit ihren spitzen Zähnchen so sehr malträtieren, dass die lautstark quiekend Protest einlegen. Auch die Katzenmutter ist nicht gerade zimperlich, wenn sie einen ihrer Rabauken fauchend oder mit einem deftigen Pfotenhieb zurechtweist. Verwaisten oder solo aufgezogenen Katzen, die diese Erfahrungen nicht machen konnten, fehlt es oft zeitlebens an den richtigen Umgangsformen und der nötigen Beißhemmung – was manchmal auch der menschliche Spielpartner schmerzhaft registrieren muss.

Ab der 7. und 8. Woche interessieren sich junge Katzen zunehmend für Spielobjekte. Gespielt wird mit allem, was sich bewegen, fangen und mit der Pfote schubsen lässt, was raschelt und knistert oder aufregend duftet (z. B. nach Baldrian). Besonders reizvoll sind Gegenstände, die in einem Karton bzw. unter Teppich oder Decke verborgen sind, genauso aber auch Insekten und der tropfende Wasserhahn.

▷ **Erwachsenenspiele.** Obwohl erwachsene Katzen nicht mehr so häufig und ausgelassen spielen wie Kätzchen, hat Spielen für sie eine große Bedeutung. Selbst Oldies, die schon das Zipperlein plagt, lassen sich von ihrem Menschen gerne zu einem Spielchen verführen – auch wenn es dabei meist beschaulicher zugeht als bei ihren jüngeren Artgenossen.

◁ *Gut versteckt: Höhlen und Nischen ziehen Katzen magisch an. Beim Versteckspiel mit dem Menschen lässt sich diese Vorliebe besonders gut einsetzen, um blitzschnell von der Bildfläche zu verschwinden.*

△
Kletterpartie: Gar nicht so einfach gestaltet sich der Aufstieg an der schwankenden Strickleiter für die Nachwuchsbergsteiger. Aber entmutigen lässt man sich nicht.

Die mit der Maus tanzt

Beutespiele sind ein Teil der Beutefanghandlung der Katze. Dabei werden verschiedene Verhaltens- und Bewegungsmuster der Jagd frei miteinander kombiniert. Beim Haschen schlägt die Katze mit den Pfoten nach ihrer Beute, treibt sie vor sich her, packt sie mit den Zähnen, lässt sie wieder los und tatzelt erneut nach ihr. Der Bodenkür schließt sich ein Wurfspiel an, bei dem das Opfer wiederholt hoch in die Luft geschleudert wird. Die ganze Aktion erinnert an eine Ballettvorstellung: In großen Sätzen springt die Jägerin um und über die Beute, wendet, dreht und verdreht sich dabei in alle Richtungen, um zwischendurch immer wieder nach dem Objekt ihrer Begierde zu angeln. Auslöser der akrobatischen Kapriolen können echte Beutetiere sein, tote wie lebende, aber auch simple Ersatzobjekte, die Lieblingsspielzeugmaus, ein Wollknäuel oder Papierkügelchen.

Was zumindest beim Tanz um die reale Maus in unseren Augen grausam und makaber anmutet, hilft der Katze offensichtlich, die während der Jagd aufgestaute Erregung abzubauen. Im ▶ ERLEICHTERUNGSSPIEL (Seite 263) lässt sie gleichsam Dampf ab, besonders auffällig nach dem Kampf mit großen und gefährlichen Beutetieren wie etwa einer Ratte.

Spielen ist Balsam für die Seele

Die einzelnen Elemente und Sequenzen im Spiel der Katze stammen aus verschiedenen Funktionskreisen (Jagd, Sexualverhalten, Angriff und Verteidigung). Kennzeichnend für ihren spielerischen Charakter ist neben der übersteigerten Aktivität vor allem die fehlende Tötungsabsicht. Die ▶ BEISSHEMMUNG (Seite 261) stellt sicher, dass die Katze im Spiel mit einer künstlichen, aber auch mit der echten Beute kaum sichtbare Spuren hinterlässt, wenn sie das Spielobjekt tatsächlich einmal mit den Zähnen packt. Dass die Beutefangbewegungen weitgehend vom Tötungsinstinkt abgekoppelt sind, demonstrieren Katzen, die nie gelernt haben, Hemmschwelle und Furcht vor dem finalen Tötungsbiss zu überwinden. Sie erweisen sich oft als durchaus geschickte Mäusejäger, zu Tode kommt ihre Beute aber höchstens vor Erschöpfung, wenn die Katze stundenlang mit ihnen spielt.
Um überschüssige Energien im Spiel abzureagieren, ist Katzen fast jedes von Gewicht und Größe geeignete Objekt recht, der Kleinnager in Originalausführung muss es nicht sein. Frohe Kunde für alle Katzenbesitzer, die einen unausgelasteten, nervtötenden oder gar neurotischen Stubentiger ihr Eigen nennen. Mit einfachen Mitteln kann der eigenwilligen Hausfreundin zum ausgeglicheneren Seelenleben verholfen werden. Dazu braucht es kaum mehr als ein überschaubares Angebot an Spielzeug, ein bisschen Fantasie und die halbe Stunde täglich, die jeder verantwortungsvolle Halter ohnehin fest eingeplant hat, um seiner Katze Fitness für Körper und Köpfchen zu verordnen.

Spielen mit allen Sinnen

Schöne Formen, schöne Farben, hochwertiger Werkstoff, pfiffige Spielidee: Das erwarten wir von einem guten Spielzeug. Katzen sehen das etwas anders: Form und Farbe sind ihnen eher gleichgültig, die handwerkliche Qualität ihrer Spielsachen auch, und für Spielidee und Spielspaß sorgen sie fast immer selbst. Es kann schon frustrieren, wenn man seiner Katze ein teures Spielzeug mitbringt und sie lässt es links liegen, weil der alte Weinkorken viel interessanter ist. Wer weiß, was eine Katze begeistert, erspart sich Fehlinvestitionen und Enttäuschung. Gutes Katzenspielzeug spricht die Sinne an – je mehr, desto besser.

▷ **Fürs Auge:** kleine Gegenstände, die sich mit den Pfoten schubsen und in die Luft werfen lassen (Bälle, Federn, Korken, Papierkugeln). Den Jagd- und Nachfolgetrieb lösen Objekte aus, die von der Katze fortbewegt werden, am besten auf Zickzackkurs wie eine echte Maus.

▷ **Fürs Ohr:** alles, was raschelt, knistert, piepst und quietscht (Raschelbälle, Quietschtiere, Papierknäuel, Rasselmäuse). Katzen reagieren vor allem auf hochfrequente Töne.

▷ **Für die Nase:** mit Duftstoff imprägniertes Spielzeug. Verführerisch und berauschend: Baldrian und Katzenminze (→ Seite 22).

▷ **Für Pfoten und Krallen:** Katzenspielangeln und -wedel; für Krallentests derbe Texturen (Sisal, Baumrinde), lederüberzogene Bälle. Ungeeignet: Wollknäuel (→ Seite 239).

▷ **Für die Zähne**: bissfestes Spielzeug aus Hartplastik, Leder oder festem Stoff.

▷ **Für Höhlentiere:** Kisten, Koffer, Taschen, Körbe, Umzugskartons, Spieltunnels.

▷ **Für Kletteraffen:** Klettertaue, Laufstege, Katzenleitern und Balancierseile.

▷ **Für Spürnasen und Kopfarbeiter:** unter Teppich und Decke, in Boxen (mit oder ohne Deckel) und Gitterbällen (→ Seite 242) versteckte Objekte und Leckerbissen.

▷ **Für Topathleten:** Vollgummibälle, die zu wilden Verfolgungsjagden animieren.

▷ **Für den Hund in der Katze:** alles, was sich herumtragen und apportieren lässt.

Wer spielt was mit wem?

▷ **Solo.** Ideal für Einzelspieler: Play n' Scratch (Tastspiel), Quietschmaus, bissfeste Stofftiere, Glitzerbälle, der Snackball mit Catnip-Duft, Klettertau, Balancierseil und Pappkartons, die man anknabbern darf.

▷ **Katze mit Katze.** Federbüschel, Angelspiele, Kartons mit Schlupf- und Gucklöchern, Pendel, Tunnel, Raschelsack, Kampfspiele.

▷ **Katze mit Mensch.** Vor allem Ballspiele, aber auch Such-, Versteck- und Denkspiele, Jagd-, Geschicklichkeits- und Schmusespiele.

INFO

Katze im Karton

Draußen sind es Erdlöcher, die dunkle Ecke im Gartenhäuschen, ein Unterschlupf im Kistenstapel, drinnen Koffer, Taschen, Wäschekörbe, Schränke und Kartons: Löcher und Höhlen ziehen Katzen magisch an, eine Vorliebe, die der Verhaltenskundler als SPALTEN-APPETENZ (Seite 272) bezeichnet. Der biologische Sinn liegt auf der Hand: Höhlen bieten Schutz und Sicherheit und strategische Vorteile, wenn man sich seiner Haut erwehren muss.

Spielertypen

Je nach Temperament lassen sich bestimmte Katzenrassen zu eher geruhsamen oder wilden Spielen verführen.

▷ Lieber langsam: Perserkatzen, Britisch und Exotisch Kurzhaar mögen es lieber ruhiger.

▷ Lebhaft: Maine Coon, Russisch Blau, Birma, Sibirische Katze, Norwegische Waldkatze.

▷ Volle Pulle: Abessinier, Balinese, Javanese, Burma, Siam, Somali, Orientalisch Kurzhaar.

Testen Sie selbst, zu welchem Spielertyp Ihre Katze gehört (→ Seite 239).

Die besten Katzenspiele

Katzen wollen spielen. Gutes Katzenspielzeug und die gemeinsamen Spielstunden mit dem Menschen sind für eine artgerechte Katzenhaltung so selbstverständlich wie Futternapf und Kratzbaum.

Spielregeln

▷ Fordern Sie die Katze zum Spielen auf, überlassen Sie aber ihr die Entscheidung, was und womit gespielt wird.

▷ Halten Sie feste Spielzeiten ein und lassen Sie die Termine möglichst nicht ausfallen. Spielen Sie nur mit einer hellwachen und ausgeglichenen Katze. Beste Tageszeit: der frühe Abend. Kein Spiel direkt nach Fütterung.

▷ Legen Sie bei jungen und älteren Katzen spätestens nach zehn Minuten eine Pause ein, speziell bei körperlich anstrengenden Spielen.

▷ Erlauben Sie Ihrer Katze keine Objekte, die für sie tabu sind (Zeitung, Küchenutensilien, Schuhe). Das gilt auch für Apportierspiele.

▷ Stoppen Sie die Aktion, wenn die Katze im Spiel Zähne und Krallen einsetzt. Spielen Sie erst weiter, wenn sie sich beruhigt hat. Keine körpernahen Spiele mit aggressiven Tieren.

▷ Brechen Sie das Spiel ab, wenn sie sich für andere Dinge interessiert oder mit warnend erhobener Pfote, zuckendem Schwanz, verengten Pupillen und angelegten Ohren ihr Missfallen bekundet (→ Seite 147).

▷ Lassen Sie Kinder unter fünf Jahren nicht unbeaufsichtigt mit Katzen spielen. Achten Sie darauf, dass sie mit dem Gesicht außerhalb der Reichweite von Pfoten und Krallen bleiben.

▷ Beenden Sie jede Spielstunde mit Lob und einigen Streicheleinheiten.

Eine Maus zum Verlieben: Wenn Snacky Mouse geschickt mit der Pfote angestupst wird, kullern kleine Leckerbissen aus dem Bauch der Spielmaus.
▽

Aktion sicheres Spielzeug

Junge Katzen testen ihre Spielsachen gerne auf Bissfestigkeit, besonders im Zahnwechsel, wenn ihnen das Kauen auf festen Materialien Erleichterung verschafft. Erwachsene Katzen verhalten sich vorsichtiger (→ Seite 245). Gutes Katzenspielzeug garantiert gefahrloses Spielen und erfüllt diese Kriterien:

▷ Es ist frei von gesundheitsschädigenden Beschichtungen und Farben.

▷ Es kann nicht verschluckt werden. Murmeln sind ungeeignet, Bälle müssen mindestens die Größe eines Tischtennisballes haben.

▷ Es besteht aus widerstandsfähigen oder nachgiebigen Materialien, die sich nicht zerbeißen lassen (Hartplastik, Holz, Fell, Sisal und andere feste Textilien). Das gilt besonders für Quietschtiere und ähnliche Objekte mit eingebautem Metallkern (Tonkörper).

▷ Knabberobjekte müssen unbedenklich sein (z. B. Wellpappe von Umzugskartons).

▷ Es hat keine scharfen Kanten, an denen sich die Katze verletzen kann. Holzspielzeug darf nicht splittern, auf abgerundete Ecken achten.

▷ Tabu als Spielzeug: In Wollknäueln können sich die Krallen verheddern, bei Plastiktüten besteht Erstickungsgefahr, wenn die Katze nicht mehr herauskommt.

Sportspiele

Spiele, die körperliche Fitness und schnelle Reaktion erfordern. Spielpausen einlegen, vor allem bei jungen und älteren Katzen.

▷ **»Fußball«.** Bälle haben bei Katzen immer Konjunktur – in allen Spielarten: Stoff, Sisal, Plastik, Schaumgummi, Nylon, Leder oder Vollgummi. »Fußball« ist der Klassiker: Mit den Pfoten wird der Ball durch die Wohnung getrieben, für viele Stubentiger die absolute Lieblingsbeschäftigung. Gibt es mehrere Bälle zur freien Wahl, lässt es sich verschmerzen, wenn einer unterm Schrank verschwindet. Nicht alles, was zum Ballspielen reizt, muss ein richtiger Ball sein: Auch Korken, Papierknäuel, leere Garnrollen und Walnussschalen garantieren jede Menge Spaß.

TEST

Welcher Spielertyp ist Ihre Katze?

Katzen sind Individualisten. Auch im Spiel: Die einen lieben es wild, die anderen brauchen den Ball und manche schwärmen für Denksport.

	ja	nein
1. Kämpfertyp: rauft gern und scheut keinen Gegner.	○	○
2. Top-Athlet: klettert, sprintet und springt aus Leidenschaft.	○	○
3. Entdecker: beweist bei Suchspielen ihre Spürnase.	○	○
4. Jäger: erklärt jedes Spielzeug zum Beuteobjekt.	○	○
5. Denker: setzt auf Köpfchen und knackt gerne Kopfnüsse.	○	○
6. Schmuser: liebt zärtliche Spiele mit ihrem Menschen.	○	○

Info: Testen Sie die unbekannte Seite Ihrer Katze – auch wenn sie ein ganz bestimmter Spielertyp ist. Vielleicht entpuppt sich die wilde Siam als gewitzte Denksportlerin und die Schmuseperser als Superspürnase.

▷ **Squash.** Topathleten wie Somali, Balinese oder Siam brauchen die sportliche Herausforderung. Beim Squash wirft der menschliche Partner den hüpffreudigen, nicht zu schweren Ball (Plastik, Vollgummi) gegen die Wand und die Katze muss ihn möglichst im Flug fangen. Squash trainiert die Sprungkraft und schärft das Reaktionsvermögen.

▷ **Fangen.** Korken, Papprolle, Feder oder Gitterball an Faden binden und ruckartig oder schlängelnd über den Boden ziehen.

Langzeitspielspaß: Crazy Circle ist ein Spielzeug, das den Tastsinn fordert und das Reaktionsvermögen fördert. Die Katze angelt mit der Pfote nach dem in der Rinne laufenden Ball und versetzt ihn dabei immer wieder in Bewegung.

Besonders bei Youngstern beliebt: Der leichte Softball mit den lustigen Federn verführt immer wieder zum Schubsen, Schlagen und Hochwerfen – ein prima Zeitvertreib, wenn sich der Mensch einmal nicht zum Mitspielen bewegen lässt.

Teppichmäuse im Visier: Spielobjekte, die unter einer Decke oder dem Teppich versteckt sind, lassen keine Katze kalt. Selbst in Oldies erwacht die Jagdlust, und mit Pfoten und Krallen tastet und schlägt man nach der Beute.

▷ **Apportieren.** Ball von der Katze wegrollen oder Korken werfen. Manche Katzen apportieren jeden Gegenstand und sind begeistert bei der Sache, andere denken nicht im Traum daran, das Spielzeug abzuliefern. Bieten Sie Ihrer Katze ein zweites, besonders verlockendes Spielobjekt (Quietschtier oder Rassel) an, damit sie das erste freiwillig zurückbringt.

▷ **Pendelspiel.** Objekt pendelt an Faden oder Gummiband über dem Kopf der Katze, die es mit den Pfoten zu packen versucht. Im Türrahmen oder am Kratzbaum befestigen. Für sportliche Katzen Fangobjekt so hoch anbringen, dass sie es nur im Sprung erreichen.

▷ **Wedelspiel.** Testen Sie die Reaktion Ihrer Katze mit Federbüschel oder Wedel. Sie findet das Wedelspiel ganz toll, weil sie gegen Ihren Menschen antreten darf. Hände außer Reichweite halten, da Katzen oft mit ausgefahrenen Krallen nach dem Wedel schlagen.

▷ **Balancieren.** Feste Holzleiste (100 cm lang, 2-3 cm breit) über die Sitzflächen von zwei Stühlen legen und gut befestigen. Katze mit Belohnungshäppchen zum Sprung auf den Stuhl und zum Lauf über den Steg auffordern. Leiste darf nicht wackeln oder verrutschen. Balancieren klappt auch auf einem dicken Tau.

▷ **Kletterschule.** Kletterseil oder Strickleiter an Decke oder Kratzbaum befestigen und nach Katzenminze duftende Spielmaus oder Glöckchen ans obere Ende hängen.

▷ **Sprungtraining.** Von der anderen Seite eines Hindernisses (Anfangshöhe 20 cm) mit Leckerbissen und Hörzeichen (»Hopp!«) zum Sprung verführen. Das Hindernis darf nicht unter- oder umlaufen werden. Mit Geduld und Aussicht auf einen Gaumenkitzel lassen sich Katzen auch zum Weitsprung von Stuhl zu Stuhl überreden und erweisen sich genauso geschickt wie ihre Verwandten im Zirkus. Anfangssprungweite 50 cm, langsam steigern.

▷ **Räuber und Gendarm.** Katze und Mensch sind abwechselnd Jäger und Gejagte. Auch in Kombination mit Verstecken (→ rechte Seite). Zum Verfolgungsspiel fordert die Katze mit typischer Körperhaltung auf (→ Seite 146).

▷ **Lichtspiele.** Der über den Fußboden oder an der Wand tanzende Lichtpunkt der Taschenlampe oder eines speziellen Lichtspielzeugs (als Fun Light im Fachhandel) lässt keine Katze kalt. Damit die Spielerin nicht ständig ins Leere greift, sollte man den Lichtstrahl zwischendurch auf interessante Objekte lenken (Spielmaus, Klickerball) und am Ende des Spiels eventuell auf einen Leckerbissen. Wenn sie durch einen hektisch bewegten Lichtpunkt verwirrt wird, verliert die Katze schnell die Lust am Spiel. Laserpointer eignen sich nicht für Lichtspiele, weil ihr scharfer Strahl das Katzenauge schädigen kann.

Suchspiele

Dunkle Ecken inspizieren, geheimnisvolle Kartons erforschen und unter dem Teppich auf imaginäre Mäusejagd gehen zählt zu den größten Leidenschaften der Katze. Such- und Versteckspiele sind das Highlight des Tages.

▷ **Objektsuche.** Kleinen Ball, Spielmaus oder Leckerbissen im Beisein der Katze in einer offenen Box oder unter dem Teppich deponieren. Besonders aufmerksam und hellhörig verfolgt sie die Aktion, wenn man dem Objekt beim Verstecken Geräusche entlockt (Papierknäuel, Quietschtier). Katzen reagieren bei der Suche nach Beuteobjekten fast ausschließlich auf Bewegungen und Geräusche, weniger auf Gerüche (→ Seite 245). Duftende Gegenstände wie z. B. Catnip-Mäuse steigern die Erfolgsquote bei Suchspielen daher nicht.

▷ **Verstecken.** Am meisten Spaß machen Versteckspiele mit verteilten Rollen. Spielpartner Mensch versteckt sich hinter einer Tür oder der Gardine und lockt die Katze mit leisen Rufen oder Papierrascheln. Sie begreift sehr schnell, wie der Hase läuft. Kaum hat sie das Versteck gefunden, ist sie auch schon selbst verschwunden. Umzugskiste, Reisetasche und Koffer sind ideale Katzenverstecke. Und aus dem Pappkarton mit Gucklöchern lässt sich dabei noch wunderbar beobachten, wo man überall nach ihr sucht – selbstverständlich immer zuerst an den falschen Stellen.

Tast- und Angelspiele

Wenn eine Katze sich etwas in den Kopf setzt, gibt sie nicht auf. Ein aufregendes Spielobjekt, an das man nur mit Mühe und langen Pfoten herankommt, wird unermüdlich bearbeitet und hält Entdeckerdrang und Neugier über Wochen und Monate wach. Diese Ausdauer und Hartnäckigkeit machen Sinn: Als Jägerin darf die Katze sich nicht entmutigen lassen, wenn ihr die Beute entwischt (→ Seite 245).

▷ **Verdeckte Ermittlung.** Garnrolle, kleine Dose oder Korken an einem Faden langsam unter Teppich oder Decke hindurchziehen. Die Katze fixiert die »wandernde Beule« und setzt ihr nach, indem sie ebenfalls unter der Decke verschwindet. Erfahrene Undercoveragenten warten ab, bis sich die Teppichmaus dem Rand nähert, um sie mit einem Satz zu packen. Ein Objekt an der Leine kommt auch beim Tunnelspiel zum Einsatz: In eine Röhre aus starkem Karton oder Pappe (ca. 80 cm Länge, 7-8 cm Durchmesser) in gleichen Abständen Löcher schneiden, die groß genug für die Pfoten sind. Die Katze angelt nach der Beute, wenn sie durch die Röhre gezogen wird, oder lauert ihr am Tunnelende auf.

▷ **Schweizer-Käse-Kiste.** In die Wände eines geschlossenen Schuhkartons Löcher schneiden (drei an jeder Längs- und zwei an den Schmalseiten). Leckerbissen oder kleine Gegenstände in die Kiste legen, nach denen die Katze angelt und sie nach draußen befördert. Bei den Spielobjekten auf griffige Oberfläche (Sisal, Leder) achten, damit die Krallen Halt finden.

▷ **Snack-Bar.** Ein schmales Glasgefäß so hoch mit Snacks füllen, dass die Katze die leckere Beute nur mit Pfoten und Krallen erreicht. Das Gefäß muss standfest und dickwandig sein, am besten eignet sich ein Glaskrug. Füllt man den Krug mit Quark oder Joghurt statt mit Snacks, fällt der Katze das Angeln leichter, weil sie nur die Pfote eintauchen muss und sie dann ablecken kann. Profi-Angler trainieren mit einem Ton- oder Steinkrug, bei dem sich von außen nicht kontrollieren lässt, wo man mit der Pfote angeln muss.

▷ **Play n' Scratch** (engl. Spielen und Kratzen). Katzenspielgerät, das Tastsinn, Reaktion und Fitness trainiert: Die in einer Rinne laufende Kugel wird mit den Pfoten geschubst und das Kratzpad im Zentrum reizt zum Krallenwetzen (verschiedene Modelle im Fachhandel).

▷ **Circle** (engl. Kreis). Ähnliche Funktionsweise wie Play n' Scratch: Durch eine seitliche Öffnung tastet die Katze nach einem »eingesperrten« Ball und treibt ihn im Kreis herum.

▷ **Snackball.** Plastikball, der mit Snacks und Leckerbissen gefüllt wird und sie durch kleine Öffnungen freigibt, wenn er in Bewegung versetzt wird. Profi-Snackballspieler wissen sehr genau, wie der Ball rollen muss, damit sie ganz schnell an die Häppchen kommen.

▷ **Fische fangen.** Glasgefäß mit großer Öffnung (»Goldfischglas«) mit Wasser füllen und schwimmfähige Gegenstände hineinlegen (am besten geeignet sind Korken). Die Technik des Fischfangs muss die Katze nicht lernen. Mit blitzschneller Pfotenbewegung schleudert die Fischfängerin das geangelte Objekt aus dem Wasser und über ihren Kopf hinweg. Dabei bemüht sie sich sichtlich, den Kontakt mit Wasser zu vermeiden.

▷ **Seerosen-Teich.** Breite und flache Schüssel mit Wasser füllen und kleine Leckerbissen auf mehrere schwimmfähige Plättchen (z. B. Korkuntersetzer) legen. Vom »Ufer« aus versucht die Katze nach den schwimmenden Häppchen zu angeln, ohne sich dabei die Pfoten nass zu machen.

▷ **Seifenblasenjagd.** Katzenkinder sind von Seifenblasen genauso fasziniert wie Menschenkinder. Wenn sich das Staunen etwas gelegt hat, versuchen die meisten Katzen die fremdartigen Gebilde ganz zaghaft mit den Pfoten zu haschen. Ob sie dabei auch das schillernde Farbspiel der Seifenblasen reizt, bleibt ungewiss (→ Farbensehen, Seite 245).

▷ **Das Wassertropfenspiel.** Ein tropfender Wasserhahn sorgt für Spielspaß ohne Ende. Immer wieder versucht die Katze Tropfen mit der Pfote zu fangen und ist so darauf fixiert, dass sie ihre Umgebung völlig vergisst.

Hörspiele

Mit raschelnden und fiependen Geräuschen erregt man die Aufmerksamkeit jeder Katze. Die hohen Töne wecken eine Katze sogar aus dem Schlaf. Nicht verwunderlich: Sie könnten ja von einem Mäuschen stammen. Spiele, bei denen es raschelt und knistert, bringen selbst ehrwürdige Katzensenioren in Schwung.

▷ **Raschelrolle.** Ganz leicht selbst gemacht und ein Dauerbrenner im Katzenspielland: Stabile Papprolle locker mit zerknülltem Zeitungspapier füllen und einige große, nicht zu leichte Murmeln oder Kugeln dazulegen. Danach die Seiten der Rolle mit Klebestreifen verschließen. Bei jeder Bewegung raschelt die Röhre und animiert zum Schubsen.

▷ **Laubbett.** Kiste oder Karton zur Hälfte mit Herbstlaub oder Heu füllen und kleine Bälle und Catnip- oder Quietschmäuse im Blätterwald verstecken. Die Katze darf zusehen und macht sich sofort auf die Schatzsuche, wobei sie das raschelnde Laub zusätzlich motiviert.

▷ **Gitterball.** In einem Loch- oder Gitterball rasselt, klingelt und klappert es. Sein geheimnisvolles Innenleben zieht jede Katze magisch an. Besonders dann, wenn ab und zu noch etwas Schmackhaftes herausfällt oder der Ball verführerisch nach Katzenminze riecht. Im Zoofachhandel gibt es Gitterbälle für jeden Katzengeschmack.

▷ **Quietschis.** Bei Quietschmäusen und ähnlich lautstarken Spieltieren scheiden sich die Geister. Manche Katzen wachen eifersüchtig über ihr Lieblingsquietschtier und schleppen es ständig mit sich herum, andere können dem Gepiepse nichts abgewinnen. Beliebt sind Quietschis bei jungen Katzen, die sowieso gerne auf allem herumkauen, was ihnen zwischen die Zähne kommt. Empfindsame Katzenbesitzer sind selten begeistert, wenn ihr Stubentiger sein Quietschtier den lieben langen Tag bearbeitet.

▷ **Hörhilfen.** Eine Fellmaus mit Rassel steigert die Kaulust und macht den Zahnwechsel für junge Katzen leichter. Das Sisalspielzeug mit Glöckchen animiert zum Krallenschärfen.

6

DAS SCHÖNSTE KATZENSPIELZEUG

Sisal- und Softball, Fellmaus und Federwedel gehören zur Grundausstattung in jeder Katzenspielzeugkiste. Das Zeug zum Klassiker haben aber auch der geheimnisvolle Knistertunnel, die leuchtenden Day-and-Night-Bälle, das tanzende Fun Light und der Zickzack-Ball, der wie ein Mäuschen ständig die Richtung wechselt.

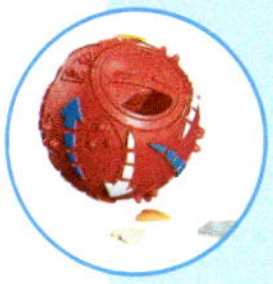

BÄLLE: FITNESS FÜR FLINKE PFOTEN

Produkte	Vollgummi-, Sisal-, Regenbogen-, Zickzack-, Gitter- und Softbälle, Day-and-Night-Bälle, Snackballs, Catnip-Bälle
Spielreiz	Evergreen »Fußball« spielen, Verfolgen und Apportieren
Besonderheit	Duft-, Raschel- und Snackbälle verführen besonders zum Spielen.

MÄUSE: SO RICHTIG ZUM REINBEISSEN

Produkte	Fell-, Sisal-, Stehauf-, Quietsch-, Zappel- und Minzemäuse
Spielreiz	Beutespiel u. Bisstest: Spielmäuse wecken den Tiger in der Katze.
Besonderheit	auch mit original Mäusesound und verführerischer Katzenminze

FEDERWEDEL: REAKTION IST ALLES

Produkte	Katzenspielangel an Spirale oder Gummiband, Lederwedel, Federquaste, Bungee-Maus
Spielreiz	Dauerbrenner für reaktionsschnelle und sprungstarke Katzen
Besonderheit	kann solo oder mit Partner (2. Katze, Mensch) gespielt werden

TUNNEL & RASCHELSACK: PERFEKT FÜR WÜHLMÄUSE

Produkte	Spielröhre und -tunnel. Auch als Crunchtunnel und Raschelsack, die mit knisternder Folie ausgekleidet sind.
Spielreiz	Verstecken und Entdecken (→ siehe auch Info, Seite 237)
Besonderheit	Das Knistern übt auf Katzen eine zusätzliche Anziehungskraft aus.

CATNIP-SPIELZEUG: MMHHH … ECHT DUFTE

Produkte	Catnip-Säckchen, Catnip-Bälle und -mäuse, Minzekissen
Spielreiz	berauschendes (aber völlig harmloses) Duftabenteuer
Besonderheit	Der Duftstoff muss regelmäßig erneuert werden.

FUN LIGHT: SPIEL MIT DEM TANZENDEN LICHT

Produkte	Fun Light und Zaubermaus
Spielreiz	wilde Jagd nach dem Lichtpunkt auf Teppich oder Tapete
Besonderheit	Laser-Pointer sind als Katzenspielzeug ungeeignet.

△
Schon erwischt: Schnelle Reaktion ist ein Muss für die Katze, sonst hätte sie bei der Pirsch auf quirlige Nager das Nachsehen. Das Training mit der Angel reizt immer wieder, ganz besonders wenn der Mensch mit von der Partie ist.

Denk- und Kombinationsspiele

▷ **Köpfchentest für Einsteiger.** Die Katze darf zuschauen, wenn Sie einen Leckerbissen oder ihr Spielmäuschen in einer Box deponieren und die Öffnung mit einem leicht verschiebbaren Deckel (z. B. Bierdeckel) abdecken. Manche Katzen wissen sofort, was gespielt wird und wie man an den Inhalt kommt, andere brauchen mehrere Versuche.

▷ **Köpfchentest für Fortgeschrittene.** Objekt wie beim Einsteigertest in die Box legen. Katze vor der Suche für einige Minuten ablenken.

▷ **Köpfchentest für Kenner.** Objekt in einer von drei Schachteln deponieren. Mit offenen Boxen beginnen, später mit Deckel testen.

▷ **Köpfchentest für Profis.** Objekt in einer von drei Boxen verstecken. Danach die Boxen im Beisein der Katze vertauschen.

Alternativ können die Köpfchentests auch mit Glasgefäßen oder transparenten Plastikboxen trainiert werden. Obwohl die Katze das Objekt sehen kann, gestaltet sich die Suche schwierig, weil sie oft direkt danach zu angeln versucht und mit der Pfote um die Box greift.

Kleine Kunststücke für clevere Katzen

Dressieren lässt sich eine Katze nicht. Wenn ihr danach ist und sie Spaß am Spiel findet, demonstriert sie aber gerne, was in ihr steckt.

▷ **Männchen machen.** Zeigen Sie der sitzenden Katze ein Duftspielzeug (Catnip-Maus) oder einen Leckerbissen. Langsam über ihren Kopf führen, bis sie sich auf die Hinterbeine setzt, um daran zu schnuppern. Aktion durch lang gezogenes »Hoooch!« unterstützen. Spielstopp mit »Nein!«, wenn die Katze im Sitzen mit der Pfote nach dem Objekt schlägt.

▷ **Pfötchen geben.** Ausgangsposition wie beim Männchen machen, das Objekt darf aber nicht über Kopfhöhe hinausgeführt werden. Anheben der Pfote mit der Aufforderung »Gib Pfötchen!« begleiten. Manche Katzen reagieren nach einigen Trainingseinheiten alleine schon auf das Kommando.

▷ **Rolle seitwärts.** Liegende Katze am Bauch kraulen, bis sie sich auf den Rücken dreht. Leckerbissen möglichst tief und schräg hinter den Kopf halten und langsam zur Seite führen. Die Katze folgt dem Objekt durch Drehen des Kopfes und rollt sich dann auf die Seite, um es besser fixieren zu können. Gegenstand weiterführen, um sie zur vollen Rolle zu bewegen. Begleitendes Kommando: »Rooolle!«

Spiele gegen die Langeweile

Quietschtiere, Duftspielzeug, Fellmäuse zum Reinbeißen, Snackballs, Glöckchenbälle und Tastspiele (Play n' Scratch, Circle → Seite 242) verhindern, dass allein gelassene Katzen sich langweilen. Viel besser ist allerdings die zweite Katze als Spielgefährtin.

Forschung & Praxis

Spielverhalten und Spielintelligenz

6

Statistisch gesehen ist die Mäusejagd kein allzu erfolgreiches Unternehmen: Im Mittel muss die Katze ca. viermal auf die Pirsch gehen, um einmal Beute zu machen. Doch ob Erfolg oder Fehlschlag, ihr Jagdtrieb bleibt ungebrochen. Das gilt auch im Spiel, das ja meist aus Beutefangelementen besteht: Eine spielende Katze braucht keine positive Verstärkung, sie spielt mit Leidenschaft, unabhängig davon, ob man sie »gewinnen« lässt oder nicht.
Die Spielleidenschaft der Katze hat auch eine Kehrseite. Hunde kann man zum Mitspielen animieren und ihre Bereitschaft durch Belohnungen fördern. Katzen lassen sich weder mit sanften Worten noch Leckerbissen überreden. Das Spielangebot macht der Mensch, die Katze aber entscheidet, ob sie darauf eingeht.

Eine Katze prüft erst Duft und Geschmack des Futters, bevor sie es akzeptiert. Vorsicht und Kontrolle sind katzentypisch. Auch im Umgang mit Spielzeug kommt die erwachsene Katze nie in Versuchung, etwa einen Ball anzuknabbern oder Plastikteile zu verschlucken.
Katzenspielzeug hält lange, weil seine Besitzerin fürsorglich damit umgeht – Fellmäuse als Knabberkost einmal ausgenommen. Anders bei jungen Katzen: Sie lernen ihre Welt auch mit den Zähnen kennen und machen überall den Bisstest. Spielzeug für Katzenkinder muss daher robust sein und groß genug, damit es nicht verschluckt werden kann.

Catnip- und Baldrian-Spielzeug regt die Nase der Katze an. Sonst aber ist im Spiel Bewegung Trumpf. Genau wie bei der Jagd, wo nur die rennende Maus interessant ist, eine reglos verharrende aber oft übersehen wird.
Ball, Angel, Feder, Papierknäuel sind die unvergänglichen Klassiker des Katzenspiels: Hauptsache, es bewegt sich etwas.

Die Bewegungen und Handlungen spielender Katzen stammen aus verschiedenen Funktionsbereichen. Im Spiel werden sie häufig stark übersteigert, um dem Spielpartner zu signalisieren, dass man es nicht ernst meint.

◁ *Volle Konzentration: Im Beutespiel ist eine Katze mit allen Sinnen bei der Sache. Augen und Ohren sind aufs Objekt gerichtet, die Bewegung der Pfote wird genau kontrolliert. Bei der echten Jagd ist das aber keine Erfolgsgarantie – weil Mäuse ziemlich gewitzt sind.*

Auch im Spiel mit ihrem Menschen will die Katze nicht missverstanden werden und macht aus jeder Aktion eine große Show: gewaltige Sprünge, dramatische Attacken, wilde Fluchten. Was manchmal übertrieben und oft witzig aussieht, bedeutet auf Kätzisch ganz einfach: Das ist alles nur Spiel!

Dass Katzen farbenblind sind, ist längst widerlegt. In Tests hat man herausgefunden, dass sie alle Grundfarben problemlos unterscheiden können. Als Spielanreiz haben Farben jedoch nur eine untergeordnete Bedeutung.
Das macht Spielzeug für Katzen interessant: Es bewegt sich oder kann bewegt werden (evtl. im Zickzack oder an einer Gummischnur), es raschelt oder knistert, es hat ein geheimnisvolles Innenleben, es duftet verführerisch.

10 Fragen zu Spiel und Beschäftigung

Spielmäuse und Bälle langweilen meinen Kater meist schnell. Womit kann ich ihm mehr Spielspaß bieten?
Das klappt am besten mit Spielzeug, dessen Innenleben seine Tüftlerambitionen und die Neugier weckt, zum Beispiel mit der verborgenen Kugel eines »Play n' Scratch« -oder »Circle«-Spielzeugs. Manche Katzen finden aber auch Umzugskartons ganz toll, die zum Anknabbern freigegeben sind, und zerlegen sie in in mühevoller Kleinarbeit in handliche Pappestückchen. Spielzeug mit Langzeitwirkung verhindert, dass Katzen, die alleine in der Wohnung sind, aus Langeweile auf dumme Gedanken kommen.

Unsere beiden Somali sind im Teenageralter und balgen sich den ganzen Tag. Manchmal so wild, dass einem angst und bange wird. Soll ich eingreifen, um Schlimmeres zu verhindern?
Derbes Spiel gehört bei jungen Katzen dazu. Sie testen dabei nicht nur ihre Fähigkeiten, sondern auch wie man sich wirkungsvoll gegenüber den Artgenossen durchsetzt. Das beginnt schon in der 4. und 5. Lebenswoche mit Boxhieben und Ohrfeigen, von denen sich die Wurfgeschwister allerdings selten beeindrucken lassen. Bei den spitzen Zähnchen sieht das anders aus: Die können richtig wehtun, was der gebissene Spielpartner durch sein Wehgeschrei auch deutlich bekundet. Trotzdem ist das ungebremste soziale Spiel unerlässlich für die Persönlichkeitsentwicklung der jungen Katze. Kein Grund zur Sorge also: Lassen Sie Ihre beiden Wilden einfach gewähren.

Der Fantasie sind keine Grenzen gesetzt: Papierknäuel, Baumrinde, Feder, Stoffrest oder Korken – alles, was sich schubsen, rollen oder hochwerfen lässt, ist für die Katze ein willkommenes Spielzeug.

Carlo ist acht Monate alt und ein lieber Burma-Kater. Nur Spielsachen behandelt er unsanft und zerlegt alles in Einzelteile. Ständig ist Nachschub angesagt. Warum macht er das?
Das Verhalten Ihres Carlo erinnert stark an das kleiner Kinder, die erst zufrieden sind, wenn sie die Geschenke noch am Weihnachtsabend auf Herz und Nieren untersucht haben. Mit Zerstörungswut hat das sicher wenig zu tun, eher mit Entdeckerdrang. So wie sich die Lust an der Demontage bei Menschenkindern legt, wird das auch bei ihrem Kater der Fall sein. Bis dahin sollten sie ihn hauptsächlich mit bissfestem Spielzeug versorgen, das sich nicht zerfleddern lässt, Fellmäuse und Vollgummibälle zum Beispiel.

Mein Kater ist ein Kletterfreak. Ein Kratzbaum als Deckenspanner wäre der Traum für ihn. Ich habe aber Angst, dass er sich bei einem Sturz aus fast 2,50 Meter Höhe verletzt.
Wenn der Deckenspanner mit einem griffigen Material umwickelt ist, das den Krallen der Katze guten Halt bietet (z. B. Sisal), besteht kaum Sturzgefahr. Wählen Sie ein Modell mit Liegeflächen auf verschiedenen Höhen, die als zusätzliche Stützpunkte beim Klettern dienen. Schon nach kurzer Eingewöhnungszeit wird sich Ihr Kater absolut sicher auf seinem neuen Kratzbaum bewegen.

△
Stubentiger im Anflug: Beim Sprung von Stuhl zu Stuhl demonstriert die Katze Zielgenauigkeit und vollendete Körperbeherrschung.

Ich bin manchmal nachmittags zu Hause und würde gerne mit meiner Katze spielen. Sie zeigt aber nie Interesse. Erst am Abend ist sie in Spiellaune. Ist sie aus der Art geschlagen?
Die Spielabstinenz hat zwei Ursachen: Da Sie normalerweise nachmittags nicht da sind, nutzt die Katze diese Zeit z. B. für die Siesta, um nach Ihrer Heimkehr am Abend munter zu sein. Änderungen des Tagesplans passen ihr nicht ins Konzept. Darüber hinaus ist der Abend ideal fürs Spielen, weil mit der Dämmerung die Zeit der Jagd beginnt und die Katze jetzt hellwach und aktionsbereit ist.

Wenn wir spielen oder schmusen, saugt meine neun Monate alte Katze oft an meinem Arm oder der Kleidung. Ist das ein Fehlverhalten?
Das Verhalten ist typisch für Kätzchen, die zu früh von der Mutter entwöhnt wurden. Meist verschwindet es mit etwa 12 bis 15 Monaten. Bei Siamkatzen kann es allerdings auch genetisch bedingt sein.

Unsere Siam bringt ihre Lieblingsspielsachen immer wieder in ein Versteck. Warum?
Katzen behandeln Spielzeug oft wie Beute. Und das wird dann wie alle größeren Beutetiere zuerst einmal ins Nest oder in ein Versteck geschleppt. Vor Ort frisst die Katze meist nur kleinere Tiere wie etwa Insekten.

Wie erkenne ich, ob es Spiel oder Ernst ist, wenn sich meine beiden Kater prügeln?
Im Spiel läuft alles gebremst, die Katzen trainieren wechselweise Angriff und Verteidigung und lassen sich leicht durch andere Ereignisse ablenken. Bei ernsten Streitereien werden Krallen und Zähne ohne Pardon eingesetzt, bis die Wolle fliegt. Die Kontrahenten sind oft so auf den Kampf fixiert, dass sie ihre Umgebung kaum mehr wahrnehmen.

Eine unserer Katzen benutzt den Kratzbaum so gut wie nie. Woran kann das liegen?
Möglich sind mehrere Gründe: 1. Die Katze hat Auslauf, klettert draußen auf Bäume und wetzt dort die Krallen. Dann ist ihr der Kratzbaum eventuell nicht wichtig. 2. Sie kann sich gegenüber der dominanten Artgenossin nicht durchsetzen, die den Kratzbaum zum Privatbesitz erklärt hat. Abhilfe schafft eine zweite Kratzgelegenheit. 3. Sie ist mit dem Kratzbaum nicht vertraut und schärft ihre Krallen an anderen Stellen in der Wohnung.

◁
Schonzeit: Mit der echten Maus weiß das Kätzchen noch nicht viel anzufangen und beobachtet sie mit spielerischer Neugier.

Auf steifen Beinen hoppelt meine Katze vor mir her und blickt immer wieder auffordernd zu mir zurück, um mich zum Fangspiel zu animieren. Woher stammt dieses Verhalten?
Bei der eigentümlichen Fortbewegung legt die Katze den Schwanz zur Seite und präsentiert ihr Hinterteil. Das macht den Ursprung der Verhaltensweise klar: Der Adressat ist nämlich der Sexualpartner, der zum Nachfolgen aufgefordert wird. Und der Blick zurück dient der Versicherung, ob er denn auch wirklich folgt.

6

Die Katze im Urlaub und auf der Reise

Zu Hause ist es immer am schönsten. Katzen gehen nicht gerne auf Reisen. Auf große Fahrt sollten Sie Ihre Katze nur mitnehmen, wenn Sie einen mehrwöchigen Urlaub in einem Ferienhaus oder einer Ferienwohnung gebucht haben. Bei richtiger Vorplanung muss man sich keine Gewissensbisse machen, wenn die Katze in ihrer vertrauten Umgebung von den Nachbarn oder einem Catsitter betreut wird, die Ferienzeit bei Freunden verbringt oder in der Katzenpension wohnt.

7

Wenn die Katze zu Hause bleibt

Wer seine Katze liebt, erspart ihr den Stress der Ferienreise. Mit der richtigen Betreuung kommt sie zu Hause gut zurecht – und Sie können Ihren Urlaub unbeschwert genießen.

KEINE ZEIT ZUM TRAUERN. Natürlich fehlen Sie Ihrer Katze, wenn Sie in die Ferien fahren. Doch die heimische Umgebung gibt ihr Sicherheit und Geborgenheit und lässt sie das Alleinsein leichter ertragen. Und dann haben Sie ja auch dafür gesorgt, dass Ihr Liebling regelmäßig Zuwendung und Zuspruch erhält: vom Catsitter, der ein Händchen für Katzen hat, oder von Freunden und Nachbarn, mit denen Ihre Katze vertraut ist. Urlaubsbetreuung heißt mehr als nur Füttern und Toilette säubern. Das gilt besonders, wenn die Katze während der Urlaubszeit in eine andere Wohnung oder in die Katzenpension umzieht.

7

Catsitter oder Tierpension?

Katzen haben klare Vorstellungen von ihrem Leben: keine Experimente und keine Veränderungen! Stimmt der gewohnte Tagesrhythmus, lassen sich auch Zeiten leichter ertragen, in denen man ohne seine Menschen auskommen muss. Eine Katze, die während der Ferien in der Wohnung bleibt, macht selten Probleme, vor allem, wenn ein verständnisvoller Urlaubsbetreuer Rücksicht auf ihre Wünsche nimmt. Etwas mehr Anpassung und Toleranz verlangt es von Katzen, die den Urlaub bei Freunden, Nachbarn oder in der Katzenpension verbringen.

Wer sorgt für meine Katze?

▷ **Freunde und Verwandte:** ⊕ Kennen sich im Haus aus und sind in der Regel mit der Katze vertraut. ⊖ Evtl. längere Anfahrt.

▷ **Nachbarn:** ⊕ Wohnen nur einen Katzensprung entfernt und können sich intensiv um die Katze kümmern. ⊖ Zum Teil ohne Erfahrung im Umgang mit Katzen.

▷ **Catsitter:** ⊕ Katzenkenner, der auch mit schwierigen Tieren zurechtkommt. ⊖ Fremd in der Wohnung und zum Teil längere Anfahrt. Kosten ca. 4-12 Euro pro Besuch (→ Adressen, Seite 284).

▷ **Haushüter:** ⊕ Bleibt in der Regel ganztags in der Wohnung und kümmert sich auch um die Katze. ⊖ Evtl. nur wenig Katzenerfahrung (→ Adressen, Seite 284).

▷ **Züchter:** ⊕ Profi im Umgang mit der Katze. ⊖ Nimmt ausschließlich Tiere aus eigener Zucht in Pflege und meist nur im Notfall.

▷ **Tierpension:** ⊕ Professionelle Betreuung (→ Checkliste, Seite 252). ⊖ Eingewöhnung fällt speziell erstmaligen Pensionsgästen nicht immer leicht. Tagessatz ca. 6-8 Euro.

▷ **Tierheim:** ⊕ Professionelle Pflege und Betreuung. ⊖ Meist nur wenige Pensionsplätze, Eingewöhnung kann Probleme machen.

▷ **Tierfreunde helfen Tierfreunden.** Initiative des Tierschutzbundes (→ siehe rechts).

Tierfreunde helfen Tierfreunden

»Nimmst du mein Tier – nehm ich dein Tier« lautet das Motto, unter dem die Mitgliedsvereine des Deutschen Tierschutzbundes (→ Adressen, Seite 283) Kontakte zwischen Tierfreunden vermitteln, die dann auf privater Basis die gegenseitige Betreuung ihrer Tiere vereinbaren. Anschriften der Mitgliedsvereine in Ihrer Nähe erhalten Sie über den Urlaubs-Beratungsservice des Tierschutzbundes (Tel. 0228-6049627, siehe auch → Adressen, Seite 283). Weitere aktuelle Infos finden Sie unter www.tierschutzbund.de im Internet.

Liebevolle Betreuung garantiert

Während Sie im Urlaub sind, ist der Betreuer eine wichtige Bezugsperson für Ihre Katze. Er versorgt und pflegt sie, hat aber auch Zeit zum Spielen und Schmusen. Catsitter bieten ihre Dienste in Zeitungsanzeigen und in Tierzeitschriften an, oft aber auch über Aushänge beim Tierarzt, im Zoofachgeschäft und in Supermärkten. Kümmern Sie sich frühzeitig um einen geeigneten Betreuer, besonders wenn Sie in der Hauptsaison Urlaub machen wollen. Ein guter Tiersitter knüpft schon vorher erste Bande zur Katze und macht sich mit den Gegebenheiten in der Wohnung vertraut. Das sollte der Betreuer Ihrer Katze wissen:

◁ *Am liebsten in vertrauter Umgebung: Katzen gehen ungern auf Reisen. Ihre Urlaubsbetreuung können Nachbarn, Freunde oder Verwandte übernehmen oder man beauftragt einen Catsitter oder Haushüter.*

CHECKLISTE

Die richtige Tierpension

Sehen Sie sich die Pension, in der Sie Ihre Katze unterbringen, genau an. Entscheiden Sie sich nur, wenn diese Voraussetzungen erfüllt sind:

- ○ Besitzt der Pensionsbetreiber den Sachkundenachweis nach § 11 des Tierschutzgesetzes?
- ○ Akzeptiert man nur geimpfte und entwurmte Tiere?
- ○ Kommt der Tierarzt regelmäßig?
- ○ Machen alle Tiere einen sauberen und gepflegten Eindruck?
- ○ Werden die Katzen getrennt gehalten, haben aber Sichtkontakt?
- ○ Können die Tiere ins Freie blicken (Schutz vor Langeweile)?
- ○ Hat jede Katze ihren eigenen, vor Regen geschützten und ausbruchsicheren Auslauf?
- ○ Steht ein Kratzpfosten im Auslauf?
- ○ Ist der Schlafplatz geschlossen und wird die Klappe nachts verriegelt?
- ○ Gibt es eine Wärmezone (Infrarotlicht, Bodenheizung) für kalte Tage?
- ○ Werden alle Pensionstiere mit Fertignahrung gefüttert?
- ○ Sind die Futternäpfe sauber und ohne Essensreste?
- ○ Beschäftigen sich die Pfleger ausgiebig mit ihren Schützlingen?
- ○ Dürfen Sie das Lieblingsspielzeug Ihrer Katze mitbringen?
- ○ Werden Sonderwünsche erfüllt?

▷ **Ernährung:** Wann und wie oft wird die Katze gefüttert? Futterzusätze oder Medikamente? Reicht der Vorrat über die Urlaubszeit? Bei mehreren Katzen: unterschiedliche Ernährung und evtl. getrennte Fütterung?
▷ **Auslauf:** Darf die Katze ins Freie oder auf den Balkon? Hat sie nachts Ausgehverbot (evtl. Katzenklappe verriegeln)?
▷ **Pflege:** Wie oft muss das Fell gebürstet und gekämmt werden (speziell Langhaar)?
▷ **Katzentoilette:** Wo ist der Streuvorrat deponiert? Wie wird verbrauchte Streu entsorgt?
▷ **Besucher:** Haben weitere Personen Zugang zur Wohnung? Das ist vor allem dann wichtig, wenn die Katze zusätzlich gefüttert wird.
▷ **Besonderheiten:** Hat die Katze besondere Angewohnheiten und Eigenarten, auf die der Betreuer Rücksicht nehmen sollte?
▷ **Für Notfälle:** Merkzettel mit Urlaubsadresse und Telefon, EU-Heimtierpass (Kopie) mit Tätowierungs- oder Mikrochipnummer und den Impfdaten, Name, Anschrift und Telefon des Tierarztes, Telefonnummern des tierärztlichen Notdienstes und des Tierheims, Name und Adresse einer zweiter Kontaktperson.

Betreuungsvertrag

Legen Sie in einem formlosen Pensions- bzw. Betreuungsvertrag die Rechte und Pflichten von Tiereigentümer und Betreuer schriftlich fest. Der Vertrag regelt auch die Haftung bei Krankheit oder Verlust der Katze sowie bei Schäden oder Verletzungen, die sie verursacht. Einen Mustervertrag finden Sie auf den Internetseiten des Deutschen Tierschutzbundes.

Sturmfreie Bude

Während Ihres Urlaubs ist die Katze täglich für mehrere Stunden alleine in der Wohnung. So kommt sie gut über die Runden:
▷ Die Wohnung ist katzensicher (→ Seite 95).
▷ Die Katze hat genügend Bewegungsraum und Spiel- und Beschäftigungsmöglichkeiten.
▷ Freigänger haben Zugang über eine Katzentür (Katzenklappe mit Sender → Seite 101).
▷ Tabuzonen bleiben auch jetzt verschlossen.

△ *Sweet home: Das Revier im Garten macht die Katze wunschlos glücklich. Reisen und Urlaubsfahrten bedeuten Aufregung und Stress und sollten ihr erspart werden.*

Lieber zu zweit

Mit zwei Katzen läuft vieles leichter (→ Seite 36). Das gilt ganz besonders für die Ferienzeit: Sie können beruhigt in Urlaub fahren, weil sich die beiden bestimmt nicht langweilen, und für den Betreuer macht die Versorgung von zwei Katzen kaum zusätzliche Arbeit.

Ferien in der Tierpension

Tierpension und Tierheim sind die Alternative, wenn die Katze während des Urlaubs nicht zu Hause oder bei Freunden betreut werden kann. Tipps für empfehlenswerte Pensionen erhalten Sie von Katzenbesitzern, von Ihrem Tierarzt und dem örtlichen Tierschutzverein. Inspizieren Sie die infrage kommenden Unterkünfte gründlich (→ Checkliste links), bevor Sie sich entscheiden. Katzen mit Pensionserfahrung findet sich meist sehr schnell zurecht, Neulinge brauchen ca. 1-2 Tage, bis sie sich akklimatisiert haben. Wichtig: Termin möglichst frühzeitig buchen.

Das Tierheim ist in erster Linie eine Auffangstation für Tiere in Not. Pensionsplätze stehen meist nur begrenzt zur Verfügung. Informationen erhalten Sie vom Tierschutzverein.

Unterkühlte Begrüßung

Sie kommen aus dem Urlaub, freuen sich auf das Wiedersehen mit Ihrer Katze … und sie würdigt Sie keines Blickes. Nicht untypisch: Katzen lassen uns spüren, wenn ihnen etwas missfällt, reagieren nach längerer Abwesenheit oft beleidigt und verhalten sich so, als wären wir Luft. Das legt sich nach wenigen Stunden und dann ist man wieder für Leckerbissen und Streicheleinheiten empfänglich. Auch hier gilt: Zwei Katzen sind toleranter.

Mit der Katze unterwegs

Katzen gehen nicht gerne auf Reisen. Im Auto und in der Bahn reagieren viele verwirrt oder ängstlich und der Aufenthalt in fremder Umgebung verunsichert sie. Im Zweifelsfall fühlt sich Ihre Katze zu Hause immer wohler, mitfahren sollte sie nur bei langer Abwesenheit und wenn Sie im Urlaub ein eigenes Ferienhaus oder eine Ferienwohnung beziehen.

Sicher reisen

Auf der Fahrt gibt es tausend Dinge, die eine Katze erschrecken und in Panik versetzen können. Katzen verreisen daher grundsätzlich nur im geeigneten Transportbehälter, das gilt auch für sehr ruhige und ausgegliche Tiere wie zum Beispiel Perserkatzen.

▷ **Transportbox:** aus stabilem Kunststoff, mit Metallgittertür und Belüftung. Geräumig, verschließbar, auslaufsicher, leicht zu reinigen. Modelle mit Dachklappe erleichtern das Einsetzen der Katze. Die Transportbox bietet hohe Sicherheit und besten Reisekomfort. Nachteil: relativ groß, nimmt viel Platz ein.

▷ **Reisekorb:** meist aus Naturweide, zum Teil auch mit Dachluke. Ängstliche Tiere fühlen sich im Korb oft wohler als in der Kunststoffbox. Nachteile: Große Körbe sind schwer, nicht alle Modelle lassen sich sicher verschließen und bieten Auslaufschutz. Säuberung häufig problematisch.

▷ **Drahtkäfig:** nur für Kurzfahrten geeignet. Nachteile: Die Katze fühlt sich nicht geborgen, kein Schutz vor Zugluft.

▷ **Pappkarton:** nur für kurze Transporte. Nachteile: nicht sicher verschließbar, mangelhafte Belüftung, schnell durchnässt.

▷ **Reisetasche:** aus festem und abwaschbarem Kunststoff, niedriges Gewicht und problemlos zu transportieren. Nachteile: eingeschränkter Innenraum, Belüftung teilweise ungenügend, oft nicht ausbruchsicher. Vor allem für Kurzfahrten (z. B. zum Tierarzt) geeignet, weniger für längere Reisen.

Die Katze im Auto

Nur wenige Katzen finden am Autofahren Gefallen. Ganz ohne Protest läuft es oft nur mit Tieren, die von klein auf das Auto gewöhnt sind. Während der Fahrt stehen viele Katzen unter Stress, beklagen sich je nach Naturell mehr oder weniger lautstark, schwitzen vor Aufregung (erkennbar am leicht süßlichen Geruch) und lösen sich ungewollt. Gehen Sie erst dann auf längere Touren, wenn sich die Katze auf Kurzstrecken zumindest etwas mit dem fahrenden Auto vertraut gemacht hat.

TIPP

Reisekrank?

Empfindlichen Katzen kann die Fahrt im schaukelnden Auto oder in der Bahn auf den Magen schlagen. So beugen Sie vor: letzte Mahlzeit ca. vier bis fünf Stunden vor der Reise, regelmäßig Pausen einlegen und der Katze Wasser anbieten. Bei sehr nervösen Tieren verordnet der Tierarzt Reisetabletten.

▷ Essenspause: vier bis fünf Stunden vor Abfahrt zum letzten Mal füttern.

▷ Reiseunterkunft: Auch auf Kurzstrecken fährt eine Katze nur in der Transportbox mit. Die Box steht im Heckabteil (Kombi) oder auf dem Rücksitz und wird mit Gurt oder Riemen befestigt. Evtl. mit Zeitungspapier auslegen.

▷ Zugfrei: Zum Schutz vor Zugluft Seitenfenster schließen, Belüftungsdüsen nicht auf die Katze richten. Klimaanlage im Sommer nicht zu niedrig stellen: Die Wohlfühltemperatur der Katze liegt höher als die des Menschen.

▷ Fahrweise: hohe Querbeschleunigung (in Kurven), plötzliches Bremsen und abrupte Richtungswechsel möglichst vermeiden.

▷ Zwischenstopp: spätestens nach drei Stunden Pause machen und der Katze Trinkwasser anbieten. Bei längerer Reise mit Brustgeschirr und Leine zum Lösen nach draußen führen.

Das Reisegepäck der Katze

Das gewohnte Futter, vertraute Gegenstände und ihre Lieblingsspielsachen erleichtern der Katze die Reise und den Aufenthalt in fremder Umgebung.

▷ **Transportbox:** Eine Reisebox, an die Ihre Katze schon von zu Hause gewöhnt ist, weil sie ihr dort als Zweitdomizil zur Verfügung steht, erleichtert die Fahrt und ist die ideale Urlaubsunterkunft.

▷ **Katzengeschirr und Leine:** sollte auch dann an Bord sein, wenn die Katze nicht an die Leine gewöhnt ist. Für sicheres Festhalten im Notfall. In Kombination mit einem Erdpflock erlaubt die Lang- oder Automatikleine begrenzten Auslauf.

▷ **Katzenfutter:** speziell bei Auslandsreisen ausreichenden Vorrat der gewohnten Nahrung (Feucht- und Trockenfutter) mitnehmen. Servierlöffel und Dosenöffner nicht vergessen.

▷ **Trinkwasser:** Auf der Reise muss die Katze regelmäßig trinken können. Gut geeignet ist stilles (kohlensäurefreies) Mineralwasser.

▷ **Futter- und Wassernapf:** Das vertraute Geschirr ist für die Katze wichtig.

▷ **Katzentoilette:** Reisetauglich sind einfache Toilettenschalen, ein sperriges Haubenmodell eignet sich weniger. Wichtig: Vergessen Sie die gewohnte Einstreu nicht.

▷ **Pflegezubehör:** Bürste und Kamm.

▷ **Kuscheldecke:** Die geliebte Schmuse- und Schlafdecke vermittelt ein Stückchen Heimat.

▷ **Lieblingsspielzeug:** Kauspielzeug, Catnip-Ball, Spielmaus u. Ä.

▷ **Reiseapotheke:** → Checkliste, Seite 257

▷ **EU-Heimtierpass:** bei Reisen ins europäische Ausland Pflicht (→ Seite 256), gehört aber auch bei Inlandsreisen zum Katzengepäck.

△

Sicher und geschützt: Die Katze geht grundsätzlich nur in einer stabilen Transportbox auf Reisen. Kann sie die Box zu Hause ab und zu als Zweitwohnsitz benutzen, fällt ihr der Aufenthalt leichter.

Reisen mit Bahn und Flugzeug

Katzen und andere kleinere Tiere, die in einer Transporttasche untergebracht werden können, reisen in den Zügen der Deutschen Bahn kostenlos. Das gilt auch für Bahnfahrten in den meisten Nachbarländern.

Auf Flugreisen dürfen Katzen in einer wasserdichten Transportbox oder -tasche als Handgepäck in die Kabine mitgenommen werden. Je nach Fluggesellschaft können sich die Mitnahmebedingungen und Transporttarife für Tiere allerdings erheblich unterscheiden. Da in der Flugzeugkabine nur eine begrenzte Zahl von Tieren erlaubt ist, sollten Sie Ihren Flug möglichst früh buchen.

1

Ein Koffer für die Katze: Zum Reisegepäck gehören der Fress- und Wassernapf, das gewohnte Futter, Pflegezubehör, Lieblingsspielzeug und eine kleine Reiseapotheke.

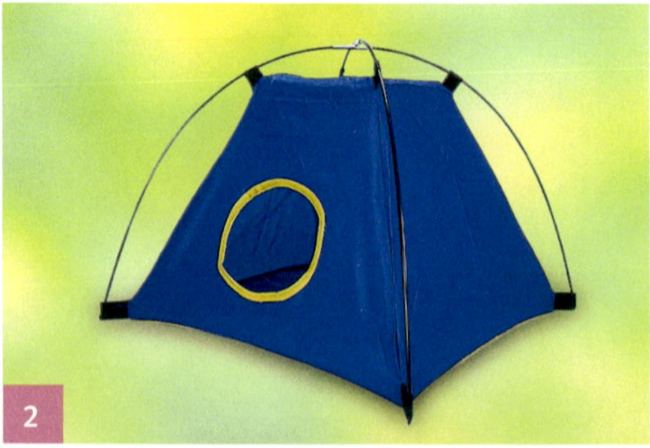

2

Mobilhome: Mit dem originellen Katzenzelt muss man nicht gleich auf große Fahrt gehen, ein geeigneter Zeltplatz findet sich ganz bestimmt auch in der Wohnung oder im Garten.

Der EU-Heimtierpass

Bei Reisen mit Katze und Hund in Länder der Europäischen Union muss der EU-Heimtierpass mitgeführt werden. Er enthält Angaben zum Tier und seinem Besitzer und bescheinigt die gültige Tollwutschutzimpfung, die von den EU-Staaten bei der Einreise verlangt wird. Die Impfung muss mindestens 30 Tage vor Grenzübertritt erfolgt sein und darf nicht länger als zwölf Monate zurückliegen. Im ○ HEIMTIERPASS (Seite 265) wird auch die Kennzeichnung durch ○ MIKROCHIP (Seite 268) oder ○ TÄTOWIERUNG (Seite 273) eingetragen. Die Tätowierung ist übergangsweise noch bis 2012 erlaubt. Für einzelne Länder gelten Sonderbestimmungen: etwa die Pflicht zum Mitführen von Leine und Maulkorb (Portugal, Österreich, Italien, Tschechien u. a.), der Nachweis einer Behandlung gegen Bandwürmer (Finnland) oder ein Bluttest auf Tollwutantikörper (Großbritannien, Schweden). Aktuelle Informationen erhalten Sie von den Konsulaten und Fremdenverkehrsämtern, vom Amtstierarzt oder dem Deutschen Tierschutzbund. Der Heimtierpass wird vom Tierarzt ausgestellt. Die Regelungen gelten für den Reiseverkehr mit bis zu fünf Tieren.

Versicherungsschutz

Als Tierhalter müssen Sie für Personen- und Sachschäden aufkommen, die von Ihrer Katze verursacht werden. Überprüfen Sie vor Reiseantritt Laufzeit und Versicherungsschutz Ihrer Privathaftpflichtversicherung, über die auch die Katze mitversichert ist. Zum Leistungsumfang einer Krankenversicherung für die Katze (→ Seite 42) gehört auch der Kranken- und Unfallschutz für das europäische Ausland (begrenzt auf zwei Monate).

Urlaub ohne Stress

▷ **Tiere erlaubt.** Viele Hotels und Ferienwohnungen akzeptieren Katzen. Hotelführer und Ferienkataloge führen tierfreundliche Übernachtungsmöglichkeiten meist gesondert auf.

▷ **Bestätigung.** Vor Buchung Ihres Urlaubsdomizils bestätigt man Ihnen sicher gerne schriftlich, dass die Katze willkommen ist.

▷ **Bitte nicht stören!** Bitten Sie das Personal, Ihr Hotelzimmer nur nach Rücksprache zu reinigen, damit die Katze nicht wegläuft.

▷ **An der Leine.** Frischluft darf die Katze am Urlaubsort nur an der Leine schnuppern.

▷ **Alles wie immer.** Halten Sie die gewohnten Fütterungs- und Spielzeiten ein.

Umzugsfahrplan

Umzug bedeutet Verlust der Heimat – für die Katze ein dramatisches Ereignis. In dieser schwierigen Zeit zählt vor allem Nähe: Je enger die Bindung der Katze an ihre Familie ist, desto eher freundet sie sich mit den neuen Lebensbedingungen an. So lässt sich Stress vermeiden: Ein Zimmer leer räumen und für die Katze mitsamt Korb, Toilette und Näpfen reservieren. Tür zu, bis die Möbelpacker weg sind. In der Transportbox fährt die Katze dann in Ihrem Wagen als Letzte zur neuen Adresse. Auch dort bleibt sie so lange in einem Raum, bis alles an Ort und Stelle steht. Danach darf sie auf Inspektionstour gehen. Die Genehmigung zum Auslauf gibt es erst, wenn sie sich eingelebt hat.

Wenn die Katze wegläuft

Kontrollieren Sie auf der Suche nach einer entlaufenen Katze zuerst Wohnung und Haus vom Keller bis zum Dach. Katzen sind Meister im Verstecken und verkriechen sich gerne in den kleinsten Nischen und Schubladen, um pünktlich zur Fütterung wie aus dem Nichts wieder aufzutauchen. Wenn Ihre Katze verschwunden bleibt: Tierheime im Umkreis von 50 km informieren, bei Nachbarn, Ordnungsamt, Polizei, Feuerwehr und Straßenmeisterei nachfragen, Suchzettel (am besten mit Foto) in Geschäften, an Haltestellen und am schwarzen Brett der Supermärkte aushängen und bei Ihrem Tierarzt auslegen. Empfehlenswert ist auch die Suchanzeige in der Regionalzeitung. Ein Adressanhänger mit Name und Telefon bzw. eine SOS-Plakette (siehe unten) gibt Katzen mit Auslauf mehr Sicherheit.

Beim Deutschen Haustierregister (→ Adressen, Seite 284) kann jedes Heimtier angemeldet werden, das dauerhaft gekennzeichnet ist, zum Beispiel durch Mikrochip oder Tätowierung. Die ▶ REGISTRIERUNG (Seite 270) ist kostenlos. Das Haustierregister veranlasst die bundesweite Suche nach vermissten Tieren und sorgt für die schnelle Rückführung, wenn das Tier im Tierheim abgegeben wurde. Die Plakette mit der zentralen Rufnummer am Halsband der Katze erleichtert Findern die Kontaktaufnahme. Auch wenn die vermisste Katze bei einem anderen Suchdienst eingetragen wurde, kann ein Anruf beim Deutschen Haustierregister weiterhelfen, da das Register den Abgleich der Daten übernimmt.

Ausgesetzt!

Das Tierschutzgesetz stellt das Aussetzen eines Tieres mit Geldbußen bis 25.000 Euro unter Strafe. Offensichtlich ist die abschreckende Wirkung auf verantwortungslose Tierhalter aber nicht groß genug, denn jährlich werden in Deutschland fast 300.000 Tiere ausgesetzt – die Hälfte davon während der Haupturlaubszeit von Juni bis August. Überwiegend sind es Hunde und Katzen, es werden aber auch viele Meerschweinchen und Kaninchen ausgesetzt.

▶ CHECKLISTE

Die Katzen-Reiseapotheke

Reiseapotheke erst vor der Abfahrt zusammenstellen, Verfallsdatum von Tabletten und Tropfen kontrollieren.

- ○ Flohhalsband, Spot-on-Präparat
- ○ Mittel gegen Durchfall
- ○ Antihistamin-Gel (Wespenstiche)
- ○ Wundpuder, evtl. Wundspray
- ○ Augen- und Ohrentropfen
- ○ Zeckenzange
- ○ Mullbinden (elastisch)
- ○ Vaseline
- ○ Pinzette
- ○ Tabletten gegen Reisekrankheit (→ Tipp, Seite 254)

Quickfinder von A bis Z

Von A wie **ABSTAMMUNG** bis Z wie **ZUCHTBUCH** führt der Quickfinder alle Begriffe auf, die für Katzenhalter und solche, die es werden wollen, interessant und wichtig sind. Jeder Begriff bietet Ihnen praxisorientiertes Basiswissen und erläuternde Hintergrundinformationen. Wer das Thema vertiefen will, findet über die Kapitel- und Seitenverweise sofort die entsprechenden Textstellen.

DOMINANZ	Quickfinder-Begriff
❶ Die Vererbung von Merkmalen, *Seite 81*	verweist auf Kapitel (Ziffer im Kreis) und Textstellen (Seitenangabe), die das Thema des Quickfinder-Begriffs behandeln
GENETIK	verweist auf verwandte oder weiterführende Begriffe im Quickfinder

ABSTAMMUNG

Die Hauskatze stammt von der afrikanischen Wildkatze ab. Als Ahnherrin gilt die nördlich der Sahara und in Ägypten heimische Nubische Falbkatze *Felis silvestris lybica*. Falbkatzen sind schlanke und relativ zierliche Tiere, die sich in Körperbau, Gewicht und der Farbe, Zeichnung und Struktur ihres Fells nur wenig von kurzhaarigen Hauskatzen unterscheiden. Besonders auffällig ist ihre Zutraulichkeit: Die wilden Falbkatzen halten sich häufig in der Nähe der Dörfer auf und lassen sich leicht zähmen. Ganz anders die in unseren Mittelgebirgen lebende europäische Wildkatze *Felis silvestris silvestris*, die man lange für die Stammmutter der Hauskatze hielt: Die Wildkatze ist eine außerordentlich scheue Einzelgängerin, die den Menschen meidet und sich nur in unzugänglichen Waldregionen fernab jeder Siedlung niederlässt. Auch der robustere Körperbau und ihr höheres Gewicht unterscheidet die Wildkatze von einer Hauskatze. Verpaarungen zwischen Wildkatzen und streunenden Katzen kommen immer wieder vor, bleiben aber in Relation zur Gesamtzahl der Hauskatzen so selten, dass diese „Blutauffrischung" keinerlei Auswirkungen auf das Aussehen und Verhalten der Hauskatze hat.

❶ Die Geschichte der Hauskatze, *Seite 13*

AMINOSÄUREN

Aminosäuren sind die Bausteine der Proteine (Eiweiße). Pflanzen und Mikroorganismen können alle Aminosäuren selbst aufbauen, die Tiere und der Mensch müssen mehrere Aminosäuren (acht beim Menschen, elf bei der Katze) mit der Nahrung aufnehmen. Eine Unterversorgung mit lebensnotwendigen Aminosäuren führt zu ernsten Stoffwechselschäden. Die gesunde Ernährung der Katze ist vor allem von hochwertigen und leicht verdaulichen tierischen Proteinen (in erster Linie Muskelfleisch) abhängig, die alle essenziellen Aminosäuren enthalten. Darüber hinaus muss Katzenfutter aber auch einen bestimmten Anteil pflanzlicher Eiweißstoffe enthalten.

❹ Die wichtigsten Nahrungsbausteine, *Seite 179*

ANALGESICHT

Zum ▶ BEGRÜSSUNGSVERHALTEN der Katzen gehört neben dem Nasenkontakt auch das gegenseitige Beschnuppern der Analregion. Die Analdrüsen nahe der Afteröffnung geben einen charakteristischen und individuellen Duft ab und verraten den Artgenossen, mit wem sie es hier zu tun haben. Nicht immer allerdings gestattet man einer fremden Katze freimütig die Kontrolle des Analgesichts und unter Freunden belässt man es meist sowieso bei einem eher flüchtigen Nasenkontakt.

❸ Schnüffeltest beim Katzentreffen, *Seite 145*

ANTIKÖRPER

Antikörper sind spezifische körpereigene Abwehrstoffe (Immunoglobuline), mit denen sich der Organismus in einer Antigen-Antikörper-Reaktion gegen Krankheitserreger (Antigene) zur Wehr setzt. Eine aktive Schutzimpfung regt den Körper zur Bildung von Antikörpern an und führt zur erworbenen ▶ IMMUNITÄT.

❺ Die gefährlichsten Infektionskrankheiten, *Seite 210*

AUDIO-VISUELLES GEDÄCHTNIS

Katzen orientieren sich optisch und akustisch. Wie verschiedene Untersuchungen zum HEIMFINDEVERMÖGEN zeigen, sind dabei offensichtlich vor allem vertraute und besonders auffällige Geräusche von Bedeutung, die als so genannte Hörbilder im Gehirn der Katze gespeichert sind. Das audio-visuelle Gedächtnis soll eine zielgerichtete Orientierung auch über größere Entfernungen möglich machen. In der näheren Umgebung um ihren Heimatbereich verlässt sich die Katze in erster Linie auf die Fähigkeit ihrer Ohren, Richtung und Intensität von Schallquellen exakt lokalisieren zu können. Verantwortlich für die Peilung sind die Ohrmuscheln, die ähnlich wie Radarschirme unabhängig voneinander auf eine Geräuschquelle ausgerichtet werden können.

❶ Sicher nach Hause, *Seite 24*

BEGRÜSSUNGSVERHALTEN

Bei einer Begegnung nehmen Katzen Nase zu Nase Kontakt auf. Dabei stehen sie sich so dicht gegenüber, dass neben dem Duft auch die Bart- und Tasthaare ins Spiel kommen. Wichtige Informationen liefert das folgende gegenseitige Beschnuppern der Analregion (ANALGESICHT). Auch mit Hunden, anderen Tieren und dem Menschen versucht eine Katze Nasenkontakt herzustellen, was bei uns zwangsläufig meist scheitert. Bei vertrauten Menschen und Heimtieren spielt Köpfchengeben eine wichtige Rolle, es ist Ausdruck der Zuneigung, dient zugleich aber auch dem MARKIEREN.

❶ Duftsignale, *Seite 22* | ❸ Wie Katzen ihre Zuneigung zeigen, *Seite 131*

BEISSHEMMUNG

Im Spiel erprobt die Katze Verhaltensmuster aus verschiedenen Funktionskreisen, vorzugsweise die des Angriffs, der Verteidigung und des Beutefangs (BEUTEFANGVERHALTEN). Eine Beißhemmung sorgt zum Beispiel beim spielerischen Nackenbiss dafür, dass das Spiel ohne Blessuren abläuft. Die Beißhemmung ist angeboren, muss aber von den jungen Katzen noch geübt werden. Das Feedback kommt von den Wurfgeschwistern, die vernehmlich protestieren, wenn ihre Spielpartner ohne Hemmung zubeißen. Später dann lernt die Katze ihre Beißhemmung zu überwinden, um den richtigen Tötungsbiss setzen zu können. Mangels Jagdpraxis schafft das manche Katze allerdings nie. Für sie bleibt auch die echte Maus zeitlebens ein Spielobjekt.

❸ Jagdverhalten, *Seite 140* | ❻ Spielen ist Balsam für die Seele, *Seite 236*

BEUTEFANGVERHALTEN

Das Beutefangverhalten der Katze ist angeboren. Es wird durch Geräusche (Rascheln, Knistern, Stimmfühlungslaut der Maus u. a.) und durch kleine Objekte ausgelöst, die sich von der Jägerin wegbewegen. Die Katze verfolgt die Beute, schlägt sie mit den Pfoten und packt sie mit den Zähnen. Der richtig gesetzte Nackenbiss führt zum sofortigen Tod des Beutetieres. Die aufgestaute Erregung entlädt sich im ERLEICHTERUNGSSPIEL.

❸ Jagdverhalten, *Seite 139*

BEZOARE

Bei der Fellpflege verschluckt die Katze Haare, die im Magen Bezoare (Haarballen) bilden können. Um das Hervorwürgen der Bezoare zu erleichtern, knabbern Katzen instinktiv an Gras und Grünpflanzen (Zypergras, Schnittlauch, Katzengras). Haarballen, die nicht erbrochen werden können, führen nicht selten zur Magenschleimhautentzündung (Gastritis) und müssen vom Tierarzt entfernt werden.

❸ Fragen zu Verhalten und Erziehung, *Seite 174* | ❺ Pflege, *Seite 203* | ❺ Hilfe bei den häufigsten Krankheiten, *Seite 216*

BICOLOR

Fellfärbung, bei der Weiß zusammen mit einer reinen Farbe (Rot, Schwarz, Creme und viele andere) auftritt. Bei Rassekatzen ist die harmonische Farbverteilung über den ganzen Körper erwünscht und meist auch eine weiße Blesse im Gesicht. Insgesamt sollte der Weißanteil nicht überwiegen.

❶ Die wichtigsten Rassekennzeichen, *Seite 48*

BRECHSCHERE

Das Zahnpaar der Brechschere im ▶ RAUBTIERGEBISS ermöglicht das Abschneiden von Fleischstücken aus der Beute. Bei den Katzen hat die Brechschere ausschließlich schneidende Funktion. Gebildet wird sie vom letzten Vorbackenzahn des Oberkiefers (P^4) und dem (einzigen) Backenzahn im Unterkiefer (M_1).

❶ Die Welt der wilden Katzen, *Seite 15* | ❶ Die Zähne eines Raubtiers, *Seite 21*

BREITSEITENDROHEN

Abwehr- und Imponierhaltung, bei der die Katze ihrem Gegenüber die Flanke zuwendet, Rücken- und Schwanzhaare sträubt und einen Buckel macht. Breitseitendrohen können schon die Jungkatzen. Es wird auch im Spiel mit Artgenossen und Menschen eingesetzt.

❸ Das Wörterbuch der Katzensprache, *Seite 144*

DOMESTIKATION

Über viele Generationen hinweg hält der Mensch Tiere, um sie für seine Zwecke nutzbar zu machen, und unterwirft sie einer künstlichen Auslese (Selektion). Folge der Domestikation (Haustierwerdung) sind Veränderungen im Körperbau, in der Physiologie und im Verhalten. Der Wegfall natürlicher Selektionsbedingungen hat bei den Haustieren auch zu einer breiten Formenvielfalt geführt. Weitere Merkmale der Domestikation: große Variationsbreite des Körpergewichts und der Körpergröße, Entstehung von Extremformen (Riesen, Zwerge). Bei kleinen Tieren ist der Schädel relativ zur Körpergröße größer als bei größeren Formen der gleichen Art. Das Gehirn ist im Vergleich zum Wildtier bis zu 30 Prozent kleiner, die Sinnesleistungen (Sehen, Riechen, Hören) sind geringer, die Fortpflanzungsrate ist zum Teil erheblich gesteigert. Mit Ausnahme der Katze sind alle Haustiere Herden- und Rudeltiere, deren ererbte Bereitschaft zur Ein- und Unterordnung ihre Domestikation erleichterte. Die Katze stellt einen Sonderfall dar, da sie offensichtlich freiwillig die Nähe des Menschen suchte, sich ihm aber nicht unterordnete. Als ältestes Haustier gilt der Hund (älteste Knochenfunde ca. 14.000 Jahre). Schaf und Hausziege: 11.000 Jahre, Schwein und Rind: 9.000 Jahre, Pferd: 6.000 Jahre. Neuere Funde lassen den Schluss zu, dass auch die Katze eventuell schon seit 10.000 Jahren mit dem Menschen zusammenlebt. Sichere Funde sind jedoch viel jünger.

❶ Die Geschichte der Hauskatze, *Seite 13* | ❶ Merkmale der Domestikation, *Seite 14*

DOMINANZ

In der ▶ GENETIK wird ein Erbgutanteil (Allel) als dominant bezeichnet, der für die Ausprägung eines Merkmals verantwortlich ist und andere (rezessive) Allele unterdrückt. Verhaltensforschung: dominante Tiere nehmen eine Führungsrolle ein.

❶ Die Vererbung von Merkmalen, *Seite 81*

ERLEICHTERUNGSSPIEL

Auf der Jagd und beim Kampf mit der Beute steht die Katze unter großer Anspannung und besonders bei wehrhaften Tieren wie etwa Ratten muss sie auch ihre Furcht überwinden. Nach dem erfolgreichen Fang machen sich daher Erregung und Angst in einem Erleichterungsspiel Luft, bei dem die Jägerin ihre Beute in wilden Sprüngen und Kapriolen umtanzt. Nicht selten nutzt eine Maus, die sich tot gestellt hat, die Gunst der Stunde, um sich in Sicherheit zu bringen. Auch bei der spielerischen Jagd auf kleine Objekte (Fellmaus, Papierknäuel) setzen Katzen häufig zum Erleichterungsspiel an.

3 Jagdverhalten, *Seite 140* | 6 Die mit der Maus tanzt, *Seite 236*

FARBENSEHEN

In der Welt der Katze spielen Bewegungen, zum Teil auch Formen, aber weniger die Farben eine Rolle. Daher ging man lange davon aus, dass das Katzenauge Farben überhaupt nicht erkennt. Inzwischen ist jedoch der Nachweis erbracht, dass Katzen zumindest die Grundfarben sehr gut unterscheiden können.

1 Ganz Auge und Ohr, *Seite 21* | 1 Verhalten und Sinnesleistungen, *Seite 83* | 6 Spielverhalten und Spielintelligenz, *Seite 245*

FELIDAE

Wissenschaftliche Bezeichnung der weltweit (ursprünglich nicht in Australien und der Antarktis) verbreiteten Familie der Katzen. Katzen sind mit Ausnahme des Löwen einzelgängerische Raubtiere, die sich vornehmlich von Fleisch ernähren und ihre Beute nach kurzem Sprint oder im Sprung überwältigen (SCHLEICHJAGD, Ausnahme Gepard). Ihr RAUBTIERGEBISS zeichnet sich durch ein Paar verlängerter und spitzer Eck- oder Fangzähne aus. Katzen sind ZEHENSPITZENGÄNGER und besitzen Krallen, die in Ruhestellung eingezogen sind (Ausnahme Gepard). Typisch für alle Katzen ist das TAPETUM LUCIDUM, eine reflektierende Schicht im Augenhintergrund, die das Sehvermögen im Dämmerlicht verbessert. Äußerlich sichtbare Unterschiede zwischen den Geschlechtern fehlen – wiederum mit Ausnahme des Löwen. Die Familie der Katzen wird in die KLEINKATZEN und GROSSKATZEN untergliedert. Der Gepard nimmt eine Sonderstellung ein.

1 Stammesgeschichte der Katzen, *Seite 14* |
1 Das heimliche Leben der Katzen, *Seite 16*

FLEHMEN

Spezifischer mimischer Ausdruck, wenn die Katze einen besonderen Duft wahrnimmt. Beim Flehmen steht der Mund leicht offen, die Oberlippe wird hochgezogen, die Nase gerümpft, der Blick scheint ins Leere zu gehen, die Katze wirkt entrückt. Der Geruchsstoff wird zu einem chemischen Sinnesorgan im Gaumendach, dem Jacobsonschen Organ, weitergeleitet. Flehmen wird in erster Linie von den weiblichen Sexualhormonen ausgelöst. So flehmen Kater häufig dann, wenn sie den Harn einer läufigen Katze prüfen. Bei den großen Katzenarten ist das Flehmen auffälliger als bei der Hauskatze. Flehmen können neben anderen auch die Pferde, Rinder und Fledermäuse.

1 Das sonderbare Jacobsonsche Organ, *Seite 22* |
3 Der Katzen-Sprachatlas, *Seite 149*

GENETIK

Die Genetik oder Vererbungslehre befasst sich mit den Gesetzmäßigkeiten, nach denen die Merkmale vererbt werden. Die molekulare Genetik untersucht Vererbungsphänomene auf der Basis der Molekülstrukturen, die Träger der genetischen Information sind. Bei der Katze ist eine große Zahl von Erbgängen für Fellfarben und -muster und für die Haarlänge gut dokumentiert.

❶ 7 Punkte für den guten Züchter, *Seite 37* |
❶ Die Vererbung von Merkmalen, *Seite 81*

GESCHLECHTSBESTIMMUNG

Die schlitzförmige Scheide der Katze liegt dicht unter dem After, die runde Geschlechtsöffnung des Katers ist weiter vom After entfernt. Dazwischen liegen die Hoden, die man beim jungen Kater nur als leichte Wölbung erkennen kann. Auf sanften Druck unterhalb der Öffnung tritt der Penis hervor.

❶ So erkennen Sie das Geschlecht, *Seite 39*

GESCHLECHTSGEBUNDENE VERERBUNG

Gene mit der Erbsubstanz für bestimmte Merkmale sind auf den x- und y-Chromosomen (Geschlechtschromosomen) lokalisiert und werden geschlechtsgebunden vererbt. Bei Katzen liegt z. B. die Farbe Rot auf dem x-Chromosom, das xy-Chromosomenpaar eines Katers gibt Rot nur einmal weiter. Als Folge geschlechtsgebundener Vererbung sind ▶ SCHILDPATT-Katzen immer weiblich. Beim Menschen werden u. a. Farbenblindheit und Bluterkrankheit geschlechtsgebunden vererbt.

❶ Geschlechtsgebundene Vererbung, *Seite 81*

GESTIK

Die komplexe Gestik (Körpersprache) der Katze dient der Verständigung mit Artgenossen, anderen Tieren und dem Menschen.

❸ Das Wörterbuch der Körpersprache, *Seite 144*

GIFTPFLANZEN

Giftige Zimmerpflanzen gehören nicht in den Katzenhaushalt. Besonders gefährlich sind sie für Wohnungskatzen, die nicht an geeigneten Grünpflanzen (Katzengras, Petersilie, Hafer, Thymian u. Ä.) knabbern können. Giftig für Katzen sind: Alpenrose, Alpenveilchen, Azalee, Bohnen, Christrose, Diefenbachia, Efeu, Eisenhut, Goldregen, Hortensie, Hyazinthe, Kalla, Kartoffel, Lebensbaum, Lorbeer, Lupine, Maiglöckchen, Mistel, Narzisse, Oleander, Pfaffenhütchen, Philodendron, Platterbse, Primel, Rittersporn, Tabak, Tomate, Tulpe, Wacholder, Weihnachtsstern, Wurmfarn.

❶ Was Katzen alles machen, *Seite 31* |
❷ Ist meine Wohnung katzensicher? *Seite 95* |
❺ Notfallsituationen, *Seite 223*

GLEICHGEWICHTSSINN

Katzen haben ein ausgeprägtes Gleichgewichtsgefühl und reagieren blitzschnell, wenn sie die Balance zu verlieren drohen. Der Gleichgewichtssinn sitzt im Innenohr (Labyrinth). Das Kleinhirn verarbeitet die Informationen, die vom Gleichgewichtsorgan und aus der Muskulatur gemeldet werden, und greift in die Steuerung der Bewegung ein. Im freien Fall sorgt ein Stellreflex dafür, dass sich die Katze dreht und mit den Füßen voraus landet, vorausgesetzt, es bleibt ihr genügend Zeit, um die Luftrolle zu vollenden.

❶ Vollendete Körperbeherrschung, *Seite 23* |
❶ Verhalten und Sinnesleistungen, *Seite 83*

GROSSKATZEN

Zu den Großkatzen gehören Löwe, Leopard, Tiger, Jaguar und der Schneeleopard. Der Gepard hat eine Sonderstellung. Die Unterschiede zu den ▶ KLEINKATZEN: Großkatzen können brüllen, aber nur beim Ausatmen schnurren. Sie putzen sich weniger, fressen im Liegen, ihre Pupille verengt sich rundlich und nicht zum Schlitz.

❶ Die großen und die kleinen Katzen, *Seite 16*

HAFTPFLICHT

Das Bürgerliche Gesetzbuch regelt die Haftung für die Tierhaltung (§ 833). Danach muss der Tierhalter für den entstandenen Schaden aufkommen, wenn sein zu Freizeitzwecken gehaltenes Tier einen Menschen verletzt oder tötet oder eine Sache beschädigt. Gehaftet werden muss nicht nur bei Verschulden, sondern auch verschuldensunabhängig (Gefährdungshaftung). Für Katzen wie auch Meerschweinchen, Kaninchen, Wellensittiche, Kanarienvögel und andere privat gehaltene Haustiere besteht Versicherungsschutz über eine Privathaftpflichtversicherung. Nicht mitversichert sind Hunde, Pferde, Ponys, Esel, Rinder und exotische Tiere, deren Halterrisiko gesondert versichert werden muss.

1 Haftung für frei laufende Katzen, *Seite 42*

HALBLANGHAARKATZEN

Im Vergleich zu den LANGHAARKATZEN ist bei Halblanghaarkatzen das Deckhaar kürzer und die Unterwolle weniger dicht. Zu dieser Rassegruppe gehören Norwegische Waldkatze und Maine Coon, beide mit Wasser abstoßendem Deckhaar und einer weichen Unterwolle. Relativ pflegeleicht ist das mittellange Fell von Somali, Ragdoll und Türkisch Angora.

1 Die wichtigsten Rassekennzeichen, *Seite 47*

HEIMFINDEVERMÖGEN

Das AUDIO-VISUELLE GEDÄCHTNIS ermöglicht es Katzen, auch über Distanzen von mehreren Kilometern wieder nach Hause zurückzufinden. Dabei geben ihnen Hörbilder mit vertrauten und besonders markanten Geräuschen die Marschrichtung vor, so dass viele Heimkehrer die direkte und kürzeste Route zum Wohnort einschlagen. Bei der Feinorientierung im näheren Heimatbereich spielen dann die Stärke und Richtung von Tonsignalen und optische Wegmarken eine wichtige Rolle.

1 Sicher nach Hause, *Seite 24*

HEIMTIERPASS

Der EU-Heimtierpass ist der Personalausweis der Katze. Er enthält ihre Kennzeichnung in Form einer Mikrochip-Nummer (bis 2012 ist auch die Tätowierungsnummer noch erlaubt) und dient zum Nachweis der Impfungen. Bei Reisen in Länder der Europäischen Union muss der Heimtierpass mitgeführt werden und die gültige Tollwutschutzimpfung bescheinigen. Ausgestellt wird er vom Tierarzt.

7 Der EU-Heimtierpass, *Seite 256*

HÖRVERMÖGEN

Das Hörvermögen der Katze umfasst ein sehr breites Frequenzband. Besonders empfänglich sind Katzenohren für hohe Töne im Ultraschallbereich, wie sie zum Beispiel von einer wispernden Maus abgegeben werden. Das Ohr der Katze ist immer empfangsbereit: Bei raschelnden und knisternden Geräuschen ist auch eine vermeintlich tief schlafende Katze sofort hellwach. Auf der anderen Seite können Katzen dank ihrer Fähigkeit zum »Weghören« selbst in lärmender Umgebung völlig entspannt ein Nickerchen halten.

1 Ganz Auge und Ohr, *Seite 21*

IMMUNITÄT

Fähigkeit des Organismus, sich vor Krankheit zu schützen. Beim Erstkontakt mit Krankheitserregern bildet der Körper Abwehrstoffe (ANTIKÖRPER), die ihn immun gegen Folgeinfektionen mit diesem Erreger machen. Schutzimpfungen verleihen dem Körper Immunität, indem sie ihn zur Bildung von Antikörpern anregen bzw. sie ihm direkt zuführen (aktive und passive Immunisierung). Junge Katzen sind in den ersten Wochen ihres Lebens durch Abwehrstoffe geschützt, die sie mit der Kolostralmilch, der besonderen ersten Muttermilch, aufnehmen.

5 Die gefährlichsten Infektionskrankheiten, *Seite 210*

IMPONIEREN

Imponieren hat im Tierreich eine wichtige Funktion: Es hilft Auseinandersetzungen und Verletzungen zu vermeiden, wenn sich der Rivale durch die Drohhaltung seines Gegenübers einschüchtern lässt. Imponiert wird auch zur Werbung um Weibchen. Katzen haben viele Ausdrucksmöglichkeiten, um Gegnern zu imponieren: KATZENBUCKEL, Sträuben des Fells, KRALLENWETZEN, Grollen, Fauchen und Spucken. Katern auf Liebespfaden bringt es hingegen wenig, wenn sie einer Katze imponieren wollen und Stärke demonstrieren: Katzendamen haben eigene Vorstellungen vom »Kater ihrer Träume« und wählen oft genug den unscheinbarsten und schmächtigsten aller Freier.

3 Imponieren, *Seite 141*

INKUBATIONSZEIT

Nach einer Infektion mit Krankheitserregern kann es je nach Erkrankung wenige Stunden bis zu mehreren Jahren dauern, bis die ersten Krankheitssymptome auftreten. So beträgt die Inkubationszeit bei Katzenschnupfen 2-5 Tage, bei Tollwut 14-30 Tage, bei der Infektiösen Bauchfellentzündung (FIP) bis vier Monate und bei der Leukose (FeLV) nicht selten sogar mehrere Jahre.

5 Katzenschnupfen, *Seite 211*, FeLV, *Seite 212*, FIP, *Seite 212*, Tollwut, *Seite 213*

INNERE UHR

Die innere Uhr (auch physiologische oder biologische Uhr) gibt es bei Pflanzen, Tieren und auch beim Menschen. Sie steuert Stoffwechselprozesse, Verhaltensweisen und andere physiologische Abläufe in einem Rhythmus von annähernd 24 Stunden. Die molekularen Mechanismen sind noch nicht erforscht, bei Vögeln wurde eine Korrelation des Zeitgedächtnisses mit der Abgabe des Hormons Melatonin festgestellt.

1 Die Uhr im Kopf, *Seite 23*

KASTRATION

Operativer Eingriff, bei dem die Eierstöcke (zum Teil auch die Gebärmutter) der Katze bzw. die Hoden des Katers entfernt werden. Die Kastration unterbindet die Rolligkeit, die Katze kann nicht mehr trächtig werden und ist vor Scheinschwangerschaft und Gebärmutterentzündungen geschützt. Kastrierte Tiere sind meist anhänglicher und häuslicher. Beim Kater stoppt der Eingriff häufig auch das MARKIEREN durch Spritzharnen und den Trieb zum Streunen, kann allerdings die Bereitschaft zur Revierverteidigung verstärken. Bei der STERILISATION werden nur die Eileiter bzw. Samenstränge durchtrennt. Sie wird in Deutschland nicht durchgeführt.

5 INFO: Kastration, *Seite 219*

KATZENALLERGIE

In Gegenwart von Katzen kommt es bei manchen Menschen zu allergischen Reaktionen, die von tränenden Augen, Schnupfen bis zu Atembeschwerden und Erstickungsanfällen reichen können. Verursacht wird die Allergie nicht durch die Katzenhaare, sondern durch den Speichel, den die Katze beim Putzen im Fell verteilt. Die auslösenden Stoffe (Allergene) halten sich lange Zeit in der Luft. Selbst wenn schon seit Wochen oder Monaten keine Katze mehr im Zimmer war, kann es noch zur allergischen Reaktion kommen. Regelmäßiges feuchtes Abreiben des Katzenfells schwächt die Beschwerden ab. Bei starken Symptomen bleibt oft nur die Trennung von der Katze.

1 Allergie-Test, *Seite 35*

KATZENBUCKEL

Ausdrucksform der Körpersprache der Katze, die dem IMPONIEREN dient. Beim Katzenbuckel vermischen sich Verhaltenselemente von Angriffsdrohen und Fluchtbereitschaft. Einen Buckel macht die Katze aber auch bei ihren Dehnübungen, z. B. nach dem Schlafen.

3 Der Katzen-Sprachatlas, *Seite 148*

KLEINKATZEN

Neben den Wildkatzen, zu denen auch die Falbkatze als Stammmutter der Hauskatze gehört, umfasst die Gruppe der Kleinkatzen so unterschiedliche Gattungen wie Ozelot, Puma, Serval, Goldkatze, Luchs und viele andere. Das Zungenbein der Kleinkatzen ist verknöchert. Sie können nicht brüllen wie die GROSSKATZEN, dafür aber beim Ein- und beim Ausatmen schnurren. Die meisten Arten sind relativ klein (Körpergrößen von 40-160 cm), größte Kleinkatze ist der Puma. Der Nebelparder zeigt Merkmale einer Großkatze, zählt aber zu den Kleinkatzen.

1 Die großen und die kleinen Katzen, *Seite 16*

KOLOSTRALMILCH

Die Kolostral- oder Vormilch der Katzenmutter ist reich an Immunoglobulinen (ANTIKÖRPER), die das Neugeborene schützen, bis sein eigenes Immunsystem ausgebildet ist. Im Vergleich mit der normalen Muttermilch hat die Vormilch einen geringeren Nährwert.

1 Milch, die vor Krankheit schützt, *Seite 78*

KOMFORTVERHALTEN

Sammelbegriff für Verhaltensweisen, die der Körperpflege und dem Wohlbefinden dienen. Bei der Katze zum Beispiel das Strecken des Körpers nach dem Aufwachen, Gähnen und Krallenschärfen.

3 Komfortverhalten, *Seite 141*

KRALLENWETZEN

Beim Krallenwetzen werden die Krallen geschärft und die abschilfernden Hornschichten entfernt. Gleichzeitig dient das Krallenwetzen aber auch dem MARKIEREN, um Besitzansprüche (Revier, Objekte, vertraute Personen) zu unterstreichen, und dem IMPONIEREN, um Artgenossen zu beeindrucken.

1 Krallen können mehr als kratzen, *Seite 20* |
3 Geruchssignale und Sichtzeichen, *Seite 145*

KURZHAARKATZEN

Die Hauskatze stammt von kurzhaarigen Vorfahren ab. Auch heute haben die meisten Hauskatzen ein kurzes Fell. Seine Merkmale werden gegenüber denen eines langen Haarkleids dominant vererbt. Kurzhaar bietet mehr Schutz vor der Witterung als langes Haar und ist auch für wild lebende Katzen typisch. In der Fellstruktur gibt es deutliche Unterschiede: fest und dicht bei der Europäisch Kurzhaar, weich gewellt bei einer Rex, glatt und fein bei den Siamesen, derb und gekräuselt bei der Amerikanisch Drahthaar.

1 Die wichtigsten Rassekennzeichen, *Seite 47*

LANGHAARKATZEN

Mit 12-15 cm langen Deckhaaren haben die Perser das längste Fell aller Hauskatzen. Die lange, dichte Unterwolle verleiht dem Fell das imposante Volumen, verlangt aber tägliche Pflege, damit es nicht verfilzt. Bekannt sind Langhaarkatzen seit dem 16. Jahrhundert, ihre Entstehung geht wahrscheinlich auf spontane Erbgutänderung (MUTATION) zurück.

1 Die wichtigsten Rassekennzeichen, *Seite 47*

MARKIEREN

Duftsignale spielen bei der Verständigung der Katze eine wichtige Rolle. Mit Geruchsstoffen aus Drüsen an Wangen, Kinn, an den Pfotensohlen und in der Afterregion markiert sie Objekte im Revier, vertraute Menschen und Tiere und signalisiert so ihren Besitzanspruch. Das passiert in der Regel im direkten Kontakt durch Köpfchengeben und Flankenreiben, aber auch beim ▶ KRALLENWETZEN.

❸ Geruchssignale und Sichtzeichen, *Seite 145*

MIKROCHIP

Die Kennzeichnung mit Mikrochip (Transponder) erleichtert das Wiederfinden, wenn eine registrierte Katze (▶ REGISTRIERUNG) entlaufen ist. Sie ist Pflicht bei Auslandsreisen (Tätowieren noch bis 2012 erlaubt). Der Tierarzt implantiert den Chip unter der Nackenhaut der Katze. Mit einem speziellen Lesegerät kann die Kennnummer abgelesen werden. Sie wird im Heimtierpass eingetragen.

❼ Der EU-Heimtierpass, *Seite 256*

MILCHTRITT

Beim Saugen an der Zitze bearbeitet das Kätzchen den Bauch der Mutter mit rhythmischen Pfotenbewegungen. Das »Treteln« regt den Milchfluss an. Erwachsene Katzen bekunden mit dem Milchtritt, dass sie sich wohl fühlen, z. B. auf »pfotensympathischen« Textilien (Wolle) und wenn sie gestreichelt werden.

❶ Milch, die vor Krankheit schützt, *Seite 78*

MIMIK

Ausdrucksformen des Katzengesichts, die speziell der Verständigung im Nahbereich dienen. Haltung und Ausdruck von Mund, Stirn, Nase, Augen, Ohren und Schnurrhaaren vermitteln eine Vielzahl unterschiedlicher Stimmungen (→ siehe auch Halbseiten-Mimik, Seite 173).

❸ Schau mir ins Gesicht! *Seite 144* | ❸ Kommunikation und Kooperation, *Seite 173*

MUTATION

Plötzliche Veränderungen in der Erbsubstanz können ohne erkennbare Ursache (spontane Mutation) auftreten, aber auch künstlich ausgelöst werden (induzierte Mutation). Auf molekularer Ebene handelt es sich dabei um Änderungen in der Nukleinsäure-Sequenz (DNS). Auf spontane Mutation zurück geht das Merkmal Schwanzlosigkeit, das durch gezielte Zucht bei der Manxkatze beibehalten wurde. Manx-typisch sind Einschränkungen bei Fortpflanzung und Bewegung (Probleme beim Klettern, hoppelnder Gang, → Seite 71). Unter natürlichen Bedingungen könnten solche Mutationen nicht bestehen.

❶ Wie entsteht eine neue Rasse? *Seite 81*

ODD-EYED

Katzen mit verschiedenfarbigen Augen, einem blauen und einem meist kupfer- oder orangefarbenen (Iris-Heterochromie). Die Färbung ist abhängig vom Pigment in der Iris. Das Pigment schützt das Auge vor übermäßigem Lichteinfall, bei Pigmentmangel (blaue Augen) ist die Schutzwirkung geringer. Weiße Tiere mit blauen Augen sind häufig taub (bei einem blauen Auge auch einseitig).

❶ Rasseporträt Perser Chinchilla, *Seite 61*

PAARUNGSSTELLUNG

Die Katze signalisiert ihre Bereitschaft zur Begattung, indem sie das Hinterteil anhebt und den Schwanz zur Seite legt. Der Vorderkörper ruht auf den Ellbogen. Nach dem oft langwierigen Paarungsvorspiel dauert die Begattung nur wenige Sekunden. Kennen sich Katze und Kater gut, kommt man ohne Vorspiel zur Sache, und selbst den Nackenbiss deutet der Kater oft nur an. Die Initiative zur Paarung geht immer von der Katze aus.

Von Zärtlichkeit keine Spur, *Seite 75*

PHÄNOTYP

Äußeres Erscheinungsbild eines Lebewesens, das von den genetischen Anlagen (Genotyp) und äußeren Strukturen und Funktionen bestimmt wird. Verdeckt vererbte Anlagen (REZESSIVITÄT) treten phänotypisch nur in Erscheinung, wenn sie nicht von dominanten (DOMINANZ) überlagert werden. Umwelteinflüsse verändern den Phänotyp.

Die Vererbung von Merkmalen, *Seite 81*

POINTS

Kräftiger gefärbte Fellpartien (Abzeichen) in einem Haarkleid von heller, meist weißer oder hellbrauner Grundfarbe. Points sitzen an Kopf (Maske), Beinen bzw. Pfoten und am Schwanz. Typische Point-Rassen sind Siam und Balinese, Perser mit Points heißen Colourpoint.

Die wichtigsten Rassekennzeichen, *Seite 48*

PUPILLENREFLEX

Je nach Lichtintensität verändert die Pupille des Katzenauges ihre Größe. Sie garantiert so optimales Sehen im Dämmerlicht und schützt das Auge vor starkem Lichteinfall. Verantwortlich für die Größenanpassung sind Muskeln in der Iris. Gesteuert wird die Pupillengröße durch Nervenimpulse, sie ist auch Ausdruck der Stimmung der Katze.

Ganz Auge und Ohr, *Seite 21*

RASSEKATZEN

Rassekatzen zeichnen sich durch bestimmte Merkmale aus (Körperbau und Kopfform, Haarlänge, -struktur, -farbe und -zeichnung, aber auch Wesenseigenschaften), die allen Tieren der Rasse gemeinsam sind und an ihre Nachkommen vererbt werden. Innerhalb einer Rasse gibt es meist Untergruppierungen (VARIETÄTEN, z. B. Farbschläge). Durch Zuchtauswahl werden erwünschte Eigenschaften gefördert. Der RASSESTANDARD ist die verbindliche Beschreibung der Rasse.

Die Welt der Rassekatzen, *Seite 47*

RASSESTANDARD

Im Rassestandard legt der Zuchtverband die idealtypischen Merkmale einer Katzenrasse fest. Der Standard wird bei der Bewertung der RASSEKATZEN auf Ausstellungen zugrunde gelegt. Je nach Zuchtorganisation können sich die Standards einzelner Rassen voneinander unterscheiden. Darüber hinaus existiert auch ein Weltstandard.

Das Zeug zum Champion, *Seite 33* |
Die Welt der Rassekatzen, *Seite 47* |
Der Standard definiert die Rasse, *Seite 80*

RAUBTIERGEBISS

Katzen haben ein Raubtiergebiss. Kennzeichnend sind die langen, gebogenen Eck- oder Fangzähne, mit denen die Beute gepackt und getötet wird. Die Reißzähne der BRECHSCHERE können auch große Fleischstücke zerteilen, und sie sind stark genug, um kleinere Knochen zu brechen. Die winzigen Schneidezähne unterstützen die Fell- und Hautpflege (etwa beim Fang von Flöhen), zur Nahrungsaufnahme werden sie kaum eingesetzt. Katzen kommen zahnlos zur Welt, die Milchzähne sind nach sechs Wochen komplett, der ZAHNWECHSEL zum Dauergebiss beginnt im 3. Monat. Die erwachsene Katze hat 30 Zähne (16 oben, 14 unten).

Die Zähne eines Raubtiers, *Seite 21*

REGISTRIERUNG

Die zentrale Registrierung von Haustieren erhöht die Chance, vermisste Tiere wiederzufinden. Beim Haustierregister des Deutschen Tierschutzbundes werden Katzen kostenlos registriert. Voraussetzung ist eine dauerhafte Kennzeichnung, z. B. mit MIKROCHIP (bis 2012 wird auch die TÄTOWIERUNG anerkannt). Der Suchdienst arbeitet bundesweit, schnelle Rückführung ist gewährleistet, wenn die Katze im Tierheim abgegeben wurde.

7 Wenn die Katze wegläuft, *Seite 257*

REVIER

Wahrscheinlich besitzen alle Katzen ein Revier. Bei der Hauskatze schließt es meist direkt an ihren zentralen Wohnbereich, das Heim erster Ordnung, an. Katzen kennen jeden Winkel ihres Reviers, bei den Pirschgängen entgehen ihnen selbst kleinste Veränderungen nicht. Erhöhte Beobachtungspunkte (Warten) erleichtern die Kontrolle. Befreundeten Katzen und Reviernachbarn wird die Benutzung der Wege (meist in Randlage) gestattet, alle unerwünschten Besucher werden attackiert und vertrieben. Heimat macht stark: Im eigenen Revier behält die Katze auch gegenüber körperlich überlegenen Gegnern die Oberhand. An auffälligen Punkten im Revier und an den Reviergrenzen setzt sie Duftsignale ab (MARKIEREN), um ihren Besitzanspruch zu unterstreichen. Die Reviergröße richtet sich nach topographischen Gegebenheiten und endet oft an einer künstlichen oder natürlichen Grenze (Gartenzaun, Bach, Steilhang), sie ist aber auch von der Katzendichte im näheren Wohnumfeld abhängig. Außerhalb des Reviers liegt das Streifgebiet, das auch von anderen Katzen benutzt wird und in dem keine besonderen Besitzansprüche angemeldet werden. Ein ausgeklügeltes Wegerecht sorgt dafür, dass Begegnungen im Revier wie im Streifgebiet vermieden werden.

1 Der Gepard – die andere Katze, *Seite 16* |
3 Grundlagen des Katzenverhaltens, *Seite 136*

REZESSIVITÄT

Rezessiv ist in der GENETIK ein Erbgutanteil (Allel), der von dominanten Allelen unterdrückt wird (DOMINANZ) und nur als Merkmal in Erscheinung tritt, wenn zwei rezessive Allele zusammenkommen. Rezessiv sind u. a. Langhaarigkeit und Siamzeichnung.

1 Die Vererbung von Merkmalen, *Seite 81*

ROLLIGKEIT

Erstmals rollig wird die Katze im 5.-7. Monat (Siam evtl. schon im 4.), wenn sich in ihren Eierstöcken befruchtungsfähige Eier bilden. Symptome der Rolligkeit: Die Katze ist unruhig, miaut und gurrt, hat kaum Appetit, wälzt sich am Boden und ist auffallend schmusebedürftig. Die Rolligkeit hält mehrere Tage an und wiederholt sich mehrmals in Frühjahr und Herbst, falls die Katze nicht gedeckt wird. Die KASTRATION unterbindet die Rolligkeit und alle Begleitsymptome.

1 Frühstarter und Spätentwickler, *Seite 73*

SCHEINTRÄCHTIGKEIT

Der Eisprung der Katze erfolgt beim Deckakt. Bei rolligen Tieren kann er alleine durch Streicheln ausgelöst werden. Die Folge sind hormonelle Veränderungen, die wiederum dazu führen, dass sich die Katze wie ein trächtiges Tier verhält (Anschwellen der Zitzen, Milchfluss). Wiederholte Scheinträchtigkeiten bedeuten ein hohes Gesundheitsrisiko.

1 Scheinträchtigkeit, *Seite 77*

SCHILDPATT

Dreifarbiges Fellmuster mit Schwarz, Rot und Hellrot. Bei Schildpatt mit Weiß sind meist Brust, untere Körperpartie und Beine weiß gefärbt. Augen: kupfer- oder orangefarben. Katzen mit Schildpattfärbung sind fast ausnahmslos weiblich, ein Schildpatt-Kater ist in der Regel unfruchtbar.

1 Die wichtigsten Rassekennzeichen, *Seite 48*

▶ SCHLAFPHASEN

Katzen schlafen und dösen 16 Stunden und mehr pro Tag. Im Schlaf wechseln sich normale und Tiefschlafphasen ab. In Tiefschlaf fällt die Katze jeweils nur für einige Minuten, erkennbar an den zuckenden Augen unter den geschlossenen Lidern. Wegen dieser schnellen Augenbewegungen wird die Tiefschlafphase auch REM-Phase (engl. Rapid Eye Movement) genannt. In der REM-Phase träumt die Katze und reagiert kaum auf Außenreize, während sie in den normalen Schlafperioden bei ungewöhnlichen Geräuschen sofort hellwach ist.

❶ Die Siesta ist heilig, *Seite 28* | ❷ Haltung und Partnerschaft, *Seite 117*

▶ SCHLEICHJAGD

Jagende Katzen versuchen in Deckung möglichst nahe an ihre Beute heranzukommen (mit Ausnahme des Hetzjägers Gepard). Das Anschleichen geschieht in Etappen, bis die günstigste Position für einen Überraschungsangriff erreicht ist. Bei der Mäusejagd wartet die Hauskatze mit ihrer Attacke immer so lange ab, bis sich der Nager weit genug von seinem Loch entfernt hat.

❶ Porträt einer perfekten Jägerin, *Seite 18*

▶ SCHLÜSSELREIZ

Signalreiz, der ein bestimmtes, meist instinktives Verhalten in Gang setzt. Schlüsselreize können durch Formen, Farben, Gerüche oder Laute definiert werden. Raschelnde, piepsende und knisternde Geräusche sind akustische Schlüsselreize, die das Beutefangverhalten der Katze auslösen. Die schnelle Fluchtbewegung eines kleinen Tieres stellt einen optischen Schlüsselreiz dar.

❶ Katzenohren schlafen nie, *Seite 24*

▶ SCHNURREN

Wie alle ▶ KLEINKATZEN können die Hauskatzen beim Ein- und Ausatmen schnurren. Erzeugt werden die Laute im Kehlkopf. Ursprünglich gehört das Schnurren zur Sprache der Kätzchen, die ihrer Mutter mitteilen, dass alles in Ordnung ist, und dabei nicht einmal das Saugen an der Zitze unterbrechen müssen. Die erwachsene Katze drückt durch Schnurren meist ihr Wohlbefinden aus, sie setzt es aber auch zur Beschwichtigung ein und um ihrem Gegenüber zu signalisieren, dass sie hilflos ist und keine Gefahr darstellt.

❸ Das Wörterbuch der Lautsprache, *Seite 143*

▶ SCHWANGERSCHAFTS-HORMON

Das Hormon Progesteron wird während der Trächtigkeit der Katze gebildet. Es ist für die Funktionsfähigkeit und den Erhalt der Gebärmutter zuständig und steuert darüber hinaus auch das Wachstum der Brustdrüsen.

❶ Milch, die vor Krankheit schützt, *Seite 78*

▶ SOHLENGÄNGER

Primaten (Halbaffen, Affen, Mensch), Bären, Nagetiere und eine Reihe von Insektenfressern sind Sohlengänger, die bei der Fortbewegung die ganze Fußsohle auf dem Boden aufsetzen (▶ ZEHENSPITZENGÄNGER).

❶ Auf leisen Pfoten, *Seite 20*

SPALTENAPPETENZ

Bezeichnet im verhaltenskundlichen Sprachgebrauch die Anziehungskraft, die Höhlen, Löcher und Spalten auf Katzen ausüben. Neben Neugier und Entdeckerdrang spielt dabei wahrscheinlich die Suche nach geeigneten Versteck- und Ruheplätzen eine Rolle.

❻ INFO: Katze im Karton, *Seite 237* | ❷ Haltung und Partnerschaft, *Seite 117*

STAMMBAUM

Der Stammbaum (auch Ahnentafel, engl. Pedigree) dient als Zuchtnachweis der Rassekatze. Er ist ein Auszug aus dem vom Zuchtverein geführten ZUCHTBUCH und macht Angaben zu Rasse, Geschlecht und Farbe der Katze. Eingetragen werden Zwinger- und Eigenname, Registriernummer und Geburtsdatum, darüber hinaus die Vorgenerationen und ihre Auszeichnungen (Championaten). Mit dem Stammbaum anerkennt der Züchter die Zuchtrichtlinien des Zuchtvereins und garantiert für die Richtigkeit seiner Angaben. Ein Experimental- oder RIEX-Stammbuch (RIEX: Registration Initial et Experimental, erstmalige und experimentelle Registrierung) wird ausgestellt, wenn die Elterntiere unbekannt sind und die Zuchtrichtlinien nicht eingehalten wurden. Ein Abstammungsnachweis enthält ausschließlich Angaben zur Katze selbst und ihren Eltern und wird nicht als Urkunde für eine weitere Zucht anerkannt.

❶ Wer darf zu Ausstellungen? *Seite 80*

STEREOSKOPISCHES SEHEN

Die Sehfelder der Augen der Katze überlappen sich in einem frontalen Bereich von 130 Grad und ermöglichen ihr ein stereoskopisches (räumliches) Sehen. Nur so kann sie Entfernungen (z. B. zur Beute) richtig einschätzen. Besonders groß ist die Schärfentiefe zwischen zwei und sechs Metern.

❶ Ganz Auge und Ohr, *Seite 21*

STEREOTYPIEN

Als Stereotypie bezeichnet man ein starres Verhaltensmuster, das gleichförmig abläuft und ständig wiederholt wird. Stereotypien treten bei Mensch und Tier auf, kennzeichnend sind sie für Käfig- und Zootiere, die ihre arttypischen Bewegungen nur unter immer gleichen Bedingungen ausführen müssen. Bei Hauskatzen wird stereotypes Verhalten häufig durch Stress und fehlende Beschäftigung ausgelöst und kann zur Selbstbeschädigung und ernsten Erkrankungen führen.

❸ Selbstbeschädigung, *Seite 170*

STERILISATION

Die Sterilisation macht die Katze unfruchtbar resp. den Kater zeugungsunfähig. Bei dem operativen Eingriff werden die Eileiter bzw. Samenstränge durchtrennt. Anders als bei der KASTRATION bleibt der Sexualtrieb mit allen Begleiterscheinungen erhalten (Rolligkeit, Streunen, Spritzharnen). Die Sterilisation wird in Deutschland nicht durchgeführt.

❺ INFO: Kastration, *Seite 219*

STOP

In der Züchtersprache die für manche Rassen charakteristische Einbuchtung zwischen Stirn und Nase (auch: Break). Besonders auffällig bei der kurzen, breiten Stupsnase der Perser. Zu den Kurzhaarrassen mit einem deutlichen Stop gehört die Burma.

❶ Die wichtigsten Rassekennzeichen, *Seite 48*

SUCHPENDELN

Das neugeborene Kätzchen registriert Nestgeruch, Körperwärme und den Kontakt zur Mutter und den Wurfgeschwistern. Wenn es von der Mutter getrennt wird, ruft es klagend um Hilfe und pendelt so lange mit dem übergroßen Kopf hin und her, bis der irgendwo anstößt und den Kontakt wieder herstellt.

❸ Duftgedächtnis und Wackelkopf, *Seite 133*

TABBY

Ein Tabby-Fell ist gestreift (mackerel), getupft (spotted) oder gestromt (blotched). Zur klassischen Stromung gehören schwarze Flecken an den Flanken, Schulterflecken in Schmetterlingsform und Schwanzringe.

❶ Die wichtigsten Rassekennzeichen, *Seite 48*

TAPETUM LUCIDUM

Licht reflektierende Schicht (meist Guaninkristalle) im Auge von vielen Wirbeltieren, die in der Aderhaut des Augenhintergrunds liegt. Durch die Lichtreflexion werden Lichtausbeute und Sehleistung in der Dämmerung erhöht. Bei den Katzen und anderen dämmerungsaktiven Tieren leuchtet das Auge, wenn es frontal angestrahlt wird.

❶ Ganz Auge und Ohr, *Seite 21*

TÄTOWIERUNG

Bei der Tätowierung wird die Katze im Ohr mit einer Nummer (Zahlen- und Buchstabenkombination) gekennzeichnet. Die zentrale REGISTRIERUNG der Kennnummer durch ein Haustierregister erleichtert das Wiederfinden vermisster Tiere. Bei Auslandsreisen wird ab dem Jahr 2012 nur noch die Kennzeichnung mit einem MIKROCHIP anerkannt.

❼ Der EU-Heimtierpass, *Seite 256*

THERMOREGULATION

Für Katzenbabys ist Wärme lebenswichtig. Die Fähigkeit zur Thermoregulation, zur konstanten Aufrechterhaltung der Körpertemperatur unter wechselnden Bedingungen, ist in den ersten sechs Lebenswochen noch nicht ausreichend entwickelt. Ein neugeborenes Kätzchen ist daher auf den ständigen Körperkontakt zu seiner Mutter und den Wurfgeschwistern angewiesen. Geht dieser Kontakt für längere Zeit verloren und das Kätzchen kühlt aus, hat es kaum eine Überlebenschance.

❸ Schlafen, Trinken, Wärme tanken, *Seite 133*

TICKING

Ticking (auch: Agoutifärbung) bezeichnet die abwechselnd helle und dunkle Bänderung bzw. Ringelung des einzelnen Haares. Während beim TIPPING ausschließlich die Haarspitze dunkel gefärbt ist, verteilen sich beim Ticking die Farbbänder über das ganze Haar. Ticking verleiht dem Fell ein typisches Aussehen (z. B. Abessinier).

❶ Die wichtigsten Rassekennzeichen, *Seite 48*

TIERFRIEDHOF

Nach dem Tierseuchengesetz darf eine Katze unter bestimmten Bedingungen im eigenen Garten beerdigt werden (keine Gefährdung des Grundwassers, kein Tollwutverdacht, Abdeckung mit mindestens 50 cm Erdreich). Die Alternative ist der Tierfriedhof. Etwa 50 privat geführte und kommunale Tierfriedhöfe gibt es in Deutschland. Die Grabstätte kann für mehrere Jahre gepachtet werden. Anschriftenliste im Internet (→ Adressen, Seite 285).

❺ Abschied nehmen, *Seite 221*

TIERGESTÜTZTE THERAPIE

Neben dem Hund wird auch die Hauskatze zunehmend häufiger im Rahmen tiergestützter Therapien eingesetzt. Dazu zählen u. a. Besuche in Krankenhäusern und Seniorenwohnheimen, die Verwendung im Bereich der Gesprächs- und Psychotherapie, der Beschäftigungstherapie und Krankengymnastik sowie der Seelsorge. Weitere Informationen im Internet (→ Adressen, Seite 285).

❷ Katzen als Co-Therapeuten, *Seite 112*

TIPPING

Getippte Haare sind nur an der Spitze dunkel gefärbt, das restliche Haar ist meist weiß oder cremefarben. Tipping gibt dem Fell besonderen Glanz, z. B. die schwarze Spitzenfärbung bei einer silberschattierten Perserkatze.

❶ Die wichtigsten Rassekennzeichen, *Seite 48*

TOXOPLASMOSE

Toxoplasmose wird durch Parasiten verursacht und kann von einer infizierten Katze auch auf den Menschen übertragen werden (ZOONOSEN), ruft bei ihm jedoch normalerweise keine Krankheitssymptome hervor. Gefährdet sind Menschen mit geschwächtem Immunsystem und Schwangere, die sich noch nicht mit Toxoplasmose angesteckt hatten und keine ANTIKÖRPER gebildet haben. Zum Schutz vor einer Fehlgeburt oder Fehlbildung des Kindes ist penible Hygiene wichtig (u. a. beim Säubern der Katzentoilette). Katzen mit Auslauf sind häufiger infiziert als Wohnungstiere. Für den Menschen ist das Risiko der Infektion mit Toxoplasmose beim Verzehr von rohem Schweinefleisch besonders hoch.

❷ Fragen zu Eingewöhnung und Haltung, *Seite 118* | ❺ Toxoplasmose, *Seite 213*

TRAGSTARRE

Mit weit geöffneten Kiefern umfasst die Mutter das Genick eines aus dem Nest gefallenen Jungen, um es ins Wurflager zurückzutragen. Das Kätzchen nimmt reflexartig eine Fötushaltung ein, zieht die Hinterbeine und den Schwanz eng an den Körper und bewegt sich nicht. Die Tragstarre erleichtert den Transport und schützt das Jungtier vor Verletzungen.

❶ Bitte nicht stören! *Seite 79* | ❸ Bauchmassage und Tragegriff, *Seite 133*

ÜBERSPRUNGVERHALTEN

Verhaltenweise, die nicht zur Situation passt und ihre eigentliche biologische Funktion nicht erfüllt. Im Übersprung reagieren Tiere (und der Mensch) in Konfliktlagen, z. B. mit Verlegenheitsgesten (Kopfkratzen beim Menschen). Katzentypisch ist das Putzen im Übersprung, wenn etwa ein Beutetier nicht flieht, sondern angreift oder bei einer Konfrontation mit Artgenossen die Entscheidung zwischen Attacke und Flucht schwer fällt.

❸ Verhaltens-Basics, *Seite 141*

VARIETÄTEN

Farbschläge und Farbmuster einer Rasse, die dem Züchter als Zuchtbasis dienen, um bestimmte Rassemerkmale zu erhalten bzw. zu verstärken. Die Verpaarung unterschiedlicher Varietäten kann zu neuen Varietäten führen. Voraussetzung für die Zulassung einer Varietät zur Zucht ist ihre Anerkennung durch den Zuchtverein. Bei einzelnen Rassen wie z. B. Perser gibt es mehr als hundert Varietäten.

❶ Rasseporträt Perser Rot, *Seite 61*

VIBRISSEN

Vibrissen nennt man die auffälligen Tasthaare im Gesicht der Katze. Dazu gehören die Schnurrhaare auf der Oberlippe sowie Haare an Wangen, Kinn und über den Augen. Die Vibrissen reagieren sehr feinfühlig auf jede Berührung und erlauben der Katze auch eine Orientierung im Dunkeln. Mit ihnen misst sie die Breite von Schlupflöchern, kontrolliert die Position der Beute zwischen ihren Zähnen und erhält bei der Nase-zu-Nase-Begrüßung über die Schnurrhaare zusätzliche Informationen über ihr Gegenüber.

❶ Ein Fell für alle Fälle, *Seite 22* | ❶ Verhalten und Sinnesleistungen, *Seite 83*

WASHINGTONER ARTENSCHUTZABKOMMEN

Internationale Vereinbarung zum Schutz bedrohter Tier- und Pflanzenarten. Seit 1973, in Deutschland seit 1976 gültig. Bis heute sind dem Washingtoner Artenschutzabkommen (WA) 150 Staaten beigetreten. Ziel des WA ist die Überwachung und Beschränkung des internationalen Handels mit wild lebenden Tieren und Pflanzen. Je nach Gefährdungsgrad werden die Arten in verschiedenen Anhängen aufgelistet. Die Listen werden alle zwei Jahre auf der WA-Konferenz aktualisiert. Die Katzenarten stehen in Anhang I (vom Aussterben bedroht, Handelsverbot) bzw. Anhang II (gefährdet, Handel mit Auflagen).

❶ Afrikas Wildkatzen in Gefahr, *Seite 14*

ZAHNWECHSEL

Die 26 Milchzähne der Jungkatze werden ab Ende des 3. Lebensmonats durch die bleibenden Zähne ersetzt (RAUBTIERGEBISS). Der neue Eck- oder Fangzahn schiebt sich nicht unter den Milchfangzahn, sondern sitzt neben ihm, bis sich der Milchzahn aufgelöst hat. Der Zahnwechsel ist im 7.-8. Lebensmonat abgeschlossen, beim jungen Kater später als bei der Katze. Katzen im Zahnwechsel sind verstärkt anfällig für Infektionen. Instinktiv kauen die Tiere in der nicht immer schmerzfreien Zeit an festen Materialien, um sich etwas Erleichterung zu verschaffen.

❶ Die Zähne eines Raubtiers, *Seite 21*

ZEHENSPITZENGÄNGER

Sammelbezeichnung für alle Säugetiere, die beim Laufen nur die Spitzen der Finger- und Zehenknochen aufsetzen. Der Zehengängerin Katze ermöglichen ihre dicken Sohlenpolster eine nahezu geräuschlose Fortbewegung. Anders als die Krallen des Hundes liegen die Katzenkrallen in den Krallenscheiden und haben beim Laufen keinen Bodenkontakt.

❶ Auf leisen Pfoten, *Seite 20*

ZOONOSEN

Zoonosen sind Krankheiten, die vom Tier auf den Menschen (bzw. umgekehrt) übertragen werden. Katzen können folgende Krankheiten übertragen: Tollwut, TOXOPLASMOSE, Hautpilze, Echinokokkose (Fuchsbandwurm), Katzenkratzkrankheit, Spulwürmer, Salmonellose. Bei sorgfältiger Hygiene im Umgang mit der Katze ist das Risiko einer Erkrankung gering. Wichtig: Impfschutz gegen Tollwut und regelmäßige Wurmkuren speziell bei Katzen mit Auslauf.

❷ Was Sie noch wissen sollten, *Seite 111* | ❺ INFO: Meldepflichtige Krankheiten, *Seite 214* | ❺ Krankheitsrisiko für den Menschen? *Seite 221*

ZUCHTBUCH

Der Wurf einer Rassekatze wird im Zuchtbuch des Katzenzuchtvereins registriert. Hier werden auch die Namen der Kätzchen eingetragen, die sich aus Eigennamen (beginnt beim Erstwurf meist mit »A«) und Zwingernamen zusammensetzen. Jedes Kätzchen erhält dann als Auszug aus dem Zuchtbuch und gleichsam als »Personalausweis« seinen eigenen STAMMBAUM (Ahnentafel).

❶ Wer darf zu Ausstellungen? *Seite 80*

Sachregister

Halbfett gesetzte Seitenzahlen verweisen auf Abbildungen.
U=Umschlagseiten

A

B

C

D

E

F

G

H

I

J

K

L

M

N

O

P

Q

R

Rassenregister

Adressen, die weiterhelfen

Deutscher Tierschutzbund e. V.
Baumschulallee 15, D-53113 Bonn,
Tel. (02 28) 60 49 60, Fax (02 28) 6 04 96 40
www.tierschutzbund.de, bg@tierschutzbund.de

Österreichischer Tierschutzverein
Kohlgasse 16, A-1050 Wien, Tel. +43 (1) 8 97 33 46, www.tierschutzverein.at

Schweizer Tierschutz (STS)
Dornacher Str. 101, CH-4008 Basel,
Beratungsstelle Tel. +41 (6) 13 65 99 99
www.tierschutz.com

Fédération Internationale Féline (FIFe)
17 Rue du Verger, L-2665 Luxembourg,
www.fifeweb.org

Österreichischer Verband für die Zucht und Haltung von Edelkatzen (ÖVEK), Liechtensteinstr. 126, A-1090 Wien, w.oevek.at

Fédération Féline Helvetique (FFH)
Solothurnerstr. 83, CH-4053 Basel, www.ffh.ch

The Governing Council of the Cat Fancy (GCCF), 4–6 Penel Orlieu, Bridgewater Somerset TA6 3 PG, Großbritannien

Forschungskreis Heimtiere in der Gesellschaft
Postfach 28 61 61, D-28361 Bremen
Tel. (04 21) 8 30 50 24, Fax (04 21) 8 30 50 25
info@mensch-heimtier.de
www.mensch-heimtier.de

IEMT Schweiz
Institut für interdisziplinäre Erforschung der Mensch-Heimtier-Beziehung, Postfach 11 25, CH-8034 Zürich, Tel. +41(0) 44 26 05 980,
Fax +41(0) 44 26 05 981
www.iemt.ch, info@iemt.ch

IEMT Österreich
Institut für interdisziplinäre Erforschung der Mensch-Heimtier-Beziehung, Margaretenstraße 70, A-1050 Wien, Tel. +43 (1) 50 52 625-30, Fax +43 (1) 50 59 422
www.iemt.at, info@iemt.at

IVH Industrieverband Heimtierbedarf e.V.
Postfach 11 06 26, D-40506 Düsseldorf, Tel. 02 11-59 40 74, Fax 02 11-59 60 45, www.ivh-online.de, ivh.ev@t-online.de

1. Deutscher Edelkatzenzüchter Verband (1. DEKZV), Berliner Str. 13, D-35614 Aßlar, Tel. (0 64 41) 84 79, Fax (0 64 41) 8 74 13
dekzv@t-online.de, www.dekzv.de

Deutsche Rassekatzen-Union e.V. (D.R.U)
Hauptstraße 56, D-56814 Landkern, Tel. (0 26 53) 62 07, Fax (0 26 53) 73 71, DRU@aol.com, www.dru.de

Verein Deutscher Katzenfreunde e.V.
Postfach 28 61 71 D-28361 Bremen, Tel. (04 21) 8 30 50 26, Fax (04 21) 8 30 50 27

Fragen zur Katzenhaltung beantworten
Ihr Zoofachhändler und der Zentralverband Zoologischer Fachbetriebe Deutschlands e.V., D-63225 Langen. Nur telefonische Auskunft: (0 61 03) 91 07 32, Mo 12-16 u. Do 8-12 Uhr, www.zzf.de

REGISTRIERUNG, CATSITTER UND URLAUBSSERVICE

Deutsches Haustierregister
Baumschulallee 15, D-53115 Bonn, 24-Stunden-Service-Tel. (0 18 05) 23 14 14 (0,12 Euro/min), bg@tierschutzbund.de

Urlaubs-Beratungsservice des Deutschen Tierschutzbundes: Tel. (02 28) 604 96 27
Mo-Do 10-18 Uhr und Fr 10-16 Uhr, von Anfang Mai bis Mitte September

Verein Deutscher Katzenfreunde e.V.
Catsitter-Club: Tel. (0 40) 45 48 42

Kantonaler Tierschutz-Verein Schweiz
Catsitter-Vermittlung: +41 (1) 26 197 14

Cat-Sitter-Club für Österreich
Tel. +43 (2 22) 4 89 18 07 von 18-20 Uhr

Vereinigung Deutscher Haushüter-Agenturen
Feldkamp 4, D-48165 Münster, Betreuung von Haus und Heimtieren, Tel. (0 25 01) 71 71

Whiskas Service-Telefon
Tel. (0 18 05) 30 03 11 (0,12 Euro/min)

KRANKENVERSICHERUNGEN

Uelzener Versicherungen, Postfach 21 63, D-29511 Uelzen, www.uelzener.de, info@uelzener.de

Agila Haustier-Krankenversicherungs AG,
Breite Str. 6-8, D-30159 Hannover, Tel. (05 11) 30 32 345, Fax (05 11) 30 32 200
www.agila.de, info@agila.de

THERAPIE & MEDIZIN

Gesellschaft für Ganzheitliche Tiermedzin e.V. (GGTM), Dachgesellschaft für ganzheitlich und naturkundlich tätige und forschende Tierärzte. www.ggtm.de

Tiere helfen Menschen, Graham Ford, Münchener Str. 14, D-97204 Höchberg
www.thmev.de

Infos über Giftpflanzen: www.vetpharm.unizh.ch/perldocs/toxsyqry.htm

Telefonverzeichnis Giftnotruf D, A, CH:
www.med1.de (unter: Experten/Arzneimittel)

Bücher, die weiterhelfen

Behrend, Katrin: *Wohnungskatzen – glücklich und gesund.* Gräfe und Unzer Verlag

Bergler, Reinhold: *Gesund durch Heimtiere.* Deutscher Instituts Verlag

Bergler, Reinhold: *Warum Kinder Tiere brauchen.* Herder

Bunge, Imke und Reder, Ewart (Hrsg.): *Seelenverwandte auf sanften Pfoten.* Dielmann

Dieser, Rudolf: *Naturheilpraxis Katzen.* Gräfe und Unzer Verlag

Eilert-Overbeck, Brigitte: *Dicke Katze – so purzeln die Pfunde.* Gräfe und Unzer Verlag

Eilert-Overbeck, Brigitte: *Katzensenioren – glücklich & gesund.* Gräfe und Unzer Verlag

Greiffenhagen, Sylvia: *Tiere als Therapie.* Droemer Knaur

Hindermann, Federico (Hrsg.): *Katzen. Texte aus der Weltliteratur.* Manesse

Hofmann, Helga: *Meine Katze macht was sie will.* Gräfe und Unzer Verlag

Klimke, Vivienne: *Gruppenbild mit Dackel. Warum wir Tiere brauchen.* Hirzel

Leyhausen, Paul: *Katzenseele. Wesen und Sozialverhalten.* Franckh-Kosmos

Linke-Grün, Gabriele: *1000 Katzennamen von A bis Z.* Gräfe und Unzer Verlag

Linke-Grün, Gabriele: *Katzenspiele – pfiffig, spaßig, spannend.* Gräfe und Unzer Verlag

Olbrich Erhard, Otterstedt Carola: *Menschen brauchen Tiere.* Franckh-Kosmos

Otterstedt, Carola: *Tiere als therapeutische Begleiter.* Franckh-Kosmos

Sheldrake, Rupert: *Der siebte Sinn der Tiere.* Scherz

Turner, Dennis und Bateson, Patrick (Hrsg.): *Die domestizierte Katze.* Müller Rüschlikon

Wegler, Monika: *Katzenkinder entdecken die Welt.* Gräfe und Unzer Verlag

ZEITSCHRIFTEN

die edelkatze. Illustriertes Fachmagazin für Katzenfreunde, Verbandszeitschrift des 1. Deutschen Edelkatzenzüchter Verbandes (→ Adressen, Seite 284)

katzen. Zeitschrift der Deutschen Rassekatzen-Union (→ Adressen, Seite 284)

Katzen extra. Symposion Verlag, Saarbrücken

Geliebte Katze. Gong Verlag, München

TierBild. Axel Springer Verlag, Hamburg

INTERNETADRESSEN

www.edelkatzen.de *Rassekatzen*

www.tiergestuetzte-therapie.de *Infos zum Einsatz von Tieren in der Therapie*

www.our-cats.de *u. a. mit Anschriftenverzeichnis von Tierfriedhöfen, nach Postleitzahlen geordnet*

www.katze-und-du.de *Informationen über Katzen und Katzenhaltung in Österreich*

www.katze-und-du.at *Informationen über Katzen und Katzenhaltung in Österreich*

www.katzen.yellowpet.de *Informationen zu allen Themengebieten rund um die Katze*

www.whiskas.de *Wissenswertes zur Haltung, Pflege und Ernährung von Katzen*

www.haushueter.de *Angebote zur Betreuung von Haus und Tier*

www.katzenpension.de *Verzeichnis von Tierpensionen*

www.katzen.de *Themenbereiche: Aufzucht, Erziehung und Haltung von Katzen.*

www.welt-der-katzen.de *Katzen von A bis Z. Neben Haus- und Rassekatzen werden auch wild lebende Katzen vorgestellt.*

www.das-katzenhaus.de *Wissenswertes zur Haltung von Katzen*

www.tierklinik.de *Tiermedizin*

Wichtige Hinweise

Die Haltungsempfehlungen und Praxistipps dieses Handbuches beziehen sich auf normal entwickelte, gesunde und charakterlich einwandfreie Jungtiere, die aus guter Zucht oder liebevoller Privathaltung stammen. Wer eine erwachsene Katze zu sich nehmen will, muss sich bewusst sein, dass sie bestimmte Gewohnheiten und Ansprüche mitbringt, die sie auch in ihrem neuen Zuhause nicht ohne weiteres aufgeben wird. Er sollte die Katze möglichst noch in ihrer bisherigen Umgebung kennen lernen und ihr Verhalten gegenüber ihrem bisherigen Besitzer beobachten. Wenn Sie sich für eine Tierheimkatze entscheiden möchten, geben Ihnen Tierheimleiter und Pflegepersonal gerne Auskunft über die Vorgeschichte der Katze, über ihre Persönlichkeit und eventuellen Eigenheiten. Mit Katzen, die durch viele Hände gingen, schlechte Erfahrungen mit den Menschen gemacht haben und mehrmals ins Tierheim abgeschoben wurden, sind Anfänger in der Katzenhaltung überfordert.

www.miau.de *Umfangreicher Service mit Tipps für den Katzenalltag, Horoskop*

www.netz-katzen.de *Service und Gesundheit, interaktiver Treffpunkt für Katzenfreunde*

www.katzen-album.de *u. a. auch mit Katzen-Shop und Literaturverweisen*

www.katzen.meintier.de *Rassen, Verhalten, Gesundheit, Ernährung, Glossar*

www.katzen.org *Katzenforum der Schweiz*

www.katze-und-wohnen.de *Kratzbäume, Katzenspielzeug und Katzenbetten*

www.katzenspezialshop.de *Originelle und nützliche Produkte rund um die Katze*

Dank

Autor und Verlag danken Prof. Dr. Harald Schliemann für die fachliche Beratung und wichtige Informationen zur Biologie der Katzen sowie Rechtsanwalt Reinhard Hahn für die Prüfung der juristischen Textpassagen.

Der Autor

Dr. Gerd Ludwig ist freier Journalist und Zoologe. Für den Gräfe und Unzer Verlag hat er mehrere Ratgeber über Katzen und Hunde geschrieben.

Die Fotografin

Monika Wegler gehört zu den besten Heimtier-Fotografen Europas. Sie ist auch als Journalistin und Tierbuch-Autorin sehr erfolgreich. Viele ihrer Bücher sind im Gräfe und Unzer Verlag erschienen. Bekannt wurde Monika Wegler nicht zuletzt durch ihre stimmungsvollen Tierkalender (Informationen unter www.wegler.de). Von ihr stammen alle Fotos in diesem Buch mit Ausnahme von:
Binder: Seite 64 re.;
Cogis/Francais: Seite 51 li.;
Cogis/Labat: Seite 50 re.;
Cogis/Lanceau: Seite 63 re.;
Giel: Seite 37, 76, 113, 150, 176, 178, 185, 196, 201 o., u., 206, 238, 250;
Juniors/Born: Seite 253;
Juniors/Schanz: Seite 53 li., 60 li., 70 li.;
Juniors/Wegler: Seite 173;
M4GMBH/more4cats: Seite 101 (alle);
Masterfoods: Seite 86;
Okapia/Balfour: Seite 14;
Prawitz: Seite 57 re.;
Schanz: Seite 54 re., 57 li., 60 re., 68, li., 69 li., re., 71 li., re., 203, 225, 227 li., re., 231 u.

Impressum

Programmleitung: Steffen Haselbach
Leitende Redaktion: Anita Zellner
Redaktion: Gabriele Linke-Grün
Umschlaggestaltung und Layout:
Sabine Krohberger, independent Medien Design
Herstellung: Petra Roth
Satz: Ludger Vorfeld
Reproduktion: Penta Repro, München
Druck: Appl, Wemding
Bindung: Conzella, Pfarrkirchen

Printed in Germany
ISBN (10) 3-7742-7373-1
ISBN (13) 978-3-37742-7373-3

Auflage: 4. 3. 2. 1.
Jahr: 08 07 06 2005

GRÄFE UND UNZER

Ein Unternehmen der
GANSKE VERLAGSGRUPPE

DAS ORIGINAL GU MIT GARANTIE

Das Original mit Garantie

Ihre Meinung ist uns wichtig.
Deshalb möchten wir Ihre Kritik, gern aber auch Ihr Lob erfahren. Um als führender Ratgeberverlag für Sie noch besser zu werden. Darum: Schreiben Sie uns! Wir freuen uns auf Ihre Post und wünschen Ihnen viel Spaß mit Ihrem GU-Ratgeber.

Unsere Garantie:
Sollte ein GU-Ratgeber einmal einen Fehler enthalten, schicken Sie uns das Buch mit einem kleinen Hinweis und der Quittung innerhalb von sechs Monaten nach dem Kauf zurück.
Wir tauschen Ihnen den GU-Ratgeber gegen einen anderen zum gleichen oder ähnlichen Thema um.

Ihr GRÄFE UND UNZER VERLAG
Redaktion Haus & Garten
Stichwort: Praxishandbuch Katzen
Postfach 860325
D-81630 München
Fax: (0 89) 4 19 81-113
e-mail:
leserservice@graefe-und-unzer.de

GU KATZENRATGEBER

damit Ihre Katze sich wohl fühlt

ISBN (10) 3-7742-5766-3
ISBN (13) 978-3-7742-5766-5
64 Seiten | € 7,90 [D]

ISBN (10) 3-7742-6134-2
ISBN (13) 978-3-7742-6134-1
64 Seiten | € 7,90 [D]

ISBN (10) 3-7742-5924-0
ISBN (13) 978-3-7742-5924-9
48 Seiten | € 4,90 [D]

ISBN (10) 3-7742-6132-6
ISBN (13) 978-3-7742-6132-7
48 Seiten | € 4,90 [D]

ISBN (10) 3-7742-5933-X
ISBN (13) 978-3-7742-5933-1
120 Seiten | € 14,90 [D]

Die Welt der Katzen entdecken und alles erfahren, was man schon immer über die Samtpfoten wissen wollte! So klappt das harmonische Zusammenleben von Mensch und Katze von Anfang an.

WEITERE TITEL ZUM THEMA KATZE BEI GU:

- **MEIN HEIMTIER:** Die Katze
- **GU TIERRATGEBER:** Katzensprache
- **TIERISCH GUT:** Meine Katze – gepflegt und schön

GU

Willkommen im Leben.

Änderungen und Irrtum vorbehalten.